Beiträge zum nationalen und internationalen öffentlichen Recht

Herausgegeben von Prof. Dr. Burkhard Schöbener

Band 19

PETER LANG

Frankfurt am Main · Berlin · Bern · Bruxelles · New York · Oxford · Wien

WTO und Klimaschutz

Maike Friedrich

WTO und Klimaschutz

Konflikte und Synergien zwischen
nationalen Klimaschutzmaßnahmen
und dem WTO-Recht

PETER LANG
Internationaler Verlag der Wissenschaften

Bibliografische Information der Deutschen Nationalbibliothek
Die Deutsche Nationalbibliothek verzeichnet diese Publikation in der Deutschen Nationalbibliografie; detaillierte bibliografische Daten sind im Internet über http://dnb.d-nb.de abrufbar.

Zugl.: Köln, Univ., Diss., 2011

D 38
ISSN 1613-8406
ISBN 978-3-631-63193-5

www.peterlang.de

Beiträge zum nationalen und internationalen öffentlichen Recht

Herausgegeben von Prof. Dr. Burkhard Schöbener

Band 19

PETER LANG

Frankfurt am Main · Berlin · Bern · Bruxelles · New York · Oxford · Wien

WTO und Klimaschutz

Maike Friedrich

WTO und Klimaschutz

Konflikte und Synergien zwischen nationalen Klimaschutzmaßnahmen und dem WTO-Recht

PETER LANG
Internationaler Verlag der Wissenschaften

Bibliografische Information der Deutschen Nationalbibliothek
Die Deutsche Nationalbibliothek verzeichnet diese Publikation in der Deutschen Nationalbibliografie; detaillierte bibliografische Daten sind im Internet über http://dnb.d-nb.de abrufbar.

Zugl.: Köln, Univ., Diss., 2011

D 38
ISSN 1613-8406
ISBN 978-3-631-63193-5

www.peterlang.de

Für Max

Vorwort

Diese Arbeit wurde im Sommersemester 2011 von der Rechtswissenschaftlichen Fakultät der Universität zu Köln als Dissertation angenommen. Das Manuskript befindet sich auf dem Stand von Mai 2011.

Zu großem Dank bin ich meinem Doktorvater, Herrn Prof. Dr. Burkhard Schöbener verpflichtet. Er hat die Entstehung dieser Arbeit intensiv begleitet und fand stets Zeit für angenehme und spannende fachliche Gespräche. Als einer der ersten Professoren, deren Vorlesung ich im Völker- und Europarecht besuchen durfte, hat er mein Interesse für dieses Rechtsgebiet maßgeblich mitgeprägt.

Herrn Prof. Dr. Bernhard Kempen danke ich für die rasche Erstellung des Zweitgutachtens. Ebenfalls ganz herzlich bedanken möchte ich mich bei der Johanna und Fritz Buch Gedächtnisstiftung für den großzügigen Druckkostenzuschuss.

Herrn Dr. Régis Bismuth danke ich für die Anregung zu diesem Thema. Er war es, durch den ich in Paris das WTO-Recht kennen gelernt habe und der meine Begeisterung hierfür weckte.

Von vielen Seiten habe ich bei meiner Promotion Unterstützung erfahren. Besonders hervorheben möchte ich dabei meine Mutter, Frau Dr. Elke Hollmann, die sich des mühseligen Korrekturlesens in einem fremden Fachgebiet angenommen hat. Auch Frau Rechtsanwältin Elisabeth Lepique gilt mein Dank dafür, dass sie nicht nur die Zeit dafür gefunden hat, das Manuskript Korrektur zu lesen, sondern mir auch sonst während der gesamten Zeit der Erstellung mit Rat und Tat zur Seite gestanden hat.

Stets für mich da war mein Mann, Dr. Maximilian Friedrich, LL.M., der mich während meiner Promotion in jeglicher Hinsicht unterstützt hat, auch wenn sich einmal Hindernisses auftaten. Ihm ist dieses Buch zum Dank gewidmet.

Zuletzt danke ich meiner Familie, meinen Eltern Dres. Elke und Helmut Hollmann, und meinen Brüdern Karsten und Dominik Hollmann, die in der Phase der Promotion eine ständige Stütze für mich waren und dies bereits mein Leben lang sind.

Köln, im Januar 2012 — Maike Friedrich

Inhaltsverzeichnis

Abkürzungsverzeichnis

a.A.	andere Ansicht
a.a.O.	am angegebenen Ort
AAU	assigned amount units
AB	Appellate Body
ABl.	Amtsblatt
Abs.	Absatz
AD	Agreement on Implementation of Article VI of the General Agreement on Tariffs and Trade 1994
AJIL	American Journal of International Law
AO	Abgabenordnung
Art.	Artikel
AVR	Archiv des Völkerrechts
BAnz.	Bundesanzeiger
B.C. Int'l & Comparative L.R.	Boston College International and Comparative Law Review
BGBl.	Bundesgesetzblatt
BISD	Basic Instruments and Selected Documents
BTA	border tax adjustment
BVerfG	Bundesverfassungsgericht
bzw.	beziehungsweise
C	Celsius
ca.	circa
CCLR	Carbon and Climate Law Review
CDM	Clean Development Mechanism
CER	certified emission reduction units
CO_2	Kohlendioxid
COP	Conference of Parties
ders.	derselbe
d.h.	das heißt
dies.	dieselben
DSU	Understanding on Rules and Procedures Governing the Settlement of Disputes
DVBl.	Deutsches Verwaltungsblatt
EEELR	European Energy and Environmental Law Review
EEX	European Energy Exchange

EG	Europäische Gemeinschaft
EJLE	European Journal of Law and Economics
ERU	emission reduction units
Erw.	Erwägungsgrund
EU	Europäische Union
EuR	Europarecht
EuZW	Europäische Zeitschrift für Wirtschaftsrecht
f./ff.	folgende
FAZ	Frankfurter Allgemeine Zeitung
FCKW	Fluorchlorkohlenwasserstoff
Ga.J.Int'l & Comp. L.	Georgia Jounral of International and Comparative Law
GATS	General Agreement on Trade in Services
GATT	General Agreement on Tariffs and Trade
gem.	gemäß
ggf.	gegebenenfalls
GSP	Generalized System of Preferences
GTCJ	Global Trade and Customs Journal
Harvard ILJ	Harvard International Law Journal
Hrsg.	Herausgeber
HS	Harmonisiertes System zur Bezeichnung und Codierung
i.S.d.	im Sinne des
i.S.v.	im Sinne von
i.V.m.	in Verbindung mit
ibid.	ebenda
ICLQ	International and Comparative Law Quarterly
ILM	International Law Material
Int'l. L. J.	International Law Journal
IPCC	Intergovernmental Panel on Climate Change
Iss.	Issue
J. Transnat'l. L. & Pol'y	Journal of Transnational Law and Policy
JEEPL	Journal for European and Environmental Planning Law
JI	Joint Implementation
JIEL	Journal of International Economic Law
JWT	Journal of World Trade
JZ	Juristenzeitung

K	Kelvin
KP	Kyoto-Protokoll
KRK	Klimarahmenkonvention
Law & Pol'y Int'l Bus	Law and Policy in International Business
LDC	least developed countries
lit.	Buchstabe
m.E.	meines Erachtens
Minn. J. Global Trade	Minnesota Journal of Global Trade
NAFTA	North American Free Trade Agreement
nm	Nanometer
Nr.	Nummer
NVwZ	Neue Zeitschrift für Verwaltungsrecht
o.g.	oben genannt
OECD	Organisation für wirtschaftliche Zusammenarbeit und Entwicklung
para.	Paragraph
PCIJ	Permanent Court of International Justice
ppm	parts per million
PPM	processes and production methods
RECIEL	Review of European Union and International Environmental Law
RIW	Recht der internationalen Wirtschaft
Rn.	Randnummer
Rs.	Rechtssache
S.	Satz / Seite
SCM	Agreement on Subsidies and Countervailing Measures
Slg.	Sammlung
sog.	so genannte
SPS	Agreement on Sanitary and Phytosanitary Measures
StIGH	Ständiger Internationaler Gerichtshof
t	Tonne
TBT	Agreement on Technical Barriers to Trade

u.a.	und andere
UN	United Nations
UNCTAD	United Nations Conference on Trade and Development
UNFCCC	United Nations Framework Convention on Climate Change
USA	Vereinte Staaten von Amerika
WLLR	Washington and Lee Law Review
WMO	World Meteorological Organisation
WTO	World Trade Organisation
WTO-Ü	Übereinkommen zur Errichtung der Welthandelsorganisation
WTR	World Trade Review
WVRK	Wiener Vertragsrechtskonvention
z.B.	zum Beispiel
ZaöRV	Zeitschrift für ausländisches öffentliches Recht und Völkerrecht
ZUR	Zeitschrift für Umweltrecht

Einleitung

Die Problematik des Klimawandels ist nicht mehr nur eine Frage der Weltpolitik, die in spezialisierten Gremien diskutiert wird. Die Fragen der globalen Erwärmung sind mittlerweile in vielen Bereichen des alltäglichen Lebens angekommen. So wird (nicht nur) in der Automobilbranche mit geringen Treibhausgas-Emissionen geworben und die CO_2-Bilanz von Lebensmitteln ausgewiesen[1]. Beim geplanten Atomausstieg spielt nicht zuletzt die Frage der Klimaverträglichkeit alternativer Energiequellen eine Rolle. Fast täglich thematisieren Medien den Klimawandel. Inhalt dieser Berichte sind unter anderem Klimaschutz-Konferenzen, Inselstaaten, die aufgrund des ansteigenden Meeresspiegels untergehen könnten,[2] und „Klimaskeptiker". Durch den Führungswechsel im Weißen Haus im Januar 2009 erhielt die Debatte über das „*global warming*" einen neuen Schub, stiegen doch hierdurch die Hoffnungen, eine nachhaltige globale Klimapolitik erreichen zu können. Denn mit den USA signalisierte nunmehr einer der Hauptemittenten von Treibhausgasen Bereitschaft zur Mitwirkung bei der Erarbeitung gemeinsamer Lösungen. Im Dezember 2009 dominierten dann die Berichte über den Klimagipfel in Kopenhagen die Presse, wenn auch zumeist mit negativen Schlagzeilen. Ebenfalls viel Beachtung fand die Nachfolgekonferenz in Cancún 2010. Dass der Klimawandel eines der bedeutendsten Probleme unserer Zeit darstellt, wurde auch durch die Verleihung des Friedensnobelpreises 2007 an das Intergovernmental Panel on Climate Change (IPCC, in Deutschland als „Weltklimarat" bezeichnet) und Al Gore unterstrichen.

Bisher lag der Schwerpunkt der Aufarbeitung des Klimawandels allerdings immer im politischen oder naturwissenschaftlichen Bereich. Doch nach dem Scheitern des Klimagipfels in Kopenhagen im Dezember 2009, der entgegen den Erwartungen keine Lösung für die Zeit nach dem Kyoto-Protkoll und keine zwingenden Vorgaben hervorbrachte, sind die Hoffnungen auf eine multilaterale Lösung vorerst gedämpft. In der Folge stellen unilaterale Maßnahmen bis auf weiteres die einzige Möglichkeit dar, dem Klimawandel entgegenzutreten.[3] Daran hat auch die erfolgreichere Konferenz von Cancún im Dezember 2010 nichts geändert, obwohl sie den Grundstein für eine Fortführung des Kyoto-Protokolls gelegt hat. Deshalb sind nun umso mehr die einzelnen Staaten bzw. die Europäi-

---

1 Siehe nur das Beispiel eines Projekts in der Kölner Uni-Mensa http://www.klimameets mensa.de/startseite/ (zuletzt besucht am 1. Mai 2011).

2 Siehe z.B. Kabinettssitzung unter Wasser, FAZ 19.10.2009; Revolutionär im Paradies, DAS MAGAZIN 08.05.2009, http://dasmagazin.ch/index.php/malediven/; jeweils zur Lage auf den Malediven.

3 So auch *McIsaac*, JWT 44 (2010), 1053 (1055).

sche Union[4] gefordert, um das Ziel der Begrenzung der Erderwärmung zu erreichen. Angesichts dieses Handlungsbedarfs auf staatlicher und europäischer Ebene stellt sich aus rechtlicher Sicht immer drängender die Frage des Verhältnisses von Klimaschutz und Welthandelsrecht. Denn die Staaten sind bei der Ergreifung geeigneter Maßnahmen nicht völlig frei in ihrer Entscheidungsfindung. Vielmehr müssen bestehende Restriktionen beachtet werden, die sich insbesondere aus dem Recht der Welthandelsorganisation (WTO) ergeben könnten. Denn die bereits umgesetzten oder zumindest avisierten Maßnahmen werden im Regelfall Einfluss auf den zwischenstaatlichen Handel haben, sei es gezielt oder als ungewollte Nebenwirkung. Die WTO basiert auf der Grundannahme, dass die Handelsliberalisierung, verstanden als die Minimierung staatlicher Eingriffe in grenzüberschreitende Handelsströme, zu einer gegenseitig profitablen Arbeitsteilung und somit höheren Lebensstandards führt.[5] Damit kann eine staatliche Klimaschutz-Maßnahme, die den internationalen Handel beeinträchtigt bzw. behindert, potentiell in Konflikt mit dem Recht der WTO stehen.

Neben den klassischen Anstrengungen zur Verringerung der Treibhausgasemissionen – der sog. Mitigation – rücken mittlerweile auch immer stärker Maßnahmen zur Anpassung an den Klimawandel in den Fokus. So wird angenommen, dass aufgrund der Trägheit des Klimas eine Trendwende selbst bei erfolgreicher und konzertierter Klimaschutzpolitik erst in mehreren Jahrhunderten erreicht werden könne. Für die Zwischenzeit müsse man sich – parallel zu den Bemühungen zur Verminderung der Emission von klimawirksamen Gasen – auf eine Adaption an die veränderten Gegebenheiten konzentrieren.[6] Soll hiermit nicht der Meinung Ausdruck verliehen werden, eine Umkehr des Prozesses der globalen Erwärmung sei ohnehin nicht mehr zu erreichen, dann können solche Anpassungsmaßnahmen nur begleitend zur Mitigation erfolgen. Zudem sind gerade die internationalen Bemühungen bislang auf die Verminderung des Treibhausgasausstoßes fokussiert; Anpassungsstrategien stecken hingegen noch in den Kinderschuhen. Daher wird sich diese Arbeit allein den Maßnahmen zur Mitigation, nicht aber zur Adaption an den Klimawandel widmen.

Der mögliche Konflikt zwischen Klimaschutz-Maßnahmen und dem WTO-Recht ist erst in jüngerer Zeit verstärkt realisiert worden und in den wissenschaftlichen Diskurs eingegangen. So ist er mittlerweile Thema auf Fachkonfe-

---

4 Die Zuständigkeit für viele Klimaschutz-Maßnahmen liegt bei der EU und nicht bei ihren Mitgliedstaaten. Der Einfachheit halber wird nachfolgend von staatlichen Maßnahmen die Rede sein, wobei darunter aber auch Maßnahmen auf europäischer Ebene zu verstehen sind.

5 Vgl. *Jackson*, The World Trading System, S. 11 ff.; *Stoll/Schorkopf*, WTO, Rn. 61.

6 Umweltbundesamt (Hrsg.), Klimawandel in Deutschland – Vulnerabilität und Anpassungsstrategien klimasensitiver Systeme, 6.2.1., abrufbar unter: http://www.umweltdaten.de/publikationen/fpdf-l/2947.pdf; *Stocker*, in: Cottier u.a. (Hrsg.), International Trade Regulation and the Mitigation of Climate Change, S. 3 (10); *Kment*, JZ 2010, 62 (63) m.w.N. in den Fn. 15 bis 20.

renzen[7] und in einschlägigen Veröffentlichungen. Im Prinzip handelt es sich um eine neue Spielweise des bereits viel diskutierten Themenkomplexes von „WTO und Umwelt", der wiederum zur Gruppe der „Trade and …" -Themen gehört. In diesem Bereich zeichnen Umweltschützer traditionell ein negatives Bild der WTO. Sie sei ausschließlich auf wirtschaftliche und Handelsinteressen fixiert und taub für andere Belange jedweder Art. So würden legitime, umweltbezogene Motive im Rahmen der Streitbeilegung vollständig ignoriert.[8] Negativer Höhepunkt dieser Wahrnehmung war das Verfahren *US – Tuna*[9], in dessen Folge das Bild von GATTzilla vs. Flipper[10] aufkam, also dem Allgemeinen Zoll- und Handelsabkommen[11] als Monster, das die Umwelt zerstört.

Sicherlich hat sich diese Sichtweise im Laufe der nachfolgenden Jahre graduell gewandelt, insbesondere durch die viel beachtete Entscheidung des Appellate Body im Fall *US - Shrimp*[12], in der das Ziel des Tierschutzes als mögliche Rechtfertigung eines Handelshemmnisses anerkannt wurde. Auch fand der Umweltschutz mit Gründung der WTO Eingang in die der Organisation zugrunde liegenden Texte, nämlich in der Präambel des Übereinkommens zur Errichtung der Welthandelsorganisation.[13] Anders als noch die Präambel des GATT 1947, die allein auf die „volle Erschließung der Hilfsquellen der Welt" abzielte, soll die optimale Nutzung dieser Quellen nunmehr „im Einklang mit dem Ziel einer nachhaltigen Entwicklung stehen". Zudem wird das Bestreben zum Ausdruck gebracht, „den Schutz und die Erhaltung der Umwelt […] zu erreichen".

Trotz dieser Entwicklung lässt sich nicht abstreiten, dass der Entscheidungsspielraum, der den Staaten für das Ergreifen von Klimaschutz-Maßnahmen verbleibt, durch die Regelungen des Welthandelsrechts eingeschränkt wird. Die WTO setzt sich als Ziel die Erreichung eines hohen Lebensstandards, der Vollbeschäftigung und eines hohen Realeinkommens,[14] sprich die Schaffung und Sicherung allgemeinen Wohlstands. Hierzu verlangt sie den „wesentlichen Abbau der Zölle und anderer Handelsschranken" sowie „die Beseitigung der Diskriminierung in den internationalen Handelsbeziehungen".[15] In diesen Grundsätzen zeigt sich, dass sich die WTO in Anknüpfung an das GATT der Öffnung der

7 So etwa auf dem World Trade Forum 2007 (siehe http://www.wti.org/past-world-trade-fora/world-trade-forum-2007.html) und der Eighth Annual WTO Conference des British Institute of International and Comparative Law (siehe *van Damme*, JIEL 12 (2009), 175, 190 ff.).

8 Siehe nur *Voon*, J. Transnat'l L. & Pol'y 10 (2000), 71 (80, 84).

9 US - Tuna I und II, Panel (beide nicht angenommen).

10 Siehe z.B. http://www.publiccitizen.org/pressroom/release.cfm?ID=1291 (zuletzt besucht am 12. April 2011).

11 General Agreement on Tariffs and Trade, nachfolgend GATT.

12 US – Shrimp, AB.

13 Nachfolgend WTO-Ü.

14 Präambel des WTO-Übereinkommens.

15 Präambel des WTO-Übereinkommens.

Märkte verschrieben hat. Das Allgemeine Zoll- und Handelsabkommen erteilte nach dem Zweiten Weltkrieg dem Protektionismus eine Absage und fußte auf der Theorie der komparativen Kostenvorteile[16], welche ein ungestörtes Spiel der Marktkräfte verlangt.[17] Wesentliche Prinzipien der WTO sind in der Konsequenz dieser Ausrichtung das Verbot nicht-tarifärer Handelshemmnisse und das Diskriminierungsverbot.

Einige der von der Politik in den Raum gestellten Vorgehensweisen treten aber, auf den ersten Blick erkennbar, in Konflikt mit diesen Grundsätzen der Marktöffnung, indem sie den Handel offen begrenzen. Dies gilt vor allem für die sog. Grenzmaßnahmen. Dabei handelt es sich z.B. um Importverbote für Waren aus Ländern, die keinerlei Anstrengungen für den Klimaschutz unternehmen, oder auch – weniger drastisch – um Ausgleichszölle im Bezug auf derartige Waren. Gleichzeitig erfolgt hierdurch eine Diskriminierung zwischen den Ländern auf Grundlage ihrer Klimapolitik. Aber auch andere Regulierungen, die zum Teil bereits seit Längerem praktiziert werden, erweisen sich bei genauerem Hinsehen als problematisch. Zwar zielen diese nicht direkt auf die Regulierung des zwischenstaatlichen Handels ab, doch können sie indirekt zu einer Verfälschung des Marktes führen. Dabei ist etwa an Kennzeichnungspflichten oder Produktstandards bezüglich der Energieeffizienz zu denken, die Anpassungsschwierigkeiten für Importeure nach sich ziehen und somit eine Behinderung des freien Handels darstellen können.

Neben diesen ordnungspolitischen Maßnahmen versuchen die Staaten auch, durch positive Anreize die Ziele des Klimaschutzes zu erreichen. So wird beispielsweise die Entwicklung neuer Energien durch Subventionen gefördert. Dieses Nebeneinander von Restriktionen und Anreizen entspricht dem Bild von Zuckerbrot und Peitsche, gerne auch als *carrot and stick* bezeichnet. Es ist aber zu bedenken, dass nicht nur Ver- und Gebote den Wettbewerb verfälschen können, sondern eben auch diese positiven Maßnahmen. Folglich ist in dieser Hinsicht ebenfalls ein Konflikt mit dem Welthandelsrecht denkbar.

Ziel dieser Untersuchung soll es vor dem Hintergrund der schwierigen Situation der multilateralen Klimaschutz-Verhandlungen und der Mitgliedschaft eines Großteils der Staatengemeinschaft in der WTO sein, die Beziehung zwischen nationalen Klimaschutz-Maßnahmen und dem WTO-Recht zu analysieren. Auf den ersten Blick erscheinen Handel und Klimaschutz als zwei entgegengesetzte Pole in einem Spannungsfeld. Doch ist dies insofern zu relativieren, als sie nicht nur miteinander konfligieren, sondern sich auch gegenseitig fördern können. So nutzt etwa die Liberalisierung des Handels mit klimaschonenden Waren beiden Zielen. Desgleichen ist mit den Grundwertungen der WTO davon auszugehen, dass der internationale Handel die Entstehung von Wohlstand fördert; gleichzeitig besteht eine direkte Korrelation zwischen Wohlstand und der Gefährdung

---

16 Siehe hierzu unten S. 52 ff.

17 *Luff*, Le Droit de l'Organisation Mondiale du Commerce, S. 8.

durch die globale Erwärmung.[18] Entsprechend soll auch die zum Teil in der Diskussion angetroffene starre Vorverurteilung von Klimaschutz als Gut und Handel als Böse nicht übernommen werden. Vielmehr liegt dieser Arbeit die Annahme zugrunde, dass weder die Förderungswürdigkeit des Klimaschutzes bezweifelt noch die grundlegende Wertung der WTO, dass die Liberalisierung des internationalen Handels zur Erhöhung des Lebensstandards führt, in Frage gestellt werden kann. Vor diesem Hintergrund gilt es letztendlich, die Frage zu beantworten, ob die *lex lata* der WTO einen angemessenen Ausgleich zwischen den beiden Polen Handelsliberalisierung und Klimaschutz zu schaffen vermag.

Um sich dieser Antwort anzunähern, wird der Gang der Untersuchung dem Schema „Grundlagen – Konflikte – Synergien“ folgen. Dementsprechend werden im ersten Kapitel Begriffsbestimmungen vorgenommen, wobei das Klima und der Klimawandel zunächst im ersten Teil aus naturwissenschaftlicher Sicht beleuchtet werden. Denn um die Bedeutung des Klimaschutzes beurteilen zu können, ist es erforderlich, die Realität der globalen Erwärmung zu begreifen. An die naturwissenschaftliche Erläuterung des Klimawandels schließt sich im zweiten Teil des ersten Kapitels eine Darstellung des Klimavölkerrechts an. Der Klimaschutz stellt nicht nur eine „gute Sache“ dar, die bei der Regelung des Welthandelsrechts berücksichtigt werden muss, sondern hat auch zur Entstehung einer eigenen völkerrechtlichen Rechtsordnung geführt. Entsprechend stehen diese zwei Rechtsordnungen – das WTO-Recht und das Klimavölkerrecht – grundsätzlich unabhängig nebeneinander und müssen doch in Einklang gebracht werden. Daher widmet sich der dritte Teil des ersten Kapitels unter dem Aspekt der Fragmentierung des Völkerrechts dem Verhältnis der beiden Rechtsordnungen und fragt nach einem eventuellen Vorrang bzw. den Möglichkeiten einer Harmonisierung.

Im zweiten Kapitel steht die Frage im Vordergrund, inwiefern sich die Staaten durch ihre Mitgliedschaft in der WTO selbst ihrer Möglichkeiten berauben, eine effektive Klimaschutzpolitik zu betreiben. Dass eine solche Beschränkung in gewissem Maße besteht, kann als gesichert vorausgesetzt werden, wenn man davon ausgeht, dass ein Großteil der denkbaren Maßnahmen Auswirkungen auf den zwischenstaatlichen Handel hat. Zentral wird somit sein, das Ausmaß der Restriktionen zu bestimmen und in einem zweiten Schritt zu beurteilen, ob sich diese als zu weitgehend erweisen, so dass eine Änderung der multilateralen Abkommen notwendig wäre. Sicherlich ist es eine Frage der persönlichen Einstellung, wo das Optimum in der Balance zwischen Klimaschutz und Freiheit des Welthandels anzusiedeln ist. Doch wird hier als Grundkonsens vorausgesetzt, dass es eine Untergrenze gibt, unterhalb derer eine effektive Bekämpfung des Klimawandels ausgeschlossen ist und die deshalb nicht unterschritten werden sollte. Nach einer Darstellung gängiger Klimaschutz-Maßnahmen im ersten Teil

18 IPCC 2007: Synthesis Report, S. 65; *Voon*, J. Transnat'l L. & Pol'y 10 (2000), 71 (73); *Marcich*, Law & Pol'y Int'l Bus. 31 (2000), 917 (920).

beschäftigt sich der zweite Teil des zweiten Kapitels mit Problematiken, die als grundlegend für die Beziehung zwischen WTO und Klimaschutz betrachtet werden können. Denn die dort getroffenen Wertungen sind Basis für die gesamte nachfolgende Untersuchung und berücksichtigen insbesondere auch die wirtschaftswissenschaftliche Betrachtung von Klimaschutz-Maßnahmen. Werden in den anschließenden Teilen drei und vier des zweiten Kapitels auch konkrete einzelne Regelungen auf ihre Vereinbarkeit mit dem WTO-Recht überprüft, so wurden die Weichen für die Bewertung doch schon bei der Beantwortung der allgemeinen Fragen gestellt, die immer wieder Relevanz erlangen und sich wie ein roter Faden durch die Untersuchung ziehen. Dies gilt gleichermaßen für die Maßnahmen, die neben dem Klimaschutz auch dem Ausgleich von Wettbewerbsnachteilen durch die Klimapolitik dienen, wie auch für solche Regelungen, die einzig und allein das ordnungspolitische Ziel der Mitigation des Klimawandels verfolgen. Die Darstellung der einzelnen Klimaschutz-Maßnahmen, die angesichts der Fülle der existierenden und denkbaren Handlungsmöglichkeiten notwendigerweise nur eine Auswahl an Regelungen beinhalten kann, dient letztendlich der Illustration, um ein akkurates Gesamtbild der Beziehung zwischen Klimaschutz und WTO zu erhalten. Anhand der ausgewählten Beispiele sollen die abstrakten Grundlinien dieses Verhältnisses erforscht werden.

Zusätzlich zu dieser Betrachtungsweise, die sich ganz auf einen möglichen Konflikt mit dem WTO-Recht konzentriert und die man somit auch als „negativen" Aspekt des Welthandelsrechts bezeichnen könnte, sollte aber nicht vergessen werden, dass das System der WTO ebenso positiv für die Zwecke des Klimaschutzes eingesetzt werden könnte.[19] Diesem Gesichtspunkt widmet sich das dritte Kapitel. Es wäre denkbar, das System des WTO-Rechts auszunutzen, um Anreize zur Verringerung der Treibhausgasemissionen zu schaffen, etwa durch die Reduzierung von Zöllen als Belohnung für Klimaschutzbemühungen. Gerade im Hinblick auf Entwicklungsländer, denen gegenüber auf Grund ihrer schwachen wirtschaftlichen Lage Handelsrestriktionen schwer zu rechtfertigen sein dürften, stellt dies eine sinnvolle Herangehensweise dar. Der Eruierung dieses Ansatzes dient der erste Teil des dritten Kapitels. Allerdings sind auch hier die Möglichkeiten nicht unbegrenzt; vielmehr gilt es, die Vorgaben des WTO-Rechts zu beachten, insbesondere wenn eine Differenzierung innerhalb der Gruppe der Entwicklungsländer vorgenommen werden soll, also basierend auf der Zuordnung zu den Schwellen- oder den am wenigsten entwickelten Ländern (*least developed countries*, LDC). Weniger problematisch, weil sowohl dem multilateralen Ansatz der WTO als auch des Klimavölkerrechts entsprechend, ist die im zweiten Teil des dritten Kapitels dargestellte Nutzung der WTO als Forum für Verhandlungen zur Verbesserung der internationalen Zusammenarbeit im Hinblick auf den Klimaschutz. Allerdings entfernt sich diese Betrachtung

19 Vgl. *McIsaac*, JWT 44 (2010), 1053 (1054).

vom Kernthema dieser Arbeit, die der Erforschung nationaler, also unilateraler Maßnahmen zum Klimaschutz dient. Es handelt sich folglich gleichsam um einen Ausblick, der aber zum Verständnis der Beziehung von WTO und Klimaschutz erforderlich ist.

Zur Frage der Berücksichtigung von nicht-handelsbezogenen Themen im Rahmen der WTO äußerten die drei ehemaligen Generaldirektoren der WTO bzw. des GATT Arthur Dunkel, Donald Sutherland und Renato Ruggiero sich in einem gemeinsamen Statement des Jahres 2001 mit folgender Metapher[20]:

> *„The WTO cannot be used as a Christmas tree on which to hang any and every good cause that might be secured by exercising trade power. Nor can its branches be lopped off because it might sometimes tackle trade issues which have other public policy components."*

Zutreffend an dieser Aussage ist, dass bei aller Wichtigkeit von Anliegen wie dem Klima- oder Umweltschutz nicht vergessen werden darf, dass die WTO – wie schon ihr Name besagt – eine internationale Organisation für den Handel ist. Die Förderung der Handelsliberalisierung ist ihr primärer und historischer Zweck. Doch sind die heutigen Umstände nicht mehr mit denen beim Beschluss des GATT im Jahr 1947 vergleichbar. Um angesichts ihrer globalen Bedeutung und ihres großen Einflusses nicht die Legitimation gegenüber der Zivilgesellschaft zu verlieren, darf sich die WTO nicht-handelsbezogenen legitimen Anliegen nicht verschließen. Dies erkennt die Präambel des WTO-Übereinkommens explizit an. Ob diese Gratwanderung zwischen Wahrung der eigenen Identität als Handelsorganisation und Öffnung für andere Themen wie den Klimaschutz der WTO in ihrer derzeitigen Form gelingt, ist Gegenstand der nachfolgenden Untersuchung.

---

20 Joint Statement on the Multilateral Trading System vom 1. Februar 2001, abrufbar unter http://www.wto.org/english/news_e/news01_e/jointstatdavos_jan01_e.htm (zuletzt besucht am 10. März 2011).

1. Kapitel: Grundlagen

A. Definition, Ursachen und Auswirkungen des Klimawandels

Am Anfang der Betrachtung staatlicher Klimaschutz-Maßnahmen steht die Behandlung des naturwissenschaftlichen Hintergrunds des Klimawandels. Die rechtliche Bewertung der Kompatibilität mit dem WTO-Recht lässt sich nicht ohne Kenntnisse der naturwissenschaftlichen Zusammenhänge bewerkstelligen. Denn diese sind entscheidend, wenn es um die Beurteilung von Geeignetheit oder Notwendigkeit der Klimaschutz-Regelungen geht.

I. Das Klima

Etymologisch gesehen stammt das Wort Klima aus der griechischen Sprache und bedeutet „ich neige“ (κλινω = klino). Es kommt bereits bei Parmenides (ca. 500 v.Chr.) und Hippokrates (460-375 v.Chr.) vor und meint den Neigungswinkel der Einstrahlung der Sonne auf die Erdoberfläche. Je steiler der Neigungswinkel ist, desto wärmer sind die Erdoberfläche und die bodennahe Atmosphäre.[21] Nach der Definition der Klimatologen ist Klima die Statistik der Wetter-Messgrößen (Klimaelemente Temperatur, Niederschlag, Luftdruck, Luftfeuchte, etc.) über eine relativ große Zeitspanne (im Allgemeinen mindestens 30 Jahre laut WMO[22]). Durch die zeitliche Größenordnung unterscheidet es sich vom Wetter, das nur eine Momentaufnahme der Atmosphäre darstellt.[23]

II. Der Klimawandel

Nun ist das Klima aber nicht statisch, sondern variabel, d.h. es verändert sich im Laufe der Zeit z.B. im Hinblick auf die Durchschnittstemperatur und die Häufigkeit extremer Wetter- und Witterungsereignisse. Diese Klimavariationen vollziehen sich seit Anbeginn der Erde. Hierfür gibt es natürliche Ursachen, von denen nur einige genannt seien: Kontinentaldrift, Vulkanismus, Waldbrände, Vegetationsbedeckung der Erde, Bewölkung, Schneebedeckung oder Salzgehalt des Ozeans.[24]

---

21 *Schönwiese*, Klimatologie, S. 11.
22 World Meteorological Organisation, UN.
23 *Schönwiese*, Klima im Blickpunkt.
24 *Schönwiese*, Klimatologie, Tab. 24, S. 328.

Wenn allerdings in der politischen Diskussion die Rede vom Klimawandel ist, so bezieht sich dies allein auf das „*global warming*", also die Erhöhung der Durchschnittstemperatur im Industriezeitalter, insbesondere seit ca. 1850.[25] Auch stehen im Mittelpunkt der Überlegungen nicht die natürlichen Ursachen solcher Änderungen, sondern die anthropogene, d.h. die vom Menschen verursachte Klimabeeinflussung. Zentral ist dabei der sog. Treibhauseffekt.

1. Der natürliche Treibhauseffekt

Ein häufiger Irrtum ist, dass der Treibhauseffekt erst durch den Menschen ausgelöst worden sei. Tatsächlich basiert aber der Strahlungs- und Wärmehaushalt der Erde auf einem natürlichen Treibhauseffekt, der bedingt durch die Atmosphäre seit Entstehung des Planeten existiert.

Die Wärme der Atmosphäre beruht auf der Einstrahlung solarer Energie. Diese Strahlung erreicht die Erdoberfläche nur teilweise direkt. Zum Teil wird sie auch von Gasen und Partikeln in der Atmosphäre absorbiert, die dann zur Erwärmung derselben beitragen, bzw. von ihnen gestreut, so dass die Strahlung partiell zur Erdoberfläche gelangt. Diese Energie verbleibt aber nicht in der Erde. Vielmehr kommt es zu einer terrestrischen Strahlung, d.h. einer Wärmeabstrahlung der Erdoberfläche. Doch erreicht diese bedingt durch eine atmosphärische Rückstrahlung nicht ungehindert den interplanetaren Raum: Die atmosphärischen Bestandteile absorbieren die Strahlen, erwärmen sich und strahlen allseitig aus. Gäbe es die Atmosphäre nicht, so würde die terrestrische Strahlung einfach in den interplanetaren Raum abgestrahlt, ohne dass ein Teil zur Erdoberfläche zurückkäme. Den Unterschied zwischen dem Zustand mit und ohne Atmosphäre bezeichnet man als Treibhauseffekt.

Üblicherweise wird angenommen, dass ohne die Atmosphäre und somit ohne den Treibhauseffekt eine durchschnittliche bodennahe Erdoberflächentemperatur von -18°C herrschen würde. Tatsächlich liegt dieser Durchschnitt bei 15°C, was einen Unterschied von 33°C ausmacht. Es folgt daraus, dass ohne den Treibhauseffekt ein Leben auf der Erde nicht möglich wäre.

Entscheidend für diesen Mechanismus ist, dass die Gase und Partikel in der Atmosphäre für die solare Strahlung quasi transparent sind, also nur ein sehr geringer Teil absorbiert wird. Es gelangt deshalb ein großer Teil der Strahlung an die Erdoberfläche. Die terrestrische Abstrahlung wird hingegen zu einem viel größeren Teil absorbiert. Dies ist dadurch zu erklären, dass die Strahlung auf-

25 Die Industrialisierung begann schon Ende des 18. Jahrhunderts, erreichte ihren Höhepunkt vor allem außerhalb Englands aber erst im 19. Jahrhundert. Wenn häufig 1850 als Anfangpunkt für klimatologische Betrachtungen gewählt wird, so liegt das daran, dass erst ab diesem Zeitpunkt global annähernd flächendeckend direkte Messdaten der Klimaelemente vorhanden waren (vgl. *Schönwiese*, Klima im Blickpunkt, S. 2).

grund der Absorption durch die Erde ihre Wellenlänge ändert. Die Sonneneinstrahlung befindet sich hauptsächlich im Bereich des sichtbaren Lichts, also 400 bis 800 nm, die Wärmeabstrahlung spielt sich hingegen ganz im Bereich des Infrarots ab.

Treibhausgase sind folglich solche Gase in der Atmosphäre, deren Absorptionsbanden, d.h. Wellenlängenbereiche, in denen die Absorption stattfindet, mit der Wellenlänge der terrestrischen Abstrahlung übereinstimmen. Im Wesentlichen sind das – zumindest für den natürlichen Treibhauseffekt – der Wasserdampf (H_2O), außerdem Kohlendioxid (CO_2), Ozon (O_3), Distickstoffoxid (N_2O, Lachgas) und Methan (CH_4).[26]

2. Der anthropogene Treibhauseffekt

Zusätzlich zum natürlichen gibt es den anthropogenen Treibhauseffekt. Die physikalische Funktionsweise ist bei beiden Phänomenen identisch. Der Unterschied liegt aber darin, dass die klimawirksamen Spurengase anthropogenen, also menschlichen Emissionen entstammen. Dementsprechend kommen zu den oben genannten Treibhausgasen noch die teilhalogenierten und perfluorierten Kohlenwasserstoffe hinzu (z.B. FCKW), die in der Natur nicht vorkommen.

Die zusätzliche Wirkung des anthropogenen Treibhauseffekts beruht auf der durch menschliche Aktivitäten erhöhten Konzentration von klimawirksamen Spurengasen in der Atmosphäre. So liegt die CO_2-Konzentration mittlerweile bei über 380 ppm,[27] wohingegen sie im vorindustriellen Zeitalter ca. 280 ppm betrug, mit einer Schwankungsbreite von ± 10 ppm. Das IPCC geht in seinem Bericht von 2007 davon aus, dass die atmosphärische Kohlendioxidkonzentration die natürliche Bandbreite der letzten 650.000 Jahre bei Weitem übersteigt.[28] Dieser Anstieg lässt sich hauptsächlich auf die Nutzung fossiler Brennstoffe, aber auch auf Waldrodungen zurückführen. Für die Emission des zweitwichtigsten Treibhausgases, dem Methan, sind die Viehzucht, der Reisanbau, die Abfallwirtschaft und zum Teil auch die Förderung fossiler Energie verantwortlich.[29]

Infolge der erhöhten Konzentration klimawirksamer Spurengase in der Atmosphäre wird angenommen, dass in den nächsten Jahrzehnten die Temperatur um 0,2°C pro Jahrzehnt steigen wird. Selbst wenn die Konzentration nicht mehr zunehmen würde, so wären es immer noch 0,1°C pro Jahrzehnt.[30] Zudem wird er-

26 Siehe zum Ganzen *Schönwiese*, Klimatologie, S. 116 ff.

27 Parts per million.

28 IPCC 2007: Zusammenfassung für politische Entscheidungsträger, S. 2.

29 IPCC 2007: Zusammenfassung für politische Entscheidungsträger, S. 3; *Schönwiese*, Klimatologie, Tab. 27, S. 348.

30 IPCC 2007: Zusammenfassung für politische Entscheidungsträger, S. 12.

wartet, dass der Meeresspiegel im globalen Mittel bis 2100 um 20 bis 60 cm ansteigen wird.[31]

Die Veränderung der Zusammensetzung der Atmosphäre und der damit einhergehende Temperaturanstieg ziehen direkte und indirekte Konsequenzen nach sich. Zunächst wird hierdurch das Ökosystem verändert. Durch die modifizierten klimatischen Bedingungen kann es zu vermehrter Desertifikation in trockenen Gebieten kommen, ein Abschmelzen der Polkappen würde zu einem Anstieg des Meeresspiegels führen. In Flora und Fauna könnten einige Arten aussterben, die sich den neuen Verhältnissen nicht anpassen können. Auch der Wald ist gefährdet; zum einen, weil er sich nicht schnell genug anpassen kann, zum anderen wegen der erhöhten Gefahr von Waldbränden. Außerdem kann es zu einer Zunahme der sog. Großen Naturkatastrophen kommen.[32] Dies ist laut Globalstatistiken der Rückversicherungswirtschaft bereits der Fall. Die Anzahl solcher Katastrophen wie Stürme, Erdbeben, Tsunamis und Vulkanausbrüche unterlag von der Dekade 1960 bis 1969 bis heute mehr als einer Verdoppelung.[33] Die Zunahme der Schäden geht allerdings partiell auch auf nicht-klimatische Gründe wie z.B. die Wertekonzentration[34] zurück.[35]

Direkte Folgen für den Menschen sind darin zu sehen, dass bestimmte Krankheitserreger sich in Gegenden, in denen sie vorher nicht vorkamen, verbreiten können. Außerdem ist eine größere Anzahl von Hitzetoten zu erwarten. Auch wirken sich die oben genannten ökologischen Veränderungen in der Form auf das Leben der Menschen aus, dass sie bei Überschwemmungen und anderen Naturkatastrophen umkommen können. Zudem ist eine Nahrungsmittel- und Wasserknappheit denkbar.[36]

Die Szenarien der Klimaforscher zeigen, dass die ärmsten Regionen der Welt von diesen Folgen der Erderwärmung am stärksten betroffen wären. Daher ist auch von sozialen Konflikten auszugehen, wenn ein Anstieg der Temperatur dort zu Hungersnöten führt und die Migration verstärkt.[37]

---

31 *Schönwiese*, Klima im Blickpunkt, S. 7.

32 *Stocker*, in: Cottier u.a. (Hrsg.), International Trade Regulation and the Mitigation of Climate Change, S. 3 (8 f.).

33 *Schönwiese*, Klimatologie, S. 323.

34 Unter Wertekonzentration ist zu verstehen, dass durch die dichtere Besiedelung und Bebauung ein lokales Schadensereignis einen größeren Schaden anrichtet, weil an einem Ort mehr Werte konzentriert sind als früher.

35 *Schönwiese*, Klima im Blickpunkt, S. 4, a.a.O. Ob der Klimawandel überhaupt einen Einfluss auf solche extremen Wetterphänomene hat oder sich die Zunahme allein durch soziale Veränderungen erklären lässt, ist höchst umstritten. So wurde dem IPCC vorgeworfen, Studien in dieser Hinsicht verfälschend zu zitieren (siehe „IPCC zitiert Studie auf unseriöse Weise“, FAZ 25. Januar 2010).

36 *Bail*, EuZW 1998, 457 (457).

37 *Schönwiese*, Klimatologie, S. 364 ff.

3. Naturwissenschaftliche Unsicherheiten

Ausgehend von der Betrachtung dieser Auswirkungen des Klimawandels scheint ein Handlungsbedarf durch die Staaten begründbar. Allerdings werden die dargestellten Zusammenhänge nicht unangefochten anerkannt. So wird die Frage gestellt, ob es überhaupt eine Erderwärmung gibt und wenn ja, ob es sich hierbei tatsächlich um eine außergewöhnliche, einmalige Klimavariation handelt, die zwingend auf menschliche Aktivitäten zurückzuführen ist.

Zur ersten Frage, ob überhaupt eine Erwärmung existiert, kann gesagt werden, dass das Jahr 1998 das wärmste der letzten 1000 Jahre gewesen ist.[38] Laut Bericht des IPCC gehören „elf der zwölf Jahre von 1995 bis 2006 zu den zwölf wärmsten Jahren seit der instrumentellen Messung der globalen Erdoberflächentemperatur."[39] Allerdings ist dies für eine klimatologische Betrachtung ein eher kurzer Zeitraum und könnte als einzelner Ausreißer abgetan werden. Bemerkenswerter und aussagekräftiger in dieser Hinsicht ist die Tatsache, dass die Temperatur von 1901 bis 2000 um rund 0,7 K[40] anstieg (also 0,07 K pro Dekade), während diese Differenz von 1981 bis 2000 rund 0,3 K betrug (also 0,15 K pro Dekade). Dies stellt eine Verdoppelung des Temperaturanstiegs in den letzten Jahrzehnten und somit eine erhebliche Trendverstärkung dar.[41]

Zum Teil werden diese Daten aufgrund der angewandten Messmethoden angezweifelt. Dann kann aber auf objektiv zu beobachtende Phänomene hingewiesen werden, die deutlich für einen Anstieg der Temperatur sprechen. So stieg der Meeresspiegel im globalen Mittel von 1901 bis 2000 um 17 cm, von 1993 bis 2003 um 3,1 cm.[42] Auf eine Dekade bezogen zeigt sich also auch hier eine Verdoppelung des Anstiegs. Es kann auch mit hoher Wahrscheinlichkeit angenommen werden, dass die Geschwindigkeit des Meeresspiegelanstiegs vom 19. zum 20. Jahrhundert zugenommen hat.[43] Im Hinblick auf die Gletscher ist zu beobachten, dass ihr Volumen zwischen 1850 und 1975 um 50 % abgenommen hat.[44] Auch das arktische Meereis geht zurück;[45] analog hierzu nimmt die Schneebedeckung der Erdoberfläche in beiden Hemisphären ab.[46] Zuletzt ist noch darauf hinzuweisen, dass das Klima extremer wird: Wo es zu viel Niederschlag kommt, häufen sich auch die Starkniederschlagereignisse, in niederschlagsarmen Gebieten nimmt hingegen die Dürregefahr zu.

---

38 *Schönwiese*, Klimatologie, S. 309.

39 IPCC 2007: Zusammenfassung für politische Entscheidungsträger, S. 5.

40 Kelvin.

41 IPCC 2007: Zusammenfassung für politische Entscheidungsträger, S. 5; *Schönwiese*, Klimatologie, S. 310.

42 *Schönwiese*, Klimatologie, S. 310.

43 IPCC 2007: Zusammenfassung für politische Entscheidungsträger, S. 7.

44 *Haeberli/Maisch*, in: Endlicher/Gerstengarbe (Hrsg.), Der Klimawandel, S. 98 (102).

45 IPCC 2007: Zusammenfassung für politische Entscheidungsträger, S. 8.

46 IPCC 2007: Zusammenfassung für politische Entscheidungsträger, S. 5.

Angesichts dieser Beobachtung kann nicht negiert werden, dass es tatsächlich einen Trend zur Erderwärmung gibt.[47] Schwerer ist hingegen zu beurteilen, welche Art der Auswirkungen der Klimawandel haben wird und welches Ausmaß diese haben werden. Eine völlig unzweifelhafte Prognose kann es in dieser Hinsicht aufgrund der vielen zu berücksichtigenden Variablen und der Unwägbarkeiten nicht geben. Die Konsequenzen können nur mit einem gewissen Grad der Wahrscheinlichkeit angegeben werden, wie dies auch das IPCC in seinen Berichten tut.

Ebenfalls problematisch ist die Beurteilung der Kausalität menschlichen Handelns für diese Klimaänderung. Wie bereits gezeigt gibt es eine Reihe natürlicher Ursachen für den Klimawandel. Ob nun diese oder die anthropogenen Emissionen die Quelle der Erwärmung sind, kann nicht eindeutig beantwortet werden. Zumindest aber legt der bekannte Mechanismus des Treibhauseffektes nahe, dass ein Zusammenhang besteht. Denn es ist nicht von der Hand zu weisen, dass die Konzentration der klimawirksamen Spurengase im Industriezeitalter eklatant zugenommen hat. Diese Veränderung muss unweigerlich zu globalen Klimaänderungen führen.

Dennoch kann die Ursächlichkeit der veränderten Treibhausgas-Konzentration für die Erderwärmung in Zweifel gezogen werden. Oftmals wird damit argumentiert, dass bereits zu Zeiten, in denen es noch keine Nutzung fossiler Brennstoffe gab, ein ganz ähnliches Klima herrschte, das dementsprechend nicht auf die heute für den Klimawandel verantwortlich gemachten menschlichen Aktivitäten zurückgeführt werden kann. So war während des sog. Mittelalterlichen Klimaoptimums um 1000 bis 1100 die Temperatur im nordhemisphärischen Mittel sogar noch bis zu ca. 1 K höher als heute. Das könnte dafür sprechen, dass auch die derzeitige Erwärmung auf ganz anderen Ursachen beruht.

Hinsichtlich der CO_2-Konzentration ist zu bemerken, dass es schon früher (natürliche) Änderungen der Zusammensetzung der Erdatmosphäre gegeben hat. Beispielsweise lag in der letzten „Eiszeit" die atmosphärische CO_2-Konzentration bei nur rund 180-200 ppm, weil damals mehr CO_2 im Ozean gebunden war als das heute der Fall ist; vermutlich bestand damals auch eine – global gesehen – geringere Vegetationsbedeckung.[48]

Abschließend beantwortet werden kann die Frage der Kausalität nicht. Dennoch ist festzuhalten, dass Klimatologen es für sehr wahrscheinlich halten, dass der Klimawandel anthropogenen Ursprungs ist.[49] Immerhin vermag keines der

47 IPCC 2007: Zusammenfassung für politische Entscheidungsträger, S. 5.

48 *Schönwiese*, Klima im Blickpunkt, S. 6.

49 IPCC 2007: Zusammenfassung für politische Entscheidungsträger, S. 10; Zum Teil wird sogar erklärt, dass es außer Zweifel stehe, dass die Erwärmung primär durch die erhöhte Treibhausgas-Konzentration uns somit durch den Menschen verursacht wurde, *Stocker*, in: Cottier u.a. (Hrsg.), International Trade Regulation and the Mitigation of Climate Change, S. 3 (4).

vorhandenen Klimamodelle die Erwärmung der letzten Jahrzehnte auf natürliche Weise zu erklären.[50] Es wäre in der Tat ein bemerkenswerter Zufall, wenn das Zusammentreffen von Temperaturanstieg und erhöhter Treibhausgas-Konzentration – wobei Letztere unzweifelhaft den Treibhauseffekt beeinflusst – reine Koinzidenz wäre.

B. Der internationale Rahmen der Bekämpfung des Klimawandels

Auch die internationale Staatengemeinschaft hält die anthropogene Herkunft des Klimawandels für so wahrscheinlich und dessen Folgen für so dringlich, dass sie Handlungsbedarf sieht. Daher wurden völkerrechtliche Abkommen zum Umgang mit diesem Phänomen und vor allem zur Mitigation der globalen Erwärmung abgeschlossen. Der Inhalt sowie die Auswirkungen dieser Abkommen auf die völkerrechtlichen Pflichten der Staaten sollen im Folgenden dargestellt werden.

I. Die Klimarahmenkonvention

Der erste Schritt zu einem internationalen Klimaschutzregime wurde 1992 im Rahmen der UN auf der Weltkonferenz in Rio de Janeiro unternommen. Dort wurde das Rahmenübereinkommen der Vereinten Nationen über Klimaänderungen[51] (United Nations Framework Convention on Climate Change, UNFCCC)[52] geschaffen, das am 9. Mai 1992 beschlossen wurde und am 21. März 1994 in Kraft trat. Mittlerweile umfasst es 194 Mitglieder[53] und genießt somit quasi universelle Anerkennung.

Ziel der Konvention ist es, „die Stabilisierung der Treibhausgaskonzentration in der Atmosphäre auf einem Niveau zu erreichen, auf dem eine gefährliche anthropogene Störung des Klimasystems verhindert wird. Ein solches Niveau sollte innerhalb eines Zeitraums erreicht werden, der ausreicht, damit sich die Ökosysteme auf natürliche Weise den Klimaänderungen anpassen können, die Nahrungsmittelerzeugung nicht bedroht wird und die wirtschaftliche Entwicklung auf nachhaltige Weise fortgeführt werden kann.“[54]

Die Klimarahmenkonvention statuiert zunächst einige Grundsätze, die bei der Erreichung dieses Ziels zu beachten sind. Dabei ist besonders das Prinzip der

50 IPCC 2007: Zusammenfassung für politische Entscheidungsträger, S. 10; *Schönwiese*, Klima im Blickpunkt, S. 6.
51 Nachfolgend KRK.
52 ILM 32 (1992), 851; deutsche Fassung: BGBl. II 1993, 1784.
53 Quelle: www.unfccc.org (Stand: 2. Juli 2010).
54 Art. 2 KRK.

„gemeinsamen, aber unterschiedlichen Verantwortlichkeiten“[55] zu unterstreichen, nach dem die Industrieländer, die erstens wirtschaftlich leistungsfähiger und zweitens für einen überproportional großen Teil der Treibhausgasemissionen in der Vergangenheit verantwortlich sind,[56] den Löwenanteil der Anstrengungen zur Bekämpfung des Klimawandels zu leisten haben. In diesen Gedanken fügt sich auch die besondere Berücksichtigung der Bedürfnisse der Entwicklungsländer[57] ein, zumal unter dem Aspekt, dass diese besonders von den Auswirkungen der globalen Erwärmung bedroht werden. Hervorgehoben werden soll noch die Nennung des Vorsorgeprinzips, das auch im Falle des „Fehlens einer völligen wissenschaftlichen Gewissheit“ das Ergreifen von Maßnahmen erlaubt.[58]

Allerdings werden den Staaten neben der Beachtung dieser Grundsätze kaum konkrete materielle Pflichten auferlegt. In dieser Hinsicht unterscheidet die Klimarahmenkonvention zwischen den in Annex I aufgeführten Industrieländern, den in Annex II aufgezählten OECD-Mitgliedern und den restlichen Staaten. Für alle Vertragsparteien gelten die Verpflichtungen aus Art. 4 I KRK. Doch handelt es sich hierbei lediglich um allgemeine Verhaltensvorgaben, die nicht zum Ergreifen bestimmter Maßnahmen zwingen. So sollen beispielsweise Techniken zur Verminderung der Emission gefördert oder im Hinblick hierauf zusammengearbeitet werden.[59]

Annex I-Länder übernehmen dagegen spezifische Verpflichtungen: Sie müssen „nationale Politiken beschließen und entsprechende Maßnahmen zur Abschwächung der Klimaänderungen ergreifen, indem sie ihre anthropogenen Emissionen von Treibhausgasen begrenzen und ihre Treibhausgassenken und -speicher[60] schützen und erweitern.“[61] Somit wird zwar ein Tätigwerden gefordert, doch fällt auf, dass weder ein konkretes Ergebnis noch der Inhalt dieser Politiken und Maßnahmen definiert werden.[62] Lediglich im Rahmen der Be-

55 Common but differentiated responsibilities, Art. 3 Nr. 1 KRK.

56 Noch heute sind die Industriestaaten für über 50 % der Treibhausgasemissionen verantwortlich, obwohl sie einen weitaus geringeren Anteil der Weltbevölkerung ausmachen. (Quelle: World Resources Institute, World Resources 2005 – The Wealth of the Poor: Managing ecosystems to fight poverty, Statistischer Anhang, abrufbar unter http://pdf.wri.org/wrr05_dt_all.pdf, zuletzt besucht am 30. März 2011).

57 Art. 3 Nr. 2 KRK.

58 Art. 3 Nr. 3 KRK.

59 Art. 4 I lit. c KRK.

60 Treibhausgassenken und -speicher absorbieren Treibhausgase, so dass sie nicht in die Atmosphäre gelangen. Es gibt natürliche Treibhausgassenken wie Moore und Wälder und vom Menschen zur Mitigation des Klimawandels geschaffene, die sog. Carbon Capture and Storage (CCS).

61 Art. 4 II lit. a KRK.

62 *Bail*, EuZW 1998, 457 (458).

richtspflichten wird das unverbindliche Ziel genannt, die Treibhausgasemissionen wieder auf das Niveau von 1990 zurückzuführen.[63]

Durch die damit einhergehende Flexibilität konnte die Klimarahmenkonvention überhaupt erst etabliert werden. Gleichzeitig war aber den Mitgliedern durchaus bewusst, dass für eine erfolgreiche Bekämpfung des Klimawandels rechtsverbindliche Pflichten eine unabdingbare Voraussetzung sind. Die Klimarahmenkonvention sollte daher im Wege der sog. dynamischen Vertragsanpassung durch die Konferenz der Vertragsstaaten (*Conference of Parties*, COP) weiterentwickelt werden.[64]

II. Das Kyoto-Protokoll

Im Rahmen der ersten COP wurde der Auftrag erteilt, mengenmäßige Begrenzungs- und Reduktionsziele zu erarbeiten („Berliner Mandat“).[65] Auf der Grundlage der daraufhin stattfindenden Verhandlungen gelangten die Staaten auf der dritten Konferenz zu einer Einigung und verabschiedeten das Kyoto-Protokoll vom 11. Dezember 1997, in dem im Gegensatz zur Klimarahmenkonvention verbindliche Verpflichtungen enthalten sind. Dieses trat am 16. Februar 2005 mit der Ratifizierung durch Russland in Kraft.[66]

1. Pflicht zur Emissionsbegrenzung und -reduktion

Die wichtigste Weiterentwicklung im Vergleich zur Klimarahmenkonvention ist in Art. 3.1 des Kyoto-Protokolls (KP) enthalten: Die in Annex I (bezogen auf die Klimarahmenkonvention) aufgelisteten Staaten verpflichten sich nunmehr, „dass ihre gesamten anthropogenen Emissionen der […] Treibhausgase […] die ihnen zugeteilten Mengen, berechnet auf der Grundlage ihrer […] Emissionsbegrenzungs- und -reduktionsverpflichtungen […] nicht überschreiten.“ Ziel ist es dabei, die Gesamtemissionen von 2008 bis 2012 um mindestens 5 % unter das Niveau von 1990 zu senken.

Der bereits angesprochene Grundsatz der gemeinsamen, aber unterschiedlichen Verantwortlichkeiten wird auch im Rahmen dieser Emissionsbegrenzungs-

63 Art. 4 II lit. b KRK.

64 *Zenke/Vollmer*, in: Danner/Theobald, Energierecht, XV, B 5, Rn. 12; *Herdegen*, Internationales Wirtschaftsrecht, § 8, Rn. 16.

65 Entscheidung 1/CP.1 FCCC/CP/1995/7 Add.1.

66 Voraussetzung für das Inkrafttreten war gem. Art. 25 I KP, dass 55 Vertragsparteien der KRK das Protokoll ratifizieren, unter denen sich Annex I-Parteien, die zusammen für 55 % des CO_2-Ausstoßes in 1990 verantwortlich waren, befinden mussten. Diese zweite Voraussetzung war es, die durch die Ratifikation Russlands erfüllt wurde.

und -reduktionsverpflichtungen berücksichtigt. Daher treffen die Entwicklungsländer keinerlei derartige Pflichten; zwischen den Annex I-Staaten wird differenziert: In Anlage B des Kyoto-Protokolls werden die einzelnen Reduktionsziele für die Industrieländer aufgeführt. So muss etwa Deutschland seine Emissionen um 8 % reduzieren, wohingegen für Island sogar eine Steigerung um 10 % erlaubt ist. Die EU-Mitglieder haben eine sog. Verpflichtungsvereinbarung gem. Art. 4 KP getroffen, wonach sie ihre Verpflichtungen gemeinsam erfüllen, also für die Europäische Gemeinschaft insgesamt ein Reduktionsziel von 8 % besteht. Um „dem erwarteten Wirtschaftswachstum, dem Energiemix und der Industriestruktur der jeweiligen Mitgliedstaaten Rechnung zu tragen“[67], wird auch unter den EU-Mitgliedern noch einmal differenziert. Spitzenreiter ist dabei Luxemburg, das sich zu einer Reduktion von 28 % verpflichtet, wohingegen Portugal sich mit einer möglichen Steigerung von 27 % am entgegengesetzten Ende der Skala befindet.

Wenn das Kyoto-Protokoll somit auch verbindliche Zielvorgaben eingeführt hat, so ist dennoch weiterhin nicht geregelt, auf welche Art und Weise diese Ziele zu erreichen sind. Art. 2.1 lit. a) KP verpflichtet zwar die Annex I-Parteien, nationale Politiken und Maßnahmen zu ergreifen. Dabei werden auch mögliche Wege aufgezeigt, z.B. die Verbesserung der Energieeffizienz[68] oder die Förderung von erneuerbaren Energien,[69] doch handelt es sich hierbei weder um durchsetzbare Verpflichtungen, noch ist die Liste abschließend, wie sich schon aus den Worten „Maßnahmen *wie die folgenden*“[70] ergibt. Im Ergebnis ist die Aufzählung daher lediglich als Beispielliste zu sehen, die höchstens einen indikativen Wert haben kann. Den Staaten verbleibt damit jedweder Spielraum, um die Reduktionsziele zu erreichen.

2. Die flexiblen Mechanismen

Die Mitglieder des Kyoto-Protokolls sollen ihre Pflichten primär durch Maßnahmen auf ihrem eigenen Staatsgebiet erfüllen.[71] Neben diesen nationalen Politiken, die zumeist auf dem Prinzip von Verboten basieren,[72] enthält das Protokoll jedoch als zusätzliche Konkretisierung im Vergleich zur Klimarahmenkonvention weitere Möglichkeiten der Erreichung der Klimaschutzziele, nämlich

67 Entscheidung 2002/358/EG des Rates vom 25. April 2002 über die Genehmigung des Protokolls von Kyoto zum Rahmenübereinkommen der Vereinten Nationen über Klimaänderungen im Namen der Europäischen Gemeinschaft sowie die gemeinsame Erfüllung der daraus erwachsenden Verpflichtungen, Erwägungsgrund 12, ABl. L 130/2002.

68 Art. 2 I lit. a i) KP.

69 Art. 2 I lit. a iv) KP.

70 Hervorhebung vom Verfasser hinzugefügt.

71 *Winter*, ZUR 2009, 289 (289).

72 *Zenke/Vollmer*, in: Danner/Theobald, Energierecht, XV, B 5, Rn. 23.

die sog. flexiblen Mechanismen. Diese haben als Gemeinsamkeit, dass sie Emissionseinheiten ökonomisieren. Auf der Grundlage des Gedankens der Kosteneffizienz sollen Reduktionen dort erreicht werden, wo sie am günstigsten zu realisieren sind.[73] Hierdurch wird die Verminderung der Treibhausgasemissionen nicht nur ökologisch, sondern auch wirtschaftlich sinnvoll. Dafür haben die Staaten die Möglichkeit, ihre Bemühungen nicht auf ihr eigenes Staatsgebiet zu beschränken, sondern zusammenzuarbeiten.

Allerdings sind die flexiblen Mechanismen im Kyoto-Protokoll selbst lediglich in ihren Grundzügen skizziert. Die weitere Ausgestaltung wird teils durch die COP vorgenommen, teils ist sie den Mitgliedstaaten überlassen.

a) Der Emissionshandel

Das wohl bekannteste Instrument in dieser Hinsicht ist der Emissionshandel.[74] Hierbei wird die Gesamtmenge der zulässigerweise ausgestoßenen Treibhausgase auf ein bestimmtes Maß beschränkt („*cap*"), so dass durch diese Begrenzung eine Reduktion der Emissionen insgesamt erreicht werden kann. Im Rahmen dieser Gesamtmenge erhalten die Staaten bzw. die Unternehmen eine bestimmte Anzahl von Genehmigungen, wobei in der EU derzeit mindestens 90 % dieser Zertifikate kostenlos zugeteilt werden müssen.[75] Dies wird sich allerdings zukünftig ändern: Ab 2013 erfolgt die Zuteilung grundsätzlich durch kostenpflichtige Versteigerung.[76] Allerdings wird dies nur nach und nach realisiert, beginnend mit 20 %, die versteigert werden, bis 2027 eine Versteigerung gegen Entgelt von 100 % erreicht sein wird. Für Stromerzeuger wird es sogar bereits ab dem 1. Januar 2013 keine kostenlosen Zertifikate mehr geben.[77] Unabhängig davon, ob die Genehmigungen gegen Entgelt oder kostenfrei erhältlich sind, basiert das System auf folgendem Gedanken: Bleiben die Emittenten unterhalb der

---

73 *Weinreich*, ZUR 2006, 399 (403); *Zenke/Vollmer*, in: Danner/Theobald, Energierecht, XV, B 5, Rn. 29, *Reuter/Busch*, EuZW 2004, 39 (39).

74 Art. 17 KP; in der EU umgesetzt durch die Richtlinie 2003/87/EG des Europäischen Parlaments und des Rates vom 13. Oktober 2003 über ein System für den Handel mit Treibhausgasemissionszertifikaten in der Gemeinschaft und zur Änderung der Richtlinie 96/61/EG des Rates, ABl. L 338/2004 (nachfolgend Emissionshandelsrichtlinie). Diese bezieht sich bisher nur auf CO_2-Emissionen, für andere Treibhausgase wird ein Zertifikat erst ab 2013 erforderlich sein.

75 Art. 10 S. 2 der Emissionshandelsrichtlinie. In Deutschland geschieht die Verteilung der Zertifikate im Rahmen des Treibhausgas- und Emissionshandelsgesetzes (TEHG) durch Zuteilungsgesetze.

76 Art. 10 Abs. 1 der Emissionshandelsrichtlinie nach Änderung durch die Richtlinie 2009/29/EG des Europäischen Parlaments und des Rates vom 23. April 2009 zur Änderung der Richtlinie 2003/87/EG zwecks Verbesserung und Ausweitung des Gemeinschaftssystems für den Handel mit Treibhausgasemissionszertifikaten, ABl. L 140/63.

77 Art. 10a Abs. 3 der Emissionshandelsrichtlinie, eingefügt durch die Richtlinie 2009/29/EG.

ihnen zuerkannten Menge an Emissionen, so können sie die ungenutzten Zertifikate (sog. *assigned amount units*, AAU) an diejenigen Staaten bzw. Unternehmen verkaufen, die mehr Emissionen produzieren, als ihre Quote erlaubt („*trade*"). Nach diesen zwei Elementen wird das System auch „*cap and trade*" genannt.

Klarstellend sei darauf hingewiesen, dass der Emissionshandel sowohl zwischen Staaten erfolgen kann, um ihre in Anlage B enthaltenen Quoten zu erhöhen, als auch zwischen Unternehmen mit dem Ziel, nicht die ihnen vom Staat zugeteilten Zertifikate zu überschreiten. Das Kyoto-Protkoll bezieht sich dabei auf beide Formen des Handels, wohingegen die europäische Emissionshandelsrichtlinie nur den Emissionshandel zwischen Unternehmen und anderen Personen regelt.

In ökologischer Hinsicht ist der Effekt des Emissionshandels, das Niveau der Gesamtemissionen von vorneherein zu kontrollieren und zu begrenzen. Sein ökonomischer Vorteil liegt darin, dass die Emittenten entscheiden können, ob es günstiger ist, Modernisierungen durchzuführen, durch die der Treibhausgasausstoß reduziert wird, oder zusätzliche Genehmigungen zu erwerben.[78] Wenn also jeder Anlagenbetreiber für sich wirtschaftlich vernünftig handelt, so sinken die Kosten der Reduktion des Treibhausgasausstoßes insgesamt.

Dieser Mechanismus steht allerdings unter dem Vorbehalt, dass er lediglich „ergänzend zu den im eigenen Land ergriffenen Maßnahmen zur Erfüllung" der Zielvorgaben eingesetzt werden darf.[79] Das Protokoll stellt also klar, dass die vorgeschriebene Reduktion von Treibhausgasemissionen primär durch die in Art. 3.1 KP angesprochenen nationalen Politiken und Maßnahmen erreicht werden muss.

b) Die projektbezogenen Mechanismen

Neben dem Emissionshandel stehen den Mitgliedern zudem als weitere flexible Mechanismen die sog. projektbezogenen Mechanismen zur Verfügung, um ihren Emissionsreduktions- und -begrenzungsverpflichtungen nachzukommen. Der Name rührt daher, dass Staaten durch die Durchführung von emissionsmindernden Projekten bzw. die Investition in solche Vorhaben in anderen Vertragsstaaten ihre Verpflichtungen erfüllen können. Dies basiert auf dem Gedanken, dass Klimaschutz-Maßnahmen aufgrund der Globalität des Problems mit gleicher Wirkung an jedem Ort der Welt ergriffen werden können. Dabei ist es nur sinnvoll, dass dies der Ort ist, an dem die Emissionsreduktion am kostengünstigsten ist.[80]

---

78 *Winter*, ZUR 2009, 289 (290); *Reuter/Busch*, EuZW 2004, 39 (39).
79 Art. 17 S. 3 KP.
80 *Reuter/Busch*, EuZW 2004, 39 (41).

aa) Die gemeinsame Umsetzung

Im Rahmen der gemeinsamen Umsetzung (*Joint Implementation*, JI)[81] finanziert ein Investor aus einem Annex I-Land ein Projekt zur Reduktion des Ausstoßes von Treibhausgasen in einem anderen Annex I-Land. Die so eingesparten Emissionen erhält er sodann als Emissionsreduktionseinheiten (*emission reduction units*, ERU) zusätzlich zu seinen Zertifikaten. Gleichzeitig werden diese Einheiten von der Quote im Gastgeberland abgezogen, da sich sonst die Gesamtmenge an ausgestoßenen Treibhausgasen erhöhen würde.

Voraussetzung für den auf diese Weise durchgeführten Erwerb von ERUs ist wiederum, dass das Projekt „ergänzend zu Maßnahmen im eigenen Land"[82] erfolgt. Zudem muss nachgewiesen werden, dass es durch die Durchführung zu einer Verringerung der Emissionen im Gastgeberland gekommen ist, die es sonst nicht gegeben hätte, dass es sich also um eine zusätzliche („*additional*") Reduktion handelt.[83]

bb) Der Mechanismus für umweltverträgliche Entwicklung

Der Mechanismus für umweltverträgliche Entwicklung (*Clean Development Mechanism*, CDM)[84] unterscheidet sich von der JI lediglich dadurch, dass Gastgeberland des Projektes nicht ein Annex I-Staat, sondern ein Entwicklungsland ist. Als zusätzliches Ziel gilt hier der Transfer von klimaschonender Umwelttechnik in Länder, die andernfalls wirtschaftlich nicht leistungsfähig genug wären, um eine solche Technik zu erwerben.[85]

Ein entscheidender Unterschied zur JI liegt darin begründet, dass durch den CDM zusätzliche sog. zertifizierte Emissionsreduktionseinheiten (*certified emission reduction units*, CER) generiert werden. Denn mangels Emissionsbudget der Entwicklungsländer kann ein Abzug beim Gastgeberland nicht erfolgen.

3. Klimaschutz ab 2013: Das Post-Kyoto-Regime

Bereits jetzt liegt nach alledem in den Regelungen des Kyoto-Protokolls eine starke Betonung auf den nationalen Klimaschutz-Maßnahmen. Andere Wege werden nur als zusätzliche und somit untergeordnete Möglichkeiten angesehen. Diese Tendenz könnte sich noch einmal verstärken, sollten sich die Mitgliedstaaten nicht auf ein Nachfolgeprotokoll einigen können. Denn die Zielvorgaben, die in Anlage B aufgezählt sind, gelten nur bis zum Ende des Jahres 2012.

---

81 Art. 6 KP.
82 Art. 6 I lit. d KP.
83 Art. 6 I lit. b KP.
84 Art. 12 KP.
85 *Weinreich*, ZUR 2006, 399 (403).

Zwar verliert dadurch das Kyoto-Protokoll nicht seine Rechtsverbindlichkeit, so dass auch weiterhin auf konzertierte Maßnahmen wie die flexiblen Mechanismen zurückgegriffen werden kann. Allerdings bestünde dann nicht mehr die Notwendigkeit hierzu, denn es gäbe kein Emissionsbudget, auf das die so entstandenen ERUs oder CERs angerechnet werden könnten. Somit ist es vorstellbar, dass sich die Staaten, die eine konsequente Klimaschutzpolitik auch ohne internationales Abkommen verfolgen wollen, wieder mehr auf ordnungspolitische Maßnahmen innerhalb ihrer Grenzen konzentrieren, sollte das Scheitern von Kopenhagen tatsächlich ein Anzeichen dafür sein, dass eine erneute Einigung zwischen den Vertragsparteien derzeit nicht zu erreichen ist.

III. Das Verhältnis der internationalen Klimaschutz-Abkommen zum WTO-Recht

Im Hinblick auf die aktuelle Rechtslage, also die Geltung der Klimarahmenkonvention und des Kyoto-Protokolls, stellt sich die Frage, in welchem Verhältnis diese Abkommen zum WTO-Recht stehen. Dabei sind zwei Ebenen zu unterscheiden: Einmal betrifft dies das direkte Verhältnis zwischen den Normen des Klimavölkerrechts und des Welthandelsrechts. Zum anderen geht es aber auch um die Beziehung zwischen dem WTO-Recht und nationalen Maßnahmen, die zur Umsetzung der Klimaschutz-Abkommen ergriffen werden.[86] Der vorliegende Abschnitt soll sich mit der ersteren Konstellation befassen. Denn die Frage, ob eine Regelung einer Rechtsordnung die Regelung einer anderen Rechtsordnung verdrängt, ist Grundlage für die Beschäftigung mit dem Verhältnis zwischen nationalen Umsetzungsmaßnahmen und dem WTO-Recht. Schließlich ergeben sich ganz unterschiedliche Ausgangspunkte, je nachdem, ob das WTO-Recht anwendbar ist oder Vorschriften der multilateralen Klimaabkommen Anwendungs- oder Geltungsvorrang haben.[87]

Beim WTO-Recht sowie dem Kyoto-Protkoll und der Klimarahmenkonvention handelt es sich zunächst um eigenständige völkerrechtliche Verträge, die gleichberechtigt nebeneinander stehen.[88] Allerdings könnte sich ein Vorrang des einen oder anderen Regimes ergeben, wenn, wie bereits in der Einleitung aufgezeigt, ein Konflikt zwischen den Regelungen[89] besteht. Sind etwa zwei Staaten sowohl Mitglied der WTO als auch des Kyoto-Protokolls und verbietet Staat A den Import bestimmter Waren aus dem Staat B, weil diese bei Gebrauch eine zu

86 *Böckenförde*, ZaÖRV 2003, 971 (971).

87 Vgl. *Böckenförde*, ZaÖRV 2003, 971 (978 f.).

88 *Reuter*, Introduction au droit des traités, Rn. 196; *Puth*, WTO und Umwelt, S. 158; *Beyerlin*, Umweltvölkerrecht, Rn. 646.

89 Ein mögliches Spannungsverhältnis sieht auch *Herdegen*, Internationales Wirtschaftsrecht, § 10, Rn. 126.

hohe Menge an CO_2 produzieren, so liegt offensichtlich eine Verletzung von Art. XI:1 GATT vor, dem Verbot mengenmäßiger Beschränkungen. Gleichzeitig wäre diese Maßnahme aber vom Ziel des Kyoto-Protokolls, der Verminderung des Ausstoßes von Treibhausgasen gedeckt. Die Frage, die sich nun stellt, ist, ob das Kyoto-Protokoll den Regeln des GATT vorgeht, so dass diese vorliegend gar nicht anwendbar sind.

1. Vorrang des internationalen Klimaschutzregimes

Gem. Art. 3.2 S. 2 der Vereinbarung über Regeln und Verfahren zur Beilegung von Streitigkeiten (Understanding on Rules and Procedures Governing the Settlement of Disputes, DSU) sind die Bestimmungen des WTO-Rechts „im Einklang mit den herkömmlichen Regeln der Auslegung des Völkerrechts zu klären.“ Hieraus folgt, dass für Fragen des Vorrangs zwischen verschiedenen völkerrechtlichen Verträgen die Wiener Vertragsrechtskonvention (WVRK) herangezogen werden kann.[90]

Zunächst ist hierbei festzuhalten, dass sich in Übereinstimmung mit dem in Art. 30 Abs. 4 lit. b) WVRK zum Ausdruck kommenden Rechtsprinzip *pacta tertiis nec nocent nec prosunt* die Frage eines eventuellen Vorrangs nur dann ergeben kann, wenn wie im o.g. Beispiel beide Parteien beiden Verträgen angehören.[91] Durch den Beitritt zum Kyoto-Protokoll kann sich ein Staat nicht seiner Verpflichtungen aus dem WTO-Recht gegenüber einem Staat entziehen, der dieses Protokoll nicht ratifiziert hat.

Allerdings dürfte der Fall, dass zwei Parteien Mitglied beider Vertragsregimes sind angesichts der Tatsache, dass fast alle WTO-Mitglieder Partei der Klimarahmenkonvention sind[92] und immerhin ein Großteil das Kyoto-Protokoll ratifiziert hat, sehr häufig eintreten. Eine ausdrückliche Regelung für diesen Konflikt, wie sie in Art. 30 Abs. 2 WVRK vorgesehen und z.B. in Art. 104 Abs. 1 NAFTA[93] für bestimmte umweltvölkerrechtliche Verträge normiert ist[94],

90 Siehe EC – Biotech Products, Panel, para. 7.65; US – Carbon Steel, AB, para. 61; US - Gasoline, AB, S. 16 f.; India – Patents (US), AB, para. 46 f.; *Böckenförde*, ZaÖRV 2003, 971 (994).

91 Siehe zu diesem Prinzip *Sinclair*, The Vienna Convention on the Law of Treaties, S. 76ff.

92 Bis auf Hongkong/China und Macau/China; Stand: 30. März 2011.

93 North American Free Trade Agreement.

94 Art. 104 Abs. 1 NAFTA lautet: „In the event of any inconsistency between this Agreement and the specific trade obligations set out in:
a) the *Convention on International Trade in Endangered Species of Wild Fauna and Flora*, done at Washington, March 3, 1973, as amended June 22, 1979,
b) the *Montreal Protocol on Substances that Deplete the Ozone Layer*, done at Montreal, September 16, 1987, as amended June 29, 1990,

enthält weder die Klimarahmenkonvention noch das Kyoto-Protokoll. Art. 3 Nr. 5 S. 2 KRK bestimmt lediglich, dass „Maßnahmen zur Bekämpfung der Klimaänderungen […] weder ein Mittel ungerechtfertigter oder willkürlicher Diskriminierung noch eine verschleierte Beschränkung des internationalen Handels sein“ sollen. Entsprechend heißt es in Art. 2.3 S. 1 KP, dass die Maßnahmen und Politiken in einer Weise umgesetzt werden sollen, durch die „die nachteiligen Auswirkungen so gering wie möglich gehalten werden, darunter auch […] die Auswirkungen auf den Welthandel.“ Daraus kann aber kein Vorrang eines der beiden Rechtsregimes gelesen werden, sondern nur das Bestreben, bei der Anwendung der Abkommen möglichst einen schonenden Ausgleich zu finden.

a) Lex posterior derogat legi priori

Mangels expliziter Konfliktregeln ist somit auf die allgemeinen Regeln zurückzugreifen. Dies ist zunächst Art. 30 WVRK, der sich mit der Anwendung zeitlich aufeinander folgender Verträge über denselben Gegenstand beschäftigt und die Regel des *lex posterior* kodifiziert. Demnach geht das zeitlich spätere Gesetz dem früheren vor. Für die Bestimmung der relevanten Zeitpunkte ist auf die Annahme der Verträge abzustellen, nicht auf das Inkrafttreten. Denn die Regel des *lex posterior* beruht darauf, dass die Vertragsparteien ihren Willen geändert haben und dies nunmehr im neueren Vertrag zum Ausdruck kommt. Die Willensbildung ist aber schon bei der Annahme des Vertragstextes abgeschlossen, nicht erst bei seinem Inkrafttreten.[95]

Allerdings erscheint die Anwendung der *lex posterior*-Regel im vorliegenden Fall schwer durchführbar. Im Bezug auf den Konflikt zwischen Klimaschutzregime und Welthandelsrecht sind die relevanten Zeitpunkte kaum eindeutig festzulegen. So wäre es denkbar, auf den Beschluss der Klimarahmenkonvention abzustellen, also 1992, weil diese den Grundstein des Klimaschutzregimes darstellt. Die nachfolgenden Protokolle sind nur eine Form der dynamischen Vertragsanpassung dieses Instruments. Andererseits enthält nur das Kyoto-Protokoll, dessen Text 1997 verabschiedet wurde, spezifische Verpflichtungen,

---

c) the *Basel Convention on the Control of Transboundary Movements of Hazardous Wastes and Their Disposal*, done at Basel, March 22, 1989, on its entry into force for Canada, Mexico and the United States, or

d) the agreements set out in Annex 104.1,

such obligations shall prevail to the extent of the inconsistency, provided that where a Party has a choice among equally effective and reasonably available means of complying with such obligations, the Party chooses the alternative that is the least inconsistent with the other provisions of this Agreement.“

95 *Wilting*, Vertragskonkurrenz im Völkerrecht, S. 82 f.; *Aust*, Modern Treaty Law and Practice, S. 183; auf den Zeitpunkt des Inkrafttretens stellt offenbar *Hilf*, NVwZ 2000, 481 (481) ab.

die mit dem Welthandelsrecht in Konflikt geraten können. Erstmals trat das GATT 1947 in Kraft, doch wurde die WTO erst im Jahre 1995 gegründet, wobei zwar das GATT 1947 in das GATT 1994 integriert wurde, diese sich aber rechtlich voneinander unterscheiden.[96] Würde man jeden dieser Schritte als einen neuen Vertrag betrachten, so ergäbe sich daraus, dass zunächst nur das GATT galt, dann die Klimarahmenkonvention Vorrang genoss, um später wiederum vom WTO-Recht verdrängt zu werden, das sich letzten Endes dem Kyoto-Protokoll beugen muss. Die Frage der Anwendbarkeit hinge damit vom Zeitpunkt der jeweiligen Betrachtung und somit vom Zufall ab. Hierin kann aber nicht der Ausdruck des Willens der Vertragsparteien zu einer bestimmten Rangfolge der Verträge gesehen werden. Die Anwendung der *lex posterior*-Regel ist umso weniger sachgemäß, als sich das Klimaschutzregime durch die Beschlüsse der COP in fortwährendem Wandel befindet und hierdurch im Endeffekt immer das neueste Abkommen darstellen würde. Folglich ist der Rückgriff auf diese Konfliktregel unangemessen, da vom Zufall und nicht vom Willen der Vertragsparteien abhängig.[97]

b) Lex specialis derogat legi generali

Neben *lex posterior* ist als Konfliktregel allgemein anerkannt, wenn auch nicht in der WVRK ausdrücklich kodifiziert, dass das speziellere Gesetz dem allgemeinen vorgeht (*lex specialis derogat legi generali*).[98] Eine Anwendung dieser Regel für die vorliegende Fragestellung würde voraussetzen, dass die Klimaschutzabkommen speziellere Regeln im Verhältnis zum Recht der WTO darstellen. Dies könnte mit der Argumentation vertreten werden, dass die umweltbezogenen Regelungen im WTO-Recht nur sehr allgemein gehalten sind; es handelt sich um die Nennung des Umweltschutzes in der Präambel des WTO-Übereinkommens und die Rechtfertigungstatbestände in Art. XX (b) und (g) GATT. Allerdings ist zu bedenken, dass weder das Kyoto-Protokoll noch die Klimarahmenkonvention im Hinblick auf die Klimaschutzverpflichtungen ihrer Mitglieder zwingende Vorgaben über die Mittel zu ihrer Erreichung machen. Ein wirkliches Spezialitätsverhältnis kommt aber nur da in Frage, wo ein völkerrechtlicher Vertrag spezifische, von den Mitgliedstaaten zu ergreifende Han-

96 Art. II:4 WTO-Ü; unschlüssig zu der Frage, ob für die Belange der *lex posterior*-Regel auf 1947 oder 1994 abzustellen ist *Beyerlin*, Umweltvölkerrecht, Rn. 649.

97 *Hilf*, NVwZ 2000, 481 (481); *Puth*, WTO und Umwelt, S. 163; *Buck/Verheyen*, ZUR 2002, 89 (98); *Voon*, J. Transnat'l L. & Pol'y 10 (2000), 71 (77 f.).

98 *Marceau*, JWT 35 (2001), 1081 (1092) *Wilting*, Vertragskonkurrenz im Völkerrecht, S. 87; *Sinclair*, The Vienna Convention on the Law of Treaties, S. 98.

delsmaßnahmen vorsieht,[99] sei es, dass sie direkt auf eine Handelsbeschränkung abzielen, sei es, dass sie nur inzidente Auswirkungen auf den Handel haben. Anders als einige wenige andere Umweltabkommen[100] setzt das Klimaschutzregime aber wie bereits dargelegt nur einen Rahmen, der durch beliebige nationale Maßnahmen ausgefüllt werden kann, und schreibt keine Handelsmaßnahmen vor. Der Konflikt besteht also weniger zwischen den Klimaschutz-Verträgen und dem WTO-Recht, sondern vielmehr zwischen den einzelnen Maßnahmen und den letztgenannten Vorschriften.[101] Denn die Vorgaben des Kyoto-Protokolls können durchaus in WTO-rechtskonformer Art und Weise ausgefüllt werden.

Wollte man trotz alledem einen Normkonflikt annehmen, dann ist die Frage der Spezialität bei Weitem nicht so eindeutig, wie es auf den ersten Blick erscheinen mag. Zwar enthalten die Klimaschutzabkommen ohne Zweifel die spezielleren Regeln im Hinblick auf den Umweltschutz. Doch betrachtet man die Frage aus der anderen Richtung, nämlich von einer Handelsperspektive aus, so wird deutlich, dass hinsichtlich der Handelsrestriktionen das WTO-Recht spezieller ist.[102] Im Zweifel wird jeder Betrachter immer die Regelung als spezieller qualifizieren, die aus seinem eigenen Sachgebiet stammt.[103] Bedenkt man dies, so muss die Anwendung der *lex specialis*-Regel schon deshalb ausscheiden, weil sie praktisch nicht durchführbar ist.[104]

Ein weiteres Argument gegen die Annahme eines Spezialitätsverhältnisses liefern die oben zitierten Vorschriften aus Klimarahmenkonvention und Kyoto-Protokoll, nach denen die nachteiligen Auswirkungen auf den Welthandel so gering wie möglich gehalten werden sollen. Auch die *lex specialis*-Regel ist letztendlich nur eine Auslegungsmethode zur Ergründung der Intention der Ver-

99 *Buck/Verheyen*, ZUR 2002, 89 (98); so auch *Hohmann*, RIW 2000, 88 (96), der zwar grundsätzlich der Annahme eines Spezialitätsverhältnisses zwischen Umweltabkommen und dem WTO-Recht zugeneigt ist, dies aber nur, wenn das Umweltabkommen spezifische Handelsregeln enthält.

100 So verbietet etwa Art. 4 (1) des Montrealer Protokolls über Stoffe, die zu einem Abbau der Ozonschicht führen, die Einfuhr dieser Stoffe aus Staaten, die nicht Vertragspartei sind (26 ILM 1987, 1541; BGBl. 1988 II S. 1015). Ausdrückliche Handelsmaßnahmen enthalten außerdem das Basler Übereinkommen über die Kontrolle der grenzüberschreitenden Verbringung gefährlicher Abfälle und ihrer Entsorgung (18 ILM 1989, 649) und das Washingtoner Artschutzübereinkommen (Übereinkommen über den internationalen Handel mit gefährdeten Arten freilebender Tiere und Pflanzen, kurz: CITES, 12 ILM 1973, 1085).

101 *Green*, JIEL 8 (2005), 143 (146).

102 *Hilf*, NVwZ 2000, 481 (481); *Puth*, WTO und Umwelt, S. 166.

103 *Trüeb*, Umweltrecht in der WTO, S. 223 f.

104 Auf die Probleme bei der Frage, welcher Vertrag der spezieller ist, weist auch *Wilting*, Vertragskonkurrenz im Völkerrecht, S. 88 f. hin.

tragsparteien.[105] Durch die Aufnahme dieser einen Ausgleich suchenden Regelungen haben die Mitglieder des Klimaschutzregimes aber mit hinreichender Deutlichkeit zum Ausdruck gebracht, dass eine Verdrängung der Belange des Welthandelsrechts gerade nicht gewollt ist. Vielmehr soll, soweit möglich, ein konfliktloses Nebeneinander erreicht werden. Daher erscheint es wenig überzeugend, einen Willen der Mitglieder der Klimarahmenkonvention oder des Kyoto-Protokolls anzunehmen, durch den Abschluss dieser Verträge die Anwendung des WTO-Rechts auszuschließen.

Aber nicht nur seitens der Klimaschutzabkommen ist eine Auslegung, die zur einseitigen Durchsetzung eines der beiden Belange führt, abzulehnen. Auch im Rahmen der WTO wird eine „praktische Konkordanz" zwischen Welthandel und Umweltschutz angestrebt. So äußerte das Committee on Trade and Environment in Anlehnung an die Agenda 21[106]: WTO-Abkommen und multilaterale Umweltabkommen sind repräsentativ für die Bemühungen der internationalen Gemeinschaft, gemeinsame Ziele zu verfolgen, und bei der Entwicklung einer sich gegenseitig unterstützenden Beziehung muss beiden gebührender Respekt gewährt werden.[107] Die Betonung liegt demnach auf dem Versuch, beide Regimes zu einem Ausgleich zu bringen und nicht den Regelungen des Welthandelsrechts einen Vorrang einzuräumen.

Im Übrigen würde die Annahme eines solchen Vorrangs zu einer Alles-oder-nichts-Lösung führen, die einseitig eine der beiden Interessen bevorzugt. Auch das widerspricht der in Art. 3 Nr. 5 S. 2 KRK und Art. 2.3 S. 1 KP zum Ausdruck gebrachten Intention. Ein schonender Ausgleich ist viel eher zu erreichen, wenn beide Regimes nebeneinander anwendbar sind.[108] Im Falle einer Verletzung des WTO-Rechts kann dann eine Rechtfertigung in Betracht gezogen werden, im Rahmen derer Voraussetzungen aufzustellen sind, die eine Konkordanz zwischen beiden Interessen herstellen.

---

105 *Puth*, WTO und Umwelt, S. 165; *Herdegen*, Internationales Wirtschaftsrecht, § 10, Rn. 129.

106 Para 2.3 (b): Making trade and environment mutually supportive.

107 „WTO Agreements and multilateral environmental agreements (MEAs) are representative of efforts of the international community to pursue shared goals, and in the development of a mutually supportive relationship between them, due respect must be afforded to both." Report (1996) of the Committee on Trade and Environment, WT/CTE/1, 12 November 1996, para. 171, Section VII of the Report of the General Council to the 1996 Ministerial Conference, WT/MIN(96)/2, 26 November 1996.

108 *Hilf*, NVwZ 2000, 481 (484).

c) Inter se-Abmachungen

Eine letzte Möglichkeit, ein andersartiges Verhältnis zwischen Klimaschutz- und Welthandelsregime anzunehmen, wäre die Qualifikation des Kyoto-Protokolls als Inter se-Abmachung im Sinne des Art. 41 WVRK.[109] Das würde bedeuten, dass die Staaten, die dieses Protokoll ratifiziert haben, nur untereinander und ohne Wirkung für Dritte eine Modifikation des WTO-Rechts vornehmen wollten.

Dies trifft aus ähnlichen Gründen wie die Bejahung eines Spezialitätsverhältnisses auf Bedenken. Zunächst muss wiederum in Abrede gestellt werden, dass es überhaupt der Intention der Vertragsparteien entspricht, von den Regelungen des WTO-Rechts abzuweichen. Dass es aber eines entsprechenden Willens bedarf und eine solche Modifikation nicht als unvorhergesehene Nebenfolge eines Vertragsschlusses auftreten kann, wird vor allem in Art. 41 Abs. 1 WVRK hinreichend deutlich. Dort heißt es: „Zwei oder mehrere Vertragsparteien eines mehrseitigen Vertrags können eine Übereinkunft schließen, *um*[110] den Vertrag ausschließlich im Verhältnis zueinander zu modifizieren [...].“ Durch das Wort „um“ wird ausgedrückt, dass eine Zielgerichtetheit erforderlich ist, dass die Parteien den Vertrag gleichsam gerade deshalb schließen, um eine Modifikation herbeizuführen. Davon kann aber für das Kyoto-Protokoll und die Klimarahmenkonvention im Hinblick auf das WTO-Recht nicht ausgegangen werden. Dies gilt umso mehr, wenn man bedenkt, dass diese Abkommen ausdrücklich darauf gerichtet sind, keinen Konflikt auszulösen.

Zudem kann mit recht angezweifelt werden, dass die Klimaschutz-Abkommen überhaupt eine Modifikation im Sinne des Art. 41 WVRK zeitigen. Mangels konkret vorgeschriebener Handelsmaßnahmen wird das WTO-Recht gar nicht unmittelbar berührt. Die Ziele des Klimaschutzes können dagegen bei der Auslegung des WTO-Rechts hinzugezogen werden,[111] was gegen eine Änderung und für ein konfliktloses Nebeneinander spricht.

Auch erscheint die Zulässigkeit einer solchen Modifikation im Rahmen des WTO-Rechts mehr als zweifelhaft. Art. 41 Abs. 1 lit. b) ii WVRK macht die Rechtmäßigkeit einer Inter se-Abmachung davon abhängig, dass sie „sich nicht auf eine Bestimmung bezieht, von der abzuweichen mit der vollen Verwirklichung von Ziel und Zweck des gesamten Vertrags unvereinbar ist.“ Nun war eine der Weiterentwicklungen der Welthandelsorganisation im Vergleich zu ihrem Vorgänger, dem GATT 1947, dass alle multilateralen Abkommen für alle Mitgliedsländer ohne Ausnahme als Einheitsübereinkommen gelten (*single un-*

109 Hierfür im Allgemeinen für Umweltabkommen *Mavroidis*, JWT 34 (2000), 73 (77).

110 Hervorhebung durch den Verfasser hinzugefügt.

111 Siehe unten S. 61 f.

dertaking oder *single package*)[112] und dass Vorbehalte unzulässig sind.[113] Damit wurde ein einheitliches Regelwerk erreicht, das die Gleichheit und Reziprozität der Vertragsparteien sicherte.[114] Wäre es nun möglich, durch Abkommen zwischen einigen der Staaten Abweichungen im Regime zu erreichen, so würde dieses Ziel der Einheitlichkeit verfehlt und eine Zerstückelung der Rechtsordnung herbeigeführt.[115] Außerdem würden hierdurch die formellen Anforderungen an die Erteilung einer Ausnahmegenehmigung (sog. *waiver*) gem. Art. IX:3 bis IX:5 WTO-Ü unterlaufen. Auch aus diesem Grund ist der Einordnung der Klimaschutz-Abkommen als Inter se-Abmachungen eine Absage zu erteilen.

Nach alledem handelt es sich bei Welthandelsrecht und Klimaschutz-Verträgen um zwei voneinander unabhängige Regimes, die nicht in einem Konfliktverhältnis stehen und sich nicht gegenseitig verdrängen, sondern sich allenfalls gegenseitig beeinflussen.

2. Auslegung des WTO-Rechts im Lichte der Klimaschutz-Abkommen

Dass die Regelungen der internationalen Klimaschutz-Abkommen das WTO-Recht nicht verdrängen können, heißt aber nicht, dass sie im Rahmen dieses Regimes unbeachtlich sind. Vielmehr können sie zur Auslegung der Vorschriften dieses Rechts dienen.[116] Im Einklang mit diesem Gedanken äußerte der Appellate Body, dass das GATT nicht in klinischer Isolation vom Völkerrecht interpretiert werden darf.[117] Gerade im Bereich des Umweltrechts nutzte er multilaterale Abkommen, um etwa zu bestimmen, was unter erschöpflichen Naturschätzen im Sinne des Art. XX lit. g) GATT zu verstehen sei; dies sogar, obwohl nicht alle Beteiligten des Streitbeilegungsverfahrens Vertragsparteien dieser Abkommen waren.[118] Es stellt sich bei der Beurteilung dieser Streitbeilegungsentscheidung die Frage, wie diese Vorgehensweise dogmatisch begründet werden kann.[119]

---

112 Art. II:2 WTO-Ü; vgl. hierzu *Schöbener/Herbst/Perkams*, Internationales Wirtschaftsrecht, § 10, Rn. 23; *Stoll/Schorkopf*, WTO, Rn. 18.

113 Art. XVI:5 WTO-Ü.

114 *Carreau/Juillard*, Droit international économique, Rn. 179, 195.

115 A.A. *Pauwelyn*, AJIL 95 (2001), 535 (548 ff.).

116 *Weiß*, in: Herrmann/Weiß/Ohler, Welthandelsrecht, § 10, Rn. 360; *Quick*, GTCJ 3 (2008), 163 (169); *Böckenförde*, ZaÖRV 2003, 971 (993).

117 US – Gasoline, AB; S. 15.

118 US – Shrimp, AB, para. 130. Für den Rückgriff auf internationale Abkommen im Rahmen des Art. XX GATT auch *Weiß*, in: Herrmann/Weiß/Ohler, Welthandelsrecht, § 10, Rn. 360.

119 Der Appellate Body erläutert dies im *Shrimp/Turtle*-Fall nicht. So auch *Böckenförde*, ZaÖRV 2003, 971 (994, Fn. 89).

Wie gesagt sind im WTO-rechtlichen Streitbeilegungsverfahren die herkömmlichen Regeln der Auslegung des Völkerrechts anwendbar[120], also die Bestimmungen der WVRK.[121] Somit wäre es denkbar, die Klimaschutz-Abkommen als „in den Beziehungen zwischen den Vertragsparteien anwendbare einschlägige Völkerrechtssätze“ i.S.d. Art. 31 Abs. 3 lit. c) WVRK zu sehen. Dann wären sie bei der Auslegung des WTO-Rechts zu berücksichtigen. Mit diesem Ansatz lässt sich allerdings nicht erklären, warum ein völkerrechtliches Abkommen bei der Interpretation herangezogen werden soll, obwohl nicht einmal die Parteien des Streitbeilegungsverfahrens Parteien dieses Übereinkommens sind. Denn der Wortlaut des Art. 31 Abs. 3 lit. c) WVRK ist insofern eindeutig: Der Völkerrechtssatz muss zwischen den Parteien anwendbar sein. Auf diese Weise kann die Berücksichtigung von völkerrechtlichen Verträgen bei der Auslegung des WTO-Rechts folglich nicht erklärt werden, wenn nicht alle Streitparteien Mitglieder dieser Abkommen sind.[122] Das ist im vorliegenden Kontext vor allem im Bezug auf das Kyoto-Protkoll relevant, da mehrere Staaten Mitglied der WTO sind, dieses Protokoll jedoch nicht ratifiziert haben.[123]

Eine weitere Frage ist, ob Art. 31 Abs. 3 lit. c) WVRK eingreift, wenn zwar alle streitenden Parteien den fraglichen Vertrag ratifiziert haben, nicht aber alle WTO-Mitgliedstaaten. Diese Konstellation dürfte sich häufig im Bezug auf die Klimarahmenkonvention[124] ergeben, da diese lediglich von zwei WTO-Mitgliedern nicht ratifiziert wurde.[125] Der Wortlaut[126] von Art. 31 Abs. 3 lit. c) WVRK spricht zunächst gegen diese Annahme. Es wird abgestellt auf Rechtssätze „*applicable in the relations between the parties.* “ Damit bezieht sich die Vorschrift auf Regelungen, die zwischen den Parteien des auszulegenden Vertrags, hier also des WTO-Rechts, anwendbar sind. Parteien des WTO-Rechts sind aber alle Mitgliedstaaten, nicht nur die an einem konkreten Streitbeilegungsverfahren beteiligten.[127] Das spricht gegen die Einschlägigkeit von Art. 31. Abs. 3 lit. c) WVRK für die Heranziehung der Klimarahmenkonvention bei der Auslegung von WTO-Recht. Außer dem Wortlaut muss auch beachtet werden, dass gerade durch die Gründung der WTO ein einheitliches Rechtsregime für

---

120 Art. 3.2 S. 2 DSU.

121 Siehe oben S. 23.

122 So auch EC – Biotech Products, Panel, para. 7.71.

123 Z.B. die USA; vgl. *Quick*, GTCJ 3 (2008), 163 (169).

124 *Quick*, GTCJ 3 (2008), 163 (169) misst dem jedoch nur geringe Bedeutung für die Auslegung des WTO-Rechts bei, weil die Klimarahmenkonvention die Industrieländer lediglich dazu anhält, Treibhausgas-Emissionen zu reduzieren, sie aber nicht dazu verpflichtet.

125 Siehe bereits oben Fn. 92.

126 Siehe zur Frage der Auslegung des Parteienbegriffs in Art. 31 Abs. 3 lit. c) WVRK eingehend *Böckenförde*, ZaÖRV 2003, 971 (996 f.).

127 EC – Biotech Products, Panel, para. 7.68 m.w.N.

die Beziehungen zwischen den Mitgliedstaaten geschaffen werden sollte.[128] Wenn die Klimaschutzabkommen in einem Streitbeilegungsverfahren bei der Auslegung nicht berücksichtigt werden, weil eine der Streitparteien sie nicht ratifiziert hat, bei anderen Verfahren, deren Parteien alle Mitglied des betroffenen Abkommens sind aber schon, dann führt das zu einem uneinheitlichen „Flickenteppich" von Verpflichtungen unter dem WTO-Recht.[129] Aus diesem Grund ist die Anwendung von Art. 31 Abs. 3 lit. c) WVRK auf Klimaschutz-Abkommen auch in Fällen, in denen alle Parteien des Streitbeilegungsverfahrens es ratifiziert haben, abzulehnen.[130]

Dennoch können die Klimaabkommen bei der Auslegung des WTO-Rechts berücksichtigt werden. Dies geschieht im Rahmen des Art. 31 Abs. 1 WVRK, nach dem die gewöhnliche Bedeutung zu erforschen ist. Völkerrechtliche Verträge dienen als Informationsquelle für die Beantwortung der Frage, welche gewöhnliche Bedeutung (*ordinary meaning*) ein rechtlicher Begriff hat.[131] Sie werden demnach vergleichbar mit einem Lexikon eingesetzt. Der Unterschied zu einer Berücksichtigung unter der Ägide von Art. 31 Abs. 3 lit. c) WVRK liegt darin, dass die Heranziehung nicht verpflichtend[132] ist, sondern dem Auslegenden offen steht.[133] Außerdem ist hervorzuheben, dass ein völkerrechtlicher (Klima-)Vertrag auch dann Erkenntnisse über die gewöhnliche Bedeutung eines Begriffs – gerade im Kontext des Klimarechts – erlauben kann, wenn nicht alle Parteien des Streitbeilegungsverfahrens Partei dieses (Klima-)Abkommens sind.[134]

Im Ergebnis vermag daher weder die Klimarahmenkonvention noch das Kyoto-Protokoll das WTO-Recht zu verdrängen. Diese Instrumente finden stattdessen im Rahmen der Auslegung[135] bei der Frage der gewöhnlichen Bedeutung von Bestimmungen Beachtung, wobei diese Möglichkeit nicht zu unterschätzen ist. In Streitbeilegungsverfahren wird das Recht der WTO im Kontext der Zeit betrachtet, es ist nicht statisch.[136] Daher kann ein starker internationaler Konsens entscheidende Impulse geben, wie auch der Wandel der Entscheidungen vom

---

128 Siehe oben S. 28.

129 Vgl. hierzu EC – Biotech Products, Panel, para. 7.70; *Böckenförde*, ZaÖRV 2003, 971 (984 f.).

130 Letztendlich musste sich das Panel in EC – Biotech Products hierzu nicht äußern, weil nicht einmal alle Parteien des Verfahrens die einschlägigen Übereinkommen ratifiziert hatten, para. 7.72.

131 EC – Biotech Products, Panel, para. 7.92.

132 Siehe zur Verpflichtung der Berücksichtigung unter Art. 31 Abs. 3 lit. c) WVRK EC - Biotech Products, Panel, para. 7.69.

133 EC – Biotech Products, Panel, para. 7.93.

134 Vgl. EC – Biotech Products, Panel, para. 7.94.

135 Zu beachten ist der Unterschied zwischen direkter Anwendung der Normen und Heranziehung zur Auslegung des WTO-Rechts, *Böckenförde*, ZaÖRV 2003, 971 (983, 988 f.).

136 US – Shrimp, AB, para. 129; siehe dazu näher unten S. 61 f.

Tuna-Fall zum *Shrimp/Turtle-Report* zeigt. Die Kooperation auf internationaler Ebene kann folglich gezielt dazu eingesetzt werden, die Auslegung des WTO-Rechts auf für den Klimaschutz positive Weise zu beeinflussen.[137] Ein starker oder sogar annähernd universeller Konsens, wie er bei der Klimarahmenkonvention vorzufinden ist, wird von den Panels und dem Appellate Body nicht unberücksichtigt bleiben.

Im Übrigen erzielt diese Sichtweise der Auslegung des WTO-Rechts im Lichte des Klimavölkerrechts eine größere Übereinstimmung mit den Vorschriften der Klimarahmenkonvention und des Kyoto-Protokolls, als die Annahme eines Vorrangs des Klimaschutzes. Denn in diesen Abkommen wird ausdrücklich die Pflicht statuiert, nachteilige Auswirkungen auf den Welthandel so weit wie möglich zu vermeiden, also Rücksichtnahme auf die Belange der Handelsliberalisierung gefordert. Außerdem ermöglicht der Ansatz der harmonischen Auslegung die größtmögliche Befolgung des Grundsatzes der Vertragstreue (*pacta sunt servanda*). Denn hierdurch können die Pflichten aus den Abkommen beider Rechtsordnungen – des Klimavölkerrechts und des Welthandelsrechts – befolgt werden.

---

137 *Buck/Verheyen*, International Trade Law and Climate Change, S. 37 ff.

2. Kapitel: Die Möglichkeiten staatlicher Klimaschutz-Maßnahmen unter dem WTO-Recht

Auch wenn nach alledem das WTO-Recht und die internationalen Klimaschutz-Abkommen in einem Verhältnis der gegenseitigen Förderung („*mutual supportiveness*") stehen, so folgt daraus nicht auch, dass die Maßnahmen, die Staaten ergreifen, um die Ziele dieser Abkommen zu erreichen oder um unabhängig von diesen eine Politik des Klimaschutzes zu betreiben, niemals in einen Konflikt mit dem Welthandelsrecht treten können. Vielmehr ergibt sich hieraus nur die Pflicht, auf beide Belange, also den Klimaschutz und den grenzüberschreitenden Handel, Rücksicht zu nehmen. So wünschenswert ein konfliktloses Nebeneinander auch wäre, so wenig realistisch erscheint diese Annahme, wenn man die Erfahrungen bedenkt, die bisher unter dem Schlagwort von WTO und Umwelt gemacht wurden.

Bevor das Konfliktpotential jeder einzelnen Regelung ausgelotet werden kann, müssen zuerst die möglichen Klimaschutz-Maßnahmen identifiziert werden. Zudem stellt sich im Rahmen der Überprüfung solcher Maßnahmen eine Reihe von Rechtsfragen, die nicht nur bei einer bestimmten Art von Klimaschutzpolitik relevant sind, sondern die fast durchweg Bedeutung bei der Beurteilung der Vereinbarkeit mit dem WTO-Recht erlangen. Diese sollen daher gewissermaßen vor die Klammer gezogen, gleichsam als Grundprobleme der Beziehung zwischen Welthandelsrecht und Klimaschutz behandelt werden.

A. Mögliche Klimaschutz-Maßnahmen

Die verschiedenen Klimaschutz-Maßnahmen, die zum Teil bereits in die Realität umgesetzt worden sind, zum Teil bisher nur in der politischen Diskussion stehen, können nach ihrer Wirkungsweise in verschiedene Gruppen aufgeteilt werden.

I. Markt- und preisbasierte Maßnahmen

Besonderer Beliebtheit im Bereich der Klimaschutzpolitik erfreuen sich marktbasierte Maßnahmen. Im Gegensatz zu staatlichen Ge- und Verboten schreiben diese kein bestimmtes Verhalten vor, sondern schaffen einen Anreiz für klimafreundliches Verhalten.[138] Durch staatliche Lenkung soll erreicht werden, dass

---

138 *Ismer*, European Yearbook of International Economic Law 2010, S. 205 (208).

klimapolitisch vernünftige Maßnahmen ergriffen werden, weil sie wirtschaftlich sinnvoll sind und nicht, weil sie hoheitlich angeordnet wurden.

So verhält es sich etwa mit dem bereits oben beschriebenen Emissionshandel oder auch *cap-and-trade*. Dabei investiert ein Unternehmen nicht deshalb in energiesparende Produktionsmethoden, weil dies zwingend vorgeschrieben ist, sondern weil es durch die Verringerung des Treibhausgas-Ausstoßes Kosten für den Erwerb von Emissionszertifikaten einsparen bzw. ungenutzte Zertifikate gewinnbringend veräußern kann. Dies geschieht immer dann, wenn die Kosten der Investition geringer als die der Beibehaltung eines CO_2-intensiven Produktionsprozesses sind, so dass die Neuerung betriebswirtschaftlich sinnvoll ist.[139]

Auf einem ähnlichen Prinzip, nämlich einem preisbasierten Mechanismus, beruht auch die Energie- bzw. CO_2-Steuer. Dabei richtet sich Letztere ausdrücklich am CO_2-Gehalt der verschiedenen Energieträger aus, während Erstere den Verbrauch von Energie unabhängig von einem solchen Bezug besteuert.[140] In Deutschland wird diese Rolle durch die sog. Ökosteuer ausgefüllt. Mit diesem Begriff sind die Einnahmen aus der Strom- und Mineralölsteuer gemeint.[141] Im Zuge einer ökologischen Steuerreform wurde zum 1. April 1999 die Stromsteuer eingeführt, wobei sich gleichzeitig die Steuersätze für Kraftstoffe und Heizöle erhöhten.[142] Laut Gesetzesbegründung war Ziel dieser Reform, durch die Verteuerung von Energie Anreize dafür zu schaffen, „vorhandene Energiesparpotentiale auszuschöpfen, erneuerbare Energie stärker auszubauen und energiesparende und ressourcenschonende Produkte und Produktionsverfahren zu entwickeln."[143] Wie beim Emissionshandel soll also das ökologische Verhalten wirtschaftlich sinnvoll gemacht werden, indem die Kosten für energieintensive Herstellungsprozesse erhöht werden.[144] Dadurch werden ein effizienterer Energiegebrauch und die Entwicklung neuer Technologien stimuliert.[145] Dieses Lenkungsziel betrifft neben der Erhaltung knapper Ressourcen auch die Mitigation des Klimawandels. Denn besteuert wird der Verbrauch von fossilen Energieträgern wie Kohle und Erdgas bzw. von elektrischem Strom, der in Deutschland

---

139 Vgl. *Ismer*, European Yearbook of International Economic Law 2010, S. 205 (208).

140 Vgl. *van Calster*, in: Peeters/Deketelaere (Hrsg.), EU Climate Change Policy, S. 205 (209); *Demaret/Stewardson*, JWT 28 (1994), 5 (58).

141 Geregelt im Stromsteuergesetz vom 24. März 1999 (BGBl. I S. 378) und im Energiesteuergesetz vom 15. Juli 2006 (BGBl. I S. 1534); harmonisiert durch die Richtlinie 2003/96/EG des Rates vom 27. Oktober 2003 zur Restrukturierung der gemeinschaftlichen Rahmenvorschriften zur Besteuerung von Energieerzeugnissen und elektrischem Strom (ABl. EG Nr. L 283 S. 51), Energiesteuerrichtlinie.

142 *Heil*, in: Beck'sches Steuer- und Bilanzrechtslexikon, Ökosteuer, Rn. 1.

143 BT-Drs. 14/40, S. 1.

144 *Demaret/Stewardson*, JWT, 28 (1994), 5 (5).

145 *Hoerner/Muller*, Carbon Taxes, S. 3.

weiterhin zu über 50 % aus fossilen Brennstoffen gewonnen wird.[146] Besonders deutlich wird diese Zielrichtung auch dadurch, dass § 9 Abs. 1 Nr. 1 StromStG Strom aus erneuerbaren Energieträgern von der Steuerpflicht befreit.

II. Ordnungspolitische Maßnahmen

Neben diesen marktbasierten Mechanismen bedienen sich Staaten aber auch klassischer ordnungspolitischer Maßnahmen – also der Ver- und Gebote – zur Umsetzung ihrer Klimaschutzziele. Beispiele hierfür sind die Einführung von Produktstandards und Kennzeichnungspflichten.

Durch Produktstandards werden bestimmte Eigenschaften einer Ware vorgeschrieben, die diese entweder aufweisen muss oder gerade nicht haben darf. So gilt etwa in der EU, dass Neuwagen eines Herstellers ab dem 1. Januar 2012 nicht mehr als durchschnittlich 120 g CO_2 pro zurückgelegtem Kilometer in ihren Abgasen ausstoßen dürfen.[147] Im Falle der Zuwiderhandlung müssen Autohersteller eine Geldbuße zahlen. Ein anderes Beispiel betrifft das Inverkehrbringen von Kraftstoffen: Nach deutscher Rechtslage müssen Unternehmer hierbei bestimmte Quoten einhalten, nach denen ein Teil des Kraftstoffes Biokraftstoff sein muss.[148] Dadurch soll weniger fossiler Kraftstoff verwendet werden, denn Biokraftstoffe weisen eine günstigere CO_2-Bilanz auf. Die klimaschützende Intention dieser Vorschriften zeigt sich auch daran, dass ab dem Jahre 2015 eine Pflicht zur Treibhausgasminderung besteht, die durch die Ersetzung herkömmlicher Kraftstoffe durch Biokraftstoffe erfüllt werden muss.[149]

Die Kennzeichnungspflichten unterscheiden sich in ihrer Wirkungsweise von den Produktstandards. Zwar erlegen sie den Herstellern bzw. Verkäufern von Waren ebenfalls Pflichten auf. Doch soll dadurch nicht – jedenfalls nicht direkt – die Verhaltensweise dieser Zielgruppe beeinflusst werden, sondern die der Käufer. Die Visualisierung führt zur Verdeutlichung der Unterschiede in der Klimafreundlichkeit verschiedener Waren. Dadurch soll der Verbraucher eine Entscheidung für das ökologisch sinnvollste Produkt treffen. Dabei muss diese Entscheidung nicht einmal aufgrund von Klimaschutz-Überlegungen fallen. Es

---

146 BDEW, Statistik der Anteile der Energieträger an der Netto-Stromerzeugung in Deutschland 2008, http://www.bdew.de/bdew_eks.nsf/id/Presse_Grafiken?open (zuletzt besucht am 18. Februar 2010).

147 Verordnung (EG) Nr. 443/2009 des Europäischen Parlaments und des Rates vom 23. April 2009 zur Festsetzung von Emissionsnormen für neue Personenkraftwagen im Rahmen des Gesamtkonzepts der Gemeinschaft zur Verringerung der CO_2-Emissionen von Personenkraftwagen und leichten Nutzfahrzeugen.

148 §§ 37a ff. BImSchG, eingeführt durch das Biokraftstoffquotengesetz (BGBl. 2006 I, S. 3180) zur Umsetzung der Biokraftstoffrichtlinie RL 2003/30 vom 8. Mai 2003 (ABl. EG Nr. L 123 S. 42).

149 § 37 a Abs. 3a BImSchG.

genügt für die Wirksamkeit des Mechanismus genauso, wenn der Käufer ein Produkt wählt, um Energiekosten zu sparen. Damit hat die Kennzeichnung die unmittelbare Auswirkung, dass weniger energieintensive Waren in Gebrauch genommen werden. Indirekt ist die Wirkung der Kennzeichnungspflichten aber wiederum mit der von marktbasierten Instrumenten zu vergleichen: Durch seine Kaufentscheidung beeinflusst der Verbraucher den Markt, denn wenn sich eine gute CO_2-Bilanz zu einem entscheidenden Verkaufsargument entwickelt, dann werden die Hersteller ihre Produktion dieser Nachfrage anpassen, d.h. energieeffizientere und klimaschonendere Produkte entwickeln.[150]

Kennzeichnungspflichten sind bekannt vom Kauf eines Autos oder von elektrischen Haushaltsgeräten. Aufgrund von europarechtlichen Vorgaben müssen dem Verbraucher gewisse Informationen am Verkaufsort und auch in der Werbung zugänglich gemacht werden. Beim Autokauf ist etwa die Anbringung eines Hinweises auf den Kraftstoffverbrauch und die CO_2-Emissionen des Autos erforderlich.[151] Ein anderes Beispiel sind die Etiketten auf bestimmten Haushaltsgeräten wie Waschmaschinen oder Kühlschränken.[152] Diese enthalten wichtige energie- und umweltrelevante Daten, wie z. B. den Strom- und ggf. den Wasserverbrauch, aber auch Hinweise zu Gebrauchseigenschaften, die Rückschlüsse auf den Energieverbrauch zulassen, wie z. B. Nutzinhalt, Fassungsvermögen, Waschwirkung, Lichtausbeute oder Geräuschemissionen.[153]

Neben diesen bereits europaweit existierenden Kennzeichnungspflichten, die sich mit den Eigenschaften von Waren bei deren Gebrauch auseinandersetzen, wäre es auch denkbar, Labels einzuführen, die umfassend über den Energieverbrauch bzw. die CO_2-Emissionen eines Produktes informieren. Dies würde die Gewinnung des Rohstoffs, die Phase der Herstellung, den Vertrieb und die Entsorgung einschließen, also gewissermaßen die Umweltbilanz der Ware „von der Wiege bis zur Bahre" darstellen (sog. *life cycle*-Ansatz).[154] Solche Umweltkennzeichen existieren bereits als freiwillige Kennzeichnungsvorschriften,[155]

---

150 *Müller-Kulmann*, in: Danner/Theobald, Energierecht, VIII, B 6, Rn. 1.

151 Pkw-Energieverbrauchskennzeichnungsverordnung vom 28. Mai 2004 (BGBl. I, S. 1037); zur Umsetzung der Richtlinie 1999/94/EG des Europäischen Parlamentes und des Rates vom 13. Dezember 1999 über die Bereitstellung von Verbraucherinformationen über den Kraftstoffverbrauch und CO_2-Emissionen beim Marketing für neue Personenkraftwagen.

152 Energieverbrauchskennzeichnungsverordnung vom 30. Oktober 1997 (BGBl. I S. 2616); zur Umsetzung der Richtlinie 92/75/EWG des Rates vom 22. September 1992 über die Angabe des Verbrauchs an Energie und anderen Ressourcen durch Haushaltsgeräte mittels einheitlicher Etiketten und Produktinformationen (ABl. EG Nr. L 297 S. 16).

153 *Müller-Kulmann*, in: Danner/Theobald, Energierecht, VIII, B 6, Rn. 10.

154 *Puth*, in: Hilf/Oeter, WTO-Recht, § 25, Rn. 48.

155 In Deutschland der Blaue Engel und auf EU-Ebene die Umweltblume (s. Verordnung (EWG) Nr. 880/92 des Rates vom 23. 3. 1992 betreffend ein gemeinschaftliches System zur Vergabe eines Umweltzeichens (ABl. L 99/1 v. 11. 4. 1992).

nicht jedoch als zwingende Regelung. Die bestehenden Öko-Labels basieren somit komplett auf dem marktwirtschaftlichen Gedanken, dass solche Kennzeichen als Marketing-Instrument genutzt werden können, so dass Hersteller freiwillig auf sie zurückgreifen.

III. Anreizmaßnahmen

Wie mit dem bereits angesprochenen Konzept von „Zuckerbrot und Peitsche“ aufgezeigt, gibt es für Staaten zum Zwecke der Klimaschutzpolitik nicht nur die Möglichkeit, Ver- und Gebote zu schaffen, sondern auch, Unternehmen durch positive Anreize zu Investitionen in klimafreundliche Projekte zu motivieren.

So werden z.B. Subventionen für die Installation von Solarkollektoren, Biomasseheizkesseln und effizienten Wärmepumpen gewährt.[156] Dies kann in Form von Kapital- oder Investitionszuschüssen geschehen. Eine besondere Art der Förderung erneuerbarer Energien ist die Einspeisevergütung, die nach deutschem Vorbild mittlerweile in einem Großteil der Mitgliedsländer der EU praktiziert wird. Sie unterscheidet sich von der klassischen Subventionierung dadurch, dass sie nicht vom Staat finanziert wird, sondern von den Energieversorgungsunternehmen und somit im Endeffekt durch die Endverbraucher getragen wird, an die die Kosten über die Stromtarife weitergereicht werden. Denn diese Förderung beinhaltet eine Abnahme- und Vergütungspflicht für jegliche Energie, die aus erneuerbaren Energieträgern stammt.[157] Netzbetreiber müssen entsprechende Anlagen an ihr Netz anschließen[158] und den Betreibern dieser Anlagen eine gesetzlich festgelegte Vergütung zahlen, deren Höhe auf zwanzig Jahre zugesichert ist.[159] Zweck dieses Mechanismus ist es, „insbesondere im Interesse des Klima- und Umweltschutzes eine nachhaltige Entwicklung der Energieversorgung zu ermöglichen, die volkswirtschaftlichen Kosten der Energieversorgung auch durch die Einbeziehung langfristiger externer Effekte zu verringern, fossile Energieressourcen zu schonen und die Weiterentwicklung von Technologien zur Erzeugung von Strom aus Erneuerbaren Energien zu fördern.“[160]

156 Marktanreizprogramm für erneuerbare Energien (siehe http://www.erneuerbare-energien.de/inhalt/41238/, zuletzt besucht am 30. März 2011).

157 §§ 8 und 16 EEG.

158 § 5 EEG.

159 Siehe z.B. § 23 Abs. 2 S. 2 EEG.

160 § 1 EEG.

B. Maßnahmenübergreifend auftretende Rechtsfragen

Wie bereits erwähnt, existieren einige Rechtsfragen, die sich nicht nur im Bezug auf einzelne Formen der Klimapolitik stellen, sondern die wiederholt im Rahmen der Beurteilung der Rechtmäßigkeit von Klimaschutz-Maßnahmen Bedeutung erlangen. Zum einen betrifft das die Anknüpfung an Vorgänge, die bei der Herstellung von Waren auftreten. Es stellt sich die Frage, ob zwischen Produkten auf der Grundlage ihrer unterschiedlichen Produktionsmethoden (sog. *processes and production methods*, PPM) differenziert werden kann, ob sie also als ungleichartig anzusehen sind. Stellt die Anknüpfung an PPM einen Vorgang dar, der per se mit dem System des WTO-Rechts unvereinbar ist? Dies sind die Fragen, die es zu beantworten gilt.

Des Weiteren wird man nicht umhin kommen, einen Teil der Maßnahmen grundsätzlich als Verstoß gegen Vorschriften des Welthandelsrechts zu bewerten. In diesen Fällen ist aber eine Rechtfertigung gem. Art. XX GATT denkbar – zumindest wenn sie Vorschriften des GATT betreffen –, so dass über die Behandlung des Klimaschutzes unter dieser Norm zu sprechen sein wird.

Zuletzt könnten Mitgliedstaaten der WTO selbst in Bezug auf Maßnahmen, die keinen Verstoß gegen das WTO-Recht beinhalten, vorbringen, dass durch sie Zugeständnisse oder sonstige Vorteile i.S.d. Art. XXIII GATT zunichtegemacht oder geschmälert werden. Somit stellt sich die Frage, ob ein solches Vorgehen Aussicht auf Erfolg hätte.

I. Die Anknüpfung an Produktionsmethoden – unvereinbar mit den Grundprinzipien der WTO?

Geht es um die Vermeidung von Treibhausgas-Emissionen im Hinblick auf Waren, so betrifft dies eher selten deren Verkauf oder Verwendung. Zwar kommt es beim Transport zum Verkaufsort regelmäßig zum Ausstoß von klimawirksamen Spurengasen und auch der Gebrauch von Produkten wie z.B. Autos kann hierzu führen. Doch der wohl größte Anteil an Treibhausgasen entsteht bei der Produktion von Waren, so dass in diesem Bereich auch das größte Reduktionspotential liegt. Aus diesem Grund erscheint es sinnvoll, im Rahmen der Klimapolitik an die Produktionsmethoden anzuknüpfen, also die PPM. Unproblematisch ist dies im Hinblick auf die Herstellung im eigenen Staatsgebiet: Dort kann der Staat ohne weiteres eingreifen und vorschreiben, dass nur eine begrenzte Menge an Treibhausgasen emittiert werden darf. Anders stellt sich die Situation aber dar, sobald negative Konsequenzen an Vorgänge geknüpft werden, die außerhalb des Hoheitsbereichs des regelnden Staates liegen. Dies wäre z.B. der Fall, wenn ein Staat den Import von bestimmten Waren aus einem anderen Land verbieten würde, weil dort keine Regelungen bestehen, die zur Steigerung der Energieeffizienz bei der Herstellung dieser Waren zwingen. Es stellt sich dann die Frage, ob ein solches Vorgehen im Welthandelsrecht akzeptiert werden kann.

1. Die betroffenen Regelungen des GATT

Eine Unvereinbarkeit der Anknüpfung an PPM mit dem Welthandelsrecht könnte im Hinblick auf grundlegende Regeln der WTO vermutet werden. Dies betrifft die Vorschriften der Artt. I, III und XI des GATT, die die Prinzipien der Meistbegünstigung, der Inländergleichbehandlung und das Verbot von mengenmäßigen Beschränkungen enthalten.[161] Art. I:1 GATT bestimmt, dass

> „bei Zöllen und Belastungen aller Art, die anlässlich oder im Zusammenhang mit der Einfuhr oder Ausfuhr [...] auferlegt werden, [...] Vorteile, Vergünstigungen, Vorrechte oder Befreiungen, die eine Vertragspartei für eine Ware gewährt, welche aus einem anderen Land stammt oder für dieses bestimmt ist, unverzüglich und bedingungslos für alle gleichartigen Waren gewährt [werden], die aus den Gebieten der anderen Vertragsparteien stammen oder für diese bestimmt sind."

Mit anderen Worten: Wird einem Staat anlässlich der Grenzüberschreitung ein Vorteil für eine Ware zugesprochen, so muss dieser Vorteil auch allen anderen Ländern, die Mitglied der WTO sind, ohne Gegenleistung zuteilwerden.[162] Andersherum formuliert dürfen Waren aus einem Staat nicht schlechtergestellt werden als die günstigste Behandlung, die Produkten aus irgendeinem anderen Staat zuteilwird. Dieses Konzept findet sich treffend wiedergegeben im englischen Begriff der *„most favoured nation clause*".[163] Werden demnach z.B. auf die Waren aus einem bestimmten Staat höhere Zölle erhoben als auf die Produkte anderer Staaten, weil dort keine klimaschutzbedingten Restriktionen hinsichtlich der Produktionsweise bestehen, dann könnte darin ein Verstoß gegen die Meistbegünstigung gem. Art. I:1 GATT liegen.

---

161 Vgl. *Hilf*, NVwZ 2000, 481 (484).

162 *Jackson*, The World Trading System, S. 157; *Herdegen*, Internationales Wirtschaftsrecht, § 10, Rn. 34; *Bender*, in: Hilf/Oeter, WTO-Recht, § 10, Rn. 30; *Van den Bossche*, The Law and Policy of the World Trade Organization, S. 40.

163 *Tietje*, in: Tietje, Internationales Wirtschaftsrecht, § 3, Rn. 64; *Berrisch*, in: Prieß/Berrisch, WTO-Handbuch, B.I.1, Rn. 80.

Ein weiterer Grundsatz der WTO – und wie die Meistbegünstigung Ausprägung des Prinzips der Nichtdiskriminierung[164] – ist die Inländergleichbehandlung. Art. III:2 GATT lautet:

> „Waren, die aus dem Gebiet einer Vertragspartei in das Gebiet einer anderen Vertragspartei eingeführt werden, dürfen weder direkt noch indirekt höheren inneren Abgaben oder sonstigen Belastungen unterworfen werden, als gleichartige inländische Waren."

Die Verpflichtung zur Gleichbehandlung gilt nach Absatz 4 desselben Artikels nicht nur im Bezug auf fiskalische Lasten, sondern ganz allgemein für jedwede Regulierung. Nach diesen Vorschriften müssen ausländische Produkte demnach den inländischen gleichgestellt werden.[165] Der Unterschied zur Meistbegünstigung liegt darin, dass Vergleichsgruppe nicht andere ausländische Waren sind, sondern die inländischen. Zudem betrifft die Gleichbehandlung nicht den Zugang zum Markt, sondern die Behandlung im Inland, ist also nach innen gerichtet.[166] Unterfielen nun z.B. Waren, bei deren Produktion besonders viel CO_2 ausgestoßen wurde, einem höheren Steuersatz, so läge darin unter Umständen eine Ungleichbehandlung gegenüber gleichartigen inländischen Waren.

Neben dem Prinzip der Nichtdiskriminierung basiert das System des GATT auf der sog. *Tariffs only*-Maxime. Sie besagt, dass zur Regelung der Handelsflüsse ausschließlich Zölle eingesetzt werden dürfen, nicht aber Begrenzungen wie Kontingente oder andere Beschränkungen.[167] Der Gedanke, der diesem Prinzip zugrunde liegt, ist der, dass Zölle und Abgaben transparenter und offenkundiger sind als andere Grenzmaßnahmen. Dadurch können sie leichter über-

---

164 *Hilf*, NVwZ 2000, 481 (484); *Jackson*, The World Trading System, S. 157; *Berrisch*, in: Prieß/Berrisch, WTO-Handbuch, B.I.1., Rn. 14, 79; *Bender*, in: Hilf/Oeter, WTO-Recht, § 10, Rn. 50; *Schöbener/Herbst/Perkams*, Internationales Wirtschaftsrecht, § 12, Rn. 94; *Stoll/Schorkopf*, WTO, Rn. 112; *Van den Bossche*, The Law and Policy of the World Trade Organization, S. 40.

165 *Berrisch*, in: Prieß/Berrisch, WTO-Handbuch, B.I.1, Rn. 25; *Herdegen*, Internationales Wirtschaftsrecht, § 10, Rn. 43 ff; *Bender*, in: Hilf/Oeter, WTO-Recht, § 10, Rn. 50; *Stoll/Schorkopf*, WTO, Rn. 134; *Van den Bossche*, The Law and Policy of the World Trade Organization, S. 40.

166 *Tietje*, in: Tietje, Internationales Wirtschaftsrecht, § 3, Rn. 62; *Jackson*, The World Trading System, S. 213; *Schöbener/Herbst/Perkams*, Internationales Wirtschaftsrecht, § 12, Rn. 95.

167 *Jackson*, The World Trading System, S. 139; *Schöbener/Herbst/Perkams*, Internationales Wirtschaftsrecht, § 12, Rn. 131; *Berrisch*, in: Prieß/Berrisch, WTO-Handbuch, B.I.1, Rn. 143; *Herdegen*, Internationales Wirtschaftsrecht, § 10, Rn. 50; *Bender*, in: Hilf/Oeter, WTO-Recht, § 10, Rn. 16.

wacht und so das Risiko von verschleierten Begrenzungen minimiert werden.[168] Zudem haben mengenmäßige Beschränkungen eine stärker handelsverzerrende Wirkung als Zölle, weil sie nicht wie diese auf eine beliebige Menge an Waren angewandt werden können, sondern eine absolute Obergrenze festlegen. Dadurch wird der Mechanismus von Angebot und Nachfrage außer Kraft gesetzt.[169] Das Verbot mengenmäßiger Beschränkungen hat denn auch Eingang in den Text des GATT gefunden, nämlich in Art. XI:1 GATT, wo es heißt:

> „Außer Zöllen, Abgaben und sonstigen Belastungen darf eine Vertragspartei bei der Einfuhr einer Ware aus dem Gebiet einer anderen Vertragspartei oder bei der Ausfuhr einer Ware oder ihrem Verkauf zwecks Ausfuhr in das Gebiet einer anderen Vertragspartei Verbote oder Beschränkungen, sei es in Form von Kontingenten, Einfuhr- und Ausfuhrbewilligungen oder in Form von anderen Maßnahmen, weder erlassen noch beibehalten.“

Im Falle eines Importverbots für Waren, bei deren Herstellung keine Maßnahmen zur Verringerung des Treibhausgas-Ausstoßes unternommen wurden, wäre dieser Grundsatz evident verletzt. Denn wenn schon eine mengenmäßige Restriktion WTO-illegal ist, dann gilt das für den vollständigen Ausschluss der Einfuhr erst recht.

2. Der Einfluss unterschiedlicher Produktionsmethoden auf die Gleichartigkeit

Im Hinblick auf die ersten beiden Prinzipien – also die Meistbegünstigung und die Inländergleichbehandlung – ist aber festzuhalten, dass ein Verstoß nur dann vorliegen kann, wenn die betroffenen Waren gleichartig sind. Zwar herrscht im GATT keine Begriffseinheit, so dass die Frage, was unter Gleichartigkeit zu verstehen ist, im jeweiligen Kontext der Norm beantwortet werden muss.[170] Der Appellate Body hat für diesen Begriff jedoch das Bild eines Akkordeons geprägt, das auseinandergezogen und zusammengequetscht wird, je nachdem, um

---

168 *Jackson*, The World Trading System, S. 140; *Schöbener/Herbst/Perkams*, Internationales Wirtschaftsrecht, § 12, Rn. 133; *Berrisch*, in: Prieß/Berrisch, WTO-Handbuch, B.I.1, Rn. 143; *Herdegen*, Internationales Wirtschaftsrecht, § 10, Rn. 51; *Trebilcock/Howse*, The Regulation of International Trade, S. 31; *Van den Bossche*, The Law and Policy of the World Trade Organization, S. 41 f.

169 *Bender*, in: Hilf/Oeter, WTO-Recht, § 10, Rn. 17.

170 Japan –Alcoholic Beverages II, AB, S. 19; EC –Asbestos, AB, paras. 88 f.; *Schöbener/Herbst/Perkams*, Internationales Wirtschaftsrecht, § 12, Rn. 108.

welche Vorschrift es sich handelt.[171] Daraus folgt, dass die Kriterien für die Bestimmung der Gleichartigkeit in den verschiedenen Vorschriften einheitlich sind;[172] lediglich die Weite des Begriffs variiert. So ist etwa die Gleichartigkeit in Art. III:2 S. 1 GATT eng zu verstehen.[173] Denn neben dieser Regelung existiert noch das Verbot der Ungleichbehandlung von unmittelbar konkurrierenden oder zum gleichen Zweck geeigneten Waren, welches aus Art. III:2 S. 2 GATT i.V.m. Anlage I zum GATT folgt.[174] Um diesem zweiten Satz einen eigenen Anwendungsbereich zu belassen, wird die Gleichartigkeit in Art. III:2 S. 1 GATT enger ausgelegt als im Rahmen des Art. I GATT.[175] Betrachtet man aber Art. III:2 GATT insgesamt, so umfassen die gleichartigen und die in unmittelbaren Wettbewerb stehenden Waren einen mehr oder weniger identischen Bereich zu den gleichartigen Waren in Art. I GATT.[176] Daher soll zunächst allgemein der Frage nachgegangen werden, ob PPMs einen Einfluss auf das Vorliegen des Kriteriums der Gleichartigkeit haben oder ob der Begriff der gleichartigen Waren nur auf Produkte als solche, nicht aber deren Produktionsprozesse anwendbar ist.[177]

a) Die klassischen Kriterien zur Bestimmung der Gleichartigkeit

In der Praxis der Streitbeilegung im Rahmen des GATT und später der WTO haben sich vier Kriterien herauskristallisiert, anhand derer die Frage der Gleichartigkeit beantwortet wird. Drei von ihnen entstammen ursprünglich einem Ansatz aus dem Working Party Report zum Border Tax Adjustment,[178] nämlich die physischen Eigenschaften der Ware, ihre Verwendungszwecke und die Verbrau-

---

171 Japan – Alcoholic Beverages II, AB, S. 19: „The concept of 'likeness' is a relative one that evokes the image of an accordion. The accordion of 'likeness' stretches and squeezes in different places as different provisions of the WTO Agreement are applied. The width of the accordion in any one of those places must be determined by the particular provision in which the term 'like' is encountered as well as by the context and the circumstances that prevail in any given case to which that provision may apply."

172 Indonesia – Autos, Panel, para. 14.141; *Berrisch*, in: Prieß/Berrisch, WTO-Handbuch, B.I.1., Rn. 94; *Condon*, JIEL 12 (2009), 1 (12).

173 *Schöbener/Herbst/Perkams*, Internationales Wirtschaftsrecht, § 12, Rn. 123; *Herdegen*, Internationales Wirtschaftsrecht, § 10, Rn. 45; *Stoll/Schorkopf*, WTO, Rn. 139.

174 Directly competitive or substitutable product.

175 Japan – Alcoholic Beverages II, AB, S. 19.

176 Vgl. auch, allerdings ohne endgültige Festlegung in dieser Hinsicht EC – Asbestos, para. 99.

177 Letztere Ansicht vertritt das Panel in US – Tuna I, para. 5.14, doch wurde der Bericht nicht angenommen; ebenso *Jackson*, The World Trading System, S. 218.

178 Working Party Report on Border Tax Adjustment vom 2.12.1970, L/3464, para. 18.

chergewohnheiten. Das Kriterium der internationalen Zollklassifizierung[179] wurde später von GATT Panels hinzugefügt.

aa) Physische Eigenschaften und Verwendungszweck

Bezüglich der physischen Eigenschaften einer Ware ist im Hinblick auf PPM zu differenzieren: Ein Teil der Produktionsmethoden wird sich auch in den Merkmalen des Produkts niederschlagen. So kann etwa ein Kunststoff, der unter Benutzung von gesundheitsgefährdenden Chemikalien hergestellt wurde, noch einen Anteil von diesen Chemikalien enthalten. Dementsprechend könnte die Gleichartigkeit mit anderen Kunststoffen, die unter Zuhilfenahme von unbedenklichen Chemikalien hergestellt wurden, aufgrund von divergierenden physikalischen Eigenschaften verneint werden. Viele Produktionsmethoden sind hingegen nicht dergestalt, dass sich ihre Anwendung im Endprodukt körperlich niederschlägt (sog. nichtproduktbezogene PPM).[180] Das trifft gerade auf die Anwendung von Herstellungsarten mit hohem CO_2-Ausstoß zu. Das Spurengas ist keinesfalls in der Ware verkörpert, sondern wird in die Atmosphäre emittiert. In dem eigentlichen Produkt, das gehandelt werden soll, finden sich keine Hinweise auf die Art der Herstellung. Das bedeutet, dass das Kriterium der Natur der Ware nicht zur Verneinung der Gleichartigkeit aufgrund von PPM mit hohen Treibhausgas-Emissionen geeignet ist.[181] Die Differenzierung zwischen produktbezogenen und nichtproduktbezogenen PPM ist auch der Grund dafür, dass die Argumentation des Appellate Body in EC – Asbestos, nach der die gesundheitlichen Aspekte von Asbest bei der Bestimmung der Gleichartigkeit relevant sind, nicht auf die klimatologischen Effekte von PPM übertragen werden kann, obwohl auch der Klimawandel gesundheitsschädigend sein kann.[182] Denn die Kanzerogenität von Asbest ist auf Eigenschaften dieses Produkts zurückzuführen, nicht auf seine Herstellungsweise.[183]

Unter dem Schlagwort des Verwendungszwecks stellt sich die Frage, ob ein Produkt dem gleichen oder einem ähnlichen Endgebrauch dienen kann wie ein anderes.[184] Im Hinblick auf den Ausstoß von Treibhausgasen bei der Produktion

179 EC - Asbestos, AB, para. 101: „This approach has, in the main, consisted of employing four general criteria in analyzing ‘likeness’: (i) the properties, nature and quality of the products; (ii) the end-uses of the products; (iii) consumers' tastes and habits – more comprehensively termed consumers’ perceptions and behaviour – in respect of the products; and (iv) the tariff classification of the products.”

180 Vgl. zur Unterscheidung zwischen produktbezogenen und nichtproduktbezogenen PPM *Puth*, WTO und Umwelt, S. 44 f.

181 *Puth*, WTO und Umwelt, S. 247.

182 Vgl. die Ausführungen zu Art. XX lit. b) GATT, 2. Kapitel B.II.2.b.

183 *Condon*, JIEL 12 (2009), 1 (13).

184 EC – Asbestos, AB, para. 101: „the extent to which the products are capable of serving the same or similar end-uses.”

ist kein Fall denkbar, bei dem Unterschiede in dieser Hinsicht etwas am Verwendungszweck ändern würden. Auch bezüglich dieses Kriteriums ist also Gleichartigkeit zwischen klimaschonend und klimaschädlich produzierten Waren anzunehmen.

bb) Zollklassifizierung

Zum gleichen Ergebnis kommt man bei der Betrachtung des Kriteriums der Zollklassifizierung. Wie der Appellate Body bemerkte, sind die einzelnen Kriterien nicht völlig unabhängig voneinander, sondern beeinflussen sich teilweise wechselseitig. So knüpft die Einordnung von Waren in die Zoll-Nomenklatur an die physischen Eigenschaften an.[185] Auf diese Weise verfährt z.B. das Harmonisierte System zur Bezeichnung und Codierung der Weltzollorganisation (HS), das häufig im Rahmen der Streitbeilegungsverfahren herangezogen wird. Zwar gibt es einige wenige Kategorien, die tatsächlich nach der Produktionsweise differenzieren: Dies betrifft etwa Skulpturen, die danach unterschieden werden, ob sie von einem Künstler oder als Reproduktion in der Massenproduktion hergestellt wurden.[186] Aus dieser vereinzelten Anknüpfung an PPM ergibt sich aber noch kein Prinzip, das auf andere Bereiche, wie die Klimaschädlichkeit von PPM, übertragen werden könnte. Vielmehr müsste eine solche Differenzierung für den Einzelfall ausdrücklich in das HS aufgenommen worden. Daher zeichnet sich auch unter diesem Aspekt keine Ungleichartigkeit aufgrund klimabezogener PPM ab, genauso wie schon im Bezug auf Natur und Eigenschaften der Waren. Anders könnte dies nur gesehen werden, wenn die Konzessionen der Mitgliedstaaten und in der Folge auch die Zollklassifizierung einer dynamischen Auslegung[187] unterliegen würden, wie sie auch in den Streitbeilegungsverfahren im Rahmen der Auslegung der Abkommen angewandt wird.[188] Dies hätte zur Folge, dass die Bedeutung der verschiedenen Kategorien sich im Laufe der Zeit entsprechend dem aktuellen Verständnis wandelt. Dann könnten quasi universell ratifizierte internationale Verträge wie die Klimarahmenkonvention als Beleg dafür herangezogen werden, dass heutzutage in Abhängigkeit vom CO_2-Ausstoß bei Herstellung möglicherweise ein anderes Verständnis von bestimmten Klassifikationen besteht als zum Zeitpunkt ihrer Aufstellung. Doch muss dieser Ansatz verworfen werden, weil er im Rahmen des Abbaus der Zölle zu chaotischen Verhältnissen führen würde. Es bedarf eines statischen Verständnisses der Konzessionen und der Zollkategorien, um Rechtssicherheit im Hinblick auf den an-

185 EC – Asbestos, AB, para. 102; *Puth*, WTO und Umwelt, S. 247.

186 Position 97.03 des HS; siehe *Puth*, WTO und Umwelt, S. 291.

187 Siehe zum Begriff der dynamischen Auslegung allgemein *Ipsen*, Völkerrecht, § 11, Rn. 21.

188 Siehe dazu ausführlich unten S. 61 f.

wendbaren Zolltarif zu gewähren.[189] Daher bleibt es auch unter diesem Gesichtspunkt bei der Feststellung, dass das Kriterium der Zollklassifizierung für die Gleichartigkeit von Waren, die sich nur durch PPM unterscheiden, spricht.

cc) Verbrauchergewohnheiten

Anders könnte sich die Beurteilung lediglich im Rahmen des letzten Kriteriums, den Verbrauchergewohnheiten, darstellen.[190] Zum Verständnis dieses Merkmals führt der Appellate Body erklärend aus, es handle sich um „*the extent to which consumers perceive and treat the products as alternative means of performing particular functions in order to satisfy a particular want or demand.*"[191] Entscheidend ist demnach, ob die Verbraucher zwei Produkte im Hinblick auf einen bestimmten Verwendungszweck als völlig gleichwertige Alternativen betrachten. Die Frage ist also, ob es für die Kaufentscheidung eines Konsumenten einen Unterschied macht, ob bei der Herstellung einer Ware eine große Menge an Treibhausgasen produziert wurde oder nicht. Hierauf kann es keine einheitliche, allgemeingültige Antwort geben. Denn das Umwelt- und Klimaschutzbewusstsein ist bei den Verbrauchern sehr unterschiedlich stark ausgeprägt. Für einige ist die Klimaverträglichkeit der Produktionsweise einer Ware ein wichtiges Argument bei der Kaufentscheidung, andere lassen diesen Aspekt völlig außen vor. Auch die Praxis, die Waren verstärkt bezüglich ihrer Klimabilanz zu kennzeichnen, ist ambivalent: Einerseits geht der Gesetzgeber offenbar davon aus, dass der Verbraucher – vorausgesetzt es stehen ihm die notwendigen Informationen zur Verfügung – den Aspekt des Klimaschutzes bei seiner Entscheidung berücksichtigt. Andererseits sollen die Klima-Labels aber überhaupt erst das Bewusstsein für die Relevanz des Kaufverhaltens für das Klima hervorrufen.[192] Dabei darf aber nicht das erhoffte Ziel einer Maßnahme mit ihrer Rechtfertigung vertauscht werden, also durch staatliche Regulierung erst Ungleichartigkeit geschaffen werden, um dann eben diese Regulierung als unproblematisch im Hinblick auf Inländergleichbehandlung und Meistbegünstigung erscheinen zu lassen.[193]

Insgesamt steht nach alledem das Ergebnis, dass drei der vier Kriterien klar und deutlich für die Gleichartigkeit von Waren, bei deren Produktion wenig CO_2 produziert wird, mit solchen, durch deren Herstellung es zu hohen Treibhausgas-Emissionen kommt, sprechen und ein Kriterium weder eindeutig in die eine noch in die andere Richtung weist. Dieses Fazit legt den Schluss nahe, dass bei

189 Vgl. dazu, dass für die Auslegung der Konzessionen der Zeitpunkt des Vertragsschlusses entscheidend ist EC – Frozen Chicken, Panel, para. 7.99, insb. Fn. 144.

190 *Puth*, WTO und Umwelt, S. 246 f.; *Tarasofsky*, CCLR 2008, 7 (9); *Hoerner/Muller*, Carbon Taxes, S. 29; *McIsaac*, JWT 44 (2010), 1053 (1067); *Senti*, WTO, Rn. 702.

191 EC – Asbestos, AB, para. 101.

192 *Green*, JIEL 8 (2005), 143 (158, 165).

193 EC – Sardines, Panel, para. 6.11.

Anwendung der vier klassischen Kriterien die These einer Ungleichartigkeit auf Grundlage von treibhausgasbezogenen PPM nur schwer zu vertreten ist.[194]

dd) Exkurs: Produktgleichheit als Typenbegriff

Um eine definitive Antwort zu finden, muss aber die Frage beantwortet werden, ob alle Kriterien erfüllt sein müssen, um die Produktgleichheit zu bejahen. Gleichzeitig ist zu bemerken, dass auch bei Vorliegen der einzelnen Kriterien dies in unterschiedlich starker Ausprägung der Fall sein kann: So ist es vorstellbar, dass zwei Produkte einige Verwendungszwecke gemein haben, andere aber auch nicht. Eine Ansicht, die eine 100%ige Überschneidung zwischen zwei Waren in allen Punkten fordern würde, ist abzulehnen, da sie den Anwendungsbereich der GATT-Normen zu sehr einschränkt. Diese könnten bei einer solchen Auslegung ihren Zweck nicht mehr erfüllen, weil Gleichartigkeit nur in wenigen Fällen vorliegen würde. Reicht aber schon die teilweise Erfüllung der Kriterien aus, so liegt es nahe, im Begriff der Gleichartigkeit einen Typus zu sehen. Das heißt, dass keines der Merkmale des betroffenen Begriffs allein ausreicht, um dessen Einschlägigkeit festzustellen, aber auch keines notwendigerweise vorliegen muss,[195] die sog. Offenheit des Typus.[196] Die einzelnen Merkmale sind demnach verzichtbar.[197] Anders liegt es beim Klassenbegriff, bei dem „nur dann und immer dann", wenn sämtliche Eigenschaften bei einem Objekt vorliegen, dieses Objekt unter den Begriff zu subsumieren ist.[198] Bei diesen Eigenschaften handelt es sich folglich – anders als beim Typus – um notwendige und hinreichende Bedingungen.

Zusätzlich können beim Typus die Merkmale in unterschiedlicher Stärke vorliegen, also in verschiedenen Mischverhältnissen. Entscheidend ist nicht jedes einzelne Kriterium, sondern das Gesamtbild; gerade die Verbindung der verschiedenen Erscheinungen macht den Typus aus.[199] Dass der Typusbegriff nicht nur „entweder oder" kennt, sondern auch „mehr oder weniger", kann man als Abstufbarkeit bezeichnen.[200] Dieses Verständnis erscheint passend für die Frage der Gleichartigkeit. Denn es ist praktisch ausgeschlossen, dass zwei verschiede-

---

194 So auch *Puth*, WTO und Umwelt, S. 248.

195 Vgl. hierzu BFH, Beschluss vom 29. Oktober 2007 – VII B339/06.

196 *Wank*, Die juristische Begriffsbildung, S. 128; *Kuhlen*, in: Koch, Juristische Methodenlehre und analytische Philosophie, S. 53 (56).

197 *Lübbe-Wolf*, Rechtsfolgen und Realfolgen, S. 93; *Wank*, Die juristische Begriffsbildung, S. 129.

198 *Kuhlen*, in: Koch, Juristische Methodenlehre und analytische Philosophie, S. 53 (56); *Larenz/Canaris*, Methodenlehre der Rechtswissenschaft, S. 266, die nicht vom Klassen- sondern vom abstrakten Begriff sprechen.

199 *Larenz/Canaris*, Methodenlehre der Rechtswissenschaft, S. 291; *Bydlinski*, Juristische Methodenlehre und Rechtsbegriff, S. 549.

200 *Wank*, Die juristische Begriffsbildung, S. 126.

ne Produkte vollständig identisch sind. Gleichzeitig liegt es auf der Hand, dass es nicht nur die zwei Kategorien von gleichartig und ungleichartig geben kann; vielmehr ist der Übergang fließend. Um diesen Gegebenheiten gerecht zu werden, ist die Einordnung als Typusbegriff ideal. Gerade weil die Kriterien sich nicht unmittelbar aus dem Vertragstext ergeben, sondern von der *Working Party on Border Tax Adjustment* und den Panels entwickelt wurden, liegt es nahe, ihre Bedeutung nicht über zu bewerten, sondern auf das Gesamtbild abzustellen. Demnach darf nicht ein einzelnes dieser Kriterien herausgegriffen, sondern es müssen alle zusammen in Erwägung gezogen werden.[201] Unterstützt wird dieses Verständnis der Produktgleichheit als Typenbegriff von den Ausführungen des Appellate Body in *EC – Asbestos*. Dort heißt es:[202]

> *„the Panel should have examined the evidence relating to* ***each*** *of those four criteria and, then, weighed* ***all*** *of that evidence, along with any other relevant evidence, in making an* ***overall*** *determination of whether the products at issue could be characterized as 'like'."*

Auch der Appellate Body geht folglich davon aus, dass für die Beurteilung der Gleichartigkeit ein Gesamtbild unter Berücksichtigung aller vier Kriterien gezeichnet werden muss. Im vorliegenden Fall der PPM spricht dieses Gesamtbild recht deutlich für die Annahme der Gleichartigkeit. Denn bei nichtproduktbezogenen PPM sind sowohl die physikalischen Eigenschaften als auch der Verwendungszweck sowie die Zollklassifizierung weitgehend identisch. Unter den Verbrauchern gibt es sicherlich einen erheblichen Teil, der die Waren als gleich betrachtet, so dass dieses Kriterium zumindest teilweise erfüllt ist. Daher bestärkt die Einordnung des Begriffs der Produktgleichheit als Typusbegriff die Annahme, dass nichtproduktbezogene PPM nicht zur Verneinung der Gleichartigkeit führen können.

b) Abweichende Auslegung des Begriffs für PPM?

Zu bedenken ist allerdings zusätzlich, dass die Auswahl der maßgeblichen Merkmale und die genaue Grenzziehung dieses Typus „Gleichartigkeit" auf den hinter der Regelung stehenden Rechtsgedanken zurückzuführen sind, es sich folglich um einen normativen Typus handelt.[203] Anders ausgedrückt müssen diejenigen Waren als gleichartig qualifiziert werden, die sich gerade darin gleichen, dass es angemessen erscheint, sie den daran anknüpfenden Rechtsfolgen zu un-

---

201 *Regan*, JWT 37 (2003), 737 (751) unter Bezugnahme auf EC – Asbestos, AB, paras. 113-116.

202 EC – Asbestos, AB, para. 109.

203 *Larenz/Canaris*, Methodenlehre der Rechtswissenschaft, S. 294.

terwerfen.[204] Es darf nicht vergessen werden, dass die klassischen Kriterien lediglich eine Entwicklung der Streitbeilegungspraxis darstellen, sich aber nicht unmittelbar aus dem Vertragstext ergeben. Es handelt sich um Werkzeuge der Auslegung, die dazu dienen, festzustellen, ob zwischen den betroffenen Waren eine Wettbewerbsbeziehung auf dem Markt besteht.[205] Denn die Bestimmung der Gleichartigkeit ist schließlich kein Selbstzweck. Vielmehr ist sie im Kontext des Anliegens von Art. I und III GATT zu sehen: Diese wollen eine Diskriminierung zwischen Waren anknüpfend an ihre Herkunft verhindern, um so Handelshemmnisse und Protektionismus zu verhindern und die Liberalisierung des Marktes durch ein freies Spiel der Marktkräfte zu erreichen.[206] Im Rahmen von Art. III GATT ist bei der Auslegung der einzelnen Absätze stets das Grundprinzip zu beachten, das in Art. III:1 GATT Ausdruck findet:[207] Um den Schutz inländischer Erzeugnisse auszuschließen, müssen die Wettbewerbsbedingungen für importierte und inländische Waren gleich sein.[208] Gegen diese Zielsetzung kann aber nur verstoßen werden, wenn überhaupt ein Wettbewerb zwischen den Produkten existiert. Hieraus folgt, dass die Auslegung des Begriffs der Gleichartigkeit zuvorderst eine Betrachtung der Natur und des Ausmaßes der Konkurrenzbeziehung zwischen zwei Waren ist.[209]

Es stellt sich demnach die Frage, ob unter diesem Aspekt eine abweichende Auslegung der Gleichartigkeit im Hinblick auf klimabezogene PPM geboten ist. Dabei sind zwei diametral entgegengesetzte Denkansätze vorstellbar: Zum einen wäre eine Argumentation denkbar, die darauf fußt, dass Ziel der Maßnahmen, die an PPM anknüpfen, nicht ist, in den Wettbewerb einzugreifen, sondern dass hierdurch anerkennenswerte Zwecke verfolgt werden. Wenn die Anknüpfung PPM nicht gegen den Wettbewerb gerichtet ist, dann sollte die Gleichartigkeit nicht bejaht werden. Das andere Extrem wäre es, Regelung, die auf PPM abstellen, für grundsätzlich inkompatibel mit dem System des Welthandelsrechts zu erklären. Dann muss in jedem Fall Gleichartigkeit angenommen werden, unabhängig von der Wertung der klassischen vier Kriterien. Denn nur dann kann eine Unvereinbarkeit mit dem WTO-Recht festgestellt werden, die dazu berechtigt, die betroffenen Maßnahmen anzugreifen.

---

204 Vgl. *Lübbe-Wolf*, Rechtsfolgen und Realfolgen, S. 85, allgemein zur Verknüpfung von Folgen und Voraussetzungen.

205 EC – Asbestos, AB, para. 102 f.

206 *Herdegen*, Internationales Wirtschaftrecht, § 10, Rn. 30; *Carreau/Juillard*, Droit international économique, Rn. 533.

207 Japan – Alcoholic Beverages II, AB, S. 17; EC – Asbestos, AB, para. 93.

208 Japan – Alcoholic Beverages II, AB, S. 15.

209 EC – Asbestos, AB, para. 99; *Tarasofsky*, CCLR 2008, 7 (9); *Green*, JIEL 8 (2005), 143 (158).

aa) Berücksichtigung der Zielrichtung von Klimaschutz-Maßnahmen

Zum ersten Ansatz, also der Berücksichtigung der Zielrichtung von Klimaschutz-Maßnahmen, ist zu bemerken, dass es zwar zum Teil richtig sein mag, dass Klimaschutz-Maßnahmen nicht ergriffen werden, um den Wettbewerb zu beeinflussen oder um protektionistische Ziele zu verfolgen. Nichtsdestotrotz besteht aber faktisch ein Wettbewerb zwischen Waren, die einer CO_2-armen Produktion entstammen, und solchen, die unter großem Treibhausgas-Ausstoß hergestellt werden. Das zeigt sich schon daran, dass den Konsumenten bei ihrer Kaufentscheidung umfassende Informationen über die klimatologische Relevanz ihres Erwerbs zur Verfügung gestellt werden, um ein klimabewussteres Verhalten zu provozieren. Bestünde von vorneherein kein Wettbewerb zwischen den Waren, dann wäre das nicht nötig. Außerdem zielen einige der Maßnahmen gerade darauf ab, auf den Markt einzuwirken. Dies betrifft z.B. die Kennzeichnungspflichten, die Waren mit einer guten CO_2-Bilanz einen Wettbewerbsvorteil verschaffen sollen. Somit erscheint schon das Argument, der Wettbewerb sei nicht betroffen, hinfällig.

Zudem wurde die Einbeziehung der Zielrichtung bei der Beurteilung der Rechtmäßigkeit von staatlichen Maßnahmen schon anderweitig unter dem Stichwort des *aims and effects*-Tests diskutiert und vom Appellate Body abgelehnt.[210] Anknüpfungspunkt für die Ansicht, die einen solchen Test befürwortet, ist die Vorschrift des Art. III:1 GATT, die vergleichbar einer Präambel den generellen Grundsatz der Inländergleichbehandlung artikuliert.[211] Dort heißt es unter anderem: *„so as to afford protection to domestic products."* Hieraus ergebe sich, dass Art. III GATT insgesamt nur eingreifen solle, wenn seine übergeordneten Ziele, nämlich die Marktöffnung und die Nichtdiskriminierung, betroffen sind.[212] In der Folge sei die Produktgleichheit nur dann zu bejahen, wenn protektionistische Beweggründe für die Ungleichbehandlung vorliegen.[213]

Gegen diese Auslegungsweise spricht aber schon die Systematik des Art. III GATT. So verweist Art. III:2 S. 2 GATT, der die unmittelbar konkurrierenden oder zum gleichen Zweck geeigneten Waren betrifft, ausdrücklich auf

---

210 EC – Asbestos, AB, para. 113; Japan – Alcoholic Beverages II, AB, S. 17; EC – Bananas III, AB, para. 216. Regan steht hingegen auf dem Standpunkt, der Appellate Body sei falsch interpretiert worden, in Wirklichkeit habe er nie ausgeschlossen, die Zielsetzung bei der Beurteilung der Gleichartigkeit zu berücksichtigen; *Regan*, in: Cottier u.a. (Hrsg.), International Trade Regulation and the Mitigation of Climate Change, S. 97 (120 ff.).

211 *Jackson*, The World Trading System, S. 214; *Schöbener/Herbst/Perkams*, Internationales Wirtschaftsrecht, § 12, Rn. 115.

212 Mangels einer Entsprechung zum einleitenden Absatz von Art. III GATT wurde Ähnliches im Rahmen der allgemeinen Meistbegünstigung gem. Art. I GATT nie diskutiert.

213 US – Malt Beverages, Panel, paras. 5.25, 5.71; US – Autos, Panel, para. 5.9 f. (nicht angenommen).

Absatz 1. Weder für Absatz 2 Satz 1 noch für Absatz 4 ist dies der Fall. Will man diesen Unterschied aber nicht nivellieren, so kann nicht für alle Fälle des Art. III GATT die Anwendung zum Schutz inländischer Erzeugnisse i.S.d. Absatz 1 zu einem Tatbestandsmerkmal oder zumindest einem Kriterium der Gleichartigkeit erhoben werden. Abgesehen von diesen systematischen Bedenken ist dem Appellate Body zuzustimmen, wenn er darauf hinweist, dass Art. III:2 S. 1 GATT der Durchsetzung des allgemeinen Prinzips aus Absatz 1 in der Form diene, dass bereits bei Vorliegen seiner Tatbestandsmerkmale davon ausgegangen werden kann, dass der Grundsatz gem. Absatz 1 verletzt ist. Daher ist es nicht erforderlich, zusätzlich eine protektionistische Zielrichtung festzustellen.[214]

Hinzu kommen überdies die Schwierigkeiten, wollte man die gesetzgeberische Intention bereits bei der Bestimmung der Produktgleichheit berücksichtigen.[215] Wenn sich nicht in der Gesetzesbegründung ein ausdrücklicher Hinweis darauf findet, dass die betroffene Regelung dem Schutz einheimischer Erzeugnisse dient – was selten der Fall sein dürfte –, so bleibt einem Panel nichts anderes übrig, als vom Inhalt der streitigen Norm auf die Absichten ihres Urhebers zu schließen. Genau das wird aber erreicht, lässt man das Vorliegen des objektiven Tatbestandes von Art. III:2 S. 1 bzw. III:4 GATT genügen. Die subjektiven Tatsachen sind deutlich leichter handhabbar, berücksichtigt man sie erst im Rahmen einer eventuellen Rechtfertigung gem. Art. XX GATT.[216] Denn dann trifft denjenigen, dessen Maßnahme *prima facie* gegen WTO-Recht verstößt, die Beweislast.[217] Somit liegt es am Urheber der Vorschrift, seine Intentionen offen zu legen und darzutun, ob diese einem der anerkannten Gründe aus Art. XX GATT entsprechen.

Neben diesem vorwiegend der Praktikabilität geschuldeten Argument spricht noch mehr dafür, die Zielsetzung der Regelung erst im Rahmen der Rechtfertigung zu berücksichtigen.[218] Denn der *aims and effects*-Test führt zu einer Alles-oder-nichts-Lösung: Entweder es wird eine protektionistische Zwecksetzung festgestellt, dann ist die Regelung unter allen denkbaren Umständen unvereinbar mit dem GATT. Denn in diesem Fall muss eine Rechtfertigung gem. Art. XX GATT von vorneherein ausscheiden. Oder eine solche Intention besteht nicht, dann liegt schon kein Verstoß gegen eine GATT-Vorschrift vor, so dass eine eingehendere Prüfung gem. Art. XX GATT gar nicht mehr in Betracht kommt. Wird hingegen zunächst ein Verstoß gegen z.B. Art. III GATT ange-

---

214 Japan – Alcoholic Beverages II, AB, S. 17.

215 *Trüeb*, Umweltrecht in der WTO, S. 113; *Crosby*, in: Cottier u.a. (Hrsg.), International Trade Regulation and the Mitigation of Climate Change, S. 124 (128), Fn. 8.

216 *Green*, JIEL 8 (2005), 143 (167 f.).

217 EC – Hormones, AB, para. 48; *Green*, JIEL 8 (2005), 143 (174); *Herdegen*, Internationales Wirtschaftsrecht, § 10, Rn. 96; *Stoll/Schorkopf*, WTO, Rn. 170.

218 *Herrmann*, in: Weiß/Herrmann/Ohlers, Welthandelsrecht, § 12, Rn. 518, 520.

nommen, dann bleibt im Rahmen der Rechtfertigung die Möglichkeit einer nuancierten Betrachtung, insbesondere im Hinblick auf den *chapeau* von Art. XX GATT.[219] Dieser bietet mit seinem Verbot einer „verschleierten Beschränkung" zudem einen geeigneten Anknüpfungspunkt für die Berücksichtigung der Intention,[220] denn das Merkmal der Verschleierung impliziert das Vorliegen einer Absicht im Hinblick auf die Beschränkung. Somit kann der Tatsache Rechnung getragen werden, dass ein an sich anerkennenswerter Grund nicht automatisch bedeutet, dass eine Maßnahme vorliegt, die mit den Prinzipien des Welthandelsrechts vereinbar ist.[221] Wird also zunächst ein Verstoß gegen das GATT bejaht, so eröffnet sich anschließend die Möglichkeit zu einer differenzierteren Betrachtung der Beweggründe einer Regelung. Auch das spricht gegen eine Einbeziehung dieser Gründe schon in die Beurteilung der Produktgleichheit.

Zwar ist es zutreffend, dass sich der Appellate Body in *EC – Asbestos* dagegen aussprach, bestimmte Aspekte bei der Bestimmung der Gleichartigkeit mit dem Argument außer Acht zu lassen, ansonsten werde der Anwendungsbereich des Art. XX GATT zu sehr eingeengt.[222] Doch ist dies nicht der Kern des gerade vorgebrachten Arguments. Es geht nicht darum, dass Art. XX GATT funktionslos würde, wenn die Intention des Gesetz- oder Regelungsgebers schon bei der Gleichartigkeit berücksichtigt würde. Entscheidend ist vielmehr die adäquate Berücksichtigung eines Regelungszwecks, bei der es nicht nur die zwei Extreme von „richtig" und „falsch", sondern eben auch Zwischentöne gibt.

Für eine Berücksichtigung von PPM erst im Rahmen des Art. XX GATT und nicht schon beim Merkmal der Produktgleichheit wird überdies vorgebracht, die Panels würden ihre Kompetenzen überschreiten, wenn sie diese Streitfrage im Zuge der Gleichartigkeitsprüfung entschieden. Denn gem. Art. 3 Abs. 2 S. 3 DSU können sie „die in den unter die Vereinbarung fallenden Übereinkommen enthaltenen Rechte und Pflichten weder ergänzen noch einschränken." Würde aber die unter den Mitgliedern der WTO umstrittene und noch nicht entschiedene Frage der PPMs im Wege der Auslegung gelöst, so sei dies ein Eingriff in einen Bereich, der den Mitgliedstaaten vorbehalten ist. Fragen, die sich noch in der politischen Debatte befänden, seien allein durch diese zu entscheiden.[223]

Zwar kann diesem Argument nicht völlig die Schlüssigkeit abgesprochen werden, doch ist auch zu bedenken, dass ein Panel sich der Lösung eines Streits

---

219 *Crosby*, in: Cottier u.a. (Hrsg.), International Trade Regulation and the Mitigation of Climate Change, S. 124 (126); Siehe zur näheren Ausgestaltung der Prüfung des *chapeau* unten S. 79 ff.

220 *Trüeb*, Umweltrecht in der WTO, S. 112.

221 Siehe z.B. US – Shrimp: Der Schutz der Meeresschildkröten ist grundsätzlich ein legitimer Grund für Handelsbeschränkungen, doch muss er in einer Art und Weise durchgeführt werden, die dem Multilateralismus der WTO entspricht.

222 EC – Asbesots, AB, para. 115.

223 Canada – Pharmaceutical Products, Panel, para. 7.82; *Condon*, JIEL 12 (2009), 1 (14).

nicht verweigern kann, weil dabei die Frage der Behandlung von PPM zu entscheiden wäre. Denn wenn diese nicht bei der Auslegung des Begriffs der Gleichartigkeit berücksichtigt wird, so ist davon auszugehen, dass sie sich bei der Rechtfertigung gem. Art. XX GATT wiederum stellen wird und dann in diesem Rahmen beantwortet werden muss.

Vermag auch dieses letzte Argument nicht vollends zu überzeugen, so spricht in der Gesamtheit dennoch deutlich mehr dafür, in Übereinstimmung mit dem Appellate Body die Berücksichtigung der Zielrichtung einer Maßnahme bei der Bewertung der Produktgleichheit abzulehnen. Denn abgesehen von dem Wortlautargument, das aber durch die Systematik der Vorschrift widerlegt werden kann, spricht alles, nämlich sowohl teleologische als auch praktische Gründe dafür, dass die Intention, die hinter einer Regelung steht, erst im Falle einer eventuell erforderlichen Rechtfertigung relevant wird.

bb) Widerspruch zur Theorie der komparativen Kostenvorteile

Nachdem also festgestellt wurde, dass die Gleichartigkeit von Produkten mit unterschiedlichen PPM nicht schon allein aufgrund der anerkennenswerten Zielrichtung des Klimaschutzes verneint werden kann,[224] stellt sich die Frage, ob sie im Gegenteil immer anzunehmen ist, weil die Anknüpfung an PPM gegen Grundprinzipien des Welthandelsrechts verstößt und somit ohne Ausnahme mit diesem unvereinbar ist. Denn bei Verneinung der Produktgleichheit kann ein Verstoß gegen die Artt. I und III GATT nicht vorliegen.

Laut der Präambel des WTO-Übereinkommens zielt dieses „auf die Erhöhung des Lebensstandards, auf die Sicherung der Vollbeschäftigung und eines hohen und ständig steigenden Umfangs des Realeinkommens und der wirksamen Nachfrage sowie auf die Ausweitung der Produktion und des Handels mit Waren und Dienstleistungen“ ab. Anders ausgedrückt ist das primäre Ziel die Steigerung des allgemeinen Wohlstands.[225] Diesem Zweck soll denn auch der zwischenstaatliche Handel dienen. Grundlage für die Annahme, dass internationaler Handel zu einer Vermehrung des Wohlstands führt, ist die von *David Ricardo* entwickelte Theorie der komparativen Kostenvorteile.[226] Folglich handelt es sich bei dieser Theorie um einen der Grundpfeiler der WTO bzw. des GATT.[227]

Auf dieser Grundlage wird argumentiert, dass PPM-basierte Regelungen grundsätzlich mit dem Welthandelsrecht unvereinbar seien. Denn Handelsflüsse bestehen nur dann, wenn in den Ländern verschiedene Bedingungen herrschen.

---

224 *Berrisch*, in: Prieß/Berrisch, WTO-Handbuch, B.I.1., Rn. 43.

225 *Puth*, WTO und Umwelt, S. 96.

226 Veröffentlicht in “On the Principles of Political Economy and Taxation” (1871); einen Überblick über den Inhalt der Theorie verschafft *Jackson*, The World Trading System, S. 14 ff.

227 *Jackson*, World Trade and the Law of GATT, S. 9; *Trüeb*, Umweltrecht in der WTO, S. 175.

Deshalb seien unterschiedliche Klimaschutzstandards zu respektieren und dürften nicht Objekt von Handelsmaßnahmen sein.[228] Nur der vollkommene, unbeeinträchtigte Wettbewerb führe zur optimalen Verteilung der vorhandenen Produktionsfaktoren.[229] Demnach müssten staatliche Regulierungen, die auf PPM abzielen und somit die Produktionsfaktoren verfälschen, stets mit dem WTO-Recht unvereinbar sein.

Im Einzelnen wird diese Auffassung durch folgende Überlegungen gestützt: Handel entsteht dadurch, dass in einem Staat die Produktivität bezogen auf ein bestimmtes Gut höher ist als in einem anderen. Somit kann diese Ware mit weniger Kosten hergestellt werden als im zweiten Staat. Daher spezialisiert sich der erste Staat auf die Produktion dieses Gutes und exportiert es in den zweiten. Ist wiederum der zweite Staat im Hinblick auf eine andere Ware produktiver, so wird er sich auf deren Herstellung spezialisieren und sie im Austausch mit der ersten Ware exportieren. Diesen Unterschied bei den Kosten der Produktion von Gütern nennt man den absoluten Kostenvorteil.[230] Dieser Vorteil ist dafür verantwortlich, dass es zu zwischenstaatlichem Handel kommt, weil eine Ware immer von dort bezogen wird, wo sie mit den geringsten Kosten hergestellt und somit auch zum niedrigsten Preis erworben werden kann. Dadurch wird der Wohlstand insgesamt erhöht. Denn durch die Ausnutzung der größeren Produktivität wird unter Aufwendung der gleichen Menge an Ressourcen eine Steigerung der Produktion gegenüber einer Autarkie erreicht.[231]

Diese Begründung für Handelsflüsse durch den absoluten Kostenvorteil funktioniert allerdings nur, wenn jeder Staat im Hinblick auf eine bestimmte Ware am produktivsten ist. Die komparativen Kostenvorteile erklären hingegen, warum es für jedes Land vorteilhaft gegenüber einer Autarkie ist, Handel zu treiben, selbst wenn ein anderer Staat bezüglich aller Güter am produktivsten ist. Dazu müssen die sog. Opportunitätskosten betrachtet werden: Dies ist die Menge an Einheiten einer Ware, deren Produktion eingespart werden muss, um mit dem gleichen Aufwand eine andere Ware herzustellen.[232] Ein komparativer Kostenvorteil gegenüber einem anderen Staat besteht dann, wenn die Opportunitätskosten einer Ware niedriger sind als in einem anderen Staat.[233] Könnte z.B. Land A mit den Ressourcen für zehn Brote einen Liter Wein herstellen, so sind die Opportunitätskosten von einem Liter Wein zehn Brote. Verbraucht dagegen

---

228 *Jackson*, WLLR, 49 (1992), 1227 (1243 f.); *Schoenbaum*, AJIL 91 (1997), 268 (279 f.); vgl. auch die Nachweise bei *Puth*, WTO und Umwelt, S. 72, Fn. 153, 154.

229 *Puth*, WTO und Umwelt, S. 100.

230 *Krugman/Obstfeld*, Internationale Wirtschaft, S. 60; *Siebert*, Außenwirtschaft, S. 18; *Streissler*, Grundzüge der Volkswirtschaftslehre, XII, Rn. 017; *Oeter*, in: Hilf/Oeter, WTO-Recht, § 1, Rn. 4.

231 Vgl. *Puth*, WTO und Umwelt, S. 100.

232 *Krugman/Obstfeld*, Internationale Wirtschaft, S. 55; *Siebert*, Außenwirtschaft, S. 31.

233 *Krugman/Obstfeld*, Internationale Wirtschaft, S. 56; *Streissler*, Grundzüge der Volkswirtschaftslehre, XII, Rn. 019.

Land B für die Herstellung eines Liters Wein nur die Ressourcen zur Produktion von sieben Broten, so sollte Land A sich auf Brot, Land B sich auf Wein spezialisieren. Denn wird ein Liter Wein in Land B statt in Land A produziert, so gibt es insgesamt zwei Liter Wein, also genauso viel wie vorher, aber mehr Brote, nämlich zwanzig statt siebzehn.[234] Hieran zeigt sich, dass unter gleichem Arbeitsaufwand mehr Waren verfügbar sind, der Wohlstand insgesamt also durch die Allokation der Herstellung am effizientesten Standort steigt.[235]

Somit existiert zwar aufgrund der Spezialisierung der Länder global betrachtet ein Plus an Produkten, wodurch der Lebensstandard in Übereinstimmung mit den Zielen der WTO gehoben wird. Das erklärt aber noch nicht, warum der Handel in dieser Form auch für jedes einzelne Land von Vorteil sein soll. Die Spezialisierung findet jedoch nur dann statt, wenn die Staaten dadurch für sich gesehen besser dastehen. Für die Zwecke dieser Frage kann der sog. Arbeitskoeffizient eingeführt werden, d.h. die Anzahl an Arbeitsstunden, die zur Herstellung einer Einheit eines Produkts aufgewendet werden müssen.[236] Der Außenhandelsgewinn eines Landes kann dadurch aufgezeigt werden, dass der Import als Methode indirekter Produktion angesehen wird.[237] In unserem Beispiel soll davon ausgegangen werden, dass ein Laib Brot wertmäßig einem Liter Wein entspricht, sowie von den folgenden Arbeitskoeffizienten:

	Brot	Wein
Land A	1 Stunde pro Stück	2 Stunden pro Liter
Land B	4 Stunden pro Stück	3 Stunden pro Liter

In einer Arbeitsstunde könnte Land A demnach einen halben Liter Wein herstellen. Produziert es stattdessen in der gleichen Zeit Brot, so könnte es ein ganzes Brot gegen einen ganzen Liter Wein tauschen. Für Land B gilt: In einer Stunde könnte dort ein Viertel Brot produziert werden, mit dem gleichen Aufwand aber auch ein drittel Liter Wein. Letzterer könnte dann gegen ein Drittel Brot ausgetauscht werden. Hieran ist zu erkennen, dass für beide Länder Au-

234 Zustand ohne Handel:

	Brote	Wein
Land A	10 Stück	1 l
Land B	7 Stück	1 l
Summe	17 Stück	2 l

Zustand mit Handel:

	Brote	Wein
Land A	20 Stück	0 l
Land B	0 Stück	2 l
Summe	20 Stück	2 l

235 *Streissler*, Grundzüge der Volkswirtschaftslehre, XII, Rn. 019.
236 *Krugman/Obstfeld*, Internationale Wirtschaft, S. 57.
237 *Krugman/Obstfeld*, Internationale Wirtschaft, S. 65.

ßenhandelsgewinne generiert werden, wenn sie sich auf die Herstellung der Ware spezialisieren, bei der die niedrigen Opportunitätskosten auftreten.[238]

Aus dem Vorangegangenen kann man schließen, dass das WTO-Recht Handelshemmnisse und Diskriminierung verbietet, um auf der Grundlage der Theorie der komparativen Kostenvorteile eine effiziente Arbeitsteilung und somit eine Wohlfahrtssteigerung zu erreichen. Dies funktioniert aber nur, wenn in verschiedenen Ländern verschiedene Rahmenbedingungen herrschen, die die Produktivität bestimmen.[239] Teil dieser Bedingungen ist der nationale Rechtsrahmen und damit auch die Regelungen der Produktionsweise.[240] Knüpfen nun staatliche Klimaschutz-Maßnahmen an PPM an, um diesen Unterschied, insbesondere die weniger strengen oder nicht existenten Bestimmungen zum Treibhausgas-Ausstoß in anderen Produktionsländern auszugleichen, dann wird der komparative Kostenvorteil dieser Länder zunichtegemacht.

Diese Ansicht übersieht aber, dass die Theorie der komparativen Kostenvorteile nur in einer perfekten Wettbewerbsumgebung uneingeschränkt gültig ist.[241] Im Bezug auf das Klima kommt es jedoch zu einem Marktversagen, d.h., dass der Marktmechanismus nicht zu einer optimalen Allokation der Ressourcen führt.[242] Übertragen auf den größeren Maßstab, nicht zwischen einzelnen Marktakteuren, sondern zwischen verschiedenen Märkten bzw. Staaten, könnte man von einem Freihandelsversagen sprechen.[243] Dieses Freihandelsversagen ist zurückzuführen auf sog. negative externe Effekte und die Eigenschaft des Klimas als öffentliches Gut.

Als negativen externen Effekt bezeichnet man Kosten, die nicht über den Preismechanismus abgegolten werden, d.h. die ein Marktteilnehmer nicht selbst trägt, sondern unbeteiligte Dritte, obwohl der Marktteilnehmer sie durch seine wirtschaftliche Aktivität verursacht hat.[244] So muss ein Hersteller, der bei der Produktion von Waren klimawirksame Spurengase emittiert, nicht für die Schädigung des Klimas durch diese Emissionen aufkommen. Das führt dazu, dass er

---

238 Die Opportunitätskosten können auch in Arbeitskoeffizienten dargestellt werden: So sind die Opportunitätskosten von Brot in Wein der Arbeitskoeffizient von Brot geteilt durch den Arbeitskoeffizienten von Wein. Daraus ergibt sich für das vorliegende Beispiel: Opportunitätskosten von Brot in Land A = 1/2, in Land B = 4/3; Opportunitätskosten von Wein in Land A = 2, in Land B = 3/4. Land A spezialisiert sich auf Brot, Land B auf Wein. Siehe auch *Krugman/Obstfeld*, Internationale Wirtschaft, S. 65 f.; *Siebert*, Außenwirtschaft, S. 33; *Oeter*, in: Hilf/Oeter, WTO-Recht, § 1, Rn. 4.

239 *Trüeb*, Umweltrecht in der WTO, S. 175; *Puth*, WTO und Umwelt, S. 72.

240 *Puth*, WTO und Umwelt, S. 72; *Jackson*, The World Trading System, S. 236; *Trebilcock/Howse*, The Regulation of International Trade, S. 512.

241 *Jackson*, The World Trading System, S. 18.

242 *Voon*, J. Transnat'l L. & Pol'y 10 (2000), 71 (74).

243 *Oeter*, in: Hilf/Oeter, WTO-Recht, § 1, Rn. 33.

244 *Heertje/Wenzel*, Grundlagen der Volkswirtschaftslehre, S. 28 f.; *Gruber/Kleber*, Grundlagen der Volkswirtschaftslehre, S. 127.

diesen Punkt bei der Kosten-Nutzenkalkulation vernachlässigt, wodurch zu viel produziert und die Ressource Klima in zu hohem Maße verbraucht, also keine paretooptimale Allokation[245] der Produktionsfaktoren erreicht wird. Der Preis der Ware ist in der Folge zu niedrig und spiegelt so nicht mehr die Knappheit des Gutes wider.[246]

Zu solchen negativen Externalitäten kommt es vorwiegend im Bereich der öffentlichen Güter. Denn diese sind durch Nichtrivalität und Nichtausschließbarkeit gekennzeichnet.[247] Nichtrivalität bedeutet, dass die Nutzung des Gutes durch einen Wirtschaftsteilnehmer nicht die gleichzeitige Nutzung durch andere verhindert. Unter Nichtausschließbarkeit ist zu verstehen, dass jeder, der möchte, am Konsum des Gutes partizipieren kann. Dann liegt es aber in der Logik des Marktmechanismus, nach der jeder nach seinem eigenen optimalen Nutzen streben soll, öffentliche Güter so intensiv wie möglich zu nutzen. Hierfür fallen mangels der Zuweisung von Rechten am Gut keine Kosten an. Doch kann das Klima in die Nähe der sog. Allmendegüter gestellt werden.[248] Diese sind durch die Nicht-Anwendbarkeit des Ausschlussprinzips gekennzeichnet, es kommt aber aufgrund der Knappheit des Gutes ab einem bestimmten Auslastungsgrad zu Rivalität, weil dann nicht mehr genug Ressourcen vorhanden sind.[249] Ein klassisches Beispiel hierfür ist der Fischbestand in den Meeren. Nun hört das Klima durch seine Übernutzung nicht auf zu existieren, wie das beim Fischbestand der Fall ist. Doch verändert es sich in einer für den Menschen und die Umwelt negativen Weise, so dass die Situation in etwa vergleichbar ist.

Aus dem Zusammenspiel dieser Beobachtungen ergibt sich die sog. Tragik der Allmende (*tragedy of the commons*): Wenn es für jeden wirtschaftlich rational ist, die Allmendegüter so intensiv wie möglich zu nutzen, dann führt dies zu einer Übernutzung, die im Endeffekt in der Unbenutzbarkeit des Gutes für alle endet.[250] Übertragen auf das Klima bedeutet das, dass ein rational handelnder

245 Eine Allokation ist paretooptimal bzw. –effizient, wenn es keine andere Allokation gibt, bei der ein Wirtschaftssubjekt besser gestellt werden könnte, ohne dass es einem anderen Wirtschaftssubjekt schlechter geht (*Heertje/Wenzel*, Grundlagen der Volkswirtschaftslehre, S. 9; *Fritsch/Wein/Ewers*, Marktversagen und Wirtschaftspolitik, S. 25 f.).

246 *Voon*, J. Transnat'l L. & Pol'y 10 (2000), 71 (74); *Heertje/Wenzel*, Grundlagen der Volkswirtschaftslehre, S. 29; *Gruber/Kleber*, Grundlagen der Volkswirtschaftslehre, S. 128; *Fritsch/Wein/Ewers*, Marktversagen und Wirtschaftspolitik, S. 90.

247 *Heertje/Wenzel*, Grundlagen der Volkswirtschaftslehre, S. 29; *Gruber/Kleber*, Grundlagen der Volkswirtschaftslehre, S. 130; *Fritsch/Wein/Ewers*, Marktversagen und Wirtschaftspolitik, S. 361.

248 Siehe zum Allmendeproblem *Heertje/Wenzel*, Grundlagen der Volkswirtschaftslehre, S. 432.

249 *Gruber/Kleber*, Grundlagen der Volkswirtschaftslehre, S. 131; *Fritsch/Wein/Ewers*, Marktversagen und Wirtschafspolitik, S. 101 f.

250 *Hardin*, The tragedy of the commons, Science 162 (1968), 1243: „Freedom in a commons brings ruin to all"; *Heertje/Wenzel*, Grundlagen der Volkswirtschaftslehre, S. 355; *Fritsch/Wein/Ewers*, Marktversagen und Wirtschaftspolitik, S. 102 f.

Wirtschaftsteilnehmer Treibhausgase ausstoßen wird, bis die klimatologischen Bedingungen derart sind, dass sie für ihn persönlich negative Konsequenzen haben.[251] Diese nachteilige Veränderung des Klimas ist der negative externe Effekt.

Hierin liegt also das Marktversagen, denn die Regulierung durch den Marktmechanismus führt nicht dazu, dass die knappe Ressource Klima dauerhaft optimal genutzt wird. Das kann nur durch ein Eingreifen des Staates korrigiert werden. Dieser hat die Möglichkeit, die externen Effekte mit Kosten zu belegen, etwa durch Steuern oder Auflagen. Hierdurch werden die externen Effekte internalisiert, d.h. die Hersteller müssen die Kosten in ihrer Kalkulation berücksichtigen.[252] Aufgrund der erhöhten Kosten wird die betroffene Ressource weniger verwendet, so dass eine Übernutzung ausbleibt.[253] So verhält es sich auch mit den PPM-basierten Klimaschutz-Maßnahmen: Durch sie wird die „Nutzung" des Klimas, also der Ausstoß von CO_2 bei der Produktion, verteuert, weshalb Hersteller dies soweit möglich vermeiden werden. Ziel ist es, ein gesundes Maß zu erreichen, bei dem es auf lange Sicht gesehen nicht zur Unbenutzbarkeit der Ressource kommt. Hieraus folgt, dass PPM-bezogene Handelsmaßnahmen nicht dazu angetan sind, den allgemeinen Wohlstand durch einen Eingriff in den Markt zu verringern, sondern dass sie gerade dazu führen, dass der Wohlstand langfristig gesteigert werden kann und nicht ab einem gewissen Zeitpunkt durch das Versiegen einer Ressource – im vorliegenden Fall des Klimas – wieder abnimmt.[254] Somit liegt hierin kein grundsätzlicher Widerspruch zum Recht der WTO.

PPM-bezogene Handelsmaßnahmen dienen demnach der Internalisierung von Externalitäten. Das bedeutet, dass sie nicht verhindern, dass der Freihandel zur Steigerung des Wohlstands beiträgt, sondern gerade erst eine optimale Ressourcenallokation möglich machen. Folglich widersprechen sie nicht der Zielsetzung der Welthandelsordnung, sondern unterstützen sie, immer unter dem Vorbehalt, dass sie in einem angemessenen Maße angewandt werden. Es besteht also kein genereller Widerspruch zwischen Maßnahmen, die an PPM anknüpfen und den dem WTO-Recht zugrunde liegenden Prinzipien. Daher ist es nicht erforderlich, die Produktgleichheit bei der Untersuchung von Regelungen, die auf PPM ab-

---

251 Vgl. zur *tragedy of the commons* im Bezug auf Treibhausgase *Green*, WTR 5 (2006), 377 (380).

252 *Heertje/Wenzel*, Grundlagen der Volkswirtschaftslehre, S. 433; *Fritsch/Wein/Ewers*, Marktversagen und Wirtschaftspolitik, S. 109; für die Wirkungsweise des Emissionshandels auf diese Art *Martini/Gebauer*, ZUR 2007, 225 (226).

253 *Puth*, WTO und Umwelt, S. 110.

254 Die Einbeziehung der Externalitäten in die Betrachtung der Auswirkungen auf den allgemeinen Wohlstand bezeichnet Regan als normativen komparativen Kostenvorteil im Gegensatz zum positiven komparativen Kostenvorteil, der allein auf die relativen Preise abstellt. *Regan*, in: Cottier u.a. (Hrsg.), International Trade Regulation and the Mitigation of Climate Change, S. 97 (106 f.).

stellen, automatisch zu bejahen, um die Unvereinbarkeit mit dem WTO-Recht feststellen zu können.

Somit spricht die teleologische Auslegung im Bezug auf PPM weder dafür, stets die Gleichartigkeit zu bejahen, noch sie immer abzulehnen. Vielmehr sind die vier hergebrachten Kriterien weiterhin am besten geeignet, das Vorliegen einer Wettbewerbssituation in jedem einzelnen Fall zu überprüfen. Dabei wird im Bezug auf PPM regelmäßig das Ergebnis stehen, dass Gleichartigkeit besteht, also zunächst ein Verstoß gegen WTO-Recht vorliegt. Gleichzeitig ist es aber auch durchaus denkbar, dass, sollte sich ein derartiges Konsumentenverhalten entwickeln, die Produktgleichheit verneint wird, weil die Verbraucher bei ihrer Kaufentscheidung auf der Grundlage des Treibhausgas-Ausstoßes bei der Herstellung zwischen den Waren unterscheiden.[255] Folglich gibt es kein einheitliches Ergebnis für die Bewertung des Zusammenhangs zwischen PPM und Gleichartigkeit. Festzuhalten ist allerdings, dass nach der heutigen Realität in der überwiegenden Zahl der Fälle Produktgleichheit gegeben ist, so dass in einer an PPM anknüpfenden Ungleichbehandlung je nach Sachverhalt ein Verstoß gegen Art. I oder III GATT liegt. Dieser kann aber gegebenenfalls über Art. XX GATT als rechtmäßig einzuordnen sein, denn nach dem bisher Gesagten besteht kein unlösbarer Widerspruch zu Grundprinzipien der Welthandelsordnung, der eine Rechtfertigung ausschließen würde.[256]

II. Die allgemeinen Ausnahmen des Art. XX GATT: Rechtfertigung von Klimaschutz-Maßnahmen

Häufig wird bei der Beurteilung nationaler Klimaschutz-Maßnahmen das Ergebnis zu konstatieren sein, dass sie gegen Vorschriften des WTO-Rechts verstoßen. Das betrifft nicht nur die Regelungen der Nichtdiskriminierung, sondern auch das Verbot der mengenmäßigen Beschränkung und andere multilaterale Abkommen wie die Übereinkommen über technische Handelshemmnisse[257] oder über Subventionen und Ausgleichsmaßnahmen.[258] Daraus folgt aber noch nicht automatisch, dass auch tatsächlich eine Verletzung des Welthandelsrechts vorliegt. Vielmehr ist in vielen Fällen die Möglichkeit einer Rechtfertigung vorgesehen. Herausragende Bedeutung erlangt hierbei Art. XX GATT, der häufig im

255 So auch *Green*, JIEL 8 (2005), 143 (160); a.A. *Hilf*, NVwZ 2000, 481 (485): Die Gleichheit der Waren wird von der Art des Herstellungsprozesses auch dann nicht berührt, wenn der Verbraucher Waren nach ihrer Herstellungsmethode unterscheidet.

256 *Hilf*, NVwZ 2000, 481 (485); *Crosby*, in: Cottier u.a. (Hrsg.), International Trade Regulation and the Mitigation of Climate Change, S.124 (129); *Buck/Verheyen*, International Trade Law and Climate Change, S. 13.

257 Agreement on Technical Barriers to Trade (TBT).

258 Agreement on Subsidies and Countervailing Measures (SCM).

Zentrum der Diskussionen über Klimaschutz-Maßnahmen im Speziellen und WTO und Umwelt im Allgemeinen steht. Ob diese Vorschrift über den Rahmen des GATT hinaus Bedeutung erlangen und auch Verletzungen der Regelungen anderer multilateraler Übereinkommen rechtfertigen kann, soll jeweils im Rahmen der Untersuchung spezieller Maßnahmen beantwortet werden, wenn eine Verletzung solcher Abkommen konkret im Raum steht.[259]

1. Die Struktur der allgemeinen Ausnahmen

Art XX GATT ist zweigliedrig aufgebaut: Er enthält zunächst einen einleitenden allgemeinen Vorbehalt, den sog. *chapeau*, gefolgt von einzelnen Ausnahmetatbeständen. Dabei hat der *chapeau* aber, anders als etwa Art. III:1 GATT, nicht lediglich einführenden Charakter, so dass er nur bei der Auslegung der Tatbestände zu beachten wäre. Vielmehr erlangt jeder der beiden Teile eigenständige Bedeutung, so dass ein zweistufiger Test durchzuführen ist. Zunächst stellt sich die Frage, ob einer der Tatbestände der Buchstaben a) bis j) einschlägig ist. Hieraus folgt dann im Falle der Bejahung eine vorläufige („*provisional*“) Rechtfertigung.[260] Diese ist lediglich vorläufig, weil sie unter dem Vorbehalt der Erfüllung der Kriterien des *chapeau* steht. Erst anschließend kommt es folglich zur Beurteilung der beanstandeten Maßnahme am Maßstab des Einleitungssatzes und somit zu einem endgültigen Ergebnis.[261]

Diese Umkehrung der Prüfungsreihenfolge im Verhältnis zur Struktur des Vertragstextes ist nicht rein zufällig, sondern spiegelt die Struktur und Logik von Art. XX GATT wider.[262] Sie basiert auf dem Verständnis der Funktion des *chapeau*: Im *Shrimp/Turtle*-Fall betonte der Appellate Body, dass der Einleitungssatz Ausdruck des Prinzips von Treu und Glauben sei und als Unterfall hiervon insbesondere das Konzept des Rechtsmissbrauchs zum Ausdruck bringe. Somit sei Ziel der Anwendung des *chapeau* das Ausloten eines Gleichgewichts zwischen der in Anspruch genommenen Ausnahme gemäß der Buchstaben a) bis j) und der grundsätzlich verletzten substantiellen Regelung des GATT. Denn es müsse das richtige Maß im Regel-Ausnahme-Verhältnis gefunden werden.[263] Ist aber noch gar nicht bekannt, welcher Ausnahmetatbestand einschlägig ist, so erscheint die Bestimmung dieses Maßes unmöglich.[264] Denn

259 Siehe unten S. 106 ff. und 106 ff.

260 Der Appellate Body spricht von „*provisional jusitfication*“, vgl. US – Gasoline, S. 20. In der deutschen Literatur wird häufig der Ausdruck „vorläufige Rechtfertigung“ verwendet, vgl. *Berrrisch*, in: Prieß/Berrisch, WTO-Handbuch, B.I.1., Rn. 230; *Tietje*, in: Tietje, Internationales Wirtschaftsrecht, § 3, Rn. 90.

261 US – Gasoline, AB, S. 20; US – Shrimp, AB, para. 118.

262 US – Shrimp, AB, para. 119.

263 US – Shrimp, AB, para. 158 f.

264 *Trebilcock/Howse*, The Regulation of International Trade, S. 530.

die Vorgaben des *chapeau* sind sehr weit gefasst; was hierunter zu verstehen ist, kann von Fall zu Fall variieren. Eine Maßnahme, die im Hinblick auf einen Ausnahmetatbestand als ungerechtfertigte Diskriminierung gesehen wird, ist es möglicherweise hinsichtlich eines anderen Ausnahmetatbestands nicht.[265] Aus diesen Gründen ist die vorgenannte Reihenfolge zwingend einzuhalten, also zuerst das Vorliegen der Voraussetzungen einzelner Ausnahmetatbestände im Falle von Klimaschutz-Maßnahmen zu prüfen. Selbstverständlich variiert auch diese Betrachtung je nach der konkreten Ausgestaltung der Klimapolitik. Doch da all diesen Maßnahmen ein einheitlicher Gedanke zugrunde liegt, nämlich die Mitigation des Klimawandels, kann zumindest in Grundzügen eine Einordnung erfolgen.

2. Einschlägigkeit eines Ausnahmetatbestandes

Entsprechend dem bisher Ausgeführten ist zunächst zu fragen, ob Klimaschutz-Maßnahmen unter einen der Ausnahmetatbestände gem. Art. XX litt. a) bis j) GATT fallen. In diesem Zusammenhang wird am häufigsten Art. XX lit. g) GATT genannt, der Maßnahmen zur Erhaltung erschöpflicher Naturschätze betrifft.[266] Alternativ wäre es aber auch denkbar, dass ein Staat sich zur Rechtfertigung seiner klimapolitischen Regelungen auf Art. XX lit. b) GATT beruft, der Maßnahmen zum Schutz des Lebens und der Gesundheit von Menschen, Tieren und Pflanzen beinhaltet.[267]

a) Das Klima als erschöpflicher Naturschatz

Art XX lit. g) GATT lautet in der authentischen englischen Fassung:

> *„(measures) relating to the conservation of exhaustible natural resources if such measures are made effective in conjunction with restrictions on domestic production or consumption".*

Hieraus ergeben sich drei Erfordernisse für die Erfüllung dieses Ausnahmetatbestandes. Das Merkmal der Erhaltung erschöpflicher Naturschätze und die Anforderung, dass die Maßnahmen im Zusammenhang mit Beschränkungen der inländischen Produktion oder des inländischen Verbrauches angewendet werden, sind schon aus der deutschen Version des Textes ersichtlich. Hinzu kommt

---

265 US – Shrimp, AB, para. 120.

266 *Van Damme*, JIEL 12 (2009), 175 (191).

267 *Green*, JIEL 8 (2005), 143 (177); *Condon*, JIEL 12 (2009), 1 (17); *Tarasofsky*, CCLR 2008, 7 (9 f.); *Buck/Verheyen*, ZUR 2002, 89 (92); *Goh*, JWT 38 (2004), 395 (414).

aber der Satzteil *„relating to"*, der in der deutschen Fassung keinen Gegenpart findet und mit „bezüglich" oder „in Bezug auf"[268] übersetzt werden kann.

aa) Die Erhaltung erschöpflicher Naturschätze

(1) Der Begriff der natürlichen Ressource: Dynamische Auslegung und Bezugnahme auf internationale Abkommen

Will ein Staat sich demnach auf Art. XX lit. g) GATT berufen, um eine gegen Vorschriften des GATT verstoßende Klimaschutz-Maßnahme zu rechtfertigen, dann setzt dies voraus, dass diese Maßnahme der Erhaltung eines erschöpflichen Naturschatzes dient. Um dies zu begründen, sind mehrere Denkansätze vorstellbar. Zunächst könnte das Klima selber als erschöpflicher Naturschatz qualifiziert werden. Bedenken könnten sich dabei im Hinblick auf die übliche Bedeutung von *Naturschatz* bzw. – um vom Wortlaut der authentischen Fassungen auszugehen – von *natürliche Ressource* ergeben. Eine Ressource ist ein natürlich vorhandener Bestand von etwas, was für einen bestimmten Zweck, besonders zur Ernährung der Menschen und zur wirtschaftlichen Produktion, [ständig] benötigt wird.[269] Das Klima als Statistik der Wetter-Messgrößen über einen relativ langen Zeitraum[270] erscheint primär nicht als Bestand von etwas, das für einen bestimmten Zweck benötigt wird. Andererseits ist das Klima der Erde Grundvoraussetzung für alle Handlungen, die Wirtschaftssubjekte vornehmen können. Denn unter anderen Rahmenbedingungen, z.B. ohne jeglichen Treibhauseffekt, wäre wie gezeigt ein Leben auf der Erde unmöglich.[271]

Neben dieser Überlegung sollten die Ausführungen, die der Appellate Body zur Frage der Auslegung von Art. XX g) GATT im *Shrimp/Turtle*-Fall getätigt hat, berücksichtigt werden. Demnach ist der Begriff der erschöpflichen Naturschätze für Begriffswandlungen offen und somit einer dynamischen Interpretation[272] zugänglich. Das heißt, dass er nicht statisch ist, sondern sich im Laufe der Zeit entwickelt.[273] Für die Interpretation kommt es auf die Begriffsinhalte zum Zeitpunkt der Auslegung, nicht zum Zeitpunkt des Vertragsschlusses an. Wenn sich die Auslegung also am heutigen Kontext orientiert, dann muss insbesondere bedacht werden, dass bei Gründung der WTO im Jahre 1995 das Ziel der nachhaltigen Entwicklung und der Schutz und die Erhaltung der Umwelt in die Prä-

---

268 Langenscheidt Großes Schulwörterbuch Englisch-Deutsch, Neubearbeitung 1996. Gleiches ergibt sich auch aus den anderen authentischen Fassungen, nämlich der französischen, in der es „se rapportant à" heißt und der spanischen, die „relativas a" lautet.

269 Duden, Deutsches Universalwörterbuch, 6. Aufl. 2006.

270 Siehe oben S. 9.

271 Siehe oben S. 10.

272 Vgl. zur dynamsichen Interpretation IGH, Namibia-Gutachten, ICJ Rep. 1971, 31 f.; *Heintschel von Heinegg*, in: Ipsen, Völkerrecht, § 11, Rn. 21.

273 US – Shrimp, AB, para. 130.

ambel des WTO-Übereinkommens eingebracht wurden. Dieses gegenüber dem Zeitpunkt des Abschlusses des GATT 1947 gewandelte Verständnis der Zielsetzung des Abkommens darf bei der Auslegung der allgemeinen Ausnahmen nicht außen vor bleiben.[274] Mag es auch richtig sein, dass die Parteien bei der ursprünglichen Ausarbeitung des Art. XX lit. g) GATT Rohstoffvorkommen vor Augen hatten, so hindert dies nicht daran, den Begriff der natürlichen Ressourcen heute anders zu verstehen. Dementsprechend qualifizierte der Appellate Body die Meeresschildkröten im *Shrimp/Turtle*-Fall als erschöpfliche Naturschätze, obwohl sie eine lebende und nicht eine geologische Ressource sind.[275]

In ebendieser Entscheidung bezog sich der Appellate Body für die Auslegung des Begriffs auch auf mehrere internationale Abkommen, um die aktuell vorherrschende Meinung in der Staatengemeinschaft über seine Bedeutung zu erforschen.[276] Somit kann auf die Übereinkommen im Bereich des Klimaschutzrechts zurückgegriffen werden, um zu beurteilen, ob ein Konsens dahingehend besteht, dass das Klima als natürliche Ressource zu betrachten ist.[277] Zwar nennen weder die Klimarahmenkonvention noch das Kyoto-Protokoll das Klima als Naturschatz, anders als die vom Appellate Body hinsichtlich der Meeresschildkröten in Bezug genommenen Abkommen, die ausdrücklich von „lebenden Ressourcen“ sprachen. Dennoch kommt aber in diesen Instrumenten zum Ausdruck, dass das Klima Grundlage allen Lebens und bewahrungswürdig ist, so dass man zu dem Schluss kommen könnte, das Klima bzw. die Umwelt als Ganzes seien eine Ressource. In Übereinstimmung mit dieser Sichtweise wurde bemerkt, dass der Appellate Body den Terminus des erschöpflichen Naturschatzes derart weit interpretiert, dass im Prinzip alle Maßnahmen zum Schutz der globalen Umwelt hierunter fallen könnten.[278]

(2) Erschöpflichkeit des Klimas

Nach diesem weiten Verständnis kann also das Klima als natürliche Ressource betrachtet werden.[279] Es wäre aber außerdem erforderlich, dass es sich um eine erschöpfliche Ressource handelt. Dabei ist umstritten, ob dieses Merkmal eine konkrete Gefährdung des Bestandes erfordert, oder ob eine potentielle Er-

274 US – Shrimp, AB, para. 129.
275 US – Shrimp, AB, para. 131.
276 US – Shrimp, AB, para. 130.
277 *Condon*, JIEL 12 (2009), 1 (18); *Buck/Verheyen*, International Trade Law and Climate Change, S. 30.
278 *Howse*, AJIL 96 (2002), 94 (111); *Howse/Eliason*, in: Cottier u.a. (Hrsg.), International Trade Regulation and the Mitigation of Climate Change, S. 48 (61); *Buck/Verheyen*, International Trade Law and Climate Change, S. 10.
279 *Condon*, JIEL 12 (2009), 1 (17); *Tarasofsky*, CCLR 2008, 7 (9).

schöpfbarkeit genügt.[280] Unabhängig davon, ob man fordert, dass tatsächlich ein Risiko des Auslöschens besteht, oder ob man die rein theoretische Möglichkeit einer Endlichkeit genügen lässt, kann Erschöpfbarkeit im Bezug auf das Klima keinesfalls angenommen werden: Zwar verändert es sich und dies auch in einer für den Menschen und die Flora und Fauna nachteiligen Art und Weise. Gleichwohl hört es nicht auf zu existieren und es ist auch keine Hypothese vorstellbar, in der dies der Fall wäre. Denn selbst wenn der Klimawandel derart drastische Züge annehmen sollte, dass ein Leben auf der Erde nicht mehr möglich wäre, so bestünde weiterhin ein Klima. Folglich ist das Klima als solches nicht erschöpflich.

Ein anderer Denkansatz knüpft daran an, dass die saubere Luft in einem Streitbeilegungsverfahren bereits als erschöpflicher Naturschatz qualifiziert wurde.[281] Dann könne die Emission von klimawirksamen Spurengasen auch als Bedrohung der natürlichen Ressource saubere Luft gesehen werden.[282] Überzeugen kann dieser Ansatz jedoch nicht. Denn im Gegensatz zu Abgasen oder Feinstaub verändern Treibhausgase die Luft nicht in der Weise, dass sie „unsauber", ihr Einatmen demnach ungesund würde.

Dennoch kann aus dem Gedanken der sauberen Luft als erschöpflichem Naturschatz eine Erkenntnis gewonnen werden: Geschützt wird dabei nicht die Luft als solche, sondern eine Beschaffenheit der Luft, die für den Menschen bzw. das Ökosystem günstig ist. Hierzu kann eine Analogie hinsichtlich des Klimas gezogen werden: Zwar ist dieses an sich nicht erschöpflich, doch gilt etwas anderes, stellt man auf ein Klima ab, das ein Leben auf der Erde ermöglicht. Diese spezielle Beschaffenheit der Atmosphäre kann aufhören zu existieren. Somit gelangt man aber wiederum zu dem Streitpunkt, ob die Gefahr, dass dies eintritt, real bestehen muss, oder ob die bloße Möglichkeit für die Annahme der Erschöpfbarkeit ausreicht. Hieran schließt sich unmittelbar die Frage an, welche Anforderungen an den Nachweis einer solchen Gefahr zu stellen wären. Der Appellate Body vertritt hierzu im Rahmen des Art. XX lit. b) GATT die Ansicht, dass ein Mitgliedstaat sich auf naturwissenschaftliche Erkenntnisse berufen dürfe, selbst wenn sie eine Mindermeinung darstellen, solange sie nur qualifiziert und respektiert sind.[283] Es spricht nichts dagegen, dieses Konzept auch im Rahmen des Art. XX lit. g) GATT anzuwenden.[284] Dass sich das Klima er-

280 Für das Erfordernis einer konkreten Gefährdung *Puth*, WTO und Umwelt, S. 317; für das Ausreichen einer potentiellen Erschöpfbarkeit US – Tuna II, Panel, para 5.13 (nicht angenommen); *Trüeb*, Umweltrecht in der WTO, S. 63.

281 US – Gasoline, Panel, para. 6.37.

282 *Condon*, JIEL 12 (2009), 1 (17 f.); *Tarasofsky*, CCLR 2008, 7 (9); *Ruddigkeit*, Border Tax Adjustment, S. 26; *Veel*, JIEL 12 (2009), 749 (776); *Green*, JIEL 8 (2005), 143 (183); Andeutungen in diese Richtung finden sich auch bei *Goh*, JWT 38 (2004), 395 (414).

283 EC – Hormones, AB, para. 194; EC – Asbestos, AB, para. 178.

284 So auch *Puth*, WTO und Umwelt, S. 317.

wärmt, stellt nicht lediglich die Ansicht einer Minderheit unter Naturwissenschaftlern dar, sondern ist ganz vorherrschende, kaum bestrittene Meinung.[285] Zudem belegen internationale Abkommen wie das Kyoto-Protokoll und die Klimarahmenkonvention, dass ein ganz überwiegender Teil der Staatengemeinschaft von einer Gefahr für das Klima ausgeht. Solche Übereinkommen können in Streitbeilegungsverfahren als Beweis herangezogen werden.[286] Damit muss die Erschöpflichkeit des „guten" Klimas selbst dann bejaht werden, wenn man hierfür das Vorliegen einer konkreten Gefährdung fordert. Im Übrigen ist zu berücksichtigen, dass quasi alle Staaten Mitglied der Klimarahmenkonvention sind.[287] Für all diese Länder, die durch ihre Mitgliedschaft implizit die Notwendigkeit des Handelns anerkannt haben, dürfte es schwer sein, sich darauf zu berufen, es gebe gar keinen Klimawandel. Denn nach dem völkerrechtlichen *estoppel*-Prinzip ist ein Staat aus Gründen des Vertrauensschutzes an die Erwartungen anderer gebunden, die diese nach Treu und Glauben in seine Äußerungen setzen durften.[288] Ein Klima, das Leben auf der Erde ermöglicht, fällt somit unter den Begriff der erschöpflichen natürlichen Ressource.[289]

(3) Die Bedrohung von Tier- und Pflanzenarten: Das Verhältnis zwischen Art. XX litt. g) und b) GATT

Alternativ und als zusätzliches Argument zu diesem Ansatz könnte man darauf abstellen, dass die Existenz von gewissen Tier- und Pflanzenarten durch den Klimawandel bedroht wird. Maßnahmen gegen die globale Erwärmung würden demnach mittelbar auch ihrem Schutz dienen.[290] Nachdem bereits festgestellt wurde, dass auch lebende Ressourcen unter die Naturschätze im Sinne des Art. XX lit. g) GATT fallen können, wäre es durchaus nachvollziehbar, eine

---

285 Siehe oben S. 13 ff.

286 *Puth*, WTO und Umwelt, S. 307.

287 Siehe oben S. 13 f.

288 So zumindest für das Kyoto-Protokoll und eventuell auch im Bezug auf die Klimarahmenkonvention *van Calster*, in: Peeters/Deketelaere (Hrsg.), EU Climate Change Policy, S. 205 (208); zum ähnlich gelagerten Fall der Zustimmung zur Rio-Deklaration *Wiemer*, Produktsicherheit und freier Warenverkehr in GATT/WTO, S. 240; vgl. zum *estoppel*-Prinzip allgemein *Heintschel von Heinegg*, in: Ipsen, Völkerrecht, § 18, Rn. 7; *Brownlie*, Principles of Public International Law, S. 643 f.

289 *Veel*, JIEL 12 (2009), 749 (776) spricht von einer Atmosphäre ohne exzessiven CO_2-Gehalt, *Ismer/Neuhoff*, EJLE 24 (2007), 137 (151) von der atmosphärischen CO_2-Konzentration, *Hufbauer/Charnovitz/Kim*, Global Warming and the World Trading System, S. 50 von einem gewissen Gleichgewicht der Gase in der Atmosphäre. Im Ergebnis zustimmend *Pauwelyn*, U.S. Federal Climate Policy, S. 35; *Ruddigkeit*, Border Tax Adjustment, S. 26; *Sindico*, EEELR 17 (2008), 328 (338).

290 *Green*, JIEL 8 (2005), 143 (183); Für die Einbeziehung des mittelbaren Schutzes durch Maßnahmen, die unmittelbar dem Schutz von *global commons* dienen, in den Schutzbereich von Art. XX b) und g) GATT *Puth*, WTO und Umwelt, S. 308 f.

Klimaschutz-Maßnahme darauf zu stützen, dass sie der Erhaltung dieser Tier- und Pflanzenarten diene.

Es stellt sich dann aber unweigerlich die Frage des Verhältnisses zu Art. XX lit. b) GATT. Denn dieser benennt bereits ausdrücklich Maßnahmen zum Schutz des Lebens und der Gesundheit von Tieren und Pflanzen.[291] Gleichzeitig fordert er aber, dass diese Maßnahmen „*necessary*", also notwendig für den Schutz sind. Unter Buchstabe g) reicht hingegen schon das bloße „*relating to*", also bezogen auf. Es muss daher gefragt werden, ob die Behandlung solcher Maßnahmen unter Art. XX lit. g) GATT nicht zu einer Umgehung der strengeren Anforderung der Notwendigkeit führt. Der Appellate Body sah sich hierdurch zumindest nicht daran gehindert, Schildkröten als erschöpfliche Naturschätze zu definieren. Allerdings kam es auch nicht zu einer ausführlichen Diskussion des Verhältnisses der Buchstaben b) und g), weil die USA in ihrer Berufung auf eine Behandlung von Art. XX lit. b) GATT verzichteten, sollte der Appellate Body bereits die Ausnahme des Art. XX lit. g) GATT für einschlägig erachten.[292] Da dies der Fall war, befasste sich der Bericht nicht mehr mit dem Tatbestand von Buchstabe b).

Unabhängig von der Beantwortung der Frage, ob Art. XX lit. b) GATT einschlägig gewesen wäre, kann diese Ausnahme aber schon bei der Bestimmung der Reichweite von Art. XX lit. g) GATT relevant werden, will man eine Redundanz zwischen den verschiedenen Ausnahmetatbeständen vermeiden.[293] Ansonsten würde diejenige Rechtfertigung, deren Voraussetzungen schwerer zu erfüllen sind, in Zukunft ungebräuchlich werden, vorliegend wohl aufgrund des Notwendigkeitstests der Buchstabe b). Von daher ist es erstaunlich, dass der Appellate Body sich hiermit im *Shrimp/Turtle*-Fall nicht befasste.

In *Brazil – Retreaded Tyres*, einem Streitbeilegungsverfahren, das sich hauptsächlich mit dem Schutz der Menschen vor durch Moskitos übertragenen Krankheiten befasste, diskutierte der Appellate Body in einem Exkurs die Rechtfertigung von Klimaschutz-Maßnahmen unter Art. XX lit. b) GATT.[294] Man könnte dies als eine Art *obiter dictum* betrachten, mit dem der Appellate Body signalisieren wollte, dass Fragen der globalen Erwärmung in den Bereich des Buchstaben b), nicht aber g) fallen. Jedoch diente die Mitigation des Klimawandels nur als Beispiel für Maßnahmen, die erst nach Ablauf einer größeren Zeitspanne ihre Wirkung zeigen, und sollte verdeutlichen, dass dieses Charakteristikum der Bejahung der Notwendigkeit unter Art. XX lit. b) GATT nicht entgegensteht. Daher ist nicht von einer bestehenden Festlegung des Appellate Bo-

---

291 *Puth*, WTO und Umwelt, S. 302; *Mavroidis*, JWT 34 (2004), 73 (86 f.).

292 US – Shrimp, AB, para. 24.

293 So auch *Puth*, WTO und Umwelt, S. 302, allerdings mit umgekehrten Vorzeichen, nämlich zur Bestimmung der Reichweite des Art. XX b) GATT; *Mavroidis*, JWT 34 (2000), 73 (86).

294 Brazil – Retreaded Tyres, AB, para. 151.

dy in der Frage auszugehen, ob Klimaschutz-Maßnahmen unter Buchstabe b) oder g) fallen.[295]

Zum Teil wird vertreten, dass Buchstabe b) nur dann zur Anwendung kommen dürfe, wenn Tiere und Pflanzen betroffen sind, die sich im Hoheitsgebiet des die Regelung erlassenden Staates befinden.[296] Dies ergebe sich auch aus seiner Entstehungsgeschichte, da beim Entwurf dieses Ausnahmetatbestands stets nur Beispiele verwendet wurden, die derartige Sachverhalte betrafen. Allerdings muss daraus erstens nicht zwingend geschlossen werden, dass extraterritoriale Tiere und Pflanzen nicht in den Schutzbereich fallen; es wäre durchaus denkbar, dass diese Konstellation einfach nicht bedacht wurde. Außerdem sollte die Bedeutung der Entstehungsmaterialen nicht überbewertet werden, da dies die Berücksichtigung neuer Regelungsziele, wie eben der Mitigation des Klimawandels, verhindert.[297] Die Antragsteller im *Shrimp*-Fall brachten mit der vorgetragenen Argumentation vor, nur heimische Tiere und Pflanzen könnten unter den Ausnahmetatbestand fallen; doch ist auch zu bemerken, dass dies auf dem Grundgedanken basierte, Handelsmaßnahmen mit Bezug zu PPM seien aufgrund ihrer Extraterritorialität nicht zu rechtfertigen.[298] Da dieser Ansicht hier nicht gefolgt wird,[299] kann auch die Argumentation aus dieser Sicht heraus nicht verfangen.

Insgesamt ist es zudem schwierig, diese Meinung auf den Fall des Klimawandels anzuwenden. Denn die globale Erwärmung gefährdet zugleich Tiere und Pflanzen in fremden Jurisdiktionen und im eigenen Hoheitsgebiet. Klimapolitik, die sich darauf beruft, Flora und Fauna zu schützen, ist daher weder ausschließlich darauf gerichtet, die Bedingungen für Tiere und Pflanzen im Ausland zu verbessern, noch bezieht sie sich lediglich auf heimische Ressourcen. Ähnlich verhält es sich zwar bei migrierenden Tieren, wie den Meeresschildkröten, die sich mal innerhalb, mal außerhalb des Hoheitsgebiets befinden. Der Unterschied liegt aber darin, dass es sich hierbei um dieselben Tiere handelt. Klimaschutz-Maßnahmen beziehen sich auch auf Tiere, bei denen ausgeschlossen werden kann, dass sie jemals in das Hoheitsgebiet des erlassenden Staates gelangen werden.

Wollte man jedoch dieser Ansicht folgen, unter Buchstabe b) demnach nur heimische Tiere und Pflanzen fassen, unter Ausnahme g) aber in Übereinstimmung mit der Entscheidung des Appellate Body auch extraterritoriale, dann

295 So auch *Hufbauer/Charnovitz/Kim*, Global Warming and the World Trading System, S. 51.

296 US – Tuna I, Panel, para 5.26; *Puth*, WTO und Umwelt, S. 305.

297 Anders *Jackson*, World Trade and the Law of GATT, S. 22, der der historischen Auslegung bei internationalen Instrumenten eine größere Bedeutung zumisst als bei nationalem Recht.

298 Die gleichen Argumente wurden auch im Hinblick auf Art. XX g) GATT vorgetragen und vom Appellate Body verworfen.

299 Siehe oben S. 55 ff.

würde das zu der seltsamen Konsequenz führen, dass im ersten Fall die Notwendigkeit der Maßnahme zu beweisen wäre, im zweiten Fall aber schon ein Bezug zum Klimaschutz genügt. Auch wenn man die grundsätzliche Unvereinbarkeit von PPM-basierten Maßnahmen mit dem WTO-Recht ablehnt, so steht doch außer Zweifel, dass extraterritorial wirkende Regelungen per se eine größere Gefährdung des multilateralen Systems darstellen als solche, die sich auf das eigene Hoheitsgebiet beschränken. Dann ist es aber widersinnig, in diesem Fall weniger strenge Anforderungen an die Rechtfertigung zu stellen, als bei internen Maßnahmen.

Gleichzeitig ist zuzugeben, dass Klimaschutz-Maßnahmen von ihrer Zielrichtung her eher dem Bild der Ausnahme nach Art. XX lit. g) GATT entsprechen. Denn sie dienen nicht dazu, die Gesundheit einzelner Tiere oder Pflanzen zu erhalten. Dies ist wohl die Art von Regelung, die den Parteien bei den Verhandlungen zu Art. XX lit. b) GATT vorschwebte. Vielmehr sollen Spezies als Ganzes erhalten werden, also eine Ressource. Dies erscheint nach dem allgemeinen Wortsinn der beiden Ausnahmen das passende Abgrenzungskriterium: Geht es um den Schutz eines einzelnen Tieres bzw. einer einzelnen Pflanze oder um die Vermeidung des Aussterbens einer ganzen Tier- bzw. Pflanzenart? Im Bezug auf Klimaschutz-Maßnahmen ist dabei die letztere Alternative einschlägig. Demnach kann eine solche Maßnahme nicht nur unter dem Gesichtspunkt der Erhaltung eines Klimas, das Leben auf der Erde ermöglicht, über Art. XX lit. g) GATT gerechtfertigt werden, sondern auch unter Verweis auf die Erhaltung von Tierspezies und Pflanzenarten.

(4) Ergebnis: Das „gute“ Klima und Tier- und Pflanzenarten als erschöpfliche Naturschätze

Als weiterer Ansatz zur Subsumtion von Klimaschutz-Maßnahmen unter Art. XX lit. g) GATT wurde vorgeschlagen, darauf abzustellen, dass die Reduzierung von Treibhausgasen auch zur Erhaltung der Ressource der fossilen Brennstoffe beiträgt.[300] Wenn man aber bedenkt, dass gerade die Verwendung fossiler Brennstoffe einer der Hauptfaktoren des Klimawandels ist, so muss man konstatieren, dass diese Sichtweise in paradoxer Weise an der Zielsetzung der Mitigation des Klimawandels vorbeigeht. Denn die Erhaltung dieser Energiequelle impliziert, dass man sie auch nutzen will. Dadurch würden aber wiederum Treibhausgas-Emissionen entstehen. Unabhängig von dieser Frage kann als Ergebnis festgehalten werden, dass sowohl das „gute“, also für die Lebensbedingungen des Menschen vorteilhafte Klima als auch Tier- und Pflanzenarten im Rahmen des Art. XX GATT als Schutzgut von Klimaschutz-Maßnahmen herangezogen werden können.

---

300 *Ismer/Neuhoff*, EJLE 24 (2007), 137 (151).

bb) Das Merkmal des *„relating to"*

Wie bereits gesagt besteht der Ausnahmetatbestand des Art. XX lit. g) GATT nicht allein aus der Zielsetzung der Erhaltung erschöpflicher Naturschätze, sondern aus drei Kriterien. Nachdem das Vorliegen des ersten Tatbestandsmerkmals wahlweise in Form des Schutzes des lebensermöglichenden Klimas oder von bestimmten Tier- oder Pflanzenarten bejaht wurde, stellt sich nun die Frage, ob Klimaschutz-Maßnahmen sich außerdem auf die Erhaltung dieser natürlichen Ressource beziehen (*„relate to the conservation"*).

Bei der Auslegung des Begriffs *„relating to"* ist die allgemeine Auslegungsregel des Art. 31 Abs. 1 WVRK zu beachten. Hiernach ist ein Vertrag „nach Treu und Glauben in Übereinstimmung mit der gewöhnlichen, seinen Bestimmungen in ihrem Zusammenhang zukommenden Bedeutung und im Lichte seines Zieles und Zweckes auszulegen." Besondere Bedeutung erlangt für den vorliegenden Fall der Zusammenhang der Vorschrift. Denn Art. XX GATT enthält eine ganze Reihe von legitimen Zielsetzungen, auf die die betroffene Maßnahme aber nicht immer bezogen, also *„relating to"* sein muss, sondern bei denen jeweils ein unterschiedlicher Grad an Nähe in der Beziehung zwischen Mittel und Zweck gefordert wird. So gibt es die Kategorien *„necessary"*, *„relating to"*, *„for the protection"*, *„in pursuance of"*, *„involving"* und *„essential."* Wenn die Vertragsparteien in ein und derselben Vorschrift unterschiedliche Begriffe verwenden, dann kann ihnen schwerlich unterstellt werden, mit jedem dieser Ausdrücke sei das Gleiche gemeint gewesen, es werde jeweils eine gleichartige Verbindung zwischen Maßnahme und Ziel gefordert.[301] Vielmehr ordnet sich *„relating to"* nach dem gewöhnlichen Wortsinn dergestalt in die verschiedenen Ausnahmen ein, dass weniger als eine Notwendigkeit erforderlich ist, aber auch mehr als nur eine irgendwie geartete Beziehung.

Dementsprechend haben sich in der Streitbeilegungspraxis einige Prüfungspunkte entwickelt, nach denen das Vorliegen des Merkmals *„relating to"* beurteilt wird. Zunächst wird der erforderliche Bezug bejaht, wenn die Maßnahme *„primarily aimed at the conservation of the exhaustible resource"*[302] ist. Diese Beziehung wird weitergehend beschrieben als *„substantial relationship"*[303] oder *„a close and genuine relationship of ends and means."*[304] Aus derselben Entscheidung wie das letzte Zitat, nämlich dem *Shrimp/Turtle*-Fall, stammt auch die Aussage *„the means are [...] reasonably related to the ends."*[305] Diese Maßgabe wurde zum Teil so interpretiert, dass damit eine Ausweitung des Kriteriums *„re-*

301 US – Gasoline, AB, S. 16.

302 Canada – Herring and Salmon, Panel, para. 4.6; US – Gasoline, AB, S. 16 f.; US - Shrimp, AB, para 136.

303 US – Gasoline, AB, S. 17.

304 US – Shrimp, AB, para 136.

305 US – Shrimp, AB, para 141.

lating to" einhergehe.[306] Bedenkt man aber, dass in ein und derselben Entscheidung eine enge und authentische Beziehung zwischen Mittel und Zweck verlangt wurde, so erscheint diese Ansicht nicht wirklich überzeugend. Es bleibt weiterhin dabei, dass mehr als nur irgendeine Verbindung erforderlich ist. Des weiteren wurde entschieden, dass Klimapolitik nicht „*disproportionaly wide in its scope and reach in relation to the policy objective of protection and conversvation*"[307] sein darf. Zudem wurde das Merkmal des „*relating to*" bejaht, wenn die fragliche Maßnahme nicht „*merely incidentally or inadvertently aimed at the conservation*"[308] war. Aus all diesen Zitaten aus den verschieden Streitbeilegungsverfahren, die sich mit dem Kriterium des „*relating to*" befasst haben, folgt, dass eine zu rechtfertigende Maßnahme bewusst und zuvorderst auf die Mitigation des Klimawandels gerichtet sein muss, um den Test zu bestehen. Es ist aber in keiner Weise erforderlich zu beweisen, dass es kein milderes Mittel zur Erreichung des Ziels gäbe oder dass der Klimaschutz den alleinigen Zweck der Maßnahme darstellt.

Ob eine Klimaschutz-Maßnahme diesen Anforderungen genügt, kann nicht allgemein beantwortet werden. Vielmehr kommt es bei dieser Beurteilung auf die jeweilige Ausgestaltung der einzelnen Regelung an. Allerdings ist festzuhalten, dass die Rechtfertigung angesichts des doch recht weiten Rahmens grundsätzlich nicht an diesem Punkt scheitern sollte.[309] Zudem wird eine ausreichend enge Beziehung zwischen der gewählten Klimapolitik und dem Ziel der Mitigation des Klimawandels immer dann zu bejahen sein, wenn diese Politik – insbesondere spezifische – Verpflichtungen aus multilateralen Klima-Übereinkommen umsetzt, also vorwiegend aus dem Kyoto-Protokoll.[310] Denn dieses ist ausschließlich auf den Klimaschutz gerichtet, so dass für hierauf bezogene Ausführungsmaßnahmen nichts anderes gelten kann.

Problematisch ist das Kriterium des Bezugs zur Erhaltung des Klimas aber im Hinblick auf solche Maßnahmen, die neben dem Klimaschutz oder sogar zuvorderst der Sicherung der Wettbewerbsfähigkeit der inländischen Wirtschaft dienen, indem sie einen Ausgleich für die Belastungen schaffen, denen die Industrie im Inland aufgrund der Klimapolitik ausgesetzt ist. Diese Frage wird noch *en détail* zu klären sein.[311]

306 *Green*, JIEL 8 (2005), 143 (176).
307 US – Shrimp, AB, para. 141.
308 US – Gasoline, AB, S. 17.
309 So auch *Pauwelyn*, U.S. Federal Climate Policy, S. 36.
310 *Condon*, JIEL 12 (2009), 1 (18).
311 Siehe unten S. 106 ff.

cc) Even-handedness

Zuletzt muss eine Klimaschutz-Maßnahme, um unter Art XX g) GATT zu fallen, im Zusammenhang mit Beschränkungen der inländischen Produktion oder des inländischen Verbrauchs angewendet werden. Diese Anforderung lautet in der englischen Fassung

> *„if such measures are made effective in conjunction with restrictions on domestic production or consumption."*

Hieraus folgt nicht etwa, dass für Importe und inländische Produkte identische Beschränkungen angewendet werden müssen.[312] Schließlich wäre die Notwendigkeit einer Rechtfertigung gem. Art. XX lit. g) GATT gar nicht erst vorhanden, wenn eine identische Behandlung vorläge, also gar keine Diskriminierung festzustellen wäre. Würde jede Ungleichbehandlung dazu führen, dass die Ausnahme des Buchstaben g) nicht anwendbar ist, so wäre bei jedem Verstoß gegen das Gebot der Inländergleichbehandlung die Rechtfertigung ausgeschlossen.[313]

Daher genügt es, wenn die Klimaschutz-Maßnahme das Erfordernis der *even-handedness* erfüllt.[314] Dieser Begriff kann mit Objektivität oder Unparteilichkeit übersetzt werden.[315] Inhaltlich ist darunter zu verstehen, dass eine Konsistenz zwischen den Regelungen, die Importe betreffen, und denjenigen, die sich auf inländische Produkte beziehen, bestehen muss. Die Klimapolitik muss insgesamt in sich widerspruchsfrei sein.[316] Dafür ist es aber ausreichend, dass überhaupt Klimaschutz-Maßnahmen auch im Inland angewendet werden und dass diese den Vorschriften für Importe vergleichbar sind.[317]

Aus dem englischen Wortlaut *„made effective"* wollten manche Parteien in Streitbeilegungsverfahren herauslesen, dass im Rahmen der Prüfung dieses Kriteriums die Frage zu stellen sei, ob die betroffene Maßnahme effektiv, also zur Erreichung ihrer Ziele geeignet sei.[318] Das ist aber mit dem Appellate Body abzulehnen, da sich hierdurch eine Redundanz mit dem Merkmal des *„relating to"* ergeben würde. Vielmehr bedeutet *„made effective"* im vorliegenden Kontext lediglich in Kraft getreten oder rechtswirksam.[319] Daher muss die Wirksamkeit einer Klimaschutz-Maßnahme im Hinblick auf die Erreichung ihres Ziels an dieser Stelle nicht überprüft werden.[320]

---

312 US – Gasoline, AB, S. 18.

313 US – Gasoline, AB, S. 18; *Ruddigkeit*, Border Tax Adjustment, S. 27.

314 US – Gasoline, AB, S. 17 f.

315 Langenscheidt Großes Schulwörterbuch Englisch-Deutsch, Neubearbeitung 1996.

316 *Hilf*, NVwZ, 2000, 481 (485).

317 US – Gasoline, AB, S. 20; *Ruddigkeit*, Border Tax Adjustment, S. 27; *Green*, JIEL 8 (2005), 143 (177).

318 Vgl. das Vorbringen von Venezuela und Brasilien in US – Gasoline, AB, S. 19 f.

319 US – Gasoline, AB, S. 18.

320 US – Gasoline, AB, S. 19; *Condon*, JIEL 12 (2009), 1 (19).

Insgesamt stellt demnach das Kriterium der *even-handedness* eine niedrige Hürde für die Rechtfertigung von Klimapolitik dar.[321] Sie wird grundsätzlich nur dann relevant, wenn überhaupt keine vergleichbaren Regelungen für inländische Produkte vorhanden sind. In diesem Fall handelt es sich aber ohnehin bereits auf den ersten Blick um protektionistisch motivierte Maßnahmen, die keinesfalls zu rechtfertigen sind. Problematisch kann allenfalls der Aspekt der Vergleichbarkeit der Maßnahmen werden, wenn interne Regulierungen ihrer Natur nach nicht auf Importe angewandt werden können und es folglich gilt, einen anderen Mechanismus als Ersatz zu wählen. So verhält es sich etwa bei Bestimmungen hinsichtlich der Produktionsbedingungen: Keinesfalls wäre es möglich, die Produktionsmethoden im Ausland unmittelbar zu regeln; stattdessen beziehen sich entsprechende Maßnahmen auf das fertige, einzuführende Produkt. Dann kann sich die Frage der Äquivalenz dieser Vorschriften stellen. Im Übrigen handelt es sich aber auch hier um eine Beurteilung, die nur anhand der spezifischen Ausgestaltung jeder einzelnen Klimaschutz-Maßnahme vorgenommen werden kann.

Zusammenfassend bedeutet dies, dass Regelungen zur Mitigation des Klimawandels grundsätzlich unter den Ausnahmetatbestand des Art. XX lit. g) GATT fallen können. Es ist jedoch nicht möglich, eine allgemeingültige Aussage zu treffen, da eine letztverbindliche Beurteilung nur im Hinblick auf die jeweilige konkrete Maßnahme erfolgen kann. Zudem darf nicht vergessen werden, dass selbst im Fall einer positiven Antwort lediglich eine vorläufige Rechtfertigung der Maßnahme vorliegt, die nur dann zur endgültigen Vereinbarkeit mit dem WTO-Recht führt, wenn außerdem die sehr anspruchsvollen Voraussetzungen des *chapeau* erfüllt sind.

b) Klimaschutzregelungen als Maßnahmen zum Schutze des Lebens und der Gesundheit von Menschen, Tieren und Pflanzen

Als weiteres Standbein einer Argumentation zur Rechtfertigung von Klimaschutz-Maßnahmen, die gegen Vorschriften des GATT verstoßen, kommt der Ausnahmetatbestand des Art. XX lit. b) GATT in Betracht. Dieser betrifft „Maßnahmen zum Schutz des Lebens und der Gesundheit von Menschen, Tieren und Pflanzen" bzw. in der englischen Version *„measures necessary to protect human, animal or plant life or health."*

Wiederum zeigt sich, dass in der deutschen Übersetzung eines der Tatbestandsmerkmale verloren gegangen ist: Die betroffene Maßnahme muss nicht nur dem Schutz der genannten Güter *dienen*, sondern daneben auch *notwendig* zur Erreichung dieses Ziels sein. In diesem zweiten Aspekt liegt sogar der Kernpunkt der Prüfung.[322]

---

321 *Green*, JIEL 8 (2005), 143 (177).
322 *Green*, JIEL 8 (2005), 143 (177).

aa) Mitigation des Klimawandels zum Schutz des Lebens und der Gesundheit von Menschen

Bevor aber festgestellt werden kann, ob eine Regelung notwendig ist, um Leben und Gesundheit von Menschen, Tieren und Pflanzen zu schützen, muss zunächst geprüft werden, ob sie für die Erreichung dieses Ziels überhaupt förderlich ist. Zwar schützt die Klimapolitik indirekt auch Tiere und Pflanzen, da sie für diese negative Auswirkungen des Klimawandels abwendet. Allerdings wurde bereits dargelegt, dass der Schutz einer gesamten Spezies vor dem Aussterben als Erhaltung einer natürlichen Ressource unter Art. XX lit. g) GATT fällt, nicht aber unter Art. XX lit. b) GATT, der sich nach hier vertretener Auffassung mit dem Schutz einzelner Tiere und Pflanzen befasst.[323] Unter diesem Gesichtspunkt ist die Ausnahme des Buchstaben b) folglich nicht einschlägig.

Daraus folgt aber noch nicht zwangsläufig, dass eine Rechtfertigung von Klimaschutz-Maßnahmen nach Art. XX lit. b) GATT ausscheidet. Denn dieser nennt nicht nur den Schutz von Tieren und Pflanzen, sondern auch von Menschen. Da der Mensch nicht als erschöpflicher Naturschatz betrachtet werden kann, ergibt sich in dieser Hinsicht kein Abgrenzungsproblem zwischen Art. XX litt. b) und g) GATT, so dass sämtliche Maßnahmen zum Schutz des Lebens und der Gesundheit von Menschen zwangsläufig unter ersteren Ausnahmetatbestand fallen müssen. Allerdings bemerkte das Panel in *EC – Asbestos*, dass eine Schutzmaßnahme begriffsnotwendig voraussetzt, dass überhaupt eine Gefahr für das Schutzgut besteht: „*[T]he use of the word 'protection' implies the existence of a risk.*“[324] Dem ist zuzustimmen, weil nicht geschützt werden kann, was gar nicht gefährdet ist.[325] Für den Nachweis des Vorliegens dieser Gefahr gilt das Gleiche, wie bezüglich der Erschöpflichkeit der Naturschätze im Rahmen des Art. XX lit. g) GATT:[326] Es genügt, sich auf naturwissenschaftliche Erkenntnisse zu berufen, auch wenn diese nicht einhellig als richtig anerkannt werden.[327] Dass eine Mehrheit der Klimaforscher und insbesondere das IPCC davon ausgehen, dass die globale Erwärmung unter anderem zur Verbreitung von Krankheiten führt und auch anderweitig die Gesundheit von Menschen beeinträchtigen kann, indem sie etwa zu Nahrungsmittelknappheit führt oder zu Naturkatastrophen, bei denen Menschen ums Leben kommen, wurde bereits dargelegt.[328] Zwar kann das Ausmaß, das solche Folgen annehmen werden, nicht mit Sicherheit vorhergesagt werden; insbesondere die Verbindung zwischen globaler Er-

---

323 Siehe oben S. 64 ff.

324 EC – Asbestos, Panel, para 8.184.

325 *Epiney*, DVBl. 2000, S. 84 f.; *Buckley*, JWT 27 (1993), 101 (119); *Puth*, WTO und Umwelt, S. 306.

326 Siehe oben S. 63.

327 So auch *Puth*, WTO und Umwelt, S. 307.

328 Siehe oben S. 12 f.

wärmung und der Zunahme großer Naturkatastrophen wird zum Teil heftig bestritten.[329] Trotz dieser Bedenken steht jedoch zumindest fest, dass sich das Klima verändert und es ausreichend wissenschaftliche Quellen gibt, auf die sich ein Staat stützen kann, um die These der negativen Folgen für den Menschen zu untermauern, wenn diese auch möglicherweise weniger drastisch ausfallen als zum Teil angenommen. Dies reicht schon aus, um objektiv eine Gefährdung der Gesundheit und des Lebens von Menschen durch den Klimawandel anzunehmen. Somit kommt eine Rechtfertigung von Klimaschutz-Maßnahmen auch unter Art. XX lit. b) GATT in Betracht.[330]

bb) Der „*Necessity*"-Test: Behandlung wissenschaftlicher Unsicherheiten

Schwerer zu beurteilen ist hingegen, ob Klimaschutz-Maßnahmen auch *notwendig* sind, um Leben und Gesundheit von Menschen zu schützen. Zur Bedeutung dieses Merkmals führte der Appellate Body aus:

> „*Measures which are indispensable or of absolute necessity or inevitable to secure compliance certainly fulfil the requirements of Article XX(d). But other measures, too, may fall within the ambit of this exception. As used in Article XX(d), the term ‚necessary' refers, in our view, to a range of degrees of necessity. At one end of this continuum lies ‚necessary' understood as ‚indispensable'; at the other end, is ‚necessary' taken to mean as ‚making a contribution to.' We consider that a ‚necessary' measure is, in this continuum, located significantly closer to the pole of ‚indispensable' than to the opposite pole of simply ‚making a contribution to.*'"[331]

Um demnach die Notwendigkeit zu bejahen, darf keine mit dem GATT vereinbare oder zumindest dessen Prinzipien weniger beeinträchtigende Alternative existieren, die ebenfalls dazu geeignet ist, dieses Ziel zu erreichen. Allerdings kann eine alternative Maßnahme nur dann berücksichtigt werden, wenn sie auch vernünftigerweise verfügbar („*reasonably available*") ist.[332] Es handelt sich daher nicht um eine strenge Erforderlichkeitsprüfung; vielmehr muss eine Abwägung zwischen den betroffenen Interessen vorgenommen werden, der sog. „*weighing and balancing process*".[333] Dabei werden folgende Faktoren berücksichtigt: Der Beitrag der Maßnahme zur Erreichung des Ziels, die Bedeutung des betroffenen Gemeinwohlinteresses oder Wertes und die Auswirkung der Maß-

329 Zur angeblichen Manipulation des Berichts des IPCC von 2007 in dieser Hinsicht: „IPCC zitiert Studie auf unseriöse Weise", FAZ, 25. Januar 2010.

330 So ausdrücklich *Tarasofsky*, CCLR 2008, 7 (9 f.); im Ergebnis zustimmend, ohne sich näher mit dem Vorliegen der Zielrichtung zu beschäftigen *Green*, JIEL 8 (2005), 143 (177); *Goh*, JWT 38 (2004), 395 (413 f.).

331 Korea –Beef, AB, para. 161.

332 US – Section 337, Panel, para. 5.26; Thailand – Cigarettes, Panel, para. 75.

333 Zur Frage der Notwendigkeit im Rahmen des Art. XX d) GATT: Korea –Beef, AB, para. 164; Diese Art des Abwägens wurde in EC – Asbestos, AB, para. 172 für Art. XX b) GATT übernommen.

nahme auf Importe und Exporte.[334] Je wichtiger also das betroffen Gut und je mehr die Regelung zu dessen Schutz beiträgt, desto eher kann eine Regelung als notwendig angesehen werden.[335]

Das Kriterium der Wertigkeit des Schutzgutes ist auf den ersten Blick leicht zu erfassen: Der Schutz des Lebens und der Gesundheit von Menschen steht auf der höchsten Stufe, ein wichtigeres Schutzgut ist nicht denkbar.[336] Allerdings kommen an dieser Stelle die wissenschaftlichen Unwägbarkeiten im Hinblick auf den Klimawandel ins Spiel: Es macht einen erheblichen Unterschied, ob man davon ausgehen muss, dass infolge der globalen Erwärmung eine Vielzahl von Menschen durch Wirbelstürme und Überschwemmungen umkommen wird, oder ob sich lediglich einige Krankheiten, zumal solche, die keinen tödlichen Verlauf nehmen, stärker verbreiten.[337] Auf die Frage des wissenschaftlichen Nachweises im Rahmen des „*Necessity*"-Tests wird sogleich näher einzugehen sein.

Das Ausmaß der Auswirkungen einer Klimaschutz-Maßnahme auf den internationalen Handel richtet sich danach, um was für eine Art von Regelung es sich handelt, ob z.B. ein Importverbot für Waren aus Ländern, die dem Kyoto-Protokoll nicht beigetreten sind, ausgesprochen, oder ob ein Grenzsteuerausgleich eingeführt wird. Dies kann daher nicht generell für Klimaschutz-Maßnahmen, sondern nur für jede einzelne Regelung getrennt bewertet werden.

Als problematisch stellt sich hingegen ganz allgemein die Berücksichtigung des ersten Faktors, nämlich der Effektivität der Klimaschutz-Maßnahme, dar. Diese Probleme rühren zum einen daher, dass in beachtlichem Maße unklar ist, inwiefern einige der angedachten Klimaschutz-Maßnahmen dazu geeignet sind, den Ausstoß von Treibhausgasen zu verhindern.[338] Als Beispiel seien die Kennzeichnungspflichten auf Waren genannt, die nur dann zum Erfolg führen können, wenn die Verbraucher ein Bewusstsein für das Thema Klimawandel entwickeln. In jedem Fall kann eine Maßnahme dann nicht als notwendig qualifiziert werden, wenn sie nur einen marginalen oder insignifikanten Beitrag zur Erreichung des Ziels beisteuert.[339] Allerdings erkannte der Appellate Body in *Brazil – Retreaded Tyres* für die Bekämpfung des Klimawandels ausdrücklich an, dass nicht auf kurzfristige Ergebnisse abgestellt werden dürfe, sondern der Erfolg einer Klimaschutzaßnahme nur auf lange Sicht zu beurteilen sei.[340] Außerdem müsse die Bewertung mit Rücksicht auf den Gesamtkontext, also die Gesamtheit

334 Korea – Beef, AB, para. 164.
335 Korea – Beef, AB, para. 162 f.
336 So auch ausdrücklich EC – Asbestos, AB, para. 172.
337 *Green*, JIEL 8 (2005), 143 (184).
338 *Green*, JIEL 8 (2005), 143 (185).
339 Brazil – Retreaded Tyres, AB, para 150.
340 Brazil – Retreaded Tyres, AB, para 151.

der klimapolitischen Regelungen eines Staates, erfolgen.[341] Da die Mitigation des Klimawandels nur in konzertierter Art und Weise und – aufgrund der Trägheit des Klimas – nicht von heute auf morgen erreicht werden kann, ist dies ein wichtiger Baustein, um eine Rechtfertigung von Klimaschutz-Maßnahmen unter Art. XX lit. b) GATT zu ermöglichen.

Die Schwierigkeiten bezüglich der Effektivität folgen neben diesem Aspekt aber vor allem daraus, dass die wissenschaftlichen Zusammenhänge in der Klimaforschung weiterhin in erheblichem Maße nicht mit hinreichender Sicherheit bewiesen werden können.[342] Zwar kann nicht negiert werden, dass das Klima sich verändert, doch im Rahmen der Notwendigkeitsprüfung kommt es ebenso darauf an, ob tatsächlich menschliche Aktivitäten hierfür verantwortlich sind und welcher Gestalt die Folgen dieser Veränderung sein werden. Denn wenn die globale Erwärmung gar nicht auf menschliche Verhaltensweisen zurückzuführen ist, dann kann es nicht zielführend sein, dieses Verhalten zu ändern bzw. zu reglementieren. Eine Regelung, die aber schon nicht geeignet zur Erreichung des Ziels ist, kann keinesfalls notwendig sein.

Es stellt sich daher die Frage, welche Anforderungen an die Beweisbarkeit der den Klimaschutz-Maßnahmen zugrunde liegenden Hypothesen zu stellen sind. Wie schon im Rahmen der Beurteilung der Erschöpfbarkeit des Naturschatzes[343] ist es nicht erforderlich, gesicherte wissenschaftliche Grundlagen vorweisen zu können, die unzweifelhaft zeigen, dass ohne die fraglichen Maßnahmen ein Schaden am geschützten Rechtsgut eintreten würde. Vielmehr genügt es, dass aufgrund von wissenschaftlichen Beweisen vernünftigerweise angenommen werden kann, dass ein solcher Schaden eintreten wird. Allerdings entbindet dieser Ansatz nicht davon, die besten zur Verfügung stehenden Erkenntnisse heranzuziehen.[344]

Praktisch ist jedoch dem größten Teil der Mitgliedstaaten, die eine Klimaschutz-Maßnahme in einem WTO-rechtlichen Verfahren angreifen würden, die Berufung darauf, dass der Klimawandel nicht menschengemacht sei, verwehrt. Wie im Bezug auf die Existenz der globalen Erwärmung haben die Mitglieder der Klimarahmenkonvention durch die Ratifizierung dieses Instruments gleichsam anerkannt, dass es einen anthropogenen Treibhauseffekt gibt und dieser negative Auswirkungen auf die Menschheit hat. Schließlich ist dies in der Präambel ausdrücklich so festgehalten:

> „besorgt darüber, daß menschliche Tätigkeiten zu einer wesentlichen Erhöhung der Konzentrationen von Treibhausgasen in der Atmosphäre geführt haben, daß diese Erhöhung den natürlichen Treibhauseffekt verstärkt und daß dies im Durchschnitt zu einer

341 Brazil – Retreaded Tyres, AB, para 154.

342 *Green*, JIEL 8 (2005), 143 (183); siehe zu den Unsicherheiten bereits S. 13 ff.

343 Siehe oben S. 63.

344 Vgl. Kapitel 35 der Agenda 21; *Puth*, WTO und Umwelt, S. 306.

zusätzlichen Erwärmung der Erdoberfläche und der Atmosphäre führen wird und sich auf die natürlichen Ökosysteme und die Menschen nachteilig auswirken kann".

Daher würde aus einer Negierung dieser Aussagen durch ein Mitglied der Klimarahmenkonvention ein widersprüchliches Verhalten resultieren.[345]

(1) Das Vorsorgeprinzip

Dass nicht nur die vorherrschende Meinung zur Rechtfertigung geeignet ist, folgt aus dem Vorsorgeprinzip, das zwei Aspekte verfolgt, die miteinander verbunden sind: die Prävention und das Handeln trotz unvollkommenen Wissensstands.[346] Um irreversible Schäden zu vermeiden, muss ein Staat präventiv tätig werden können. Wenn der Schaden aber noch nicht eingetreten ist, so kann regelmäßig nicht mit absoluter Sicherheit beurteilt werden, ob er überhaupt entstehen wird. Ein Eingreifen muss in diesen Fällen möglich sein, denn der Staat wäre ansonsten in der Ausübung seiner Regelungshoheit im Allgemeinen[347] und seiner Fürsorgepflicht im Speziellen[348] über die Maßen eingeschränkt. Allerdings ist nicht klar, wo hierbei die Grenze verläuft, welcher Grad der Erkenntnis also zu fordern ist, um ein Tätigwerden im Rahmen des Vorsorgeprinzips zu rechtfertigen.[349] Mit Sicherheit kann lediglich gesagt werden, dass mehr als ein Vermuten, aber weniger als Gewissheit von Nöten ist.[350] Gleichzeitig ist auch hier eine Abwägung vorzunehmen: je größer das mögliche Risiko, desto höher ist das Maß an wissenschaftlicher Unsicherheit, das akzeptabel ist.[351] Aus einem anderen Blickwinkel betrachtet bedeutet das aber auch, dass eine Klimaschutz-Maßnahme umso weniger restriktiv sein darf, je größer die Unsicherheitskomponente ist, weil das Schadenspotential – also die Schadensgröße und die Eintretenswahrscheinlichkeit – niedriger ist.[352]

Das Vorsorgeprinzip wird in einer Vielzahl von internationalen Instrumenten anerkannt,[353] so dass es zum Teil bereits als Völkergewohnheitsrecht oder als

345 Siehe zum widersprüchlichen Verhalten schon oben für die Existenz des Klimawandels S. 64.

346 Prinzip 15 der Rio-Deklaration von 1992; *Trüeb*, Umweltrecht in der WTO, S. 278 f.; *Freestone*, in: Churchill/Freestone, International Law and Global Climate Change, S. 21 (30 f.); *Herdegen*, Internationales Wirtschaftsrecht, § 8, Rn. 12.

347 *Green*, JIEL 8 (2005), 143 (170 f.); *Voon*, J. Transnat'l L. & Pol'y 10 (2000), 71 (86).

348 *Trüeb*, Umweltrecht in der WTO, S. 282.

349 *Trüeb*, Umweltrecht in der WTO, S. 282; *Sands*, Principles of International Environmental Law, S. 272 f.

350 *Trüeb*, Umweltrecht in der WTO, S. 371.

351 *Freestone*, in: Churchill/Freestone, International Law and Global Climate Change, S. 21 (33).

352 *Trüeb*, Umweltrecht in der WTO, S. 371.

353 Im vorliegenden Zusammenhang unter anderem in Art. 3 Nr. 3 KRK, Prinzip 15 der Rio-Deklaration und in der Präambel des Montreal-Protokolls.

allgemeiner Rechtsgrundsatz angesehen wird.[354] Unabhängig von der genauen Einordnung des Prinzips[355] hat auch der Appellate Body in *EC – Hormones* hierauf Bezug genommen, ohne sich zu seinem Status im Völkerrecht zu äußern.[356] Zwar betraf dies nicht Art. XX GATT, sondern das Übereinkommen über die Anwendung gesundheitspolizeilicher und pflanzenschutzrechtlicher Maßnahmen,[357] das im Gegensatz zum GATT ausdrückliche Regelungen über den Umgang mit wissenschaftlichen Beweisen enthält.[358] Dennoch ist der Gedanke auch auf Art. XX GATT übertragbar. Denn wenn das Vorsorgeprinzip anwendbar bleibt, obwohl das SPS-Übereinkommen strenge Anforderungen an die wissenschaftliche Beweisbarkeit stellt, dann muss das erst recht für den Bereich des GATT gelten, in dem solche Zwänge nicht ausdrücklich normiert sind.

Aus alledem folgt, dass die Bejahung der Erforderlichkeit einer Klimaschutz-Maßnahme zumindest nicht daran scheitert, dass nicht ohne jeglichen Zweifel die Kausalität menschlicher Aktivitäten für die globale Erwärmung bewiesen werden kann. Im Zuge der aufgezeigten Grundsätze muss hierfür genügen, dass es nach Ansicht der Klimatologen sehr wahrscheinlich ist, dass die Erhöhung der Konzentration von Treibhausgasen in der Atmosphäre anthropogen ist.[359]

(2) Bestimmung des Schutzniveaus

Ein weiterer Spielraum eröffnet sich dem nationalen Gesetzgeber neben dieser „Beweiserleichterung" zudem daraus, dass jeder Mitgliedstaat anerkanntermaßen das Recht hat, sein eigenes, von ihm als angemessen erachtetes Schutzniveau festzulegen.[360] Das muss schon deswegen zutreffend sein, weil die WTO keine Kompetenz dafür hat, die nationalen Klimapolitiken zu harmonisieren.[361] Alternativ könnte man darauf abstellen, welches Schutzniveau wissenschaftlich als erforderlich gilt. Doch erstens ist diese Frage im Bereich des Klimaschutzes

---

354 *Epiney*, DVBl. 2000, 77 (81); *Schmitz-Rode*, Effizienz der Instrumente des Völkerrechts zum Schutz von Umwelt und Klima, S. 82; *Cameron/Wade-Gery*, Addressing Uncertainty. Law, Policy and the Development of the Precautionary Principle, in: Dente (Hrsg.), Environmental Policy in Search of New Instruments, S. 95 (111 ff.); *Kiss*, Droit International de l'Environnement, S. 60; *Freestone*, in: Churchill/Freestone, International Law and Climate Change, S. 21 (36 f.); *Beyerlin*, Umweltvölkerrecht, Rn. 113, 127; *Sands*, Principles of International Environmental Law, S. 273 sieht zumindest die ständige Übung einer staatlichen Praxis, wenn auch noch keine generell anwendbare Regel.

355 Vgl. die Ausfürhrungen in EC – Biotech Products, Panel paras. 7.86 ff.

356 EC – Hormones, AB, paras. 120 ff.

357 Nachfolgend SPS-Übereinkommen.

358 Art. 2.2, 3, 5.2, 5.7 SPS-Übereinkommen.

359 Siehe oben S. 14.

360 EC – Asbestos, AB, para 168; *Stoll/Schorkopf*, WTO, Rn. 180.

361 *Trüeb*, Umweltrecht in der WTO, S. 374; laut *Stoll/Schorkopf*, WTO, Rn. 180 unterfällt diese Entscheidung der Souveränität der Mitglieder.

praktisch nicht zu beantworten: Denn die Quantifizierbarkeit der Effekte von Maßnahmen zur Reduktion von Treibhausgasemissionen ist ausgeschlossen. Dies gilt insbesondere im Hinblick auf die Vermeidung eines Temperaturanstiegs, der in K gemessen werden könnte. Zweitens bleibt die Bestimmung der „richtigen" Schutzhöhe eine politische Frage. Die Naturwissenschaft soll zwar der Politik helfen, eine Entscheidung zu treffen, sie soll sie aber nicht ersetzen.[362]

Es stellt sich anschließend die Frage, ob dieser Spielraum auch dann anerkannt wird, wenn ein Staat Maßnahmen ergreift, um sogar über seine Verpflichtungen aus dem Kyoto-Protokoll hinaus Treibhausgas-Emissionen zu reduzieren. So hat die Europäische Union als einzige Vertragspartei ihr Reduktionsvolumen übererfüllt.[363] Grundsätzlich muss ein solches Vorgehen nach dem bisher Gesagten jedem WTO-Mitglied freistehen. Als weiteres Argument kann ein Vergleich mit dem SPS-Übereinkommen dienen: Um unter der Geltung dieses Übereinkommens ein Schutzniveau, das über das international anerkannte Niveau hinausgeht, zu rechtfertigen, fordert Art. 3.3 SPS-Übereinkommen, dass

> „eine wissenschaftliche Begründung vorliegt oder sich dieses höhere Niveau als Folge des von einem Mitglied gemäß den einschlägigen Bestimmungen des Artikels 5 Absatz 1 bis 8 als angemessen festgelegten gesundheitspolizeilichen oder pflanzenschutzrechtlichen Schutzes ergibt."

Diese Bestimmung wurde vom Appellate Body in *EC – Hormones* sehr restriktiv ausgelegt, so dass hohe Anforderungen an den wissenschaftlichen Nachweis gestellt werden.[364] Hieraus lässt sich aber umgekehrt schließen, dass im Rahmen des Art. XX GATT, im dem keine entsprechende Forderung einer wissenschaftlichen Begründung enthalten ist, weniger strenge Voraussetzungen gelten müssen. Andernfalls wäre die explizite Nennung einer wissenschaftlichen Begründung in Art. 3.3 SPS-Übereinkommen überflüssig.

Nichtsdestotrotz erscheint es denkbar, dass ein Panel der Erreichung von Treibhausgasreduktionen über die Maßgaben des Kyoto-Protokolls hinaus weniger Gewicht beimessen wird, als der reinen Erfüllung der Verpflichtungen aus diesem Instrument.[365] Damit einher geht die Gefahr, dass in diesem Fall eher die Notwendigkeit der Maßnahme verneint werden wird.[366] Andererseits darf auch nicht vergessen werden, dass es sich beim Kyoto-Protokoll um einen Minimal-

---

362 *Trüeb*, Umweltrecht in der WTO, S. 374.

363 Siehe Kyoto-Fortschrittsbericht der EU-Kommission vom 12. November 2009 (IP/09/1703).

364 EC – Hormones, AB, paras. 176 f.

365 *Appleton,* The World Trade Organization's View: Emissions Reductions in a Free Trade World, S. 15, spricht sogar davon, dass es „extrem unwahrscheinlich" ist, dass der DSB eine solche Maßnahme authorisieren würde (zitiert nach *Goh*, JWT 38 (2004), 395 (408)).

366 *Green*, JIEL 8 (2005), 143 (184).

konsens handelt. Da ein völkerrechtlicher Vertrag nur für die Staaten bindend ist, die ihn ratifiziert haben, und das Klimaschutzabkommen auf einer möglichst breiten Basis aufbauen soll, können die Verpflichtungen zur Emissionsbegrenzung bzw. -reduktion nur das Niveau erreichen, mit dem sich der Staat einverstanden erklärt, der die geringsten Zugeständnisse zu machen bereit ist. Es handelt sich daher lediglich um den kleinsten gemeinsamen Nenner. Zwar ist es richtig, dass die Verpflichtungen der Annex B-Länder unterschiedlich hoch sind, so dass es denkbar wäre, dass ein Land, das eine stärkere Emissionsbegrenzung für notwendig hält, sich auch stärker verpflichtet. Doch geschieht dies in der Praxis nicht, da auch die Vorreiter des Klimaschutzes auf ein gewisses Gleichgewicht in den Zugeständnissen achten. Deshalb ist es durchaus denkbar, dass ein Staat in wissenschaftlich begründeter Art und Weise davon ausgeht, dass ein höheres Emissionsreduktionsniveau als das im Kyoto-Protokoll vorgesehene erforderlich ist, um wirksam den Klimawandel zu bekämpfen.

Abschließend kann gesagt werden, dass Klimaschutz-Maßnahmen grundsätzlich gute Chancen haben, den „*Necessity*"-Test zu bestehen, trotz aller wissenschaftlichen Unwägbarkeiten. Bei Beibehaltung der bisherigen Position zu den Anforderungen an die Beweisbarkeit scheitert die Rechtfertigung zumindest nicht daran, dass nicht mit letzter Sicherheit gesagt werden kann, ob die globale Erwärmung nur die Lebensumstände der Menschen ändern wird oder tatsächlich lebensbedrohlich ist. Entscheidend ist vielmehr, dass in der Auswahl zwischen den verschiedenen denkbaren Maßnahmen eine gewisse Zurückhaltung vorherrschen muss, also vor einem vollständigen Importverbot zunächst weniger drastische Möglichkeiten wahrgenommen werden.

Somit ist festzuhalten, dass die erste Stufe der Rechtfertigung nach Art. XX GATT, nämlich die Einschlägigkeit eines Ausnahmetatbestands, in Form der Buchstaben b) und g) von Klimaschutz-Maßnahmen gemeistert werden kann.

3. Die Anforderungen des *chapeau*

Für eine Rechtfertigung von mit dem GATT unvereinbaren Klimaschutz-Maßnahmen ist neben dem Vorliegen eines der Ausnahmetatbestände gem. Art. XX litt. a) bis j) GATT zusätzlich erforderlich, dass die Vorgaben des *chapeau* erfüllt sind. Dieser lautet:

> „Unter dem Vorbehalt, dass die folgenden Maßnahmen nicht so angewendet werden dass sie zu einer willkürlichen und ungerechtfertigten Diskriminierung zwischen Ländern, in denen gleiche Verhältnisse bestehen, oder zu einer verschleierten Beschränkung des internationalen Handels führen [...]".

Dabei ist zu beachten, dass es nach den authentischen Fassungen eigentlich willkürliche *oder* ungerechtfertigte Diskriminierung heißen müsste.[367]

a) Die teleologische Auslegung des chapeau

Demnach enthält der *chapeau* drei Fallgestaltungen, in denen eine Rechtfertigung ausgeschlossen ist: Die willkürliche Diskriminierung zwischen Ländern, in denen gleiche Verhältnisse bestehen, die ungerechtfertigte Diskriminierung zwischen Ländern, in denen gleiche Verhältnisse bestehen und die verschleierte Handelsbeschränkung.[368] Tatsächlich unterscheidet der Appellate Body aber nicht zwischen diesen drei Standards, sondern behandelt sie als einen einheitlichen Maßstab.[369] Diese Vorgehensweise liegt darin begründet, dass er bei der Auslegung des *chapeau* sehr stark Sinn und Zweck dieses Satzes in den Vordergrund stellt. Dieser besteht darin, zu überprüfen, ob die anerkannten Schutzziele nicht nur vorgeschoben und damit missbraucht werden, um protektionistische Maßnahmen zu ermöglichen.[370] Der *chapeau* ist folglich Ausdruck des Grundsatzes von Treu und Glauben, wie er sich in Artt. 26 und 31 Abs. 1 WVRK findet,[371] und insbesondere der Doktrin des *abus de droit*.[372] Bei diesem Ansatz ist es nicht erforderlich, zu überprüfen, ob einer der drei aufgezählten Fälle vorliegt; vielmehr wird die betroffene Maßnahme in ihrem Gesamterscheinungsbild beurteilt. Man mag diese Ungenauigkeit in der Auslegung bedauern, weil sie eine mangelnde Anknüpfung an den Wortlaut bedeutet.[373] Andererseits ist nicht zu bestreiten, dass der *chapeau* ein letztes Korrektiv darstellt, um zu überprüfen, ob ein Missbrauch der Ausnahmebestimmungen vorliegt. Würde man nun den einzelnen Standards einen feststehenden Inhalt zuweisen, so liefe man Gefahr, an Flexibilität zu verlieren und dadurch einige Konstellationen nicht zu erfassen. Zudem ist eine klare Abgrenzung auch gar nicht möglich: So gehört zur verschleierten Beschränkung immer auch die verschleierte Diskriminierung, d.h. Maßnahmen, die unter dem Deckmantel der allgemeinen Ausnahmen willkür-

367 „Arbitrary *or* unjustifiable discrimination", „moyen de discrimination arbitraire *ou* injustifiable" ; siehe auch *Herrmann*, in : Herrmann/Weiß/Ohler, Welthandelsrecht, § 12, Fn. 68.

368 US – Shrimp, AB, para. 150.

369 US – Gasoline, AB, S. 22.

370 US – Gasoline, AB, S. 20; zustimmend zitiert in US – Shrimp, AB, para 151; *Jackson*, The World Trading System, S. 233.

371 *Schöbener/Herbst/Perkams*, Internationales Wirtschaftsrecht, § 12, Rn. 179; *Stoll/Schorkopf*, WTO, Rn. 188.

372 US – Shrimp, AB, para. 158.

373 So *Puth*, WTO und Umwelt, S. 327, der auf den sog. *textual approach* für die Auslegung hinweist. Vgl. zu diesem an den Wortlaut anknüfenden Ansatz *Heintschel von Heinegg*, in: Ipsen, Völkerrecht, § 11, Rn. 5; *Brownlie*, Principles of International Public Law, S. 632 f.

lich oder ungerechtfertigt diskriminieren. Daraus folgt, dass Überlegungen, die im Rahmen eines Standards gemacht werden, auch für einen anderen einschlägig sein können.[374] Eine klare Trennung ist nach diesen Überlegungen weder möglich noch sinnvoll.[375]

Worin besteht dann aber die Prüfung im Rahmen des *chapeau*? Klar ist, dass der Begriff der Diskriminierung nicht gleichbedeutend sein kann mit den Vorgaben der Artt. I und III GATT.[376] Denn sonst wäre eine Rechtfertigung von Verstößen gegen ebendiese Vorschriften stets ausgeschlossen. Daher ist das Verbot der Diskriminierung immer im Zusammenhang mit den begleitenden Attributen „willkürlich" und „ungerechtfertigt" zu sehen.[377] Ein großer Teil der Literatur geht davon aus, dass sich in den Streitbeilegungsverfahren, die sich mit Art. XX GATT beschäftigten, herauskristallisiert hat, dass im Rahmen des *chapeau* eine Verhältnismäßigkeitsprüfung bzw. ein *least trade restrictive*-Test durchzuführen ist, ohne dass dies von den Panels bzw. dem Appellate Body ausdrücklich beim Namen genannt wurde.[378] Dabei ist zu bemerken, dass diese Prüfung sich vornehmlich auf die der Verhältnismäßigkeit zuzuordnenden Kriterien der Geeignetheit und Erforderlichkeit konzentriert, die Angemessenheit bzw. Verhältnismäßigkeit im engeren Sinn aber nur punktuell relevant wird.[379]

Zwar ergibt sich dies nicht unmittelbar aus dem Wortlaut des *chapeau*, da darin weder Notwendigkeit noch Erforderlichkeit oder ein verwandter Begriff enthalten sind. Doch wird das Konzept des *abus de droit* so verstanden, dass die vernünftige, dem Grundsatz von Treu und Glauben entsprechende Ausübung eines Rechts dann gegeben ist, wenn sie angemessen („*appropriate*") und notwendig („*necessary*") für die Zwecke dieses Rechts ist.[380] Der Appellate Body schreibt:

> *„The task of interpreting and applying the chapeau is, hence, essentially the delicate one of locating and marking out a* ***line of equilibrium between the right of a Member to invoke an exception under Article XX and the rights of the other Members*** *under vary-*

374 US – Gasoline, AB, S. 22.

375 A.A. *Urakami*, Unsolved Problems and Implications for the Chapeau of GATT Article XX After the *Reformulated Gasoline* Case, in: Weiss u.a. (Hrsg.), Reconciling Trade and Environment, S. 171 (179).

376 US – Gasoline, AB, S. 20; US – Shrimp, AB, para. 150.

377 *Berrisch*, in: Prieß/Berrisch, WTO-Handbuch, B.I.1., Rn. 272.

378 *Puth*, WTO und Umwelt, S. 325, 341 ff.; *ders.*, in: Hilf/Oeter, WTO-Recht, § 25, Rn. 39; *Berrisch*, in: Prieß/Berrisch, WTO-Handbuch, B.I.1., Rn. 275; *Tietje*, EuR 2000, 285 (291); *Appleton*, JIEL 2 (1999), 477 (492); *Green*, JIEL 8 (2005), 143 (178); *Ruddigkeit*, Border Tax Adjustment, S. 28 f.; *Epiney*, DVBl. 2000, 77 (84); *Hansen*, Virginia Journal of International Law 39 (1998-1999), 1017 (1048 ff.).

379 *Epiney*, DVBl. 2000, 77 (84); *Schöbener/Herbst/Perkams*, Internationales Wirtschaftsrecht, § 12, Rn. 181; *Stoll/Schorkopf*, WTO, Rn. 174; zur Ablehnung einer Verhältnismäßigkeitsprüfung *stricto sensu* siehe sogleich.

380 US – Shrimp, AB, para. 158, Fn. 156.

ing substantive provisions (e.g., Article XI) of the GATT 1994, so that neither of the competing rights will cancel out the other and thereby distort and nullify or impair the balance of rights and obligations constructed by the Members themselves in that Agreement".[381]

Dieses Auffinden eines Gleichgewichts erinnert frappierend an das Institut der praktischen Konkordanz.[382] Ein solches Abwägen von Rechten und Pflichten erscheint schwer möglich, ohne in irgendeiner Weise auf das Prinzip der Verhältnismäßigkeit zurückzugreifen.[383] Im Rahmen des *chapeau* stehen dabei die Elemente der Erforderlichkeit und – ansatzweise – der Angemessenheit im Fokus, denn die Prüfung des legitimen Zwecks und der Geeignetheit erfolgt bereits auf der Ebene der Ausnahmetatbestände.[384] Dabei spielt die Erforderlichkeit im Rahmen einer Rechtfertigung über Art. XX lit. g) GATT eine größere Rolle als bei einer Berufung auf Art. XX lit. b) GATT, da dort bereits auf der ersten Stufe der Prüfung ein „*Necessity*"-Test durchgeführt wurde.

Im Rahmen des *least trade restrictive*-Tests wird zunächst auf die handelshemmende Wirkung des Maßnahmentyps abgestellt. Beurteilungsgegenstand ist dabei nicht nur die Vorschrift an sich, sondern vor allem ihre Anwendung, denn eine an sich gerechte Regelung kann in einer willkürlichen oder ungerechtfertigten Art und Weise durchgeführt werden.[385]Ein vollständiges Einfuhrverbot ist immer die „schwerste Waffe im Arsenal" der Handelsmaßnahmen.[386] Im Vergleich dazu ist eine Kennzeichnungspflicht stets ein milderes Mittel,[387] wobei zu bewerten bleibt, ob es auch gleich geeignet ist. Hierbei ist es vor allem wichtig, die Frage der praktischen Durchführbarkeit nicht zu vernachlässigen.[388] Eine Maßnahme kann nicht unter Hinweis auf eine weniger handelsbeschränkende Alternative abgelehnt werden, wenn diese Alternative nicht realisierbar ist. Zudem wird den Mitgliedstaaten überwiegend ein gewisser Beurteilungsspielraum zugebilligt.[389] Daraus folgt, dass die Erforderlichkeit nur dann abgelehnt wird, wenn die Wahl einer bestimmten Klimaschutz-Maßnahme gravierend gegen dieses Kriterium verstößt. Es muss auch berücksichtigt werden, dass die Staaten das angemessene Schutzniveau im Hinblick auf die globale Erwärmung selber wählen dürfen.[390] Dann kann es keine Verhältnismäßigkeitsprüfung *stricto sensu* geben, die umfassend die betroffenen Interessen abwägt und dadurch verhindern

---

381 US – Shrimp, AB, para. 159 (Hervorhebung vom Verfasser hinzugefügt).

382 *Berrisch*, in: Prieß/Berrisch, WTO-Handbuch, B.I.1., Rn. 278.

383 *Appleton*, JIEL 2 (1999), 477 (492).

384 *Puth*, WTO und Umwelt, S. 325 f.

385 US – Shrimp, AB, para. 160.

386 US – Shrimp, AB, para. 171.

387 Thailand – Cigarettes, Panel, para. 77; *Puth*, WTO und Umwelt, S. 343.

388 *Puth*, WTO und Umwelt, S. 343.

389 *Puth*, WTO und Umwelt, S. 343 f.; *Herdegen*, Internationales Wirtschaftsrecht, § 10, Rn. 76.

390 Vgl. schon S. 77 ff.

könnte, dass das gewünschte Schutzniveau erreicht wird. Das heißt, dass sich die Prüfung ausschließlich darauf bezieht, ob die betroffene Klimaschutz-Maßnahme für das Erreichen des selbst festgelegten Schutzniveaus angemessen ist. Wird dies bejaht, so kommt es nicht mehr darauf an, ob das Interesse am verfolgten Schutzziel gegenüber dem Interesse an der beeinträchtigten Regelung des GATT überwiegt.[391]

Letztendlich ist zu beachten, dass bei der Prüfung der Standards des *chapeau* das Prinzip der Verhältnismäßigkeit zwar implizit Berücksichtigung findet. Es wird aber nicht als solches ausdrücklich geprüft, sondern zieht sich wie ein roter Faden durch die Untersuchung der einzelnen Punkte, die für problematisch erachtet werden.

b) Überschreitung der Jurisdiktionsbefugnis

Einer der Punkte, die regelmäßig bei der Rechtfertigung von Klimaschutz-Maßnahmen zu erörtern sind, ist die Jurisdiktionsbefugnis, d.h. „das Recht, durch Ausübung eigener Hoheitsgewalt die Rechtsverhältnisse von Personen und Sachen rechtlich verbindlich zu regeln.“[392] Einige der erwägenswerten Regelungen zum Klimaschutz knüpfen an Sachverhalte an, die außerhalb des Hoheitsgebiets des regelnden Staats liegen,[393] so dass die *jurisdiction to prescribe* problematisch ist, also das Recht zum Erlass von Hoheitsakten. Denn die Durchsetzung der betroffenen Maßnahmen wird regelmäßig bei der Einfuhr von Waren, also auf dem Territorium des regelnden Staates erfolgen. Betroffen von dieser Frage sind z.B. die PPM, da die Herstellung der betroffenen Waren sich im Ausland vollzieht. Es wurde zwar bereits gezeigt, dass solche Maßnahmen nicht aufgrund der der WTO zugrunde liegenden Theorie der komparativen Kostenvorteile unzulässig sind. Dennoch stellt sich die Frage, wie die Regelung eines im Ausland liegenden Sachverhalts angesichts der Souveränität und somit der Regelungshoheit der Staaten gerechtfertigt werden kann.[394]

Grundsätzlich überschreitet ein Staat seine Regelungshoheit nicht, wenn die fragliche Regelung sich auf das eigene Staatsgebiet beschränkt (Territorialitätsprinzip) oder an die Staatsangehörigkeit bzw. -zugehörigkeit einer Person anknüpft (Personalitätsprinzip).[395] Allerdings erfüllt eine Klimaschutz-Maßnahme, die sich auf die Produktionsweise eines ausländischen Unternehmens im Ausland bezieht, keines dieser Kriterien. Eine Berufung auf das Wirkungsprinzip, nach dem die Jurisdiktionsbefugnis auch bejaht wird, wenn im Ausland vorge-

391 *Mavroidis*, JWT 34 (2000), 73 (79); *Stoll/Schorkopf*, WTO, Rn. 172.

392 *Schöbener/Herbst/Perkams*, Internationales Wirtschaftsrecht, § 2, Rn. 85.

393 Siehe hierzu *Herrmann*, in: Herrmann/Weiß/Ohler, Welthandelsrecht, § 12, Rn. 537.

394 *Jackson*, The World Trading System, S. 236 ist der Ansicht, dass Art. XX GATT auf den Schutz von Gütern im Importland beschränkt ist.

395 *Schöbener/Herbst/Perkams*, Internationales Wirtschaftsrecht, § 2, Rn. 86.

nommene Handlungen sich im Inland auswirken, könnte jedoch erfolgreich sein. Letztendlich stellt das Wirkungsprinzip einen Unterfall des Territorialitätsprinzips dar, da durch die Auswirkung an das Staatsgebiet angeknüpft wird.[396] Zwar ist diese Argumentation nicht so unmittelbar einschlägig, wie in klassischen Fällen des Umweltrechts, bei denen etwa eine Verschmutzung durch einen Fluss über die Staatsgrenze getragen wird.

Doch ist ein möglicher Ansatz für die Einschlägigkeit des Wirkungsprinzips die Qualifikation des Klimawandels als *common concern of mankind.* Diese fand bereits in der UN Resolution 43/53 vom 6. Dezember 1988 statt und wurde in der Präambel der Klimarahmenkonvention bestätigt. Was der genaue Inhalt dieses Konzepts ist, bleibt vage, doch besteht Einigkeit darüber, dass der Schutz der hierunter zu fassenden Güter nicht nur im Interesse einzelner Staaten, sondern der Staatengemeinschaft insgesamt geboten ist.[397] In dieser Hinsicht kann an die Überlegung angeknüpft werden, dass ein globales Gut wie das Klima alle Staaten betrifft, gleichzeitig aber nicht von Einzelnen bewahrt werden kann.[398] So heißt es denn auch zum *common concern of mankind*: „*It places the issue on the international agenda and makes it the legitimate object of international attention, overriding the reserved domain of domestic jurisdiction.*"[399] Wenn der Appellate Body es in *US – Shrimp* für einen hinreichenden Bezug zum Hoheitsgebiet des regelnden Staates genügen lässt, dass bei Meeresschildkröten als wandernder Spezies nicht ausgeschlossen werden könne, dass sie in Gewässer der USA gelangen,[400] dann muss auch bei globalen Gütern wie dem Klima bzw. dem Klimawandel als *common concern of mankind* eine hinreichende Verbindung mit dem Territorium bestehen.[401] Schließlich führt die globale Erwärmung in allen Ländern zu Veränderungen, wenn auch von unterschiedlicher Art und unterschiedlichem Ausmaß, so dass von einer Wirkung im Hoheitsgebiet des regelnden Staates ausgegangen werden kann. Genau das beinhaltet aber das Wirkungsprinzip. Deshalb steht die extraterritoriale Anknüpfung von Maßnahmen zur Mitigation des Klimawandels ihrer Rechtfertigung unter dem *chapeau* von Art. XX GATT nicht entgegen.

---

396 Vgl. zum Wirkungsprinzip *Schöbener/Herbst/Perkams*, Internationales Wirtschaftsrecht, § 2, Rn. 96 ff.

397 *Trüeb*, Umweltrecht in der WTO, S. 256.

398 So speziell zum Klimaschutz *Dröge u.a.*, WTR 3 (2004), 161 (162).

399 *Boyle*, in: Churchill/Freestone, International Law and Global Climate Change, S. 7 (11).

400 US – Shrimp, AB, para. 133: „[T]here is a sufficient nexus between the migratory and endangered marine populations involved and the United States".

401 Ebenso unter Hinweis auf die Eigenschaft als gemeinsames Gut *Herrmann*, in: Herrmann/Weiß/Ohler, Welthandelsrecht, Rn. 539; *Ismer/Neuhoff*, EJLE 24 (2007), 137 (150); zustimmend auch *McIsaac*, JWT 44 (2010), 1053 (1074); zweifelnd *Voon*, J. Transnat'l L. & Pol'y 10 (2000), 71 (81).

c) Die Problematik der erzieherischen Wirkung

Der nächste kritische Punkt liegt darin begründet, dass gerade im Bereich der Klimapolitik die Regelungen auch dazu dienen, andere Staaten zu „erziehen",[402] ihnen also unilateral die gewünschte Verhaltensweise durch wirtschaftlichen Druck aufzuzwingen, besonders wenn dieser von einem starken WTO-Mitglied ausgeht.[403] Dies könnte als Eingriff in die *domestic policy autonomy* gesehen werden.[404] Auch widerspricht ein solches Vorgehen dem Prinzip, dass WTO-Mitglieder das Recht haben, wirtschafts- und gesellschaftspolitische Fragen frei zu entscheiden.[405] Hierzu äußerte das Panel in *US – Shrimp*, dass, wenn Art. XX GATT es ermöglichen würde, Maßnahmen zu ergreifen, die den Marktzugang für importierte Güter davon abhängig machen, dass im Exportland eine bestimmte Politik durchgeführt wird, dies das multilaterale System zerstören würde. Daher könne eine solche Vorgehensweise niemals mit dem *chapeau* vereinbar sein.[406] Denn die herausragende Wichtigkeit eines multilateralen Ansatzes wird im WTO-Recht mehrfach betont, z.B. in der Präambel des WTO-Übereinkommens, in der es heißt „entschlossen, ein integriertes, funktionsfähiges und dauerhafteres multilaterales Handelssystem zu entwickeln [...], entschlossen, die fundamentalen Grundsätze dieses multilateralen Handelssystems zu wahren"[407] und in Art. 23.1 DSU, der die Überlegenheit des multilateralen Systems betont und unilaterale Lösungen als Ersatz für das Streitbeilegungsverfahren zurückweist.[408]

Aber auch in weniger drastischen Fällen als dem, dass die Einfuhrerlaubnis davon abhängig gemacht wird, dass bestimmte Politiken übernommen werden, können Konstellationen mit erzieherischer Wirkung auftreten. Dies ist insbesondere bei Grenzmaßnahmen der Fall, wenn etwa beim Import von Waren aus Staaten, die das Kyoto-Protokoll nicht unterzeichnet haben, eine Ausgleichssteuer gezahlt werden muss, die die geringeren Herstellungskosten kompensieren soll, die zwangsläufig entstehen, wenn bei der Produktion nicht auf Belange des Klimaschutzes Rücksicht genommen werden muss. Dann ist zwar weiterhin die Einfuhr möglich, doch haben Hersteller aus den betroffenen Ländern einen entscheidenden wirtschaftlichen Nachteil. Dadurch können sich Staaten ge-

402 In US – Shrimp, AB, para. 161 heißt es hierzu (Hervorherbung hinzugefügt): „Perhaps the most conspicuous flaw in this measure's application relates to its intended and actual *coercive effect* on the specific policy decisions made by foreign governments."

403 *Herrmann*, in: Herrmann/Weiß/Ohler, Welthandelsrecht, § 12, Rn. 537.

404 Vgl. *Puth*, in: Hilf/Oeter, WTO-Recht, § 25, Rn. 40.

405 Japan – Alcoholic Beverages II, AB, S. 15; *Göttsche*, in: Hilf/Oeter, WTO-Recht, § 5, Rn. 45.

406 US – Shrimp, Panel, para. 7.45.

407 Vgl. zur Stärkung des multilateralen Systems durch die Präambel auch US – Shrimp, AB, para. 152.

408 US – Shrimp, Panel, para. 7.43.

zwungen sehen, ihre Klimapolitik anzupassen, um ihre Unternehmen international wettbewerbsfähig zu halten.

Dem mag entgegengehalten werden, es bestehe kein Zwang zur Umsetzung einer Klimapolitik, die derjenigen des Einfuhrlandes entspreche. Denn der Ausschluss des Imports klimaschädlicherer Waren bzw. die direkte oder indirekte Verteuerung der Einfuhr stelle zunächst einmal nur für den Käufer im Inland einen Zwang dar, diese Produkte nicht oder allenfalls zu einem höheren Preis zu erwerben.[409] Dadurch werde in erster Linie die Nachfrage nach dem klimaschädlichen Gut reduziert,[410] weshalb wiederum die Produktion zurückgehe. Dieser Effekt und nicht der Zwang zur Anpassung der Politik sei primäres Ziel von entsprechenden Klimaschutz-Maßnahmen. Die Erziehung der eigenen Staatsbürger bzw. die Einwirkung auf die inländische Nachfrage steht aber nicht im Konflikt mit staatlicher Souveränität oder dem multilateralen System. Sicherlich haben Klimaschutz-Maßnahmen auch diese soeben dargestellte Wirkung auf die Nachfrage. Doch steht gleichzeitig außer Frage, dass insbesondere Grenzmaßnahmen ausdrücklich darauf gerichtet sind, andere Staaten zur Änderung ihrer Klimapolitik zu bewegen.[411] Im Übrigen entspricht der Einsatz des wirtschaftlichen Gewichts eines Landes zur Förderung einer bestimmten Verhaltensweise gerade der Definition von „Zwang".[412] Im Hinblick auf die Erzielung einer Veränderung der staatlichen Regelungen im Ausland ist das umso mehr der Fall, wenn nicht an das Verhalten des jeweiligen einzelnen Herstellers angeknüpft wird, sondern an die Rechtslage in diesem Land; wenn also anders ausgedrückt die Maßnahmen auch Produkte erfassen, die für sich genommen die Klimaschutzkriterien erfüllen, sie aber aus einem Land stammen, das keine entsprechenden Vorschriften erlassen hat.[413]

Dabei ist das Verhalten eines Staates auch nicht mit dem eines Verbrauchers vergleichbar, der durch die Wahl von für das Klima positiven Produkten auf den

409 *Regan*, in: Cottier u.a. (Hrsg.), International Trade Regulation and the Mitigation of Climate Change, S. 97, (113).

410 *Regan*, in: Cottier u.a. (Hrsg.), International Trade Regulation and the Mitigation of Climate Change, S. 97, (116).

411 Siehe z.B. die von Präsident Sarkozy in Frankreich vorgeschlagenen Grenzzölle auf EU-Ebene: Sarkozy wirbt um rechte Wähler, FAZ, 25. März 2010.

412 *Crosby*, in: Cottier u.a. (Hrsg.), International Trade Regulation and the Mitigation of Climate Change, S. 124, (126).

413 So war die Regelung in US – Shrimp ausgestaltet: Selbst wenn ein Shrimp-Fischer die Vorkehrungen zum Schutz der Schildkröten verwendete, genügte das nicht für die Einfuhrerlaubnis, wenn die Verwendung in seinem Heimatland nicht vorgeschrieben war. US – Shrimp, AB, para. 165.

Hersteller einwirkt.[414] Das folgt schon daraus, dass ein gewöhnlicher Konsument durch die Privatautonomie frei in seiner Wahl ist, ob er einen Vertrag mit einem Verkäufer abschließen möchte.[415] Zwar kennt das Völkergewohnheitsrecht keinen Anspruch auf Handelsbeziehungen; die Staaten sind aufgrund ihrer Souveränität frei in der Entscheidung, mit wem sie Handel treiben wollen.[416] Das gilt aber nur, wenn keine anderslautenden Verpflichtungen eingegangen wurden. Die Mitgliedschaft in der WTO ist allerdings gerade darauf gerichtet, den freien Handel zwischen den Staaten zu ermöglichen. Damit sind die Mitglieder eben nicht – vergleichbar einem privaten Verbraucher – frei in ihrer Entscheidung. Wenn sie also durch Klimaschutz-Maßnahmen darauf abzielen, anderen Staaten ihre Vorstellungen von Klimaschutz aufzuoktroyieren, dann ist dies Zwang, mit all der negativen Konnotation, die damit verbunden ist.

Es kann daher festgehalten werden, dass bestimmte Klimaschutz-Maßnahmen eine erzieherische Wirkung haben. Daraus folgert der Appellate Body aber nicht, dass solche Regelungen stets mit den Anforderungen des *chapeau* kollidieren. Vielmehr können sie aufgrund ihres legitimen Ziels unter bestimmten strengen Bedingungen dennoch die Standards des Einführungssatzes von Art. XX GATT erfüllen. Dass kein kategorischer Ausschluss besteht, kann im Bereich der Mitigation des Klimawandels mit dem Charakter als *common concern of mankind* begründet werden. Denn dieser bedeutet, dass das Handeln einzelner Staaten nicht dazu ausreicht, den Klimawandel zu verhindern, sondern dass ein gemeinsames, konzertiertes Vorgehen erforderlich ist.[417] Aufgrund dieser Tatsache ist es legitim, Druck auf andere auszuüben, um das Ziel – zurzeit die Beschränkung der globalen Erwärmung auf 2 °C[418] – zu erreichen. Doch dient die Ausnahmeregelung des Art. XX GATT dazu, die Souveränität der Mitgliedstaaten in einer Art und Weise zu sichern, dass sie durch das WTO-Recht nicht an der Verfolgung berechtigter Regelungsziele gehindert werden.[419] Dann ist es umgekehrt nur konsequent, wenn der Rechtfertigungstatbestand auch nicht so verwendet werden kann, dass die Souveränität anderer Mitglieder in

414 Wenn *Regan* a.a.O. S. 112, 114 f. argumentiert, dieser Vorgang sei nicht anders zu bewerten als die private, klimapolitisch motivierte Entscheidung des Verbrauchers, dann verwundert das doch etwas. Bei allen anders lautenden Beteuerungen kann ein Staat mit seiner Wirtschaftsmacht und vor allem seinen Verpflichtungen gegenüber anderen Völkerrechtssubjekten nicht als „kollektiver Konsument" betrachtet werden.

415 Vgl. nur zum deutschen Recht *Olzen*, in: Staudinger, BGB, Vorbemerkung § 241, Rn. 49 ff.; *Di Fabio*, in: Maunz/Dürig (Hrsg.), Grundgesetz, Art. 2, Rn. 101.

416 Vgl. das Gutachten des StIGH Railway Traffic between Lithuania and Poland vom 15. Oktober 1931, PCIJ Ser. A/B, No. 42 (1931); *Gloria*, in: Ipsen, Völkerrecht, § 43, Rn. 5; *Herdegen*, Internationales Wirtschaftsrecht, § 3, Rn. 7.

417 Vgl. *Trebilcock/Howse*, The Regulation of International Trade, S. 509

418 Ziffer 1 des Copenhagen Accord, Decision 2/CP.15, FCCC/CP/2009/11/Add.1; Erw. 2 der Präambel der Richtlinie 2009/29/EG.

419 *Bender*, in: Hilf/Oeter, WTO-Recht, § 10, Rn. 74; *Stoll/Schorkopf*, WTO, Rn. 170.

unzulässiger Weise beeinträchtigt wird.[420] Denn durch die Souveränität eines Staates kann kein Verhalten legitimiert werden, dass die Souveränität eines anderen Staates missachtet. Insofern stehen die beiden sich auf einer Ebene gegenüber. Daher müssen die bereits angesprochenen, vom Appellate Body aufgestellten Kriterien erfüllt werden, um einen verhältnismäßigen Ausgleich zu erreichen.

d) Die Anforderungen des Appellate Body in US – Shrimp

aa) Kooperationspflicht: Erfüllung durch COPs?

Der Appellate Body prüft die von ihm im *Shrimp/Turtle*-Fall aufgestellten Kriterien zunächst unter der Überschrift der ungerechtfertigten Diskriminierung.[421] Zentraler Punkt ist dabei eine Kooperationspflicht, d.h. vor dem Ergreifen unilateraler Maßnahmen müssen ernsthafte, allgemeine Verhandlungen über alternative Vorgehensweisen mit den betroffenen Staaten geführt werden.[422] Dabei meint das Merkmal allgemein („*across-the-board*"), dass es nicht ausreichend ist, nur mit einigen ausgewählten Staaten zu sprechen, sondern dass alle interessierten Mitglieder eingebunden werden müssen.[423] Andernfalls stellt die Vorgehensweise im Vorfeld des Erlasses der Regelung per se eine ungerechtfertigte Diskriminierung dar. Die Kooperationspflicht knüpft an die Tatsache an, dass die Umwelt nicht an Landesgrenzen gebunden ist, ihr Schutz demnach nur durch aufeinander abgestimmte, kooperative Bemühungen erreicht werden kann.[424] Diese Eigenschaft weist auch das Klima als globales Gut bzw. der Klimawandel als *common concern of mankind* auf, so dass die Verhandlungspflicht konsequenterweise ebenfalls auf diesem Gebiet bestehen muss. Durch diese Anforderung bringt der Appellate Body zudem das Element der Erforderlichkeit zum Ausdruck, wenn er schreibt, dass im Verhältnis zu dem Importverbot auch alternative Handlungsmöglichkeiten offen gestanden hätten.[425] Multilaterale Verhandlungen wären ein mit dem System des GATT konformes Mittel gewesen, um die gleichen Ziele wie durch die unilaterale Herangehensweise zu erreichen, sind dabei aber im Erfolgsfall genauso effektiv. Erst im Falle des Scheiterns solcher Verhandlungen wäre keine weniger einschneidende Alternative als die uni-

420 *Stoll/Schorkopf*, WTO, Rn. 738.
421 US – Shrimp, AB, paras. 161 ff.
422 US – Shrimp, AB, para. 166.
423 US – Shrimp, AB, para. 172.
424 US – Shrimp, AB, para. 168; Der Appellate Body weist zudem darauf hin, dass das Erfordernis von „*concerted and cooperative efforts*" auch in Prinzip 12 der Rio-Deklaration und in § 2.22 (ii) der Agenda 21 zum Ausdruck kommt.
425 US – Shrimp, AB, para. 171; auch *Ruddigkeit*, Border Tax Adjustment, Fn. 136 sieht die Kooperationspflicht als Ausprägung des Verhältnismäßigkeitsprinzips.

laterale Maßnahme verfügbar gewesen. Dieses Räsonnement ist der klassische Gedankengang einer Erforderlichkeitsprüfung.

Für den Bereich des Klimaschutzes drängt sich in der Folge die Frage auf, ob es zur Erfüllung dieser Kooperationspflicht ausreicht, dass die Klimarahmenkonvention bzw. das Kyoto-Protokoll verhandelt wurden. Denkbar wäre eine Argumentation, nach der die Verhandlungen im Rahmen der COPs bereits als gescheitert und somit der Weg zu unilateralen Maßnahmen als frei betrachtet werden können, entweder im Hinblick auf ein bestimmtes Land, das sich geweigert hat, das Kyoto-Protokoll zu ratifizieren, oder aber aufgrund der fast ergebnislosen Konferenz in Kopenhagen. Denn wenn auch eine Verhandlungspflicht besteht, so erfordert der *chapeau* nicht, dass die Mitglieder hierbei Erfolg haben und tatsächlich zu einer multilateralen Lösung gelangen.[426]

Die Qualifikation der Verhandlungen unter der Klimarahmenkonvention bzw. dem Kyoto-Protokoll als ausreichende Kooperation vermag aber nicht zu überzeugen. Gegen eine solche Herangehensweise spricht zuvorderst, dass, will man die Kooperationspflicht nicht ihres Sinnes entleeren, es erforderlich ist, konkrete Verhandlungen zu genau bezeichneten Punkten zu führen, auch unter Einbeziehung der Möglichkeit, dass andernfalls einseitig Handelsmaßnahmen ergriffen werden. Die Klimarahmenkonvention ist aber – wie der Name schon sagt – lediglich ein Rahmen für weitere Verhandlungen, setzt also schon nach der ihr inhärenten Konzeption weitergehende Kooperation voraus.[427] Auch das Kyoto-Protokoll enthält keine konkreten und verbindlichen Maßnahmen, mit Hilfe derer die Klimaschutzziele zu erreichen wären.[428] In den aktuellen COPs konnten sich die beteiligten Staaten nicht einmal auf verbindliche Emissionsreduktions-Ziele einigen. Zu Verhandlungen darüber, auf welche Art solche Ziele erreicht werden könnten und ob konkrete Maßnahmen zur Mitigation des Klimawandels in die Protokolle aufgenommen werden sollten, kam es daher gar nicht mehr. Derart müssten aber die Gespräche sein, die ausreichen, um der Kooperationspflicht unter dem *chapeau* des Art. XX GATT gerecht zu werden. Zudem schöpfen die COPs nicht die Möglichkeiten aus, die Verhandlungen im kleineren Kreis oder sogar nur bilaterale Gespräche eröffnen würden. Dass es schwieriger ist, in einer Konferenz mit 192 Ländern einen Konsens zu erreichen, als mit einer reduzierten Teilnehmerzahl, ist offensichtlich. Daher kann das Führen von Verhandlungen im Rahmen der Klimarahmen-Konvention nicht die Kooperationspflicht befriedigen. Soll demnach das Ziel des Klimaschutzes durch eine Politik verwirklicht werden, die nicht ohne weiteres mit dem WTO-Recht vereinbar ist, sondern die der Rechtfertigung gem. Art. XX GATT bedarf, so ist den

---

426 US – Shrimp (Article 21.5), AB, para. 124.

427 *Buck/Verheyen*, International Trade Law and Climate Change, S. 38 f.; *Green*, JIEL 8 (2005), 143 (186).

428 *Green*, JIEL 8 (2005), 143 (186); *Goh*, JWT 38 (2004), 395 (418); *Charnovitz*, Trade and Climate Change: Potential Conflicts and Synergies, S. 11.

potentiell betroffenen Ländern vor der Verwirklichung dieser Politik gesondert Gelegenheit zu weiteren Gesprächen zu geben.[429]

Die Anforderungen an die Qualität, Dauer und Ausführlichkeit dieser Gespräche dürfen jedoch auch nicht zu hoch sein. Zwar zieht das Klimavölkerrecht wie das WTO-Recht multilaterale Lösungen einer einseitigen Vorgehensweise vor. Doch haben die Mitglieder der Klimarahmenkonvention mit der Ratifizierung dieses Abkommens anerkannt, dass derartige völkerrechtliche Verträge allein nicht zur Mitigation des Klimawandels ausreichen, sondern unilaterale Politiken und Maßnahmen erforderlich sind.[430] So stellt Art. 4 KRK explizit die Verpflichtung auf, nationale Maßnahmen zu ergreifen. Insofern kann den regelnden Staaten von Mitgliedern der Klimarahmenkonvention der Unilateralismus nicht in der Weise vorgeworfen werden, dass ein derartiges Vorgehen grundsätzlich ausgeschlossen sei.

bb) Anerkennung gleichwertiger ausländischer Maßnahmen: Ausschluss der Anknüpfung an die Ratifizierung des Kyoto-Protokolls

Weiteres Kriterium dafür, dass keine ungerechtfertigte Diskriminierung vorliegt, ist die Anerkennung ausländischer Maßnahmen, die nicht im Wesentlichen dieselben wie im Inland, aber zumindest gleichwertig sind.[431] Hierunter ist im vorliegenden Kontext zu verstehen, dass Handelsmaßnahmen, die dem Klimaschutz dienen, nicht daran anknüpfen dürfen, ob eine Ware aus einem Staat stammt, in dem exakt die gleiche Klimapolitik verfolgt wird wie im Inland. Vielmehr muss anerkannt werden, dass auch andere Wege zum Erfolg führen können. Insbesondere folgt daraus, dass Produkte nicht schon deshalb Objekt von z.B. einer Ausgleichssteuer sein dürfen, weil in ihrem Herkunftsland kein System des *cap-and-trade* besteht. Existieren andere Regelungen, die den CO_2-Ausstoß zu reduzieren suchen und die vergleichbar effektiv sind, dann muss das anerkannt werden.[432] Dieser Aspekt kann wiederum im Hinblick auf das Kyoto-Protokoll relevant sein: Nur weil ein Staat dieses nicht ratifiziert hat, heißt das nicht zwangsläufig, dass dort keinerlei Klimaschutzpolitik vorhanden ist.

Dass auch gleichwertige, aber nicht identische Maßnahmen akzeptiert werden müssen, stimmt außerdem mit dem Geiste des Kyoto-Protokolls überein. Denn auch dieses schreibt nicht vor, auf welche Art und Weise die Emissionsredukti-

---

429 Ebenso *Buck/Verheyen*, International Trade Law and Climate Change, S. 39; *Green*, JIEL 8 (2005), 143 (186); *Goh*, JWT 38 (2004), 395 (417 f.); für ein Ausreichen der allgemeinen Verhandlungen *Ruddigkeit*, Border Tax Adjustment, S. 27; *Ismer/Neuhoff*, EJLE 24 (2007), 137 (152); *Hilbert*, Grenzsteuerausgleich, S. 29; *Ismer/Neuhoff*, EJLE 24 (2007), 137 (152).

430 *Buck/Verheyen*, International Trade Law and Climate Change, S. 31.

431 US – Shrimp, AB, para. 163.

432 *Pauwelyn*, U.S. Federal Climate Policy, S. 38 f.

onsziele erreicht werden müssen.[433] Zwar hält es mit den flexiblen Mechanismen einige Möglichkeiten bereit, doch ist auch deren Ausgestaltung nur skizziert.[434] Zudem ist klar, dass sie allein nicht ausreichend sind, um die gesteckten Ziele zu erreichen. Danach ist es dem System des Kyoto-Protokolls immanent, dass jeder Staat die für ihn passenden Regelungen trifft, um den Klimawandel zu bekämpfen. Daraus folgt, dass es geradezu kontraproduktiv wäre, nur identische oder quasi identische Maßnahmen zu akzeptieren. Allerdings liegt die Schwierigkeit dann darin, zu bewerten, ob die Klimapolitik gleichwertig ist. Jedenfalls wenn ein Staat das Kyoto-Protokoll ratifiziert und auch Regelungen zu seiner Umsetzung getroffen hat, ist dies zu bejahen. In den übrigen Fällen muss es darauf ankommen, ob eine in sich schlüssige Klimapolitik existiert. Bedenkt man, dass die Beweislast bei dem WTO-Mitglied liegt, dessen Maßnahme der Rechtfertigung bedarf, und dass die Effekte einzelner Klimaschutz-Maßnahmen äußerst schwer zu quantifizieren sind, so dürfte der Beweis, dass eine Klimapolitik nicht gleichwertig ist, nur gelingen, wenn es im betroffenen Staat keine oder nur wenige bzw. rudimentäre Regelungen für die Mitigation des Klimawandels gibt.

Probleme bei der praktischen Umsetzung bereitet auch die Vorgabe, dass es bei handelshemmenden Klimaschutz-Maßnahmen nicht auf die allgemein geltenden Regelungen in einem Land ankommen kann, sondern stets die einzelne Ware beurteilt werden muss.[435] Mit anderen Worten: Hat sich ein Land gegen die Ratifizierung des Kyoto-Protokolls entschieden, wendet aber ein Produzent aus diesem Land nichtsdestotrotz bei der Herstellung seiner Exportwaren Methoden an, die den Treibhausgas-Ausstoß verringern, so darf diese Ware nicht von den vorgenannten Maßnahmen erfasst werden. Die Überprüfung bzw. der Nachweis dieser Tatsache mögen zwar praktisch schwierig sein. Der Appellate Body argumentiert aber, dass, sollte eine solche Differenzierung nicht vorgenommen werden, es nahe liegt, dass die betroffene Maßnahme weniger dem Klimaschutz dient, als vielmehr darauf gerichtet ist, die bereits beschriebene erzieherische Wirkung für das Herkunftsland zu entfalten.[436] Wenn auch dieser wirtschaftliche Druck zur Anpassung nicht allgemein als unrechtfertigbar angesehen wird, so darf er dennoch nicht Selbstzweck sein, sondern muss dem übergeordneten Ziel der Bekämpfung der globalen Erwärmung dienen.

Insgesamt zeigt sich bei all diesen Punkten, dass eine Anknüpfung an die Ratifikation des Kyoto-Protokolls ungeeignet ist, um eine Differenzierung zwischen verschiedenen Ländern zu rechtfertigen.[437] In einer Linie mit dieser Erkenntnis steht auch, dass es allgemein abgelehnt wird, auf dieser Grundlage anzunehmen, es handele sich um „Länder, in denen [nicht] die gleichen Verhält-

---

433 *Pauwelyn*, U.S. Federal Climate Policy, Fn. 115.
434 Siehe oben S. 19.
435 US – Shrimp, AB, para. 165.
436 US – Shrimp, AB, para. 165.
437 So auch *Hufbauer u.a.*, Global Warming and the World Trading System, S. 70.

nisse bestehen“ i.S.d. *chapeau*.[438] Dem ist mit der Argumentation des Appellate Body zuzustimmen, dass nicht primäres Ziel sein darf, andere Länder dazu zu zwingen, eine bestimmte Politik zu verfolgen. Hierdurch würde verhindert, dass jeder Staat die für seine Bedingungen optimalen Maßnahmen auswählt.

Umgekehrt ist die Ratifizierung des Kyoto-Protokolls aber auch im Hinblick auf den die Klimaschutz-Regelung erlassenden Staat nicht entscheidend. Zum Teil wird erwogen, Mitgliedstaaten, die nicht Partei des Kyoto-Protokolls sind, die Berufung auf Art. XX GATT zu verwehren. Es sei ein Widerspruch in sich, dieses Abkommen nicht zu ratifizieren, sich gleichzeitig aber gegenüber anderen Staaten auf den Klimaschutz als Legitimation für primär mit dem WTO-Recht unvereinbare Maßnahmen zu berufen.[439] Doch kann die Ernsthaftigkeit der Verfolgung von Klimaschutz-Zielen nicht allein an der Ratifizierung des Kyoto-Protokolls gemessen werden. Existiert eine nationale Klimapolitik, dann kann dem regelnden Staat nicht vorgeworfen werden, er messe mit zweierlei Maß im Hinblick auf heimische und importierte Produkte. Immerhin kann die Weigerung, das Kyoto-Protokoll zu ratifizieren, auch auf andere Gründe als die Nicht-Anerkennung der Problematik der globalen Erwärmung zurückgeführt werden; dass Schwellenländer entgegen den Bestimmungen des Kyoto-Protokolls zumindest teilweise verbindliche Verpflichtungen übernehmen müssten, ist nicht per se ein illegitimes Argument. Insofern ist lediglich entscheidend, dass nicht im Bezug auf andere Staaten höhere Anforderungen gestellt werden, als selbst erfüllt werden. Letztendlich sieht demnach auch der *chapeau* ein Erfordernis der *even-handedness*[440] vor.

cc) Berücksichtigung der besonderen Bedürfnisse von Entwicklungsländern

Die Verhältnisse, die in einem Land bestehen, sind noch an anderer Stelle von Bedeutung. Die unterschiedlichen Bedingungen, die in einem Staat herrschen, müssen bei der Ausgestaltung einer zu rechtfertigenden Maßnahme berücksichtigt werden.[441] Daraus folgt, dass nicht nur Gleiches gleich behandelt werden muss, sondern auch, dass Ungleiches nicht gleich behandelt werden darf.[442] Konsequenzen hat dieser Ansatz insbesondere für handelshemmende Klimaschutz-Maßnahmen gegenüber Entwicklungsländern. Von diesen kann nicht im selben Maße wie von Industrienationen erwartet werden, dass sie für die Bekämpfung des Klimawandels aktiv werden. Das wird einerseits aus den fehlenden finanziellen Mitteln hergeleitet, andererseits aber auch daraus, dass die Ent-

---

438 *Goh*, JWT 38 (2004), 395 (418); *Puth*, WTO und Umwelt, S. 326; *Ruddigkeit*, Border Tax Adjustment, Fn. 143.

439 *Hufbauer u.a.*, Global Warming and the World Trading System, S. 74.

440 Vgl. oben S. 70.

441 US – Shrimp, AB, para. 164 f.

442 US – Shrimp, AB, para. 164 f.; *Ruddigkeit*, Border Tax Adjustment, S. 28; *Berrisch*, in: Prieß/Berrisch, WTO-Handbuch, B.I.1., Rn. 272; *Stoll/Schorkopf*, WTO, Rn. 190.

wicklungsländer historisch nur in geringem Maße an der Verursachung der globalen Erwärmung beteiligt sind. Diejenigen, die die Treibhausgas-Emissionen verursacht haben, sollten auch für ihre Wiedergutmachung verantwortlich sein. Man könnte auch sagen, dass die Industrienationen den ihnen zustehenden Anteil an den weltweiten CO_2-Emissionen bereits aufgebraucht haben.[443] Wenn bei der Auslegung der Ausnahmetatbestände internationale Abkommen herangezogen werden können, dann muss dies gleichermaßen für die Auslegung des *chapeau* gelten. Daher ist im Bezug auf Entwicklungsländer zu beachten, dass selbst die Instrumente des Klimaschutzes, also die Klimarahmen-Konvention und das Kyoto-Protokoll, von den *common but differentiated responsibilities* ausgehen. Dann muss dasselbe im Rahmen des Welthandelsrechts gelten.[444] Demnach würde eine Klimaschutz-Maßnahme, die gegenüber einem Entwicklungsland die gleichen Anforderungen stellt wie an eine Industrienation, unweigerlich in eine ungerechtfertigte Diskriminierung münden.[445]

dd) Prozedurale Anforderungen: Einhaltung der Grundsätze eines fairen Verfahrens

Unter dem Standard der willkürlichen Diskriminierung untersucht der Appellate Body in *US - Shrimp* prozedurale Anforderungen an Maßnahmen, die einem der in Art. XX litt. a) bis g) GATT genannten Ziele dienen.[446] Dies bezieht sich nicht auf den Prozess vor dem Beschluss einer bestimmten Klimapolitik, also auf die bereits erläuterte Verhandlungspflicht, sondern auf das Verwaltungshandeln, das zur Umsetzung dieser Politik erforderlich ist. Warum demnach substantielle Voraussetzungen unter dem Stichpunkt der ungerechtfertigten Diskriminierung, Prozessuales hingegen im Hinblick auf willkürliche Diskriminierung geprüft werden soll,[447] erschließt sich nicht. Diese Einteilung ist zwar sinnvoll, doch die Subsumtion unter zwei verschiedene Standards erscheint als eine Pseudo-Anknüpfung an den Wortlaut. Es wäre konsequenter, auch prozedurale Anforderungen am einheitlichen Maßstab des *chapeau* zu messen, das heißt unter dem Aspekt der Verhütung des Missbrauchs der Ausnahmevorschriften.

Ungeachtet der Frage der exakten Anbindung an den Einleitungssatz müssen sich Klimaschutz-Maßnahmen jedenfalls an den vom Appellate Body aufgestellten Kriterien messen lassen, ob nun als Ausprägung des Verbots willkürlicher Diskriminierung oder als Konsequenz daraus, dass der *chapeau* allgemein als Korrektiv dient, um das Prinzip des *abus de droit* zu verwirklichen. Dazu gehört

443 *Voon*, J. Transnat'l L. & Pol'y 10 (2000), 71 (101).

444 *Veel*, JIEL 12 (2009), 749 (791 f.).

445 *Pauwelyn*, U.S. Federal Climate Policy, S. 39 f.; *Ruddigkeit*, Border Tax Adjustment, S. 28; *Veel*, JIEL 12 (2009), 749 (790 ff.).

446 US – Shrimp, AB, paras. 177 ff.

447 *Puth*, WTO und Umwelt, S. 327.

zunächst, dass eine gewisse Flexibilität bei der Durchführung solcher Maßnahmen gewährleistet sein muss.[448] Dass das Verfahren nicht gegenüber jedem Staat absolut identisch ablaufen kann, ergibt sich schon daraus, dass der *chapeau* auf die unterschiedlichen Verhältnisse in den Ländern abstellt. Nicht nur bei der Gestaltung von Klimapolitik,[449] sondern auch bei ihrer Umsetzung müssen demnach die Bedingungen im Zielstaat berücksichtigt werden.

Vor allem aber sind die Grundsätze eines fairen Verfahrens[450] einzuhalten. Der Durchführungsprozess muss transparent und vorhersehbar sein. Daher ist es dem betroffenen Staat zu ermöglichen, sich zur Bewertung seiner Klimaschutzregelungen zu äußern, wenn geprüft wird, ob er eine vergleichbare Klimapolitik verfolgt. Des Gleichen ist dem Importeur einer Ware die Gelegenheit zur Beteiligung am Verfahren zur Beurteilung der Klimabilanz seines Produktes zu gewähren. Demnach ist es erforderlich, eine Anhörungsmöglichkeit vorzusehen und nach erfolgter Entscheidung über die Anwendung einer bestimmten Klimaschutz-Maßnahme auf ein bestimmtes Land oder eine bestimmte Ware ein Verfahren zur Überprüfung bereitzuhalten.[451] Dass eine Rechtfertigung gem. Art. XX GATT ausgeschlossen ist, wenn die Grundsätze eines rechtsstaatlichen Verfahrens nicht eingehalten sind, folgt schon daraus, dass Art. X:3 GATT ganz allgemein entsprechende Anforderungen aufstellt. Dort wird eine unparteiische und gerechte Anwendung postuliert sowie die unverzügliche Überprüfbarkeit. Wenn dies aber schon bei rechtmäßigen Akten gefordert wird, dann müssen diese Verfahrensgrundsätze erst recht im Hinblick auf Maßnahmen gelten, die auf eine Entbindung von Pflichten aus dem GATT im Einzelfall hinauslaufen.[452]

4. Zusammenfassung: Die Rechtfertigung von Klimaschutz-Maßnahmen gem. Art. XX GATT

Zusammenfassend ist festzuhalten, dass eine Rechtfertigung von Klimaschutz-Maßnahmen, die grundsätzlich gegen Vorschriften des GATT verstoßen, über Art. XX GATT möglich ist.[453] Das kleinere Hindernis stellen dabei die Ausnahmetatbestände dar, die in den einzelnen Buchstaben der Norm aufgezählt sind. Regelungen zur Mitigation des Klimawandels können mit guter Begründung unter zwei dieser Bestimmungen gefasst werden, nämlich die „Maßnah-

---

448 US – Shrimp, AB, para. 177.

449 Siehe hierzu bereits soeben.

450 Siehe exemplarisch zu diesem Begriff im deutschen Verwaltungsrecht *Schmitz*, in Stelkens/Bonk/Sachs, VwVfG, § 9, Rn. 60; der Appellate Body spricht in para. 181 von *„basic fairness and due process"*.

451 US – Shrimp, AB, para. 180.

452 US – Shrimp, AB, para. 182.

453 So auch *Tarasofsky*, CCLR 2008, 7 (10); mit mehr Bedenken *Green*, JIEL 8 (2005), 143 (186).

men zur Erhaltung erschöpflicher Naturschätze“ (lit. g) und die „Maßnahmen zum Schutze des Lebens und der Gesundheit von Menschen“ (lit. b). Angesichts der insgesamt doch sehr großen internationalen Anerkennung der Bedrohung durch die globale Erwärmung legt eine dynamische Auslegung der Tatbestände nahe, dass es sich beim Klimaschutz um ein legitimes Ziel handelt.

Weitaus größere Probleme bringen die Bedingungen des *chapeau* mit sich. Denn die Anforderungen, die der Appellate Body auf dieser Grundlage stellt, sind äußerst anspruchsvoll. Zentrale Punkte sind hierbei die Kooperationspflicht, das Akzeptieren gleichwertiger Klimaschutz-Maßnahmen im Ausland, die Berücksichtigung der Verhältnisse in anderen Mitgliedstaaten, insbesondere den Entwicklungsländern, und die Einhaltung eines rechtsstaatlichen, fairen Verfahrens bei der Anwendung der Maßnahme. Als weitere Erschwernis bei der Erfüllung dieser Bedingungen kommt hinzu, dass der Appellate Body die Voraussetzungen des *chapeau* bisher sehr viel eingehender und genauer prüfte, als das Vorliegen der einzelnen Tatbestände. Als Fazit bleibt daher, dass nationale Klimaschutz-Maßnahmen diese Kriterien erfüllen können, bei ihrer Entstehung und Ausgestaltung aber äußerste Vorsicht geboten ist, um sämtlichen Anforderungen gerecht zu werden.

III. Der seltene Fall des Art. XXIII:1 lit. b) GATT: Die Zunichtemachung oder Schmälerung von Zugeständnissen oder Vorteilen

Nach dem bisher Gesagten darf angenommen werden, dass zumindest ein Teil derjenigen Klimaschutz-Maßnahmen, die unvereinbar mit einzelnen Vorschriften des GATT sind, gerechtfertigt werden können. Gleichzeitig ist festzuhalten, dass selbstverständlich auch viele Regelungen im Rahmen der Mitigation des Klimawandels denkbar sind, die von vorneherein vereinbar mit dem WTO-Recht sind, einer Rechtfertigung über Art. XX GATT also gar nicht erst bedürfen. Obwohl folglich beide Kategorien rechtmäßig sind, bedeutet dies nicht, dass ein Streitbeilegungsverfahren gegen solche Maßnahmen zwingend erfolglos wäre. Denn sie können von anderen Mitgliedern der WTO mit der *non-violation complaint* gem. Art. XXIII:1 lit. b) GATT angegriffen werden. Diese Vorschrift lautet:[454]

> „Ist eine Vertragspartei der Auffassung, dass *Zugeständnisse oder sonstige Vorteile*, die sich mittelbar oder unmittelbar auf Grund dieses Abkommens für sie ergeben, *zunichte gemacht oder geschmälert werden*, oder dass die Erreichung eines der Ziele dieses Abkommens dadurch behindert wird, […] dass eine andere Vertragspartei eine bestimmte Maßnahme trifft, *auch wenn diese nicht gegen dieses Abkommen verstößt,* […] so kann

454 Hervorhebung vom Verfasser hinzugefügt.

> diese Vertragspartei zur Erzielung einer befriedigenden Regelung der Angelegenheit der anderen Vertragspartei […] schriftliche Vorstellungen oder Vorschläge machen."

Die Handlungsmöglichkeiten eines WTO-Mitglieds, das das Vorliegen einer solchen Situation behauptet, sind aber nicht auf das bloße Vorschlagsrecht beschränkt. Anders als in der geläufigen *violation complaint*[455] besteht bei der *non-violation complaint* zwar keine Verpflichtung zur Einstellung der Maßnahme, wenn im Streitbeilegungsverfahren festgestellt wird, dass die Voraussetzungen des Art. XXIII:1 lit. b) GATT erfüllt sind;[456] dies erklärt sich dadurch, dass gerade keine Vertragsverletzung vorliegt.[457] Jedoch empfiehlt das Panel bzw. der Appellate Body dem Beschwerdegegner, einen für alle Seiten zufriedenstellenden Ausgleich herbeizuführen,[458] was auch die Zahlung einer Entschädigung beinhalten kann.[459] Folglich liegt in dieser Art der Klage zwar nicht deshalb ein Hindernis für Klimaschutz-Maßnahmen, weil sie deren Durchführung unmöglich machen würde. Doch faktisch gesehen ist es höchst unwahrscheinlich, dass ein Staat eine Regelung treffen wird, für die er eine Entschädigungszahlung zu entrichten hat. Daher kann die *non-violation complaint* ein ernst zu nehmendes Hemmnis für Klimaschutz-Maßnahmen bedeuten. Es sind vor allem die Subventionen – z.B. für die Erforschung der Nutzung erneuerbarer Energien –, die Gefahr laufen, auf diese Weise angegriffen zu werden,[460] doch ist die Anwendung des Art. XXIII:1 lit. b) GATT nicht hierauf beschränkt.

Bei der Beurteilung der Frage, ob die Nichtverletzungsbeschwerde ein Hindernis für Klimaschutz-Maßnahmen darstellen könnte, ist ihre Rolle im System des GATT zu beachten. Diese Art der Beschwerde existiert, weil die Vorteile, die insbesondere durch tarifäre Zugeständnisse[461] entstehen, auch durch Regelungen zunichtegemacht werden können, die gegen keine der Vorschriften des GATT verstoßen. Wenn aber keine Sicherheit gewährleistet ist, dass Zugeständnisse auch zu einem Vorteil führen, dann wird die Bereitschaft, solche zu vereinbaren, in Zukunft nicht mehr gegeben sein. Das in den Verhandlungsrunden entworfene Wettbewerbsverhältnis soll deshalb aufrechterhalten werden, um das

---

455 Dort empfiehlt das Panel bzw. der Appellate Body, „dass das betreffende Mitglied die Maßnahme mit dem Übereinkommen in Einklang bringt" (Art. 19.1 DSU), wobei diese Empfehlung mit Annahme des Berichts verbindlich ist.

456 Art. 26.1 lit. b) DSU.

457 *Hilf*, in: Hilf/Oeter, WTO-Recht, § 7, Rn. 79; *Weiß*, in: Herrmann/Weiß/Ohler, Welthandelsrecht, § 10, Rn. 311.

458 Art. 26.1 lit. b) a.E. DSU.

459 Art. 26.1 lit. d) DSU.

460 Der Großteil der Streitbeilegungsverfahren zu Art. XXIII:1 b) GATT befasste sich mit Subventionen; siehe Japan – Film, Panel, para. 10.38 m.w.N.

461 Fast alle der zu Art. XXIII:1 b) GATT angestrengten Verfahren beschäftigten sich mit dem Zunichtemachen von Vorteilen aus tarifären Zugeständnissen gem. Art. II GATT; siehe Japan – Film, Panel, para. 10.38.

erklärte Ziel der Absenkung der Zölle erreichen zu können.[462] Gleichzeitig ist aber auch klar, dass es sich bei der Anwendung des Art. XXIII:1 lit. b) GATT um eine Ausnahme handeln muss.[463] Denn die Mitglieder der WTO einigen sich auf Regeln, denen sie folgen wollen; dann dürfen sie erwarten, nur im Ausnahmefall für solche Maßnahmen angegriffen zu werden, die diesen nicht widersprechen.[464]

1. Die Rolle des Art. XX GATT für den Anwendungsbereich der Nichtverletzungsbeschwerde

Aus diesem Ausnahmecharakter verbunden mit der Feststellung, dass der Klimaschutz einer Rechtfertigung gem. Art. XX GATT zugänglich ist,[465] folgt eine mögliche Strategie zur Verteidigung von angegriffenen Regelungen: Denkbar wäre eine Argumentation, nach der Maßnahmen, die gem. Art. XX GATT gerechtfertigt sind, von vorneherein aus dem Anwendungsbereich von Art. XXIII:1 lit. b) GATT ausscheiden. Denn sie dienen der Erfüllung wichtiger staatlicher Aufgaben und nicht kommerziellen Interessen. Ein Staat muss diesen Pflichten nachkommen können und darf daran nicht durch die Nichtverletzungsbeschwerde gehindert werden. Dass die betroffenen Maßnahmen nicht missbräuchlich sind, wurde zudem bereits unter dem *chapeau* von Art. XX GATT überprüft, so dass eine weitere Prüfung im Rahmen der *non-violation complaint* überflüssig ist.[466] Diese Auffassung überzeugt aber nicht. Denn die Nichtverletzungsbeschwerde kann selbst im Erfolgsfall keinen Staat daran hindern, seinen Aufgaben nachzukommen, weil Folge niemals die Verpflichtung ist, die streitige Maßnahme aufzuheben.[467] Vielmehr wird ja lediglich ein Ausgleich herbeigeführt. Außerdem bezieht sich Art. XXIII:1 lit. b) GATT auf „*any measure*", macht also keinerlei Einschränkung in dieser Hinsicht.[468]

2. Die Voraussetzungen der Nichtverletzungsbeschwerde

Ist also die Anwendbarkeit der Nichtverletzungsbeschwerde für Klimaschutz-Maßnahmen nicht *a priori* ausgeschlossen, so stellt sich anschließend die Frage, ob sie mit Erfolg erhoben werden kann. Drei Tatbestandsmerkmale müssen für

462 EEC – Oilseeds I, Panel, para. 144.
463 EC – Asbestos, AB, para. 186; Japan – Film, Panel, para. 10.36 f.
464 Japan – Film, Panel, para. 10.36.
465 Siehe oben S. 61 ff.
466 So argumentierte die EG in EC – Asbestos, Panel, para. 8.257.
467 EC – Asbestos, Panel, para. 8.270.
468 EC – Asbestos, AB Bericht, para. 188.

eine Klage nach Art. XXIII:1 lit. b) GATT erfüllt sein: Die Anwendung[469] einer Maßnahme (unter a)), ein Vorteil,[470] der sich aus dem relevanten Abkommen ergibt (unter b)) und die Zunichtemachung oder Schmälerung dieses Vorteils als Ergebnis der Anwendung der Maßnahme (unter c)).[471]

a) Anwendung einer Maßnahme

Im Hinblick auf die erste Voraussetzung – die Anwendung einer Maßnahme – war das Panel in *Japan – Film* äußerst großzügig: Eine *Maßnahme* im Sinne des Art. XXIII:1 lit. b) GATT wird demnach nicht nur in Gesetzen oder Verordnungen gesehen, sondern kann auch im Falle von nicht zwingenden Handlungen der Regierung vorliegen. Erforderlich ist lediglich, dass sie dem Staat zugerechnet werden kann und ausreichend Anreize positiver oder negativer Art schafft, den nicht verbindlichen Vorgaben zu folgen.[472] Da vorliegend staatliche Klimaschutz-Maßnahmen erforscht werden sollen, sind diese geringen Anforderungen stets erfüllt.

b) Legitime Erwartung eines Vorteils: Vorhersehbarkeit von Klimaschutz-Maßnahmen

Das zweite Merkmal bezieht sich auf das Vorliegen eines *Vorteils*, der sich aus dem Abkommen ergibt. Zentrales Element sind hierbei die legitimen Erwartungen desjenigen Mitglieds, das gegen eine Maßnahme vorgeht. Dies ergibt sich zwar nicht aus dem Wortlaut der Vorschrift, hat sich aber bereits in der Streitbeilegungspraxis unter dem GATT 1947 so herausgeprägt und wurde auch nach Gründung der WTO entsprechend weitergeführt. Geschützte Vorteile sind daher nur solche, von denen ein Mitglied vernünftigerweise erwarten durfte, dass es sie aus einer Verhandlungsrunde erhalten würde.[473] Musste ein Staat bereits bei der Vereinbarung eines Zugeständnisses damit rechnen, dass gegenläufige Maßnahmen ergriffen werden könnten bzw. existierten solche Regelungen zu diesem Zeitpunkt bereits, so ist er nicht schutzwürdig in seinem Vertrauen darauf, ein ungetrübtes Wettbewerbsverhältnis vorzufinden.

469 Die englische Fassung des Art. XXIII:1 b) GATT spricht von „*application* [...] of any measure" (Hervorhebung vom Verfasser hinzugefügt).

470 Die englische Fassung kennt keine Unterscheidung zwischen Zugeständnissen und sonstigen Vorteilen, sondern nennt einzig den „benefit".

471 EC – Asbestos, Panel, para. 8.283; Japan – Film, Panel, para. 10.41.

472 Japan – Film, Panel, paras. 10.43, 10.45.

473 EC – Asbestos, Panel, para. 8.288; Japan – Film, Panel, para. 10.76; Australia – Ammonium Sulphate, Panel, para. 12; Germany – Sardines, Working Party, para. 16; EEC – Oilseeds I, Panel, paras. 142 ff.

Fraglich ist, wie sich die Tatsache, dass Klimaschutz-Maßnahmen den in Art. XX GATT anerkannten Zielen, insbesondere der gewichtigen Aufgabe des Schutzes von Leben und Gesundheit dienen,[474] auf die Vorhersehbarkeit auswirkt. In *EC – Asbestos* war ein möglicher Argumentationsansatz, es könne keine legitime Erwartung auf Weiterbestehen des Marktzugangs für Waren, die ein Risiko für die Gesundheit darstellen, geben. Die Stellungnahme des Appellate Body hierzu wurde teilweise so interpretiert, dass er diese Ansicht zurückgewiesen habe.[475] Dies ist aber nicht zutreffend. Der Appellate Body hat es lediglich abgelehnt, derartige Maßnahmen von vorneherein aus dem Anwendungsbereich von Art. XXIII:1 lit. b) GATT auszuschließen. Er nannte die beschriebene Auffassung vielmehr einen wichtigen Aspekt der Argumentation, den er lediglich deshalb nicht untersuchte, weil sich die Revision nicht hiergegen richtete.[476] Dies lässt aber darauf schließen, dass eine Verteidigung gegen eine Nichtverletzungsbeschwerde sich durchaus mit Erfolg auf den gesundheitsschützenden Aspekt von Klimaschutz-Maßnahmen berufen könnte. Gleichzeitig ist festzuhalten, dass angesichts der besonderen Bedeutung der in Art. XX GATT genannten Schutzgüter das Vorliegen der Voraussetzungen von Art. XXIII:1 lit. b) GATT nur im Ausnahmefall angenommen werden darf, der Beschwerdeführer also besonders detailliert darzulegen hat, warum eine Verletzung dieser Vorschrift vorliegt.[477] Denn dadurch, dass die Mitglieder der WTO Art. XX GATT in den Vertrag aufnahmen, haben sie anerkannt, dass die dort genannten Schutzgüter grundsätzlich ein größeres Gewicht haben als die Durchsetzung des Freihandels. Denn diese legitimen Ziele haben die Fähigkeit, Ausnahmen von den Regeln der Handelsliberalisierung zu rechtfertigen.[478]

Dass die Mitigation des Klimawandels, wie bereits gezeigt, unter verschiedene Ausnahmen des Art. XX GATT subsumiert werden kann,[479] spricht folglich entscheidend gegen eine erfolgreiche *non-violation complaint* in diesem Bereich.[480] Wenn dies für Maßnahmen gilt, die gegen WTO-Vorschriften verstoßen, aber aufgrund ihrer Zielsetzung gerechtfertigt werden können, dann muss die erhöhte Hürde der detaillierten Darlegungspflicht *a fortiori* für solche Regelungen bestehen, die von vorneherein mit dem WTO-Recht vereinbar sind, aber ebenfalls dem Klimaschutz dienen und somit denklogisch über Art. XX GATT gerechtfertigt werden könnten.

Hinzu kommt, dass zumindest während der Uruguay Round die Problematik der globalen Erwärmung bereits bekannt war. Die Klimarahmenkonvention

474 Dass Klimapolitik diese Ziele verfolgt, wurde bereits dargelegt, siehe oben S. 72 f.
475 *Green*, WTR 5 (2006), 377 (392).
476 EC – Asbestos, AB, para. 190.
477 EC – Asbestos, Panel, para. 8.272.
478 EC – Asbestos, Panel, para. 8.272.
479 Siehe oben S. 61 ff
480 *Green*, WTR 5 (2006), 377 (393).

wurde bereits 1992 abgeschlossen, also vor der Beendigung der Verhandlungen zu tarifären Zugeständnissen in dieser Runde.[481] Außerdem wurde gleichzeitig in den COP über das weitere Vorgehen verhandelt. Wenn auch zu diesem Zeitpunkt noch nicht absehbar war, wie die internationale Klimapolitik konkret aussehen würde, so musste diese Entwicklung dennoch zur allgemeinen Vorhersehbarkeit nationaler Klimaschutz-Maßnahmen führen.[482]

Andererseits kann nicht ernsthaft bestritten werden, dass bei Zugeständnissen, die aus früheren Verhandlungsrunden stammen, die Erkenntnisse im Zusammenhang mit der globalen Erwärmung nicht absehbar waren. Doch stellt auch dies nicht unbedingt einen Grund dafür dar, legitime Erwartungen des beschwerdeführenden Mitglieds zu bejahen. Wenn das Panel in *EC - Asbestos* argumentiert, kein Staat könne annehmen, es werde nicht in der langen Zeit seit der Vereinbarung der Zugeständnisse Fortschritte im medizinischen Wissen geben,[483] so kann das auch auf den Bereich des Klimawandels übertragen werden: Es gibt kein schutzwürdiges Vertrauen darin, dass sich niemals neue Gefahren zeigen werden, zu deren Abwehr dann das Ergreifen von Gegenmaßnahmen erforderlich ist. Aus diesem Grund liegt die Beweislast in so einem Fall beim Antragsteller,[484] wenn auch grundsätzlich eine Vermutung besteht, dass Regelungen, die zum Zeitpunkt der Verhandlung der Zugeständnisse noch nicht existierten, nicht vernünftigerweise antizipiert werden konnten.[485] Vor langer Zeit zugestandene Verpflichtungen können einen Staat nicht auf ewig daran hindern, Maßnahmen zum Schutz seiner Bevölkerung zu ergreifen. Demnach dürfte es einem potenziellen Beschwerdeführer schwerfallen, seiner erhöhten Beweislast im Hinblick auf seine legitimen Erwartungen gegenüber Klimaschutz-Maßnahmen nachzukommen.

c) Die Schwierigkeit eines Kausalitätsbeweises

Sollte dennoch im Ausnahmefall – also vornehmlich in Bezug auf Zugeständnisse, die in den früheren Verhandlungsrunden vereinbart wurden – ein Vorteil betroffen sein, der einer legitimen Erwartung entspricht, so müsste zusätzlich das dritte Tatbestandsmerkmal der *non-violation complaint* erfüllt sein, namentlich die Zunichtemachung oder Schmälerung dieses Vorteils gerade aufgrund der streitigen Maßnahme. Mit anderen Worten obliegt es der beschwerdeführenden

481 Die Uruguay Round endete mit den Beschlüssen von Marrakesh am 15. April 1994, doch endeten die Verhandlungen zu den Zöllen im Wesentlichen bereits am 15. Dezember 1993 (siehe Japan – Film, Panel, para. 10.81).
482 *Green*, WTR 5 (2006), 377 (393).
483 EC – Asbestos, Panel, para. 8.292.
484 EC – Asbestos, Panel, para. 8.292.
485 Japan – Film, Panel, para. 10.79.

Streitpartei, zu beweisen, dass eine Kausalität zwischen der angegriffenen Regelung und der Störung des Wettbewerbsverhältnisses zwischen inländischen und importierten Gütern besteht.[486] Dabei muss der Beitrag zu dieser Störung eine *de minimis* Grenze überschreiten. Dieser Nachweis ist schon aus praktischen Gründen schwer zu erbringen, zumal detaillierte Ausführungen erwartet werden.[487] Denn für die negative Entwicklung der Wettbewerbsverhältnisse bezogen auf ein Importprodukt wird selten Monokausalität bestehen. So scheiterte denn auch ein beachtlicher Teil der Nichtverletzungsbeschwerden an fehlenden Beweisen zu diesem Punkt.[488]

Abschließend kann daher festgehalten werden, dass die *non-violation complaint* im Regelfall das Aufstellen nationaler Klimaschutzregelungen nicht erschwert. Mit einer erfolgreichen Beschwerde, die auch Entschädigungszahlungen zur Folge haben kann, muss nicht gerechnet werden.[489] Zumeist wird es dem Antragsteller nicht gelingen, legitime Erwartungen zu beweisen. Selbst wenn dies aber der Fall sein sollte, so steht einer erfolgreichen Klage immer noch die hohe Hürde des Nachweises der Kausalität entgegen. Es folgt daraus, dass bis auf Extremkonstellationen lediglich mit dem WTO-Recht unvereinbare Klimaschutzpolitik mit Erfolg in einem Streitbeilegungsverfahren angegriffen werden kann.

C. *Level the playing field*: Maßnahmen zum Ausgleich der Kosten des Klimaschutzes

Die Bewertung der in der Beziehung zwischen Klimaschutz und WTO-Recht häufig auftretenden Fragen kann folgendermaßen zusammengefasst werden: Es bestehen zwar Hürden, diese können aber durch eine bewusste und intelligente Gestaltung der Klimaschutz-Regelungen genommen werden. Diese Feststellung bietet den notwendigen Hintergrund für eine WTO-rechtliche Bewertung der einzelnen Maßnahmen zur Bekämpfung des Klimawandels. Die hier untersuchten Regelungen existieren entweder bereits oder stehen noch in der politischen Diskussion. Dabei wird es zuerst um solche Vorschläge gehen, die dazu dienen sollen, eine Verzerrung des Wettbewerbs durch die Klimaschutzverpflichtungen zu verhindern.

---

486 Japan – Film, Panel, para. 10.82.

487 Art. 26.1 lit. a) DSU spricht von einer ausführlichen Begründung.

488 Uruguay – Article XXIII, Panel, para. 15; Japan – Semi-conductors, Panel, para. 131; US – Sugar, Panel, paras. 5.20 f.

489 Ebenso *Green*, WTR 5 (2006), 377 (393).

I. Die wettbewerbsverzerrende Wirkung von Klimaschutzverpflichtungen

Die Notwendigkeit von Maßnahmen zum Erhalt der Wettbewerbsfähigkeit – oder was zumindest als solche wahrgenommen wird – ergibt sich aus verschiedenen Mechanismen. Zunächst entstehen den Herstellern von Waren durch die Klimaschutz-Maßnahmen erhöhte Kosten. Denn bei der Produktion in einem Land, das derartige Regeln umgesetzt hat, ist eine Zusatzbelastung unvermeidlich. Im Bezug auf ein *cap-and-trade* System ergibt sich das einmal daraus, dass im Falle eines zu großen CO_2-Ausstoßes Emissionszertifikate zugekauft werden oder aber – für die Zukunft – Investitionen zur Verringerung der Emissionen getätigt werden müssen.[490] Zwar liegt der Preis für den Ausstoß einer Tonne CO_2 momentan nur bei etwas über € 16[491], doch kann dies trotzdem zu einer großen Belastung führen.[492] Dies gilt umso mehr, als die Zertifikate zukünftig nicht mehr in demselben Maße unentgeltlich verteilt werden, sondern selbst für die einer Anlage zugeteilten Menge an CO_2-Ausstoß gegen Zahlung erworben werden müssen. Außerdem wird das System wahrscheinlich auch auf andere Treibhausgase als Kohlenstoffdioxid ausgeweitet werden.[493] Des Weiteren führt die Existenz einer Energiesteuer zur Steigerung der Produktionskosten.[494] Denn durch sie werden sowohl der Stromverbrauch als auch der Transport (über die Besteuerung des Kraftstoffes) verteuert.[495] Beide Bereiche fallen aber unweigerlich bei jedweder Produktion an.

Dementsprechend sehen sich die Hersteller in Ländern, die Klimaschutz betreiben, mit höheren Produktionskosten konfrontiert als Produzenten aus Staaten, in denen vergleichbare Regelungen nicht existieren.[496] Da die Kosten der Herstellung über den Preis an den Kunden weitergegeben werden, stellt dies einen Wettbewerbsnachteil dar.[497] Zwar kann ein höherer Preis durch andere Ar-

---

490 *McIsaac*, JWT 44 (2010), 1053 (1058).

491 Quelle: European Energy Exchange (EEX), www.eex.com; Stand: 12. April 2011.

492 Für eben den Preis von € 15 zeigte eine Studie der OECD, die auf der Annahme einer kostenpflichtigen Versteigerung basierte, für den Zementsektor in der EU eine Abnahme von 7,5 % im Zeitraum von 2005 bis 2010 auf; *Demailly/Quirion*, The Competitiveness Impact of CO_2 Emissions Reduction in the Cement Sector, COM/ENV/EPOC/CTPA/CFA(2004)68/FINAL, S. 5; *Ismer/Neuhoff*, EJLE 24 (2007), 137 (138 f.).

493 Siehe oben Fn. 74.

494 *Demaret/Stewardson*, JWT 28 (1994), 5 (6).

495 Siehe zum gescheiterten französischen Versuch einer CO_2-Steuer: „Sarkozy zieht CO_2-Steuer zurück", FAZ 24. März 2010.

496 Skeptisch hierzu *Puth*, WTO und Umwelt, S. 55, Fn. 97.

497 *Pauwelyn*, U.S. Federal Climate Policy, S. 3; *Ruddigkeit*, Border Tax Adjustment, S. 5; *Veel*, JIEL 12 (2009), 749 (752), *Hufbauer/Charnovitz/Kim*, Global Warming and the World Trading System, S. 12; *Hoerner/Muller*, Carbon Taxes, S. 14; *Ismer*, European Yearbook of International Economic Law 2010, S. 205 (211).

gumente wettgemacht werden, wie etwa der größeren Klimaverträglichkeit. Doch erscheint es äußerst fraglich, ob hierdurch der Preisvorteil ausländischer Produzenten in ausreichendem Maße ausgeglichen werden kann. Daher können die Pflichten, die sich aus der Klimapolitik ergeben, einen Wettbewerbs- bzw. Standortnachteil darstellen, was sich insbesondere im Vergleich mit aufstrebenden Ländern wie China und Indien zeigen dürfte.[498]

Dies führt dazu, dass eine Initiative zur Einführung von Klimaschutz-Maßnahmen möglicherweise auf erhöhten Widerstand trifft, weil dies der heimischen Wirtschaft schaden könnte und folglich bei den politischen Entscheidungsträgern Bedenken hervorruft.[499] Zusätzlich führt der aufgezeigte Effekt aber auch dazu, dass die Klimaschutz-Maßnahme an Effizienz verliert. Denn wenn für eine Ware, die ohne Klimaschutzauflagen hergestellt wurde, aufgrund des Preisvorteils die Nachfrage am Markt steigt und gleichzeitig diejenige für das klimaverträglichere Produkt sinkt, dann wird von Ersterer mehr, von Letzterem weniger produziert werden. Daraus folgt wiederum, dass der Treibhausgas-Ausstoß nicht in dem Maße reduziert werden kann wie unter der Geltung international einheitlicher Verpflichtungen aller Hersteller.[500] Die gleiche Problematik lässt sich auch aus einem anderen Blickwinkel darstellen: Wenn die Nachfrage aufgrund des durch Klimavorgaben erhöhten Preises sinkt, dann werden diejenigen Unternehmen aus dem Markt gedrängt, die bei der Vermeidung der Treibhausgas-Emissionen am ineffizientesten sind. Steigt aber der Preis der Produktion nur in einem Land, so werden dort die „schlechtesten" Unternehmen verschwinden, wobei sich gleichzeitig Unternehmen aus Ländern ohne Klimaschutz-Regelungen aufgrund ihres Preisvorteils am Markt halten können, obwohl sie ineffizienter sind, d.h. mehr Treibhausgase produzieren.[501] Hierdurch wird die Effektivität von Klimapolitik untergraben.

Zu diesen Effekten kommt noch das Phänomen des sog. *„carbon leakage"* hinzu. Darunter ist zu verstehen, dass Produzenten aufgrund des dargestellten Wettbewerbsnachteils ihre Produktion in Länder verlagern, in denen weniger strikte Regulierungen existieren, um ebenfalls einen Preisvorteil zu generieren. Dann führen aber die Klimaschutz-Maßnahmen nicht zu einer Reduzierung der Emissionen, sondern lediglich zu einer Verlagerung, so dass sie ihr Ziel verfeh-

---

498 *Hufbauer/Charnovitz/Kim*, Global Warming and the World Trading System, S. 12.

499 *Pauwelyn*, U.S. Federal Climate Policy, S. 4 f.; *Veel*, JIEL 12 (2009), 749 (753 ff.); *Dröge u.a.*, WTR 3 (2004), 161 (175).

500 *Veel*, JIEL 12 (2009), 749 (752, Fn. 6).

501 *Ismer/Neuhoff*, EJLE 24 (2007), 137 (141 f.).

len.[502] Folglich leidet die Effektivität der Klimapolitik und wächst die politische Opposition, weil Arbeitsplätze und Steuereinkünfte verloren gehen.[503]

In Anbetracht dieser Problematik ist es nicht verwunderlich, dass sich Politiker auf nationaler bzw. europäischer Ebene Gedanken darüber machen, wie solche Effekte verhindert werden können. Dabei werden auch immer wieder Handelsmaßnahmen in den Raum gestellt, also solche Gegenmaßnahmen, die gezielt auf den Handel einwirken. Allerdings erscheinen einige der Vorschläge schon auf den ersten Blick inkompatibel mit dem WTO-Recht, weil sie evident gegen ihm zugrunde liegende Prinzipien verstoßen. Andere hingegen sind zwar umstritten in ihrer Rechtmäßigkeit, jedoch durchaus diskutabel. Im Einzelnen ist hier zu denken an:

- einen Grenzsteuerausgleich (*border tax adjustment*) (unter II.),
- ein Importverbot für Waren, die auf klimaschädliche Weise hergestellt wurden (unter III.1.),
- Antidumpingzölle (unter III.2.) und
- Ausgleichszölle für Subventionen (unter III.3.).

II. Der Grenzsteuerausgleich – einzig legale Handlungsmöglichkeit

Der Grenzsteuerausgleich (*border tax adjustment*[504]) ist im Bereich des Umweltrechts ein viel diskutiertes Instrument. Er sieht vor, eine Abgabe bei Einfuhr von umweltschädlichen Produkten zu erheben, um so einen Ausgleich für die Kosten zu schaffen, die den Herstellern aufgrund von umweltrechtlichen Vorgaben im Inland entstehen. Im Laufe der letzten Jahre wurde er mehrfach in die Debatte um den Klimaschutz eingebracht. So schlug der damalige französische Premierminister de Villepin 2006 vor, eine CO_2-Steuer auf Importe aus Ländern, die sich nicht für eine Post-Kyoto-Lösung ab 2012 einsetzen, zu erheben.[505] Die Erwägungsgründe zur Richtlinie 2009/29/EG sehen die Möglichkeit eines Grenzsteuerausgleichs in Form eines „wirksamen CO_2-Ausgleichssystems“ vor, „z. B. indem die Rückgabe von Zertifikaten vorgeschrieben wird“, um die Ver-

---

502 *Pauwelyn*, U.S. Federal Climate Policy, S. 4; *Ruddigkeit*, Border Tax Adjustment, S. 5; *Veel*, JIEL 12 (2009), 749 (751 f.); *Genasci*, CCLR 2008, 33 (33); *Hufbauer/Charnovitz/Kim*, Global Warming and the World Trading System, S. 12, 65 f.; *Hoerner/Muller*, Carbon Taxes, S. 1; *McIsaac*, JWT 44 (2010), 1053 (1056); *Voon*, J. Transnat'l L. & Pol'y 10 (2000), 71 (87); *Ismer*, European Yearbook of International Economic Law 2010, S. 205 (211 f.).

503 *Ismer/Neuhoff*, EJLE 24 (2007), 137 (138).

504 Nachfolgend BTA.

505 http://www.liberation.fr/terre/010166324-villepin-dans-l-air-du-temps (zuletzt besucht am 1. Juli 2010); vgl. auch *Wiers*, CCLR 2008, 18 (18).

lagerung von CO_2-Emissionen zu verhindern.[506] Gleichzeitig soll hierdurch der Gefahr der „wirtschaftlichen Benachteiligung bestimmter energieintensiver, im internationalen Wettbewerb stehender Sektoren“ vermieden werden.[507] Auch EU-Kommissionspräsident Barroso griff diesen Mechanismus in einer Rede zum Klimaschutz auf, in der es hieß, auch Importeure müssten Emissionszertifikate erwerben, wenn kein internationales Klimaschutz-Abkommen erreicht werde.[508] 2009 wurde im amerikanischen *House of Representatives* positiv über den *American Clean Energy and Security Act* abgestimmt, der für den Zeitraum ab 2020 eben diese von Barroso angesprochene Verpflichtung vorsieht.[509] Allerdings wird es seit der Veränderung der Mehrheitsverhältnisse im Senat im November 2010 als ausgeschlossen betrachtet, dass das Gesetz dieses Gremium jemals passieren wird.[510] Zuletzt forderte der französische Präsident Sarkozy mehrfach die Einführung von Grenzzöllen auf Ebene der EU, sowohl als Reaktion auf das Scheitern der Konferenz in Kopenhagen im Dezember 2009,[511] als auch als Vorbedingung für die Einführung einer nationalen CO_2-Steuer in Frankreich.[512] Bei Klimaforschern ist ebenfalls die Meinung vertreten, ein ernsthafter Klimaschutz sei ohne CO_2-Zölle unmöglich; man müsse ein „Preisschild“ auf den Export klimaschädlicher Produkte kleben.[513] Letztendlich nahmen aber alle Politiker stets Abstand von der Einführung dieses Instruments. Dies dürfte nicht zuletzt mit der Unsicherheit im Bezug auf die Legalität dieses Mechanismus zusammenhängen.[514] Im WTO-Recht ist der BTA jedenfalls nicht umfassend geregelt; es existieren lediglich einzelne Vorschriften, die hierauf anwendbar sind. Um eine Beurteilung der Legalität dieses Mechanismus zu ermöglichen, sei zunächst dargestellt, was sich hinter der Bezeichnung BTA verbirgt.

---

506 Richtlinie 2009/29/EG, Erwägungsgrund 25.

507 Richtlinie 2009/29/EG, Erwägungsgrund 24.

508 José Manuel Barroso, Rede vor dem Europäischen Parlament vom 23. Januar 2008: „20 20 by 2020: Europe's Climate Change Opportunity“, SPEECH/08/34.

509 American Clean Energy and Security Act of 2009, H.R. 2454, 111th Cong., Sect. 768.

510 Siehe „Blattschuss ins Klimaschutzgesetz“, FAZ 3. November 2010.

511 „Sarkozy spielt den Klimazöllner“, Spiegel Online vom 18. September 2009, http://www.spiegel.de/politik/ausland/0,1518,649774,00.html (zuletzt besucht am 1. Juli 2010).

512 „Sarkozy wirbt um rechte Wähler“, FAZ 25. März 2010.

513 Zitat Ottmar Edenhofer, Chefvolkswirt Potsdam Institut für Klimaforschung, „Wir müssen über CO_2-Zölle reden“, FAZ, 30. November 2010.

514 So auch *Hoerner/Muller*, Carbon Taxes, S. 37.

1. Die Wirkungsweise des BTA

Grundlegendes zum Begriff und zur Funktionsweise des BTA findet sich im Bericht der Working Party on Border Tax Adjustment von 1970.[515] Dieser übernimmt eine Definition der OECD: Demnach ist ein BTA

> *„any fiscal measures which put into effect, in whole or in part, the destination principle (i.e. which enable exported products to be relieved of some or all of the tax charged in the exporting country in respect of similar domestic products sold to consumers on the home market and which enable imported products sold to consumers to be charged with some or all of the tax charged in the importing country in respect of similar domestic products).*"[516]

Daraus folgt, dass der BTA eine Ausprägung des Bestimmungslandprinzips ist, nach dem eine Ware nur die steuerlichen Belastungen desjenigen Landes tragen soll, in dem sie benutzt bzw. konsumiert wird.[517] Um dies zu erreichen, stehen zwei Maßnahmen zur Verfügung: Zum einen können einer Ware bei ihrer Einfuhr die gleichen Steuern auferlegt werden, die auch inländische Waren zu tragen haben. Als Kehrseite dieses Mechanismus ist es möglich, die Steuern, die im Produktionsland auf eine Ware erhoben wurden, bei ihrem Export zurückzuerstatten.[518] Dass dieser zweite Flügel des BTA – also die Erstattung – unter dem WTO-Recht erlaubt ist, zeigt sich in verschiedenen Vorschriften.[519] So bestimmt Art. VI:4 GATT:

> „Eine Ware aus dem Gebiet einer Vertragspartei darf bei der Einfuhr in das Gebiet einer anderen Vertragspartei wegen der Befreiung dieser Ware von Zöllen oder Abgaben, die eine gleichartige, zur Verwendung im Ursprungs- oder Ausfuhrland bestimmte Ware belasten, oder wegen der Vergütung solcher Zölle oder Abgaben nicht mit einem Antidumping- oder Ausgleichszoll belegt werden."

Ähnliches folgt aus der Anmerkung zu Artikel XVI:

> „Es gilt nicht als Subvention, wenn eine ausgeführte Ware von Zöllen oder sonstigen Abgaben befreit wird, die von einer gleichartigen, zum freien Verkehr im Inland bestimmten Ware erhoben werden, oder wenn solche Zölle oder sonstigen Abgaben bis zu einer Höhe erstattet oder vergütet werden, die nicht über die angefallenen Beträge hinausgeht."

---

515 Angenommen am 2. Dezember 1970 – L/3464.

516 Para. 4 des Working Party Reports.

517 *Matsushita/Schoenbaum/Mavroidis*, The World Trade Organization, S. 825; *Genasci*, CCLR 2008, 33 (34); *Dröge u.a.*, WTR 3 (2004), 161 (176); *Demaret/Stewardson*, JWT 28 (1994), 5 (6).

518 *Demaret/Stewardson*, JWT 28 (1994), 5 (6).

519 Siehe hierzu *Matsushita /Schoenbaum/Mavroidis*, The World Trade Organization, S. 825 f.

Durch den Grenzsteuerausgleich wird das importierte Produkt im Hinblick auf fiskalische Maßnahmen so behandelt wie eine inländische Ware, die auf dem heimischen Markt verkauft wird. Sinn des BTA ist es, jedem Staat zu erlauben, das aus seiner Sicht erforderliche Besteuerungsniveau festzulegen,[520] ohne dass dabei Verzerrungen im Wettbewerb mit ausländischen Produkten entstehen, weder in positiver noch in negativer Hinsicht.[521] Es wird also eine einheitliche Grundlage für die Konkurrenz am Markt geschaffen, was auch als *„level the playing field"* bezeichnet wird[522].

In den Diskussionen um BTA im Zusammenhang mit Belastungen durch den Klimaschutz stand zumeist der zweite Aspekt im Vordergrund, nämlich das Erheben von Steuern auf Importe aus Anlass des Grenzübertritts. Dies liegt wohl daran, dass die Frage zumeist aus einer Perspektive betrachtet wurde, die darauf bedacht ist, die Entstehung von Vorteilen durch die Nicht-Unterzeichnung des Kyoto-Protokolls zu verhindern. Möglich ist aber auch eine Rückerstattung der Klimaschutzkosten bei Ausfuhr der Ware. Allerdings könnte hiergegen als Einwand erhoben werden, dass dadurch bei exportorientierten Unternehmen der Anreiz vermindert würde, Emissionen zu reduzieren, da von vorneherein mit einer Erstattung der Kosten gerechnet werden kann.[523] Effektiver für die Belange des Klimaschutzes erscheint daher die Erhebung von Steuern auf Importe.

Bedenkenswert ist zudem, dass der BTA nicht nur auf Steuern im klassischen Sinne, wie die Energiesteuer, Anwendung finden könnte. Vorstellbar wäre auch der Einsatz zum Ausgleich anderer durch die Klimapolitik entstehender Belastungen, wie den Kosten von Emissionszertifikaten.

2. Die Behandlung des BTA im WTO-Recht

a) Der BTA im Allgemeinen: Erkenntnisse aus dem Bericht der Working Party

Wie gesagt ist der BTA in den Vorschriften des WTO-Rechts nicht umfassend geregelt, was Spielraum für Spekulationen und auch eine gewisse Unsicherheit im Hinblick auf die Legalität gibt. Beachtet man, dass die Abgabe, die im Rahmen eines BTA vorgesehen ist, beim Grenzübertritt anfällt, so könnte hierin zunächst ein Verstoß gegen Art. II:1 litt. a) und b) GATT liegen. Denn dieser ver-

---

520 *Ruddigkeit*, Border Tax Adjustment, S. 6.

521 *Pauwelyn*, U.S. Federal Climate Policy, S. 18; *Demaret/Stewardson*, JWT 28 (1994), 5 (6); *Matsushita/Schoenbaum/Mavroidis*, The World Trade Organization, S. 825.

522 *Jackson*, The World Trading System, S. 21; *Puth*, WTO und Umwelt, S. 54; *Trebilcock/Howse*, The Regulation of International Trade, S. 509.

523 *Hoerner/Muller*, Carbon Taxes, S. 21; *Hufbauer/Charnovitz/Kim*, Global Warming and the World Trading System, S. 69; *van Calster*, in: Peeters/Deketelaere (Hrsg.), EU Climate Change Policy, S. 205 (213); *Demaret/Stewardson*, JWT 28 (1994), 5 (62).

bietet es, über die in den Listen enthaltenen Zugeständnisse hinaus Zölle und zollgleiche Abgaben zu erheben. Doch nimmt Art. II:2 lit. a) GATT „die einer inneren Abgabe gleichwertige Belastung, soweit sie mit Artikel III Absatz 2 vereinbar ist und gleichartigen inländischen Waren oder solchen Waren auferlegt wird, aus denen die eingeführte Ware ganz oder teilweise hergestellt ist," aus dem Anwendungsbereich des Art. II GATT aus, weil es sich hierbei nicht um Zölle, sondern um interne Steuern handelt.[524] Es folgt daraus, dass der BTA primär an den Maßstäben der Inländerbehandlung gem. Art. III:2 GATT und der Gleichwertigkeit zu messen ist. Dieser Befund wird bestärkt durch die Anmerkung zu Artikel III, die lautet:

> „Innere Abgaben oder sonstige Belastungen, Gesetze, Verordnungen oder sonstige Vorschriften der in Absatz 1 erwähnten Art, die sowohl auf eingeführte als auch auf gleichartige inländische Waren Anwendung finden und bei den eingeführten Waren im Zeitpunkt oder am Ort der Einfuhr erhoben oder angewendet werden, gelten dennoch als innere Abgaben oder sonstige Belastungen oder als Gesetze, Verordnungen oder sonstige Vorschriften im Sinne des Absatzes 1 und fallen demnach unter Artikel III."

Entscheidend ist, dass die Abgabe im Rahmen des BTA nicht aufgrund, sondern lediglich anlässlich der Einfuhr erhoben wird.[525]

Dennoch ist nicht jede Steuer im Rahmen eines BTA ausgleichsfähig. Dies stellte die Working Party in ihrem Bericht klar. Es muss zwischen direkten und indirekten Steuern unterschieden werden, wobei nur Letztere zu einem BTA berechtigen.[526] Indirekte Steuern sind solche, die der Ware selbst auferlegt werden, wie z.B. die Mehrwertsteuer oder Verbrauchsteuern.[527] Direkte Steuern finden hingegen unmittelbar auf die Person und nicht das Produkt Anwendung, wie etwa die Gewerbesteuer oder Sozialabgaben.[528] Der Grund für diese Unterscheidung kann einmal im Wortlaut des Art. III:2 GATT gefunden werden, vor allem aber im Mechanismus des BTA selber. So spricht die genannte Vorschrift in ihrer authentischen englischen Fassung von „*taxes or other[...] charges* ***applied to*** *[...] domestic products*".[529] Dieses „*applied to*" zeigt, dass es um Abgaben geht,

524 *Pauwelyn*, U.S. Federal Climate Policy, S. 17; *Demaret/Stewardson*, JWT 28 (1994), 5 (17).

525 *Ruddigkeit*, Border Tax Adjustment, S. 8; vgl. *Jackson*, World Trade and the Law of GATT, S. 296.

526 Working Party Report, para. 14.

527 Fußnote 58 zu Anhang I des SCM definiert den Begriff „direkte Steuern" als „die Steuern auf Löhne, gewinne, Zinsen, Mieten, Lizenzgebühren und alle anderen Einkommensformen sowie die Steuern auf Grundbesitz."

528 Fußnote 58 zu Anhang I des SCM definiert den Begriff „indirekte Steuern" als „die Verkaufssteuern, Verbrauchssteuern, Umsatzsteuern, Mehrwertsteuern, Konzessionssteuern, Transfersteuern, Stempel-, Inventar- und Ausrüstungsabgaben, Grenzabgaben und alle Steuern, die nicht zu den direkten Steuern und den Einfuhrabgaben zählen", sieht die indirekte Steuer also als Auffangbegriff.

529 Hervorhebung vom Verfasser hinzugefügt.

die sich auf die Ware selber beziehen, nicht auf den Hersteller.[530] Abgesehen von diesem Wortlautargument müssen aber auch nach dem Zweck des BTA direkte Steuern aus dessen Anwendungsbereich herausgenommen werden. Denn grundsätzlich wird davon ausgegangen, dass indirekte Steuern sich durch Umwälzbarkeit auszeichnen, wobei Umwälzung „die Weitergabe der Steuerbelastung durch Steuerpflichtige an Nachfrager durch Erhöhung der Güterpreise“[531] bedeutet, wohingegen direkte Steuern nicht an den Endverbraucher weitergegeben werden.[532] Dann beeinflussen Letztere aber gar nicht die Wettbewerbssituation, weil sie sich nicht im Kaufpreis niederschlagen. Folglich würde auch ein Steuerausgleich zur Anpassung der Wettbewerbschancen fehlgehen.[533] Allerdings wird an dieser Auffassung kritisiert, dass es nicht wissenschaftlich nachgewiesen sei, dass eine Umwälzung bei direkten Steuern nie stattfinde. Richtigerweise sei dies doch in einem gewissen Maße der Fall.[534] Unabhängig vom Gehalt dieser Kritik sprechen aber noch andere Argumente dafür, die direkte Steuer aus dem Anwendungsbereich des BTA herauszunehmen: So ist es schwerlich vorstellbar, wie Steuern, die eine Person treffen, sinnvoll und nach einem nachvollziehbaren, objektiven Maßstab anteilig auf Waren umgelegt werden sollten. Ist ein solcher Maßstab aber nicht bestimmbar, so besteht die Gefahr eines Missbrauchs.[535] Zudem werden indirekte Steuern schon ihrer Natur nach und in Übereinstimmung mit dem Bestimmungslandprinzip im Land des Verbrauchs erhoben, wohingegen direkte Steuern, selbst wenn sie zum Teil an die Preise weitergegeben werden, von den Einnahmen des Herstellers, also im Exportland, getragen werden.[536]

Keine Einigkeit konnten die Teilnehmer der Arbeitsgruppe hingegen über die Anwendbarkeit der Regeln zum BTA auf die sog. „*taxes occultes*“ erzielen. Diese werden definiert als „*consumption taxes on capital equipment, auxiliary materials and services used in the transportation and production of other taxable goods*.“[537] Dabei wird die Energiesteuer bei der Aufzählung der wichtigs-

---

530 *Pauwelyn*, U.S. Federal Climate Policy, S. 17 f.

531 *Fehr*, Finanzwissenschaft I: Aktuelle Probleme der Steuerpolitik, S. 7.

532 *Demaret/Stewardson*, JWT 28 (1994), 5 (14).

533 *Pauwelyn*, U.S. Federal Climate Policy, S. 18.

534 Bedenken einiger Delegationen in Working Party Report, para. 21; *Pauwelyn*, U.S. Federal Climate Policy, S. 18; *Pitschas*, Ga.J.Int'l & Comp. L. 24 (1994-1995) 479 (485); *Matsushita/Schoenbaum/Mavroidis*, The World Trade Organization, S. 826; *Trüeb*, Umweltrecht in der WTO, S. 470 f.; *Demaret/Stewardson*, JWT 28 (1994), 5 (14 f.).

535 *Pauwelyn*, U.S. Federal Climate Policy, S. 18 f., Fn. 45; *Demaret/Stewardson*, JWT 28 (1994), 5 (15 f.); *Matsushita/Schoenbaum/Mavroidis*, The World Trade Organization, S. 826.

536 Working Party Report, para. 21.

537 Verbrauchsteuern auf Betriebsmittel, Hilfsstoffe und Dienstleistungen, die beim Transport und der Produktion von anderen steuerbaren Gütern benutzt werden.

ten *taxes occultes* ausdrücklich erwähnt. Der Bericht fügt noch an, dass ein Grenzausgleich für solche Steuern normalerweise nicht stattfindet.[538] Dies ist aber nur die Feststellung der von den Staaten tatsächlich geübten Praxis, doch lässt sich daraus keine rechtliche Bewertung ableiten. Im Übrigen hat der Bericht keine normative Wirkung, sondern kann nur als Hilfsmittel bei der Auslegung der Vertragstexte dienen.[539]

b) Die Möglichkeit eines BTA zum Ausgleich von Energie- und CO_2-Steuern

Die Behandlung von *taxes occultes* ist das zentrale Thema, wenn es um den Ausgleich von Energie- und CO_2-Steuern durch einen BTA geht. Denn *taxes occultes* stellen Steuern auf etwas dar, das bei der Herstellung einer anderen Ware benutzt wird. Die grundlegende Frage, die sich in dieser Hinsicht stellt, ist, ob ein Grenzsteuerausgleich für solche Steuern überhaupt möglich ist. Sollte dies der Fall sein, so muss der BTA außerdem den Voraussetzungen des Art. II:2 lit. a) GATT, also den Anforderungen der Gleichwertigkeit und der Inländerbehandlung gerecht werden.

aa) Anwendbarkeit des BTA-Regimes auf Energie- und CO_2-Steuern

Die Diskussion um die Zulässigkeit eines BTA für Energie und CO_2-Steuern knüpft an die Auslegung zweier Bestimmungen an: Die Wendung „*charge [...] in respect of an article* ***from which the imported product has been manufactured or produced*** *in whole or in part*“[540] in Art. II:2 lit. a) GATT und der Ausdruck „*internal taxes or other internal charges of any kind [...] applied, directly or indirectly, to like domestic products*” in Art. III:2 S. 1 GATT. Im Endeffekt reduziert sich die Debatte wiederum auf die Frage der Behandlung von PPMs. Ist ein Grenzsteuerausgleich zulässig im Bezug auf Steuern bzw. Abgaben, die nicht auf die Ware selber erhoben werden, wohl aber in ihrem Produktionsprozess anfallen? Als Anhaltspunkt für die Beantwortung dieser Frage wird häufig der Panel-Bericht in dem Streitbeilegungsverfahren *US – Superfund* zitiert.[541] Dort wurde eine Steuer auf Chemikalien, die bei der Herstellung des Endprodukts eingesetzt wurden, als für einen Grenzsteuerausgleich geeignet angesehen.[542]

538 Working Party Report, para. 15.
539 *Veel*, JIEL 12 (2009), 749 (772).
540 Hervorhebung vom Verfasser hinzugefügt.
541 *Trüeb*, Umweltrecht in der WTO, S. 474; *Hoerner/Muller*, Carbon Taxes, S. 35.
542 US – Superfund, Panel, para. 5.2.4.

(1) Unterscheidung zwischen produktbezogenen und nicht produktbezogenen PPM

Doch ist der Verweis auf dieses Streitbeilegungsverfahren für einen BTA im Bereich des Klimaschutzes nicht zielführend. Zwar spricht das Panel diesen Punkt nicht explizit an[543], macht ihn also auch nicht zur Bedingung der Zulässigkeit des BTA, doch ist nach der Gestaltung des im damaligen Streitbeilegungsverfahren angegriffenen Gesetzes davon auszugehen, dass die besteuerten Chemikalien physisch in das Endprodukt inkorporiert waren.[544] Dieser Befund trifft aber weder für die zur Herstellung verwendete Energie noch die hierbei emittierten Treibhausgase zu. Die Energie wird zwar zur Produktion eingesetzt, findet sich aber schlussendlich nicht in der Ware wieder. Die bei der Herstellung emittierten Treibhausgase dienen noch nicht einmal gezielt der Produktion, sie sind vielmehr ein Neben- bzw. Abfallprodukt. In jedem Fall sind auch sie nicht im Produkt enthalten, sondern gelangen in die Atmosphäre. Daher kann schwerlich eine Parallele zwischen der Energie- bzw. CO_2-Steuer und der in *US – Superfund* beurteilten Steuer gezogen werden.[545] Es findet sich hier die bereits dargestellte Unterscheidung zwischen produktbezogenen und nicht-produktbezogenen PPM wieder.

Für Steuern auf Waren, die im späteren Produkt enthalten sind, ergibt sich die Legalität des BTA, wie sie in *US – Superfund* festgestellt wurde, bereits aus dem Wortlaut des Art. II:2 lit. a) GATT.[546] Denn dieser erlaubt die Belastung, soweit sie „solchen Waren auferlegt wird, aus denen die eingeführte Ware ganz oder teilweise hergestellt ist“, bezieht sich also exakt auf den Fall produktbezogener PPM. Auch Art. III:2 GATT steht mit der Formulierung „*applied, directly or indirectly, to like domestic products*” einer solchen Auslegung zumindest nicht entgegen.[547] Denn es lässt sich überzeugend argumentieren, dass eine auf eine Vorleistung anwendbare Steuer mittelbar, also indirekt, der fertigen Ware auferlegt wird.

---

543 Vgl. *Demaret/Stewardson*, JWT 28 (1994), 5 (26).

544 Im Sachverhalt des Panel-Berichts heißt es, dass eine importierte Substanz in die Liste der zu besteuernden Substanzen aufgenommen wird, wenn die betroffenen Chemikalien mehr als 50 % ihres Gewichts ausmachen. (US – Superfund, Panel, para. 2.4) Das Gewicht könnte aber nicht bemessen werden, wenn die Chemikalien nicht in der Substanz enthalten wären. A.A. *Brack* u.a., International Trade and Climate Change Policies, S. 77, der davon ausgeht, dass die Gestaltung der Steuer darauf hinweist, dass es nicht darauf ankommt, ob die betroffene Chemikalie im Endprodukt präsent ist.

545 Ebenso *Quick*, GTCJ 3 (2008), 163 (165); *Genasci*, CCLR 2008, 33 (35); *Dröge u.a.*, WTR 3 (2004), 161 (176); anders *Hoerner/Muller*, Carbon Taxes, S. 35, die hierin das entscheidende Argument für die Zulässigkeit sehen.

546 *Demaret/Stewardson*, JWT 28 (1994), 5 (19); *Brack* u.a., International Trade and Climate Change Policies, S. 84.

547 So auch *Dröge u.a.*, WTR 3 (2004), 161 (177); *Demaret/Stewardson*, JWT 28 (1994), 5 (18).

Weniger eindeutig ist die Rechtslage jedoch im Hinblick auf die vorliegend interessierenden Steuern, deren Bezugsware nicht im Endprodukt enthalten ist. Unter den Wortlaut des Art. III:2 GATT ließe sich eine solche Steuer wohl subsumieren.[548] Denn auch in diesem Fall ist es grundsätzlich vertretbar, eine indirekt auf die importierte Ware angewandte Steuer anzunehmen.[549] Es stellt sich allerdings die Frage, wie eng der Zusammenhang einer Steuer mit dem Produkt sein muss, um das Merkmal *„applied to“* zu erfüllen. Hierbei ist zu bemerken, dass in den für den BTA relevanten Vorschriften verschiedene Termini verwandt werden, nämlich außer dem hier analysierten *„applied to“* noch *„borne by“*[550] und *„levied on“*.[551] Die Mitglieder der Working Party gingen davon aus, dass die unterschiedlichen Ausdrücke nicht zu einer unterschiedlichen Auslegung führen.[552] Wie bereits an anderer Stelle ausgeführt,[553] entspricht diese Vorgehensweise nicht den Grundsätzen der Auslegung völkerrechtlicher Verträge. Dennoch ist im vorliegenden Zusammenhang zuzugeben, dass es Schwierigkeiten bereitet, aufgrund dieser Formulierungen eine ähnliche Rangfolge zu erstellen wie im Fall der verschiedenen Ausdrücke im Rahmen des *chapeau*. So bedeutet *„applied to“* angewandt auf bzw. geltend für, *„borne by“* getragen von und *„levied on“* erhoben auf.[554] Hieraus auf einen unterschiedlichen Grad an erforderlicher Nähe zu schließen, ist nicht möglich. Daher ist mit den Mitgliedern der Working Party anzunehmen, dass sich aus den unterschiedlichen Begrifflichkeiten ausnahmsweise tatsächlich keine Unterschiede bei der Auslegung ergeben. Für die Frage, ob das Endprodukt selbst einer Energie- bzw. CO_2-Steuer unterworfen ist i.S.d. Art. III:2 GATT, lässt sich demnach aus diesen Überlegungen keine weitergehende Erkenntnis ziehen. Nach der allgemeinen Wortbedeutung erscheint es zumindest denkbar.

Gegen die Legalität eines BTA für Steuern auf Waren, die nicht im Endprodukt physisch inkorporiert sind, spricht aber die Missbrauchsgefahr. Diese zeigt sich vor allem auf der Exportseite, d.h. bezüglich des Erlasses von Steuern bei der Ausfuhr: Ist die Ressource, mit der ein Produkt hergestellt wurde, in diesem nicht nachweisbar, so ist die Bestimmung der tatsächlich verbrauchten Menge schwierig. Wird demnach eine zu große Quantität abgerechnet, so eröffnet dies die Möglichkeit einer versteckten Exportsubvention.[555]

Ein besonders starkes Argument gegen die Möglichkeit eines BTA für derartige Steuern kann dem französischen Wortlaut des Art. II:2 lit. a) GATT ent-

548 *Van Calster*, in: Peeters/Deketelaere (Hrsg.), EU Climate Change Policy, S. 205 (216).
549 Nicht zu verwechseln mit der indirekten Steuer.
550 Art. VI:4 GATT, Anmerkung zu Art. XVI.
551 Art. VI:3 GATT.
552 Working Party Report, para. 10.
553 Siehe oben S. 68 f.
554 Langenscheidts Großes Schulwörterbuch Englisch-Deutsch.
555 *Genasci*, CCLR 2008, 33 (35).

nommen werden. Dort heißt es: „*une taxe intérieure frappant [...] une marchandise qui a été* ***incorporée*** *dans l'article importé*".[556] Denn *incorporer* bedeutet einverleiben, sich mit etwas vermengen.[557] Unter Berücksichtigung dieser Formulierung erscheint es zumindest schwierig, Steuern auf Waren, die nicht körperlich im importierten Produkt enthalten sind, unter diese Vorschrift zu subsumieren, ohne den Wortlaut zu überdehnen.[558]

(2) Symmetrie mit dem Regime der Subventionen

Hiergegen wird als Hauptargument vorgebracht, dass zwischen den beiden Aspekten des Grenzsteuerausgleichs, nämlich dem Erlass von Steuern beim Export und der Erhebung von Steuern beim Import, ein Gleichlauf bestehen müsse. Dies folge aus dem Charakter des BTA als Ausdruck des Bestimmungslandprinzips. Ist demnach für eine bestimmte Steuer die Rückerstattung bei Ausfuhr zulässig, so muss als Kehrseite hierzu auch der Grenzsteuerausgleich bezüglich derselben Steuer bei Importen möglich sein. Ansonsten könnte es zu der Situation kommen, dass zwar eine Steuer bei der Ausfuhr erstattet, nicht aber bei der Einfuhr wieder auferlegt werden kann, so dass gar keine Steuer anfallen würde.[559] Die Frage, ob eine Erstattung bei Export zulässig ist, richtet sich danach, ob es sich bei diesem Vorgang um eine gem. Art. 3.1 lit. a) SCM verbotene Exportsubvention handelt.[560] Diese werden deshalb vom WTO-Recht verbannt, weil sie in besonderem Maße handelsverzerrend wirken[561] und somit der Idee eines liberalen Welthandels entgegenlaufen.[562] Außerdem führen sie zu einem Wohlfahrtsverlust, denn die Kosten für den Konsumenten und den Staat übersteigen den Nutzen.[563]

Nach Art. 3.1 lit. a) SCM handelt es sich bei Exportsubventionen um „Subventionen, die gesetzlich oder tatsächlich entweder für sich allein oder als eine von mehreren anderen Bedingungen [...] von der Ausfuhrleistung abhängig sind." Da die Rückgewährung der Steuer gerade an die Ausfuhr anknüpft, könnte hierin auf den ersten Blick tatsächlich eine Exportsubvention liegen. § I Abs.

556 Hervorhebung vom Verfasser hinzugefügt.

557 Langenscheidts Großes Schulwörterbuch Französisch – Deutsch, Neubearbeitung 1995.

558 *Demaret/Stewardson*, JWT 28 (1994), 5 (19).

559 *Trüeb*, Umweltrecht in der WTO, S. 468 f.; *Ismer/Neuhoff*, EJLE 24 (2007), 137 (147); *Demaret/Stewardson*, JWT 28 (1994), 5 (30 f.); a.A. *van Calster*, in: Peeters/Deketelaere (Hrsg.), EU Climate Change Policy, S. 205 (215), der argumentiert, dass wenn die Zulässigkeit ausdrücklich nur für Exporte geregelt ist, dies nicht auf Importe übertragen werden kann.

560 Das Regime der Subventionen im WTO-Recht wird im Rahmen des Ausgleichszolls für Subventionen erklärt, vgl. unten S. 106 f.

561 *Pitschas*, in: Prieß/Berrisch, WTO-Handbuch, B.I.12, Fn. 83; *Anderson/Husisian*, in: Stewart (Hrsg.), The World Trade Organization, S. 299 (309).

562 *Rydelski*, EG und WTO Antisubventionsrecht, S. 288.

563 *Krugman/Obstfeld*, Internationale Wirtschaft, S. 252.

1 Anhang II SCM erlaubt aber Nachlassprogramme für indirekte Steuern in Form von „Freistellung, Erlass oder Stundung von kumulativen indirekten, auf einer Vorstufe erhobenen Steuern auf Vorleistungen [...], die bei der Herstellung von für die Ausfuhr bestimmten Waren verbraucht werden." Diese bei der Herstellung verbrauchten Vorleistungen werden in Fußnote 61 zu Anhang II SCM definiert, wobei es vorzugswürdig ist, auf die englische Fassung zurückzugreifen. Demnach sind bei der Herstellung verbrauchte Vorleistungen „*inputs physically incorporated, energy, fuels and oil used in the production process and catalysts which are consumed in the course of their use to obtain the exported product.*" Somit fällt die Energiesteuer ausdrücklich unter Steuern, die rückerstattet werden können, ohne dass eine verboten Exportsubvention vorliegt. Dass in der Aufzählung neben den Vorleistungen, die körperlich in die Ware inkorporiert sind, auch andere Komponenten genannt werden, spricht dafür, dass es nicht darauf ankommt, ob die Vorleistung im Endprodukt enthalten ist oder nicht. Dies könnte im Hinblick auf die CO_2-Steuer von Bedeutung sein, da diese sich, anders als die Energiesteuer, nicht ausdrücklich in der Aufzählung wiederfindet. In der Konsequenz könnte man aus der Definition in Fußnote 61 SCM lesen, dass eine Rückerstattung von Energiesteuern beim Export zulässig ist, so dass dies auch bei der Erhebung solcher Steuern anlässlich der Einfuhr der Fall sein muss.[564]

So überzeugend dieses Argument auch auf den ersten Blick wirkt, so hat es doch eine entscheidende Schwachstelle: Die Behandlung der Steuern auf Vorleistungen, die bei der Herstellung verbraucht werden, ist in § I Abs. 1 Anhang II SCM nur für kumulative Vorstufensteuern geregelt. Das ergibt sich eindeutig aus dem Wortlaut dieser Norm und auch daraus, dass der gesamte Anhang II eine Auslegungshilfe zu Buchstabe h) des Anhang I SCM ist, der sich wiederum ausschließlich auf kumulative Vorstufensteuern bezieht. Der Anwendungsbereich beschränkt sich somit auf kumulative Vorstufensteuern.[565] Zu dieser Kate-

564 Als "Durchbruch" bezeichnet diese Vorschrift *van Calster*, in: Peeters/Deketelaere (Hrsg.), EU Climate Change Policy, S. 205 (214); siehe auch *Trüeb*, Umweltrecht in der WTO, S. 473; *Genasci*, CCLR 2008, 33 (36); *Howse/Eliason*, in: Cottier u.a. (Hrsg.), International Trade Regulation and the Mitigation of Climate Change, S. 48 (65 f.); *Ismer/Neuhoff*, EJLE 24 (2007), 137 (144); *Hufbauer/Charnovitz/Kim*, Global Warming and the World Trading System, S. 44 f; zögernd *Dröge u.a.*, WTR 3 (2004), 161 (178 f.).

565 In einem kumulativen Steuersystem wird eine Steuer auf allen Stufen der Herstellungs- und Absatzkette ohne die Möglichkeit eines Vorsteuerabzugs erhoben. Das Paradebeispiel dieses Systems – die Mehrphasensteuer (*cascade tax*) – existiert in den Industriestaaten nicht mehr, sondern nur noch in Entwicklungsländern wie Indien; *Hoerner/Muller*, Carbon Taxes, S. 31; *Genasci*, CCLR 2008, 33 (36); *Brack* u.a., International Trade and Climate Change Policies, S. 86. Bis in die 1960er Jahre, vor dem Wechsel zur Mehrwertsteuer, war die Umsatzsteuer in den EG-Ländern ein Beispiel für eine kumulative indirekte Steuer; *Demaret/Stewardson*, JWT 28 (1994), 5 (21).

gorie gehören Energie- bzw. CO_2-Steuern nicht, weil sie nicht kumulativ sind.[566] Sie fallen vielmehr unter lit. g) Anhang I SCM,[567] nämlich „Freistellung oder Erlass von indirekten Steuern auf die Herstellung und den Vertrieb von für die Ausfuhr bestimmten Waren." Hieraus folgt, dass die Definition in Fußnote 61 zumindest nicht direkt für diese Art von Steuern herangezogen werden kann.[568] Aber auch eine hilfsweise, unterstützende Verwendung der Definition ist problematisch, denn das hieße, von einem sehr begrenzten Bereich auf das Allgemeine zu schließen. Wenn die Vertragsparteien nur für die kumulative Vorstufensteuer die Steuern auf Vorleistungen definiert haben, dann kann daraus schwerlich eine allgemeingültige Definition für jede Art der Steuer gezogen werden. Man könnte sogar exakt umgekehrt argumentieren: Wenn es für nötig befunden wurde, im Bereich der kumulativen Vorstufensteuer zu präzisieren, dass derartige Steuern in den Anwendungsbereich fallen sollen, so ist dies bei anderen Steuern gerade nicht automatisch der Fall.[569] Zusammenfassend bedeutet dies, dass auch das SCM keine genaueren Schlüsse im Hinblick auf die Behandlung von *taxes occultes* im Rahmen eines Grenzsteuerausgleichs erlaubt. Denn lit. g) Anhang I SCM, der die Rückerstattung von indirekten Steuern erlaubt, wenn deren Höhe die Höhe der im Inland erhobenen Steuern nicht übersteigt, ist derart weit gefasst, dass darunter auch prozessbezogene Steuern wie die CO_2-Steuer fallen könnten.[570] Demnach wäre es durchaus möglich, dass die Regelungen des SCM einem BTA für derartige Steuern nicht entgegenstehen; ausdrücklich geht dies aber aus den Bestimmungen nicht hervor.

(3) Vergleichbarkeit mit der indirekten Steuer

Es ergeben sich somit keine eindeutigen Vorgaben für die Behandlung der klimapolitischen *taxes occultes* aus den Vorschriften des WTO-Rechts. Daher sollte auf Sinn und Zweck der Unterscheidung zwischen indirekten und direkten Steuern zurückgegriffen werden, um aus teleologischer Sicht eine Aussage über die Zulässigkeit eines BTA für Energie- und CO_2-Steuer zu treffen. Diese Art Steuer entspricht von ihrem Gepräge her einer indirekten Steuer. Denn ihr Ziel ist es ja gerade, die Kosten für den Ausstoß von Treibhausgasen zu internalisieren. Der externe Effekt in Form der CO_2-Emissionen soll sich auf den Preis des Produktes auswirken, um dadurch sowohl für den Hersteller als auch für den

566 *Hoerner/Muller*, Carbon Taxes, S. 34; *Brack* u.a., International Trade and Climate Change Policies, S. 85 f.; *van Calster*, in: Peeters/Deketelaere, EU Climate Change Policy, S. 205 (216).

567 *Pauwelyn*, U.S. Federal Climate Policy, Fn. 52; *Ruddigkeit*, Border Tax Adjustment, S. 14; *Demaret/Stewardson*, JWT 28 (1994), 5 (22).

568 *Ruddigkeit*, Border Tax Adjustment, S. 14 und Fn. 46; *Genasci*, CCLR 2008, 33 (36).

569 *Hufbauer/Charnovitz/Kim*, Global Warming and the World Trading System, S. 45; *Hoerner/Muller*, Carbon Taxes, S. 37 lehnen diese Argumentation ab.

570 *Pauwelyn*, U.S. Federal Climate Policy, Fn. 52.

Käufer einen Anreiz zu schaffen, klimafreundliche Waren zu produzieren bzw. zu erwerben.[571] Dies ist sicher keine Aussage, die auf alle *taxes occultes* übertragen werden kann, doch für die vorliegend zu untersuchenden Steuern ist eine Umwälzung auf den Kaufpreis ausdrücklich intendiert. Wenn diese Steuern also durch die finanzielle Belastung Auswirkungen auf die Wettbewerbsverhältnisse haben, so sollte es auch möglich sein, zu ihrem Ausgleich einen BTA durchzuführen.[572]

Ein weiteres Argument dafür, die Energie- und CO_2-Steuer wie eine indirekte Steuer zu behandeln, ergibt sich aus der Definition der indirekten Steuer in Fußnote 58 SCM. Dort heißt es, der Begriff bedeute, neben der Aufzählung einiger spezifisch genannter Steuern, „alle Steuern, die nicht zu den direkten Steuern und den Einfuhrabgaben zählen." Da die Kategorie der indirekten Steuer somit ein Auffangtatbestand ist[573] und die fraglichen Steuern weder Einfuhrabgaben noch direkte Steuern sind, müssten sie unter diesen Begriff fallen.

Somit spricht Einiges für eine Behandlung der Energie- und CO_2-Steuer analog der indirekten Steuer, also für eine Zulässigkeit des BTA in diesem Bereich. Allerdings stellt sich dann die Frage, ob hierdurch nicht die Wortlautgrenze überschritten wird, insbesondere im Hinblick auf die französische Version des Art. II:2 lit. a) GATT. Doch kann es nicht ohne Konsequenz bleiben, dass der entscheidende Abschnitt in der Vergangenheitsform steht („*a été incorporée*"), die für abgeschlossene Handlungen verwandt wird (*passé composé*), nicht im Präsens. Daraus folgt, dass die besteuerte Vorleistung zu irgendeinem Zeitpunkt in das Endprodukt inkorporiert wurde, dies aber gegenwärtig nicht mehr der Fall sein muss.[574] Der Verbrauch von Energie zur Herstellung einer Ware kann dabei als zeitweise Inkorporierung gesehen werden, zumindest zu dem Zeitpunkt, in dem sie aufgewendet wird. Im Übrigen sollte der französische Wortlaut nicht überbewertet werden, schließlich enthalten weder die englische noch die spanische Version,[575] die gleichermaßen authentisch sind, eine vergleichbare Wendung. Ob dann aber die Einschränkung des Anwendungsbereichs des Grenzsteuerausgleichs durch nur eine von drei Fassungen tatsächlich intendiert war, kann zumindest bezweifelt werden.

Zudem zeigt die ausdrückliche Benennung von physisch inkorporierten Vorleistungen in Fußnote 61 des SCM, dass die Vertragsparteien an anderer Stelle durchaus in der Lage waren, diesen Sachverhalt präzise zu beschreiben. Hätten

571 *Matsushita/Schoenbaum/Mavroidis*, The World Trade Organization, S. 823; *Pauwelyn*, U.S. Federal Climate Policy, S. 20.

572 *Ruddigkeit*, Border Tax Adjustment, S. 13.

573 *Trüeb*, Umweltrecht in der WTO, S. 470.

574 *Ruddigkeit*, Border Tax Adjustment, S. 11.

575 Dort heißt es „*una mercancía que haya servido, en todo o en parte, para fabricar el producto importado;*" also eine Ware, die dazu diente, das importierte Produkt herzustellen.

sie nicht körperlich in der Ware vorhandene Vorleistungen vom BTA ausschließen wollen, so ist nicht ersichtlich, warum sie dies in Art. II:2 lit. a) GATT nicht ebenfalls deutlich zum Ausdruck bringen konnten, außer eben in Ansätzen in der französischen Fassung. Freilich wird dieses Argument dadurch abgeschwächt, dass das SCM erst im Rahmen der Gründung der WTO entstand, also aus dem Jahr 1994 stammt, wohingegen das GATT bereits 1947 abgeschlossen wurde. Andererseits wurde das GATT 1947 durch das GATT 1994 wieder aufgenommen, so dass zu diesem Zeitpunkt ein einheitlicher Sprachgebrauch hätte eingeführt werden können.

Insgesamt sprechen die teleologischen Argumente stark dafür, die Energiesteuer wie eine indirekte Vorstufensteuer zu behandeln, sie also als geeignetes Objekt eines BTA zu qualifizieren.[576] Gleichzeitig ist der Wortlaut des Art. II:2 lit. a) GATT nicht derart zwingend, dass in dieser Auslegung eine Überschreitung der Wortlautgrenze zu sehen wäre. Schwierig zu beantworten ist allerdings die Frage, ob das soeben Ausgeführte auch auf die CO_2-Steuer übertragen werden kann. Ganz überwiegend wird dies mit der folgenden Argumentation bejaht: Zwar werden die Treibhausgas-Emissionen anders als Vorleistungen nicht in der Produktion verbraucht. Doch Berechnungsgrundlage dafür, welche Emissionen aufgetreten sind, sind die verbrauchten Energieträger, so dass im Endeffekt auch hierbei mittelbar die Energie besteuert wird. Deshalb werden Energie- und CO_2-Steuer in der Literatur überwiegend einheitlich behandelt.[577] Dem wird entgegengehalten, Steuern auf den Verbrauch von Umweltressourcen seien als direkte Steuern zu betrachten, weil sie aus dem Einkommen bzw. Umsatz bestritten, also nicht auf den Endverbraucher abgewälzt würden.[578] Doch erscheint es zweifelhaft, dass eine Abwälzung tatsächlich in geringerem Umfang als bei Energiesteuern stattfinden soll. Schließlich beruhen beide Arten der Steuer auf dem gleichen Mechanismus. Vor allem aber haben beide die gleiche Zielsetzung, nämlich die Verringerung der Nachfrage nach und der Produktion von klimaschädlichen Waren. Demnach gilt auch hier, dass sich nach der Vorstellung des Gesetzgebers, der eine CO_2-Steuer einführt, die Belastung im Kaufpreis widerspiegeln soll. Deshalb ist die einheitliche Behandlung beider Steuern gerechtfertigt, zumal ein Auseinanderfallen des Regimes im WTO-Recht angesichts der nahen Verwandtschaft wenig sinnvoll wäre.

Das Ergebnis der Untersuchung ist folglich, dass sowohl die Energie- als auch die CO_2-Steuer grundsätzlich zulässigerweise Objekt eines Grenzsteuerausgleichs sein können, da sie in ihrer Wirkungsweise den indirekten Steuern äh-

576 So im Ergebnis auch *Demaret/Stewardson*, JWT 28 (1994), 5 (59).

577 *Howse/Eliason*, in: Cottier u.a. (Hrsg), International Trade Regulation and the Mitigation of Climate Change, S. 48 (62); *Ruddigkeit*, Border Tax Adjustment, S. 15; a.A. *Veel*, JIEL 12 (2009), 749 (774 f.).

578 *Matsushita/Schoenbaum/Mavroidis*, The World Trade Organization, S. 827.

neln.[579] Hieraus folgt aber nicht automatisch die abschließende Vereinbarkeit eines solchen BTA mit dem WTO-Recht. Vielmehr muss die zu überprüfende Steuer entsprechend der Regelung des Art. II:2 lit. a) GATT außerdem die Voraussetzung der Gleichwertigkeit erfüllen und den Anforderungen des Art. III:2 GATT gerecht werden, d.h. nicht gegen das Gebot der Inländergleichbehandlung verstoßen.

bb) Gleichwertigkeit und Inländergleichbehandlung

Dabei stellt sich zunächst die Frage, in welchem Verhältnis die Erfordernisse der Gleichwertigkeit („*equivalent*") und der Vereinbarkeit mit Art. III:2 GATT zueinander stehen. Denn wenn unter dem Merkmal „gleichwertig" bereits die Höhe der Belastung im Vergleich zur inneren Abgabe bewertet wird, dann ist unklar, was Prüfungsinhalt im Rahmen der Inländergleichbehandlung sein soll, die doch auch höhere innere Abgaben verbietet.[580] Hierzu äußerte sich der Appellate Body in *India – Additional Duties*:

> *„In our view, these two concepts – ‚equivalence' and ‚consistency with Article III:2' – cannot be interpreted in isolation from each other; they impart meaning to each other and need to be interpreted harmoniously."*[581]

Somit bietet sich eine einheitliche Überprüfung der Voraussetzungen des Art. II:2 lit. a) GATT an, bei der nicht zwischen den beiden Elementen unterschieden wird. Unter dem Stichwort der Gleichwertigkeit nimmt der Appellate Body eine vergleichende Bewertung der inneren Abgabe und der Belastung vor, die sich sowohl auf die Qualität als auch die Quantität der Letzteren bezieht.[582] Das heißt, dass eine Belastung, um unter Art. II:2 lit. a) GATT gerechtfertigt zu sein, eine der inneren Abgabe vergleichbare Funktion haben muss, und diese im Umfang nicht übersteigen darf.

Im konkreten Fall des Grenzsteuerausgleichs einer Energie- oder CO_2-Steuer stellt der Vergleich der Funktionen keine Hürde für die Zulässigkeit dar. Denn sowohl im Hinblick auf die inländischen Waren als auch die Importe dient diese dazu, den Verbrauch von Energie bzw. den Ausstoß von Treibhausgasen zu verteuern und somit zu einem sparsameren Umgang mit diesen Ressourcen zu bewegen bzw. durch die Verteuerung die Nachfrage zu vermindern.[583] Die Funktion ist daher immer dieselbe, unabhängig davon, ob inländische oder importierte Produkte betroffen sind.

---

579 A.A. *Brack* u.a., International Trade and Climate Change Policies, S. 87.
580 So auch das Panel in India – Additional Duties, Panel, para. 7.185.
581 India – Additional Duties, AB, para. 170.
582 India – Additional Duties, AB, para. 175.
583 Vgl. oben S. 34.

Überdies dürfen die den Importen auferlegten Steuern nicht die Belastung übersteigen, die inländische Waren aufgrund der Energie- oder CO_2-Steuer zu tragen haben.[584] Um die Äquivalenz zu gewährleisten, darf sich die Steuer nicht einfach an dem Wert des Imports per se orientieren. Grundlage der Berechnung muss die zu seiner Produktion aufgewandte Energie bzw. die hierbei emittierte Menge an CO_2 sein.[585] Das Panel in *US – Superfund* umschrieb diese Anforderung durch ein Zitat aus den Entstehungs-Materialien (*travaux préparatoires*) des GATT folgendermaßen:

> „*If a [charge] is imposed on perfume because it contains alcohol, the [charge] to be imposed must take into consideration the value of the alcohol and not the value of the perfume, that is to say the value of the content and not the value of the whole.*"[586]

Diese Vorgehensweise knüpft daran an, dass die Belastung einer inneren Abgabe gleichwertig sein muss.[587] Da die innere Abgabe nicht auf Grundlage des Wertes des fertigen Produkts berechnet wird, sondern sich auf die verbrauchte Energie bzw. emittierten Treibhausgase bezieht, kann Gleichwertigkeit nur angenommen werden, wenn Gleiches auch für die Importe gilt. Im Rahmen eines BTA ist es demnach erforderlich, dass der Importeur einen Nachweis über den Aufwand an Energie bei der Herstellung der importierten Ware bzw. ihren *carbon footprint* erbringt. Wird auf dieser Basis die Steuerlast in gleicher Weise berechnet wie bei einem inländischen Produkt, so ist die Belastung einer inneren Abgabe gleichwertig i.S.d. Art. II:2 lit. a) GATT.

Hieran zeigt sich auch, dass es – wie auch schon unter Art. XX GATT – nicht zulässig sein kann, unspezifisch auf die allgemeinen Klimaschutzbestimmungen eines Exportstaates abzustellen, ohne den konkreten Produktionsprozess zu berücksichtigen. Anders ausgedrückt genügt ein BTA nicht den dargestellten Anforderungen, wenn er aus der Tatsache, dass ein Land sich nicht an der internationale Kooperation auf dem Feld der Klimapolitik beteiligt, darauf schließt, dass ein Produzent aus diesem Land einen besonders hohen Energieverbrauch bzw. CO_2-Ausstoß verursacht. Um eine kohärente Behandlung von Klimaschutz-Maßnahmen unter den Ausnahmetatbeständen und bei BTAs zu erreichen, muss es auch im Rahmen der Artt. II:2 lit. a) und III:2 GATT auf jedes einzelne Produkt ankommen. Zulässig ist es sicherlich, Vermutungen für die Berechnung des üblichen *carbon footprint* einer Ware unter Zugrundelegung der vorherrschenden Produktionsweise aufzustellen.[588] Dabei muss aber jeder Importeur die Möglichkeit haben, diese Vermutung durch konkrete Daten zu wi-

584 *Demaret/Stewardson*, JWT 28 (1994), 5 (9).
585 US – Superfund, Panel, para. 5.2.8.
586 UN Doc. EPCT/TAC/PV/26, S. 21.
587 US – Superfund, Panel, para. 5.2.7.
588 *Hoerner/Muller*, Carbon Taxes, S. 36; *Demaret/Stewardson*, JWT 28 (1994), 5 (26).

derlegen.[589] Andernfalls würde seine Ware anders behandelt als ein inländisches Produkt, wodurch die Gleichwertigkeit der Belastung aufgehoben würde. So war einer der Kritikpunkte des Appellate Body in *US – Shrimp*, dass Importeure auch unter das Importverbot fielen, wenn sie Schutzmaßnahmen für Schildkröten verwendeten, solange sie nur aus einem Staat kamen, in dem dies nicht gesetzlich vorgeschrieben war.[590] Der zugrunde liegende Gedanke darf nicht nur im Rahmen des Art. XX GATT zur Anwendung kommen, sondern muss auch bei den Voraussetzungen des Art. II:2 lit. a) GATT gelten.

Diese Ansicht wird zudem deutlich durch den Panel-Bericht in *US – Superfund* unterstrichen. Dort rügte das Panel die Regelung, dass bei fehlender Beibringung der erforderlichen Informationen eine Strafsteuer von 5 % des gesamten Werts der importierten Ware fällig wurde. Dies führte einzig deshalb nicht zu dem Schluss, dass der BTA gegen das GATT verstößt, weil auch die Möglichkeit für die Verwaltung vorgesehen war, stattdessen auf die vorherrschende Produktionsmethode abzustellen, um die Steuerbelastung zu berechnen. Da die Regelung noch nicht in Kraft war, war nach den Beteuerungen der USA davon auszugehen, dass stets diese Möglichkeit, und nicht die der Strafzölle faktisch angewandt werden würde.[591] Demnach ist bei der Berechnung der Grenzsteuer entscheidend auf die vorherrschende Produktionsweise abzustellen. Möglich wäre auch ein Nachweis in jedem Einzelfall, doch spricht der administrative Aufwand hiergegen.

Werden die hier aufgezeigten Kriterien eingehalten, so ist ein Grenzsteuerausgleich für Energie- und CO_2-Steuern mit dem WTO-Recht vereinbar. Dabei muss nicht einmal der Umweg über die Rechtfertigung gem. Art. XX GATT beschritten werden, so dass es gar nicht auf die klimapolitische Zielrichtung ankommt.[592] Allerdings zeigt sich auch, dass eine WTO-rechtskonforme Durchführung aufgrund des Erfordernisses von Einzelnachweisen mit einem sehr hohen administrativen Aufwand verbunden ist, und zwar sowohl auf Seiten des ausführenden Staates als auch auf Seiten des Importeurs. Wollte man hierin ein Handelshemmnis sehen, so sei darauf hingewiesen, dass auch für inländische Hersteller die Erstellung eines *carbon footprint*, sei es für ein Produkt, sei es für eine Anlage, nicht weniger aufwendig ist. Soll jedoch selbst dieser Aufwand vermieden werden, um jegliche negative Beeinflussung der Handelsströme zu vermeiden, so kann für die Berechnung des vermuteten CO_2-Ausstoßes statt auf die vorherrschende auf die beste verfügbare Produktionsweise abgestellt wer-

---

589 *Ismer/Neuhoff*, EJLE 24 (2007), 137 (148); *Sindico*, EEELR 17 (2008), 328 (339); *Quick*, GTCJ 3 (2008), 163 (175); *Demaret/Stewardson*, JWT 28 (1994), 5 (26).

590 Siehe oben S. 91 f.

591 US – Superfund, Panel, para. 5.2.9.

592 Anders *Ruddigkeit*, Border Tax Adjustment, S. 14, die für die Frage, ob derartige Steuern überhaupt für einen Grenzsteuerausgleich geeignet sind, die Präambel des WTO-Übereinkommens zur Bejahung heranziehen will.

den.[593] Dann würde die Ware die niedrigste denkbare Belastung tragen, so dass der Beweis einer Abweichung nach unten praktisch nicht vorkommen würde. Auf diese Weise können zwar jegliche Bedenken hinsichtlich der Diskriminierung importierter Waren ausgeräumt werden. Allerdings wird dadurch nicht mehr das Ziel des *level the playing field* erreicht, da die Belastung inländischer Produkte sich nach den tatsächlich ausgestoßenen Treibhausgasen bemisst und damit regelmäßig höher sein wird als die der Importe. An der Legalität dieser Variante ändert dieser Vorbehalt jedoch nichts.

cc) Beschränkung des Grenzsteuerausgleichs auf Importe aus Staaten ohne Energiesteuer

Das oben Ausgeführte gilt allerdings nur uneingeschränkt, wenn der Grenzsteuerausgleich auf alle importierten Waren angewandt wird. Soll die Auferlegung der Ausgleichssteuer nur Importe aus Staaten treffen, die selber keine Energie- oder CO_2-Steuer erheben, dann läge hierin offensichtlich ein Verstoß gegen das Meistbegünstigungsprinzip gem. Art. I:1 GATT.[594] Schließlich würden dann die Waren aus diesen Ländern schlechter behandelt als Waren, die aus anderen WTO-Mitgliedern stammen. Diese Waren sind auch gleichartig, denn wenn schon die unterschiedliche Intensität an Treibhausgas-Emissionen bei der Herstellung nicht die Produktgleichheit aufheben kann,[595] dann muss dies erst recht für die Frage gelten, ob es im Herkunftsland eine entsprechende Steuer gibt. Ebenso verhält es sich mit der Anknüpfung an die Ratifizierung des Kyoto-Protokolls; auch hierdurch wird die Wettbewerbssituation und somit die Gleichheit der Waren nicht aufgehoben.[596] Demnach würden Waren, die gleichartig sind, anknüpfend an ihre Herkunft unterschiedlich behandelt.

Eine Rechtfertigung gem. Art. XX GATT wäre in einer solchen Fallgestaltung denkbar,[597] allerdings nur, wenn die Differenzierung aufgrund der Klimaschutz-Regelungen im Exportland erfolgt, nicht aber in Ansehung der Ratifikation des Kyoto-Protokolls. Denn unterschiedliche gesetzliche Regelungen zu Energie- bzw. CO_2-Steuern führen zu unterschiedlichen Verhältnissen i.S.d. *chapeau*, die gerade für die Erreichung des verfolgten Ziels, nämlich des Klimaschutzes, relevant sind. Auf den Status als Partei eines bestimmten völkerrecht-

593 Hierfür *Ismer/Neuhoff*, ELJE 24 (2007), 137 (147).

594 *Howse/Eliason*, in: u.a. (Hrsg.), International Trade Regulation and the Mitigation of Climate Change, S. 48 (63); *Pauwelyn*, U.S. Federal Climate Policy, S. 32 f.; *Quick*, GTCJ 3 (2008), 163 (164); *Wiers*, CCLR 2008, 18 (23).

595 Siehe oben S. 41 ff.

596 *Ruddigkeit*, Border Tax Adjustment, S. 25; *Sindico*, EEELR 17 (2008), 328 (337); *van Calster*, in: Peeters/Deketelaere (Hrsg.), EU Federal Climate Change Policy, S. 205 (216).

597 *Pauwelyn*, U.S. Federal Climate Policy, S. 38 f.; *Ruddigkeit*, Border Tax Adjustment, S. 28.

lichen Vertrags trifft dies nicht zu.[598] Deshalb liegt in ersterem Fall nicht automatisch eine ungerechtfertigte Diskriminierung vor, in letzterem schon. Wenn allerdings vertreten wird, die ambitionierte Klimapolitik eines Landes müsse in der Weise berücksichtigt werden, dass gegenüber Waren aus diesem Staat kein BTA erfolgen dürfe,[599] dann ist dies nicht richtig. Zwar kann argumentiert werden, dass dort nicht die gleichen Verhältnisse bestehen wie in einem Staat, der keinerlei Klimaschutz betreibt. Doch wollte man daraus schließen, dass folglich die einheitliche Anwendung des BTA zur Gleichbehandlung von Ungleichem führt, dann lässt diese Betrachtung den zweiten Aspekt des Grenzsteuerausgleichs außer Betracht: Die Erhebung einer Steuer anlässlich des Grenzübergangs muss immer im Zusammenhang mit der Möglichkeit des Erlasses einer Steuer bei Ausfuhr gesehen werden. Auch wenn ein Mitgliedstaat der WTO intern eine Energiesteuer erhebt, so kann er eine doppelte Belastung von Exportwaren dadurch vermeiden, dass er diese bei Export zurückgewährt.[600]

Richtig ist allerdings, dass diese Vorgehensweise mit zusätzlichem Verwaltungsaufwand verbunden ist. Außerdem stellt sich dann die Frage der Höhe der Rückerstattung: Wird die Steuer in vollem Umfang zurückgewährt, so eliminiert diese Vorgehensweise jeglichen Anreiz für inländische Hersteller, ihren Treibhausgas-Ausstoß zu reduzieren.[601] Hinzu kommt, dass es politisch schwierig sein dürfte, einen BTA gegenüber Staaten, die sich intensiv für den Klimaschutz einsetzen, zu rechtfertigen.

Fazit ist demnach, dass eine Ausnahme für WTO-Mitglieder, die selber vergleichbare Steuern erheben, rechtlich möglich, aber nicht zwingend ist. Aus dem Blickwinkel des Klimaschutzes erscheint sie jedenfalls vorzugswürdig, weil die betroffenen Staaten ansonsten eine Erstattung der entsprechenden Steuern bei Ausfuhr einführen werden. Dies hätte negative Folgen für die Wirksamkeit des Systems im Hinblick auf den Anreiz zum Einsparen von Energie und CO_2.

dd) Befreiung vom BTA für Entwicklungsländer – eine Frage der Meistbegünstigung

Eine gleich gelagerte Problematik mit Bezug zum Meistbegünstigungsprinzip kann sich im Hinblick auf die Behandlung von Entwicklungsländern stellen. Denn wie bereits erläutert, beinhaltet das Weltklimarecht das Prinzip der *common but differentiated responsibilities*, nach dem die Staaten in unterschiedlichem Maße für die Mitigation des Klimawandels verantwortlich sind, je nach historischer Beteiligung an der Belastung der Atmosphäre, aber auch unter Be-

---

598 Vgl. oben S. 91.

599 *Ruddigkeit*, Border Tax Adjustment, S. 29.

600 So auch *Pauwelyn*, U.S. Federal Climate Policy, S. 33; *Ismer/Neuhoff*, EJLE 24 (2007), 137 (149).

601 *Ismer/Neuhoff*, EJLE 24 (2007), 137 (145).

rücksichtigung der sozialen Bedürfnisse und der finanziellen und wirtschaftlichen Kapazität zur Ergreifung entsprechender Maßnahmen.[602] Um diesem Gedanken gerecht zu werden und ihren Verpflichtungen aus der Klimarahmenkonvention bzw. dem Kyoto-Protokoll nachzukommen, ist es wahrscheinlich, dass Staaten, die einen BTA als Instrument der Klimapolitik einführen, eine Ausnahme für Entwicklungsländer normieren.[603] Hierdurch werden allerdings Waren aus anderen Ländern diskriminiert; die „Vorteile, Vergünstigungen, Vorrechte oder Befreiungen", die Waren aus Entwicklungsländern erhalten, werden für diese nicht „unverzüglich und bedingungslos" i.S.d. Art. I:1 GATT gewährt. Da Waren aus Entwicklungs- und Industrieländern in einem Konkurrenzverhältnis stehen und somit gleichartig sind, liegt hierin ein Verstoß gegen das Meistbegünstigungsprinzip.[604]

Doch kann dieser Verstoß gem. Art. XX GATT gerechtfertigt werden. Dass eine Unterscheidung zwischen Entwicklungs- und Industrieländern in Anknüpfung an die in den Ländern bestehenden Verhältnisse möglich bzw. sogar zwingend ist, wurde bereits in den allgemeinen Ausführungen zu Art. XX GATT dargelegt.[605] Hinzu kommt, dass diese Differenzierung zur Erreichung der Mitigation des Klimawandels beiträgt. Denn durch ihre niedrige Wirtschaftskraft und die damit verbundene weniger umfangreiche Warenproduktion sind die Treibhausgas-Emissionen in solchen Ländern eher unbedeutend, so dass auch das Reduktionspotenzial geringer ist.[606] Den speziellen Bedürfnissen dieser Staaten entspricht es vielmehr, Einsparungen von Emissionen mithilfe des CDM[607] zu erreichen. Da also die Unterscheidung mit der Erreichung der in den Buchstaben b) und g) genannten Regelungsziele zusammenhängt, kann zulässigerweise von unterschiedlichen Verhältnissen in den Mitgliedstaaten der WTO ausgegangen werden, abhängig vom jeweiligen Entwicklungsstand. Daher stellt die Unterscheidung keine mit dem *chapeau* unvereinbare Diskriminierung dar. Ausgehend von der Erkenntnis, dass nicht nur die Ungleichbehandlung von Gleichem, sondern auch die Gleichbehandlung von Ungleichem unvereinbar mit dem Einleitungssatz des Art. XX GATT ist,[608] ist eine Ausnahme für Waren aus

602 Siehe oben S. 15; vgl. auch *Ruddigkeit*, Border Tax Adjustment, S. 25; *Goh*, JWT 38 (2004), 395 (419).

603 So heißt es auch in der Richtlinie 2009/29/EG, Erwägungsgrund 25: „Alle getroffenen Maßnahmen müssten mit den Grundsätzen des UNFCCC und insbesondere mit dem Grundsatz der gemeinsamen, aber unterschiedlichen Verantwortlichkeiten und der jeweiligen Fähigkeiten in Einklang stehen; die besondere Situation der am wenigsten entwickelten Länder würde dabei ebenfalls berücksichtigt."

604 *Ruddigkeit*, Border Tax Adjustment, S. 25; *Goh*, JWT 38 (2004), 395 (419, Fn. 88).

605 Siehe oben S. 92 ff.

606 *Ruddigkeit*, Border Tax Adjustment, S. 28.

607 Siehe hierzu oben S. 21.

608 US – Shrimp, AB, paras. 164 f.; vgl. hierzu oben S. 92.

Entwicklungsländern im Rahmen des Grenzsteuerausgleichs sogar zwingend erforderlich für die Rechtfertigung.

Allerdings verwundert diese Feststellung bei genauerer Betrachtung: Entscheidet ein Staat, einen BTA zu Zwecken des Klimaschutzes zu installieren, so kann er diesen in Übereinstimmung mit dem WTO-Recht einheitlich auf alle Waren aus allen Ländern der Welt anwenden. Denn dies verstößt gegen keine Vorschrift des Welthandelsrechts. Will der betroffene Staat aber Ausnahmen in seine Regelung integrieren, so ist die Bevorzugung der Entwicklungsländer sogar zwingend, weil die Regelung des *chapeau* keine andere Wahl lässt, als die Entwicklungsländer zu bevorzugen.[609] Nur in diesem Fall liegt ein Verstoß gegen das Meistbegünstigungsprinzip vor, der einer Rechtfertigung gem. Art. XX GATT bedarf und somit am Maßstab des *chapeau* zu messen ist. In sich stimmig ist dieses Ergebnis nicht, doch bietet das GATT keine Möglichkeiten, schon auf der primären Ebene für eine zwingende Ausnahme zu sorgen. Die Erklärung für diese Diskrepanz liegt darin, dass die unterschiedlichen Bedingungen in den Mitgliedstaaten nur dann Berücksichtigung finden müssen, wenn ein Verstoß gegen Vorschriften des WTO-Rechts vorliegt. Nur in diesem Fall ist es erforderlich, schwächere Länder zu schützen. Allerdings ergibt sich aus dieser Ratio im vorliegenden Fall ein Zirkelschluss: Gerade aus dem Gedanken des Schutzes schwächerer WTO-Mitglieder folgt ja erst der Verstoß gegen das Meistbegünstigungsprinzip, nämlich die Ausnahme für Entwicklungsländer.

Trotzdem gibt es zumindest aus der Perspektive des WTO-Rechts keine Abhilfe für diese Inkohärenz. Lediglich das Weltklimarecht verpflichtet dazu, die spezielle Situation von Entwicklungsländern zu berücksichtigen, da es das Prinzip der *common but differentiated responsibilities* vorsieht. Doch ist es schwierig, die Missachtung der Normen dieser Ordnung zu sanktionieren; im Rahmen eines Streitbeilegungsverfahrens der WTO könnte sie jedenfalls nicht geltend gemacht werden, da sich die *Terms of Reference* eines Panels auf die Anwendung des WTO-Rechts beschränken.[610] Die internationalen Abkommen des Klimarechts können lediglich als Auslegungshilfe dienen.[611] Außerdem ist keineswegs zweifelsfrei gesagt, dass die Berücksichtigung der besonderen Bedürfnisse von Entwicklungsländern eine Pflicht nach sich zieht, diese zu bevorzugen.[612] Die Formulierungen in der Klimarahmenkonvention und dem Kyoto-Protokoll sind nicht konkret, sondern stellen einen allgemeinen Grundsatz auf. Auch ist das Prinzip der *common but differentiated responsibilities* in der Klimarahmenkonvention nicht einmal in den operativen Vorschriften enthalten, sondern nur in der Präambel. Selbst wenn Regelungen des Klimarechts Grundlage einer Streitbeilegungsentscheidung sein könnten, wäre daher nicht gesagt,

609 Zu diesem Ergebnis kommt auch *Pauwelyn*, U.S. Federal Climate Policy, S. 39 f.
610 Art. 7.1 DSU; vgl. *Ohlhoff*, in: Prieß/Berrisch, WTO-Handbuch, C.I.2, Rn. 42.
611 Siehe oben S. 29 f.
612 *Sindico*, EEELR 17 (2008), 328 (336, Fn. 57).

dass hieraus eine Verpflichtung der Bevorzugung von Entwicklungsländern resultieren würde.

Wird dennoch ein Grenzsteuerausgleich mit einer Ausnahme für Entwicklungsländer versehen, so stellt sich die Frage, ob diese Ausnahme zwingend für alle Entwicklungsländer zu gelten hat. Denn bei wirtschaftlich erstarkenden Mitgliedern der WTO wie China und Indien wird die Bereitschaft der Industrienationen hierzu üblicherweise sehr gering sein. Schließlich ist einer der Hauptgründe dafür, dass die USA das Kyoto-Protokoll nie ratifizierten, die fehlende Verpflichtung von Entwicklungsländern zu Emissions-Reduktionen,[613] wobei die Rolle der Schwellenländer und insbesondere Chinas nicht zu unterschätzen sein dürfte. Knüpft man an das im *chapeau* normierte Merkmal der „Länder, in denen gleiche Verhältnisse bestehen“ an, dann kann zumindest festgestellt werden, dass es durchaus Unterschiede in den Verhältnissen der am wenigsten entwickelten Länder (*least developed countries*, LDC[614]), „normaler“ Entwicklungsländer und der Schwellenländer gibt. Dabei ist immer zu beachten, dass diese Unterschiede, um eine abweichende Behandlung zu rechtfertigen, eine Relevanz für das unter der Ausnahmeregelung verfolgte Ziel haben müssen. Dies stellt aber vorliegend kein Hindernis dar: Denn es wurde bereits gezeigt, dass die Entwicklungsstufe im Zusammenhang mit der Mitigation des Klimawandels steht.[615] Zu den Aspekten der historischen Verantwortlichkeit und der Kapazität kommt hinzu, dass der Treibhausgas-Ausstoß ganz entscheidend von der Entwicklungsstufe abhängt: So gehören die Schwellenländer Indien und China zu den größten Emittenten der Welt, wohingegen der Beitrag der LDCs in Afrika zur globalen Erwärmung verschwindend gering ist.[616] Unter diesem Gesichtspunkt wäre daher eine Differenzierung innerhalb der Entwicklungsländer nach den genannten Gruppen denkbar und sogar sinnvoll.

Das beantwortet aber nicht die Frage, ob es auch zulässig ist, Schwellenländer genauso zu behandeln wie Industriestaaten. Bedenkt man, dass die Differenzierung für LDCs damit begründet wurde, dass dort ein weitaus geringeres Reduktionspotenzial beim Treibhausgas-Ausstoß besteht, dann könnte dies durchaus bejaht werden. Denn aufstrebende Länder wie China oder Indien weisen Treibhausgas-Emissionen auf, die ein ähnlich großes Reduktionspotenzial wie in Industriestaaten nach sich ziehen. Auch die wirtschaftliche und finanzielle Kapazität zur Bekämpfung des Klimawandels ist zumindest in Ansätzen vorhanden.

---

613 Siehe hierzu die Byrd-Hagel-Resolution des Senats vom 25. Juli 1997, mit der die Ratifikation abgelehnt wurde.

614 Informationen zu den Kriterien und eine Liste der LDCs liefert die UNO: http://www.un.org/special-rep/ohrlls/ldc/default.htm (zuletzt besucht am 23. September 2010).

615 Siehe oben S. 92 f.

616 So wurden in China 2009 7426 Mio. t CO_2 ausgestoßen, in ganz Afrika lediglich 22 Mio. t. http://www.cerina.org/?page_id=366&lang=de (zuletzt besucht am 23. September 2010).

Das entscheidende Unterscheidungsmerkmal zu den Industrienationen ist die geringere historische Verantwortung für die globale Erwärmung. Betrachtet man das Gesamtbild, so ergeben sich Zweifel, ob die Gleichbehandlung von Schwellen- und Industrieländern als unter dem *chapeau* gerechtfertigt zu sehen ist. In der Konsequenz dessen, dass Erstere trotz allem offiziell zur Gruppe der Entwicklungsländer gehören und unbestrittenermaßen noch Unterschiede zu den Industriestaaten bestehen, ist dies zu verneinen. Im Ergebnis wäre demnach nur ein abgestuftes System rechtlich zulässig, das LDCs vollständig vom Grenzausgleich ausnimmt und anderen Entwicklungsländern zumindest eine abgemilderte Form des BTA zugesteht.

c) Die Möglichkeit eines BTA zum Ausgleich der Kosten von Emissionszertifikaten

Nach alledem ist es durchaus möglich, einen WTO-rechtskonformen Grenzsteuerausgleich für Energie- und CO_2-Steuern auszugestalten. Allerdings dominiert in der öffentlichen Diskussion um die Kosten des Klimaschutzes das Thema der Emissionszertifikate. Dies wird umso mehr der Fall sein, wenn diese nicht mehr, wie bisher, zum größten Teil kostenlos an die Unternehmen ausgegeben, sondern in immer größerem Umfang versteigert werden.[617] Dann wird auch und gerade bezüglich der Staaten, die das Kyoto-Protokoll nicht ratifiziert haben, verstärkt die Frage auftauchen, ob nicht ein Ausgleich dafür erfolgen muss, dass dort kein *cap-and-trade* System existiert. Geeignetes Instrument hierfür wäre ein BTA, der in zwei Formen vorstellbar ist:[618] Einerseits könnte auf importierte Waren ein Betrag erhoben werden, der den Kosten für den Erwerb der Emissionszertifikate im Inland entspricht. Andererseits wäre es denkbar, dass für die Importe entsprechend der Handhabung im Inland Zertifikate vorgewiesen werden müssen.[619] Dies erscheint zwar zunächst vorzugswürdig, weil die importierten Produkte in dieser Variante exakt die gleiche Belastung trifft wie inländische Waren, so dass den Anforderungen der Inländergleichbehandlung Genüge getan ist. Jedoch stellt sich auf den zweiten Blick die Frage, wie ein solches System praktisch in die Tat umgesetzt werden sollte. Denn entweder müssten diese Emissionszertifikate aus der Menge der bereits ausgegebenen Zertifikate erworben werden; das würde aber zu einer enormen Preiserhöhung führen, die sicherlich wirtschaftlich nicht erwünscht ist.[620] Oder es müssten zusätzliche Zertifikate geschaffen werden. Doch stellt sich dann die Frage der Menge: Für die inländischen Zertifikate wurde als Benchmark auf die historischen Werte zur Emission

617 Vgl. oben S. 19.

618 *Quick*, GTCJ 3 (2008), 163 (163).

619 Dies scheint die in der Richtlinie 2009/29/EG vorgesehene Methode zu sein, vgl. Erwägungsgrund 25; *Sindico*, EEELR 17 (2008), 328 (334).

620 *Pauwelyn*, U.S. Federal Climate Policy, Fn. 62; *Genasci*, CCLR 2008, 33 (42).

von Treibhausgasen zurückgegriffen, für Importe existieren solche Statistiken hingegen nicht. Deshalb ist aus praktischen Gründen die Auferlegung der Kosten vorzugswürdig. Es tritt dann außer den bereits im Rahmen der CO_2- bzw. Energiesteuer behandelten Schwierigkeiten noch ein zusätzliches zentrales Problem auf: Kann im Falle derartiger Kosten der Grenzsteuerausgleich überhaupt Anwendung finden?

aa) Die Kosten von Emissionszertifikaten als innere Steuer?

Für die Zulässigkeit eines BTA im Hinblick auf die Kosten der Emissionszertifikate müssten die Aufwendungen, die Hersteller hierfür tätigen, als innere Steuer betrachtet werden können. In der deutschen Version spricht Art. II:2 lit. a) GATT zwar lediglich von einer „inneren Abgabe", worunter nach deutschem Verständnis Steuern, Beiträge und Gebühren zu verstehen wären.[621] Jedoch knüpfen die authentische englische bzw. französische Fassung an die „*internal tax*" bzw. „*taxe intérieure*" an, so dass tatsächlich von einer Begrenzung der Ausgleichbarkeit auf Steuern ausgegangen werden muss. Diese Feststellung kann nicht nur auf den Wortlaut zurückgeführt werden, sondern entspricht auch dem Sinn des BTA: Interne Regulierungen wie z.B. Umweltstandards dürfen als Faktoren des komparativen Kostenvorteils nicht ausgeglichen werden.[622] Bei Steuern hingegen ist ein Ausgleich aufgrund des Bestimmungsland-Prinzips zulässig. Regulatorische Vorgaben fallen unter Art. III:4 GATT, der keine Möglichkeit eines Grenzausgleichs vorsieht.[623] Zwar verweist Art. II:2 lit. a) GATT auf Art. III:2 GATT, der wiederum von „*internal tax or other internal charge of any kind*" spricht, also nicht nur von Steuern, sondern eben auch von Belastungen jeder Art. [624] Doch kann diese weiter gefasste Formulierung nicht darüber hinweghelfen, dass eine Ausweitung des Grenzsteuerausgleichs auf Belastungen im Allgemeinen aufgrund des Prinzips der komparativen Kostenvorteile nicht erwünscht ist. Somit ist ein BTA für die Kosten von Emissionszertifikaten nur möglich, wenn es sich hierbei um eine Steuer handelt. Zur Klarstellung sei hier noch einmal ausdrücklich gesagt, dass es bei der Frage eines BTA für die Kosten von Emissionszertifikaten nur um diejenigen Kosten geht, die durch die Versteigerung bzw. den entgeltlichen Erwerb vom Staat entstehen. Denn die Aufwendungen, die ein Anlagenbetreiber macht, um durch die Optimierung seiner Produktion den Anfall von Emissionen zu verhindern, bzw. der Kaufpreis eines

621 *Creifelds*, Rechtswörterbuch, Stichwort: Abgabe; *Köbler*, Juristisches Wörterbuch, Stichwort: Abgabe.

622 *Weiß*, in: Weiß/Herrmann/Ohlers, Welthandelsrecht, § 11, Rn. 416; *Ruddigkeit*, Border Tax Adjustment, S. 18.

623 *Ruddigkeit*, Border Tax Adjustment, Fn. 79.

624 *Pauwelyn*, U.S. Federal Climate Policy, Fn. 54.

von einem anderen Unternehmen erworbenen Zertifikats sind mangels Zahlung an den Staat ganz offensichtlich keine Steuer.

Steuern sind nicht nur nach der im deutschen Recht geltenden Definition „Geldleistungen, die nicht eine Gegenleistung für eine besondere Leistung darstellen und von einem öffentlich-rechtlichen Gemeinwesen zur Erzielung von Einnahmen allen auferlegt werden, bei denen der Tatbestand zutrifft, an den das Gesetz die Leistungspflicht knüpft."[625] Auch die OECD definiert den Begriff als *„compulsory, unrequited payments to general government"* wobei *„unrequited"* bedeutet *„benefits provided by government to taxpayers are not normally in proportion to their payments"*.[626]

(1) Zweifel an der Gegenleistungslosigkeit

Im Hinblick auf diese Definition ergeben sich gleich in mehrerlei Hinsicht Zweifel, ob die Kosten für Emissionszertifikate als Steuern qualifiziert werden können. Das betrifft zuvorderst die Gegenleistungslosigkeit. Sie könnte deshalb verneint werden, weil ein Emissionszertifikat das Recht verbrieft, eine bestimmte Menge an CO_2[627] in die Atmosphäre zu emittieren, also ein Nutzungsrecht darstellt.[628] Dieses Recht könnte eine Gegenleistung des Staates für die Zahlung des Preises des Emissionszertifikats darstellen. Die Frage, die sich herauskristallisiert, ist folgende: Wenn es bisher ohne Erlaubnis und Gegenleistung möglich war, ein bestimmtes Verhalten auszuüben, wird die Genehmigung eben dieses Verhaltens dann zur staatlichen Leistung, wenn das Verhalten verboten wird und fortan nur gegen Entgelt ausgeübt werden darf? Anders ausgedrückt: Wenn der Staat ein frei verfügbares Recht beschränkt, um es anschließend wieder zu gewähren, liegt dann darin eine Leistung seitens des Staates?

Der Einordnung des Rechts zur Emission von Treibhausgasen als Leistung wird die Eigenschaft der Atmosphäre als öffentliches, globales Gut entgegengehalten, an dem keine Rechte bestehen.[629] Auch der Staat kann dann keine Nutzungsrechte hieran verleihen. Für den deutschen Rechtsraum stellte das BVerfG in seinem Waldschadenbeschluss[630] fest, dass die Luft keiner öffentlich-rechtlichen Benutzungsordnung unterliegt. Dieser Befund lässt sich auf die Atmosphäre übertragen und entspricht nicht nur dem deutschen Recht, sondern gilt angesichts der Eigenschaft der Atmosphäre als globales Gut und *common con-*

---

625 § 3 Abs. 1 HS 1 AO.

626 OECD, The OECD Classification of Taxes and Interpretive Guide.

627 Demnächst auch andere Treibhausgase, siehe oben Fn. 74.

628 *Martini/Gebauer*, ZUR 2007, 225 (227, 233); *Wemaere/Streck*, in: Freestone/Streck, Legal Aspects of Implementing the Kyoto Protocol Mechanisms, S. 35 (44).

629 *De Cendra*, RECIEL 15 (2006), 131 (136, Fn. 49); *Zenke/Vollmer*, in: Danner/Theobald, Energierecht, XV. B 5, Rn. 188; *Ruddigkeit*, Border Tax Adjustment, S. 21; *Rebentisch*, NVwZ 2006, 747 (752).

630 BVerfG, Beschluß vom 26. 5. 1998 - 1 BvR 180-88, NJW 1998, 3264.

cern of mankind auch aus völkerrechtlicher Sicht. Nun könnte man dem entgegenhalten, durch die Einführung der Emissionsberechtigungen sei gerade eine öffentlich-rechtliche Benutzungsordnung der Atmosphäre geschaffen worden.[631] Doch kann die Zuteilung solcher Zertifikate andererseits auch als Präventivkontrolle gesehen werden.[632] So hat beispielsweise der deutsche Gesetzgeber das *cap-and-trade*-System in das Immissionsschutzrecht eingeordnet. In diesem Rechtsgebiet ist die Erforderlichkeit von Zulassungen Ausdruck einer solchen Präventivkontrolle. D.h., dass durch die Zulassung nicht der Rechtskreis des Anlagenbetreibers erweitert wird, sondern ihm lediglich die Ausübung eines Rechts gestattet wird, das ohnehin zu seinen Freiheiten gehört.[633] Darin kann aber keine Gegenleistung liegen.

Andererseits wäre es auch denkbar, den Sachverhalt des Erwerbs von Emissionsberechtigungen als etwas anderes als eine Präventivkontrolle zu bewerten. Angesichts der Knappheit des Gutes „Nutzung der Atmosphäre durch Treibhausgase“ wäre es möglich, hierin die für die Verteilung erforderliche Erlaubnis der Nutzung zu sehen. Möglicherweise könnte hier eine Parallele zur Versteigerung von UMTS-Lizenzen gezogen werden.[634] Immerhin lehnte das BVerfG für diesen Versteigerungserlös die Einordnung als Steuer ausdrücklich ab.[635] Doch scheitert diese Argumentation wiederum daran, dass der Staat mangels eigener Rechte gar nicht dazu befugt ist, Rechte an der Atmosphäre zu verleihen, so dass er auch keine Nutzungserlaubnis aussprechen kann. An diesem Punkt endet die Parallele zu den UMTS-Lizenzen: Denn das Recht an den Frequenzen steht dem Staat zu.

Ein ganz anderer Ansatzpunkt für die Annahme einer Gegenleistung ist die Handelbarkeit der Emissionszertifikate. Schöpft ein Unternehmen die ihm zugeteilten bzw. die von ihm erworbenen Berechtigungen nicht aus, so besteht die Möglichkeit, diese gewinnbringend an andere Anlagenbetreiber zu veräußern. Daraus könnte man schließen, dass in den Zertifikaten eine Gewinnchance verkörpert ist, sie also ein geldwertes Gut sind.[636] Diese Gewinnchance ist dann die Gegenleistung des Staates für den Versteigerungserlös. Jedoch krankt diese Sichtweise daran, dass die eigentliche Leistung von dem erwerbenden Anlagenbetreiber erbracht wird; sie stellt nicht den Gegenwert einer staatlichen Vorteilsgewährung dar.[637] Sicherlich könnte man argumentieren, dass die Leistung des Erwerbers bereits bei Erhalt des Zertifikats vom Staat in der Berechtigung angelegt war. Doch trifft dies insofern nicht das Wesen des Vorgangs, als der Staat

---

631 *Martini/Gebauer*, ZUR 2007, 225 (230, Fn. 48).
632 *Rebentisch*, NVwZ 2006, 747 (751).
633 BVerfG, a.a.O.; *Rebentisch*, NVwZ 2006, 747 (751 f.).
634 *Martini/Gebauer*, ZUR 2007, 225 (Fn. 78).
635 BVerfG, Urteil vom 28. März 2002, 2 BvG 1/01, 2 BvG 2/02.
636 *Jungnickel/Dulce*, NVwZ 2009, 23 (624); *Martini/Gebauer*, ZUR 2007, 225 (227).
637 *Rebentisch*, NVwZ 2006, 747 (752)

die Zertifikate ausgibt, damit die Anlagenbetreiber hiermit ihren Bedarf decken können, nicht um einen Veräußerungsgewinn zu erzielen. Nachdem auch das Argument der Handelbarkeit nicht zu überzeugen vermag, ist davon auszugehen, dass die Anlagenbetreiber für den Versteigerungspreis keine Gegenleistung erhalten.[638] Das Erfordernis der Gegenleistungslosigkeit steht folglich einer Qualifikation der Kosten von Emissionszertifikaten als Steuer i.S.d. Art. II:2 lit. a) GATT nicht entgegen.

(2) Automatische Anknüpfung an einen Tatbestand

Problematisch ist neben der Gegenleistungslosigkeit die Tatsache, dass die Zahlungsverpflichtung nicht ohne weiteres und bedingungslos an den Ausstoß der Treibhausgase anknüpft.[639] Eine Steuer wird durch die Erfüllung eines bestimmten Tatbestands ausgelöst. Emissionszertifikate können aber sowohl vom Staat als auch von anderen Wirtschaftsteilnehmern erworben werden. Alternativ ist es möglich, die Produktionsweise zu optimieren, um schon die Emission zu verhindern. In dieser Auswahl an Handlungsalternativen kann aber nicht die für Steuern übliche Anknüpfung an einen bestimmten Tatbestand gesehen werden. Dem wird entgegen gehalten, auch bei Steuern gebe es die Entscheidungsmöglichkeit, den steuerbaren Tatbestand zu verwirklichen oder nicht.[640] Der Unterschied liegt aber darin, dass die Zahlungsverpflichtung bei den Emissionszertifikaten sogar verhindert werden kann, wenn der Tatbestand der Treibhausgas-Emission erfüllt ist, nämlich durch den Zukauf von Zertifikaten von anderen Unternehmen bzw. über die durch projektbezogene Mechanismen generierten CERs und ERUs. Die Handelbarkeit ist somit zwar kein Argument gegen die Gegenleistungslosigkeit, wohl aber gegen die Qualifikation als Steuer im Übrigen.[641]

(3) Fixierung des Steuerbetrags

Außerdem entspricht es nicht dem Bild einer Steuer, wenn ihr Betrag nicht im Vorhinein fixiert ist. Der Preis eines Emissionszertifikats schwankt aber täglich. Wenn dies auch zunächst für eine Steuer befremdlich erscheint, so liegt hierin doch das schwächste Argument gegen die Annahme einer Steuer i.S.d. Art. II:2 lit. a) GATT. Denn der Einsatz von marktbasierten Mechanismen ist noch ein junges Phänomen. Nur weil es neu ist, muss daraus aber nicht geschlossen wer-

---

638 Zustimmend *Pauwelyn*, U.S. Federal Climate Policy, S. 21; *Ruddigkeit*, Border Tax Adjustment, S. 21 ff.; *Ismer*, European Yearbook of International Economic Law 2010, S. 205 (221); *ders./Neuhoff*, EJLE 24 (2007), 137 (144) unter Verweis darauf, dass die Zertifikate dem Allgemeininteresse dienen, nicht dem des jeweiligen Produzenten.

639 So auch *Martini/Gebauer*, ZUR 2007, 225 (Fn. 85).

640 *Ruddigkeit*, Border Tax Adjustment, S. 20.

641 *Quick*, GTCJ 3 (2008), 163 (166).

den, dass es nicht unter bereits bekannte Kategorien fallen kann. Aus den Elementen der Definition einer Steuer lässt sich jedenfalls kein zwingendes Argument dafür ableiten, dass eine Steuer einen fixierten Betrag haben muss. Entscheidend ist lediglich, dass die Höhe nicht der Diskretion des Staates unterliegt bzw. Verhandlungssache ist. Da sie jedoch durch den Markt gebildet wird und somit objektiv bestimmbar ist, steht dieses Element einer Qualifikation als Steuer nicht entgegen.[642]

(4) Gleichbehandlung mit der CO_2- und Energiesteuer?

Auch wenn dieser letzte Punkt demnach nicht die Annahme einer Steuer ausschließt, spricht nach Abwägung aller Argumente viel dafür, die Kosten von Emissionszertifikaten nicht als Steuer im üblichen Wortsinn zu verstehen. Doch darf im Endeffekt wie bei der Energie- und CO_2-Steuer auch nicht außer Acht gelassen werden, was Sinn und Zweck des Grenzsteuerausgleichs ist, wieso einige Posten ausgleichsfähig sind und andere nicht. Berücksichtigt man dies, so ist festzustellen, dass die CO_2-Steuer und das *cap-and-trade*-System miteinander verwandt sind. Bei ersterer handelt es sich um eine Pigou-Steuer, die durch die Internalisierung der externen Effekte und die damit einhergehende Verteuerung das Verhalten der Steuersubjekte steuern soll[643]. Ziel ist es, die Steuerschuldner dahin gehend zu beeinflussen, den Treibhausgas-Ausstoß zu reduzieren. Gleiches soll mit dem Emissionshandel erreicht werden. Beide Regelungen zielen darauf ab, dass die durch sie entstehenden Kosten über den Kaufpreis an den Endverbraucher weitergereicht werden, so dass dieser sein Konsumverhalten aufgrund des Preisdrucks an Fragen der Klimaverträglichkeit ausrichtet. Wenn also beiden Systemen gemein ist, dass sie in ihrer Wirkungsweise einer indirekten Steuer ähneln, nur dass es sich bei einem um eine Regelung des *command and control* handelt, während das andere auf marktbasierte Mechanismen setzt, so scheint es inkohärent, lediglich im Bezug auf eines der beiden einen BTA für WTO-rechtlich zulässig zu erachten.

Dennoch stellt sich die Frage, ob aus diesen teleologischen Überlegungen geschlossen werden kann, dass die Kosten der Emissionszertifikate eine Steuer i.S.d. Art. II:2 lit. a) GATT sind. Denn allein, dass ein Ergebnis wünschenswert für die Kohärenz des WTO-Rechts ist, ist keine Rechtfertigung für die Überschreitung der Wortlautgrenze.[644] Im Übrigen wäre auch im Falle der Einordnung der Kosten von Emissionszertifikaten als innere Steuer keine wirkliche Kohärenz gegeben. Denn dann würde sich zwangsläufig die Frage stellen, wa-

642 *Ruddigkeit*, Border Tax Adjustment, S. 23.

643 *Heine/Herr*, Volkswirtschaftslehre, S. 184 ff.; *Natrop*, Grundzüge der Angewandten Mikroökonomie, S. 272, Fn. 157; *Wiese*, Mikroökonomik, S. 415 f.; *Schmitz-Rode*, Effizienz der Instrumente des Völkerrechts zum Schutz von Umwelt und Klima, S. 171.

644 *Genasci*, CCLR 2008, 33 (38).

rum der Kaufpreis einer Berechtigung eine Steuer darstellen soll, wenn er an den Staat entrichtet wird, nicht aber beim Kauf eines Zertifikats von einem anderen Anlagenbetreiber. In beiden Fällen handelt es sich um Kosten des Klimaschutzes, die einen Wettbewerbsnachteil für den Hersteller darstellen, doch scheidet die Qualifikation als Steuer beim Erwerb von einem Privaten wie bereits dargestellt evident aus.[645] Das Argument der Kohärenz lässt sich daher genauso gut als Gegenargument einsetzen und ist folglich nicht eindeutig. Um den Anwendungsbereich des BTA abzugrenzen, muss letztendlich die Trennlinie nachvollzogen werden, die zwischen Art. III:2 und III:4 GATT verläuft: Es handelt sich einerseits um fiskalische, andererseits um regulative Vorgaben. Diese Trennlinie darf nicht allein aus Gründen der Einheitlichkeit der Behandlung von BTAs im Klimaschutzbereich verwischt werden.[646]

Auf Grundlage dieses Gedankens ist zu bemerken, dass sich die CO_2-Steuer und die Emissionszertifikate zwar darin ähneln, dass ihre Kosten an den Endverbraucher weitergegeben werden sollen. Die Verwandtschaft der Berechtigungen mit den regulativen Vorgaben ist aber noch enger. Betrachtet man das deutsche Recht der Treibhausgas-Emissionen, so stellt man fest, dass die Emissionsberechtigungen eine Form der Ausfüllung der Vorsorgepflicht im Immissionsschutzrecht sind.[647] Diese Pflicht wird üblicherweise über technische Anforderungen erreicht, doch wählte der Gesetzgeber für die Treibhausgase den Emissionshandel, um die Vorteile eines marktbasierten Mechanismus auszuschöpfen. Dennoch soll im Endeffekt auch mithilfe dieses Instruments erreicht werden, dass die Anlagenbetreiber bestimmte technische Anforderungen einhalten. Dies wird besonders deutlich bei der deutschen Umsetzung der Emissionshandelsrichtlinie im Bereich der Neuanlagen. Den Neuanlagen wird eine bestimmte Menge an Zertifikaten zugeteilt, die sich nach einer sog. Benchmark richtet. Diese Benchmark kommt unter Bezugnahme auf die beste verfügbare Technik zustande. D.h., dass in der Gruppe der Neuanlagen nur dann ausreichend Zertifikate vorhanden sind, wenn alle Anlagen dem Stand der Technik entsprechen. Sollte dies bei einer Anlage nicht der Fall sein, so muss das dadurch ausgeglichen werden, dass eine andere Anlage den Stand der Technik sogar übertrifft. Im Endeffekt zeigt sich hier, dass das *cap-and-trade* ein System technischer Anforderungen ersetzt, mithin den Umweltstandards vergleichbar ist:[648] Die Neuanlagenbetreiber sind dazu gezwungen, die beste verfügbare Technik einzusetzen, weil andernfalls gar nicht ausreichend Zertifikate vorhanden sind. Zwar lässt die bisherige Betrachtung außer Acht, dass selbstverständlich noch Berechtigungen

645 Siehe oben S. 106.

646 Vgl. zu den Gefahren eines Ausgleichs der Kosten staatlicher Regulierung *Jackson*, The World Trading System, S. 237.

647 *Rebentisch*, NVwZ 2006, 747 (748).

648 *Weiß*, in: Weiß/Herrmann/Ohlers, Welthandelsrecht, § 11, Rn. 416; *Rebentisch*, NVwZ 2006, 747 (749 f.).

von Altanlagen zur Verfügung stehen und auch CERs und ERUs eingesetzt werden können, um der Abgabenpflicht nachzukommen. Doch bedeutet dies nur, dass der Zwang, sich dem Stand der Technik anzupassen, nicht ganz so allumfassend, nicht ganz so drastisch ist. Das System kann nur funktionieren, wenn ein Großteil der Anlagen tatsächlich unter Verwendung der besten verfügbaren Technik betrieben wird. Daher ist der Emissionshandel, will man entsprechend der Vorgaben des Art. III GATT eine Aufteilung in zwei abschließende Kategorien vornehmen, eher den regulativen Vorgaben als den fiskalischen Maßnahmen zuzuordnen.[649]

Hinzu kommt, dass aus der Feststellung, dass ein Grenzsteuerausgleich für Kosten der Emissionszertifikate gegen Art. II:1 lit. a) GATT verstößt, nicht zwingend dessen rechtliche Unzulässigkeit folgt. Denn es ist immer noch eine Rechtfertigung gem. Art. XX GATT denkbar. Demnach stellt der BTA für Kosten von Emissionszertifikaten nicht automatisch einen Verstoß gegen das WTO-Recht dar, sondern kann trotzdem zulässig sein. Der Nachteil dieses Ansatzes ist jedoch, dass zwar sowohl für Energie- bzw. CO_2-Steuern als auch für den Emissionshandel ein BTA möglich ist, sich aber die jeweiligen Rechtsregimes trotz der Vergleichbarkeit der Instrumente voneinander unterscheiden. Doch lässt sich die Vereinheitlichung eben nicht *de lege lata,* sondern nur *de lege ferenda* erreichen.

Was folgt nun aber aus der Feststellung, dass die Regelungen des BTA auf die Kosten von CO_2-Zertifikaten nicht anwendbar sind? Dies bedeutet, dass eine Ausgleichszahlung für derartige Kosten bei Einfuhr einer Ware nicht unter die Bestimmung des Art. II:2 lit. a) GATT fällt und somit nicht aus dem Anwendungsbereich des Art. II GATT ausgenommen ist. Da die Zahlung eine „andere Abgabe oder Belastung" darstellt, die die in der Liste vorgesehene Belastung übersteigt, liegt hierin ein Verstoß gegen Art. II:1 lit. b) GATT.[650]

bb) Rechtfertigung gem. Art. XX GATT

Wie bereits gesagt scheidet damit aber die WTO-Rechtskonformität eines BTA für Kosten von Emissionszertifikaten nicht zwangsläufig aus. Nach den bisherigen Ausführungen zu einer möglichen Ausnahmeregelung für Klimaschutz-Maßnahmen im Rahmen des Art. XX GATT erscheint eine Rechtfertigung durchaus denkbar. Stellt man darauf ab, dass der BTA Teil einer Klimaschutzpolitik ist, so können die Ausnahmetatbestände des Art. XX lit. b) und g) GATT einschlägig sein.

---

649 *Howse/Eliason*, in: Cottier u.a. (Hrsg.), International Trade Regulation and the Mitigation of Climate Change, S. 48 (69); *Weiß*, in: Weiß/Herrmann/Ohlers, Welthandelsrecht, § 11, Rn. 416; *Hufbauer/Charnovitz/Kim*, Global Warming and the World Trading System, S. 62.

650 Vgl. India – Additional Duties, AB, para. 214; *Quick*, GTCJ 3 (2008), 163 (164, 166).

(1) Klimaschutz als das primäre Ziel des BTA?

Problematisch ist im Hinblick auf Art. XX lit. g) GATT, also die Erhaltung erschöpflicher Naturschätze, allerdings das Merkmal des *„relating to"*, das als primär auf die Erhaltung erschöpflicher Naturschätze abzielend verstanden wird.[651] Denn wenn es Sinn und Zweck des BTA ist, die Wettbewerbschancen der heimischen Industrie zu schützen, dann stellt sich durchaus die Frage, ob diese Maßnahme tatsächlich vorrangig dem Klimaschutz dient.[652] Kann es genügen, wenn die Mitigation des Klimawandels nur eine von mehreren Zielsetzungen der zu rechtfertigenden Regelung darstellt? Denn es versteht sich von selbst, dass der Schutz der inländischen Wirtschaft im Rahmen der WTO kein begrüßens- bzw. schützenswertes Ziel darstellt. Auch in der vorliegenden Darstellung wurde bisher davon ausgegangen, dass hinter dem BTA zuvorderst der Gedanke des *level the playing field* steht. Bliebe es bei dieser Sichtweise, so könnte schwerlich überzeugend vertreten werden, dass ein BTA zum Ausgleich der Kosten von Emissionszertifikaten primär der Erhaltung erschöpflicher Ressourcen dient.

Doch greift diese Betrachtung zu kurz. Es kann zwar nicht geleugnet werden, dass der BTA zum Ziel hat, Wettbewerbsnachteile auszugleichen.[653] Doch ist dies kein Selbstzweck, der nur den inländischen Waren zugutekommen soll. Vielmehr ist der BTA notwendig, um überhaupt ein funktionierendes *cap-and-trade* System zur Mitigation des Klimawandels aufbauen zu können.[654] Das liegt zum einen daran, dass andernfalls die politische Umsetzbarkeit eines solchen Vorhabens durch den großen Widerstand in der Wirtschaft gefährdet wird.[655] Allerdings erscheint es sehr fragwürdig, ob solche politischen Zwänge zu einer abweichenden Beurteilung der Zielsetzung des BTA führen können. Hierbei handelt es sich nicht um Argumente, die üblicherweise auf der völkerrechtlichen Ebene berücksichtigt werden können. Überzeugender sind andere Ansätze, die auf eine Notwendigkeit des BTA für den Emissionshandel schließen lassen.

---

651 *Brack* u.a., International Trade and Climate Change Policies, S. 88 halten es für sehr wahrscheinlich, dass ein Panel den BTA nicht als primär auf die Reduzierung von CO_2-Emission gerichtet sehen würde.

652 *Howse/Eliason*, in: Cottier u.a. (Hrsg.), International Trade Regulation and the Mitigation of Climate Change, S. 48 (61); *Puth*, WTO und Umwelt, S. 55 geht sogar soweit zu sagen, dass es sich "nicht um eigentliche Umweltschutzmaßnahmen [handelt], sondern um Maßnahmen zum Schutz der inländischen Produktion."

653 *Ismer/Neuhoff*, EJLE 24 (2007), 137 (150); *Quick*, GTCJ 3 (2008), 163 (169) sieht dies sogar als den beherrschenden Grund; *Brack* u.a.; International Trade and Climate Change Policies, S. 88 gehen sogar davon aus, dass der BTA ausschließlich die heimische Industrie schützen soll.

654 *Sindico*, EEELR 17 (2008), 328 (328).

655 *Hoerner/Muller*, Carbon Taxes, S. 38.

Diese wurden bereits bei der wettbewerbsverzerrenden Wirkung des *cap-and-trade* Systems dargestellt:[656] Zum einen handelt es sich um das Phänomen des *carbon leakage*. Demnach wird keine Verringerung des Treibhausgas-Ausstoßes erreicht, wenn die Hersteller, anstatt in die Optimierung ihrer Anlagen zu investieren, ihre Produktionsstätten in Länder verlegen, in denen keine oder weniger strenge Restriktionen aufgrund des Klimaschutzes existieren.[657] Zum anderen liegt der Verlust an Effektivität darin begründet, dass die Nachfrage nach günstigeren Produkten nach den Marktgesetzen höher ist als die nach teureren Waren. Wenn sich also die Kosten des Zertifikatehandels im Endpreis niederschlagen, so bedeutet dies, dass mehr Produkte gekauft werden, die diesen Zwängen nicht unterliegen. Diese werden daher auch verstärkt hergestellt, was wiederum eine Verlagerung der Produktion hin zu klimaschädlicheren Waren bedeutet.

An diesen zwei Mechanismen ist folglich erkennbar, dass ein Ausgleich der Kosten der Emissionszertifikate nicht nur dazu führt, die heimische Wirtschaft zu schützen, sondern auch Bedingung dafür ist, dass das System des *cap-and-trade* überhaupt in der Weise funktioniert, dass der Ausstoß klimaschädlicher Spurengase reduziert wird. Genau genommen ist es gar nicht erforderlich, zwischen diesen beiden Aspekten des BTA zu differenzieren. Denn diese sind untrennbar miteinander verbunden, d.h. die negativen wirtschaftlichen Effekte führen gleichzeitig dazu, dass auch das klimapolitische Ziel verfehlt wird. So ist etwa das Phänomen des *carbon leakage* in selbem Maße eine Gefahr für Wirtschaft bzw. Arbeitsplätze wie für den Klimaschutz.

Nun könnte man der Ansicht, dass der Grenzausgleich für das Funktionieren des Emissionszertifikate-Handels notwendig sei, entgegenhalten, dass das europäische Modell bisher auch ohne einen derartigen Ausgleichsmechanismus ausgekommen ist. Insbesondere das Problem des *carbon leakage* ist bisher in nur sehr geringem Umfang aufgetreten.[658] Jedoch ist dieser Einwand deshalb unzulässig, weil vorliegend der Ausgleich von Kosten für vom Staat erworbene Zertifikate untersucht wird. Nachdem aber bisher fast alle Erlaubnisse kostenlos zugeteilt werden,[659] entstehen auch die beschriebenen Gefährdungen der Wirksamkeit des Emissionshandels noch nicht, so dass es gleichsam keines Mechanismus bedarf, um hier Abhilfe zu schaffen. Voll zur Geltung kommen werden

---

656 Siehe oben S. 103 f.

657 *Veel*, JIEL 12 (2009), 749 (777); *Genasci*, CCLR 2008, 33 (33); *Hoerner/Muller*, Carbon Taxes, S. 1; *Ismer*, European Yearbook of International Economic Law 2010, S. 205 (219 f.).

658 Vgl. Studie des Öko-Instituts, Fraunhofer ISI und DIW Berlin im Auftrag des Umweltbundesamts: Carbon Leakage. The Relocation of Production and Emission as a Challenge for Emissions Trading?; verfügbar unter http://www.dehst.de/SharedDocs/Downloads/EN/Publications/Carbon_Leakage_Paper.pdf?__blob=publicationFile, (zuletzt besucht am 2. Mai 2011).

659 Siehe oben S. 19.

diese Effekte erst in Zukunft, wenn die Zertifikate zu einem immer größeren Teil gegen Entgelt versteigert werden.

Es lässt sich folglich durchaus argumentieren, dass ein BTA primär darauf abzielt, die Wirksamkeit eines *cap-and-trade* Systems zu sichern und hierdurch dessen erklärtes Ziel zu erreichen, nämlich die Reduktion des Treibhausgas-Ausstoßes. Dann ist das Merkmal des *„relating to"* i.S.d. Art. XX lit. g) GATT erfüllt.[660] Es folgt aus den genannten Erwägungen aber auch, dass der Gesetzgeber in seiner Begründung eines BTA darauf achten muss, diesen Aspekt in den Vordergrund zu stellen und nicht den Schutz vor Wettbewerbsnachteilen der eigenen Produzenten.[661] Zwar ist entscheidend nicht die Gesetzesbegründung, sondern die Intention, die aus der tatsächlichen Ausgestaltung und Durchführung einer Maßnahme spricht.[662] Doch würde ein Vermerk in den Gesetzesmaterialien, nach dem die inländische Wirtschaft geschützt werden soll, möglichen Angriffen ein starkes Argument liefern. Denn wenn die Erhaltung von erschöpflichen Naturschätzen nur Nebenziel ist, so genügt dies den Anforderungen des Art. XX lit. g) GATT nicht.

(2) Die weiteren Voraussetzungen der Rechtfertigung – kein Hindernis für den BTA

Weniger Probleme bereitet das Erfordernis der *„even-handedness"*. Diesem ist unter den gleichen Voraussetzungen genüge getan wie der Gleichwertigkeit im Rahmen des Art. II:2 lit. a) GATT.[663] Das heißt im Einzelnen, dass für die Berechnung des Ausgleichs auf die einzelne Ware abgestellt werden muss und nicht auf das Rechtsregime im Herkunftsland. Zudem orientiert sich die Höhe der Abgabe nicht am Wert der Ware, sondern an der Menge an Treibhausgasen, die bei ihrer Herstellung emittiert wurde. Sind diese Anforderungen eingehalten, so unterscheidet sich die Regelung für importierte Waren von derjenigen für inländische Produkte allerdings immer noch dadurch, dass kein Zertifikat erworben wird, sondern nur ein bestimmter Preis gezahlt werden muss. Aufgrund dieser Beobachtung drängen sich zwei Problemkreise auf, die für die Beurteilung der „Unparteilichkeit" eine Rolle spielen.

Zum einen muss bei der Einfuhr ein Preis für die Emissions-Einheiten errechnet werden. Anders als inländische Produzenten können Importeure nicht zu einem beliebigen, möglichst günstigen Zeitpunkt Zertifikate erwerben, um diese später einzusetzen. Der Betrag der Ausgleichszahlung wird vom Importstaat festgelegt. Jedoch kann diese Festlegung nachvollziehbar und objektiv gestaltet

---

660 So auch *Veel*, JIEL 12 (2009), 749 (777); *Howse/Eliason*, in: Cottier u.a. (Hrsg.), International Trade Regulation and the Mitigation of Climate Change, S. 48 (72).

661 *Sindico*, EEELR 17 (2008), 328 (339).

662 US – Shrimp (Article 21.5), Panel, para. 5.143.

663 Siehe hierzu oben S. 106 ff.

werden. So bietet es sich an, auf den jeweiligen Kurs der Emissionsrechte an der Europäischen Energiebörse EEX am Tag des Imports abzustellen. Damit eröffnet sich den ausländischen Waren zwar nicht das gleiche Maß an Flexibilität wie inländischen Produkten. Doch erfordert das Kriterium der „*even-handedness*“ ja auch keine identische, sondern nur eine gerechte, ausgeglichene Behandlung. Dem ist unter Verwendung solcher objektiven Maßstäbe Genüge getan.

Der zweite Punkt betrifft die Möglichkeit des Weiterverkaufs, d.h. der Handelbarkeit. Im Inland ist es möglich, mit Emissionszertifikaten zu spekulieren und so einen Gewinn zu realisieren. Da ausländische Waren keine Berechtigungen erhalten, sondern lediglich einen Ausgleich zahlen, besteht diese Möglichkeit für sie nicht. Doch ist zu bedenken, dass das Merkmal der „*even-handedness*“ nur davor schützen soll, dass im Inland keine entsprechenden Regelungen existieren, so dass von einer protektionistischen Zielrichtung auszugehen ist.[664] Allein aufgrund der aufgezeigten Unterschiede erscheint diese Annahme fernliegend. Inhaltlich und in der Wirkungsweise sind die Bestimmungen vergleichbar und damit auch *„even-handed“*.[665]

Soll zur Rechtfertigung eines BTA für Kosten von Emissionszertifikaten nicht nur auf die Erhaltung erschöpflicher Naturschätze zurückgegriffen werden, sondern auch auf den Tatbestand des Art. XX lit. b) GATT, so stellt sich hierbei die Frage der Erforderlichkeit. Diese kann parallel zu den Ausführungen im Rahmen des Art. XX lit. g) GATT[666] beantwortet werden. Denn nach den dort genannten Argumenten verliert der Zertifikatehandel ohne Grenzausgleich einen Teil seiner klimaschützenden bzw. Emissionen begrenzenden Wirkung. Dann ist der BTA erforderlich, um dem *cap-and-trade* System zu seiner vollen Wirksamkeit zu verhelfen. Angesichts der hohen Wertigkeit der betroffenen Schutzgüter, nämlich des Lebens und der Gesundheit von Menschen, spricht auch die Abwägung dafür, dass der BTA den *„Necessity“*-Test besteht.[667]

Für die Erfüllung der Kriterien des *chapeau* kann auf die Ausführungen zur Inländergleichbehandlung beim Grenzsteuerausgleich von Energie- bzw. CO_2-Steuern verwiesen werden.[668] Denn wenn den Anforderungen des Art. III GATT Genüge getan ist, dann kann auch keine willkürliche oder ungerechtfertigte Diskriminierung bzw. verschleierte Beschränkung des internationalen Handels bestehen. Konkret bedeutet dies, dass für die Berechnung der Ausgleichszahlung auf den Treibhausgas-Ausstoß bei der Herstellung jeder einzelnen Ware und

---

664 Siehe schon oben S. 70 ff.

665 Vgl. *Veel*, JIEL 12 (2009), 749 (777).

666 Vgl. soeben.

667 *Quick*, GTCJ 3 (2008), 163 (172) zweifelt dies mit der Begründung an, in Abwesenheit eines internationalen Abkommens würde im Ausland die Emission von CO_2 unverändert fortgesetzt, so dass der BTA nur „marginal oder insignifikant“ wäre. Auch *Brack* u.a., International Trade and Climate Change Policies, S. 88 halten es für wahrscheinlich, dass der BTA nicht erforderlich ist, jedoch ohne Begründung.

668 Siehe oben S. 106 ff.

nicht auf die gesetzliche Lage im Herkunftsland abzustellen ist und dass bei der Verwendung eines Durchschnittswerts die Möglichkeit eines abweichenden Nachweises gegeben sein muss.[669] Denn entscheidend für die Frage, ob ein Verstoß gegen den *chapeau* vorliegt, ist nicht die Intention des Gesetzgebers bei Entstehung des Gesetzes. Es genügt demnach nicht, wenn in den Gesetzesmaterialien der Zweck des Klimaschutzes herausgestellt wird und der Schutz der Wettbewerbsfähigkeit der heimischen Wirtschaft hierin nicht vorkommt. Vielmehr kommt es auf die objektive Gestaltung der Regelung an, also ob die Last, die den importierten Waren hierdurch auferlegt wird, faktisch größer ist als diejenige, die inländische Produkte zu tragen haben.[670] Das ist nur gewährleistet, wenn der BTA in der beschriebenen Weise ausgestaltet ist.

Abgesehen hiervon müssen selbstverständlich die bereits dargestellten allgemeinen Kriterien, die der Appellate Body in *US – Shrimp* aufgestellt hat, eingehalten werden.[671] Hieraus folgt im Einzelnen, dass den potenziell betroffenen Mitgliedern der WTO bereits vor Erlass eines BTA die Möglichkeit zu Verhandlungen gegeben werden muss, dass bei Durchführung des BTA die Gewährung rechtlichen Gehörs erforderlich ist und dass insbesondere Ausnahmeregelungen für Entwicklungsländer vorhanden sein müssen. Somit ergibt sich aus dem *chapeau* eine ganze Reihe von einzuhaltenden Kriterien; doch folgen hieraus keine grundlegenden Probleme, die die Vereinbarkeit des Grenzsteuerausgleichs mit dem Einleitungssatz des Art. XX GATT ausschließen.[672] Alles in allem steht das WTO-Recht daher auch einem BTA für die Kosten von Emissionszertifikaten bei entsprechender Ausgestaltung nicht entgegen.

3. Ergebnis

Ein Grenzsteuerausgleich ist sowohl in Bezug auf Energie- und CO_2-Steuern als auch für die Kosten von Emissionszertifikaten möglich und mit dem WTO-Recht vereinbar. Allerdings fällt erstere Kategorie unter das Regime des BTA und verstößt damit gar nicht erst gegen Vorschriften des GATT oder des SCM. Anders liegen die Dinge bezüglich des Emissionshandels: Da der Preis der Berechtigungen keine Steuer darstellt, sind die Regeln für den BTA nicht anwendbar, so dass die Ausgleichszahlung gegen Art. II:1 lit. b) GATT verstößt. Gleichwohl kann sie über die Ausnahmetatbestände in Art. XX GATT gerecht-

---

669 Vgl. *Ismer*, European Yearbook of International Economic Law 2010, S. 205 (221).

670 US – Shrimp (Article 21.5), Panel, para. 5.143; *Howse/Eliason*, in: Cottier u.a. (Hrsg.), International Trade Regulation and the Mitigation of Climate Change, S. 48 (62).

671 Vgl. oben S. 88 ff.

672 *Howse/Eliason*, in: Cottier u.a. (Hrsg.), International Trade Regulation and the Mitigation of Climate Change, S. 48 (73); *Demaret/Stewardson*, JWT 28 (1994), 5 (59).

fertigt werden, so dass auch in dieser Hinsicht das WTO-Recht kein unüberwindbares Hindernis darstellt.

Interessanterweise sind die Anforderungen, die für die Rechtmäßigkeit des BTA zu erfüllen sind, trotz der unterschiedlichen Regimes in beiden Fallgestaltungen sehr ähnlich. Zentral für die Zulässigkeit ist eine Ausgestaltung, die es bei jeder einzelnen importierten Ware erlaubt, einen Nachweis über die tatsächliche Treibhausgas-Emission zu führen. Eine pauschalierende Betrachtungsweise ist ausgeschlossen. Der Unterschied liegt hauptsächlich darin, dass im Falle des Ausgleichs der Kosten von Emissionszertifikaten nach den Vorgaben des Appellate Body eine Kooperationspflicht besteht, vor Einführung eines entsprechenden Gesetzes daher Verhandlungen mit den betroffenen Mitgliedern der WTO geführt werden müssen. Nachdem ein Ausgleich von Steuern gar nicht erst gegen Vorschriften des WTO-Rechts verstößt, ist dies im Kontext der CO_2- bzw. Energiesteuer nicht erforderlich. Diese Bilanz stärkt denn auch noch einmal die Ansicht, dass es nicht notwendig ist, den Ausgleich der Kosten des *cap-and-trade* Systems aufgrund der engen Verwandtschaft wie den Ausgleich von CO_2- oder Energiesteuern zu behandeln.[673] Denn die Kohärenz ist offenbar auch so gegeben.

Es bleibt jedoch festzuhalten, dass die Machbarkeit des Grenzsteuerausgleichs unter dem WTO-Recht nicht bedeutet, dass es sich hierbei tatsächlich um ein geeignetes und sinnvolles Instrument zur Durchsetzung des Klimaschutzes handelt. Die Anforderungen, die erfüllt werden müssen, um den Vorschriften der WTO zu entsprechen, sind derart anspruchsvoll, dass jeder Gesetzesentwurf nur mit äußerster Vorsicht gestaltet werden kann. Vor allem aber ist die praktische Durchführung mit einem enorm hohen Aufwand verbunden. Die administrativen Kosten an der Grenze dürften beachtlich sein und auch die Aufgabe, einem Produkt einen bestimmten *carbon footprint* zuzuweisen, ist mit einer großen technischen Herausforderung verbunden.[674] Hinzu kommt, dass auch den importierten Waren eine erhebliche Last auferlegt wird, wenn es gelingen soll, den Nachweis einer geringeren als der durchschnittlichen Treibhausgas-Emission zu führen. Hierin liegt ein Hemmnis für den internationalen Handel, wenn dieses auch aufgrund der Zielsetzung des Klimaschutzes gerechtfertigt werden kann.

Ein Grund neben anderen für die Einführung eines BTA ist sicherlich auch, andere Länder dazu zu bewegen, mehr für den Klimaschutz zu unternehmen. Doch bedenkt man, dass etwa die USA eine derartige Maßnahme grade im Hinblick auf China erwägen, so ist darauf hinzuweisen, dass China weniger als 1 %

---

673 Siehe oben S. 106 ff.

674 So auch *Howse/Eliason*, in: Cottier u.a. (Hrsg.), International Trade Regulation and the Mitigation of Climate Change, S. 48 (68 f.), die die Problematik beim Grenzsteuerausgleich ebenfalls weniger in der Legalität als in der technischen Durchführbarkeit sehen und *Hufbauer/Charnovitz/Kim*, Global Warming and the World Trading System, S. 69; vgl. ebenso *McIsaac*, JWT 44 (2010), 1053 (1065).

seiner energieintensiven Produkte in die Vereinigten Staaten exportiert.[675] Ein nennenswerter Anpassungsdruck wird hierdurch nicht generiert.

Ein letztes Manko, das aber von herausragender Bedeutung ist, ist die zwingende Bevorzugung von Entwicklungsländern im Bereich der Emissionsrechte. Denn die beschriebenen Risiken für die Wirksamkeit eines *cap-and-trade* Systems, insbesondere das Phänomen des *carbon leakage*, betreffen gerade die Schwellenländer. Angesichts dessen ist es fraglich, ob ein BTA, zumindest im Hinblick auf die Kosten des Emissionshandels, ein geeignetes Instrument zur Vervollständigung einer inländischen Klimapolitik ist.

Wird trotz alledem ein Grenzsteuerausgleich im Bereich der Klimapolitik eingeführt, so sollte dieser sich auf die energieintensiven Sektoren wie die Stahl- oder Aluminiumproduktion beschränken. Denn dort ist das Risiko des *carbon leakage* und somit die Gefahr für die Effektivität der Klimaschutz-Maßnahmen am größten.[676]

III. Andere Maßnahmen zum Ausgleich von Wettbewerbsnachteilen – durch das WTO-Recht ausgeschlossen

Angesichts all der beschriebenen Nachteile ds Grenzsteuerausgleichs stellt sich die Frage, ob es wirklich sinnvoll ist, den BTA einzusetzen, oder ob nicht mithilfe anderer Mechanismen ebenso wirkungsvoll der für die Mitigation des Klimawandels notwendige Ausgleich von Wettbewerbsnachteilen erreicht werden kann, aber zu einem geringeren Preis. Deutlich einfacher zu gestalten als der Grenzsteuerausgleich und zudem weniger aufwendig bei der Durchführung sind andere zum Teil auch von Politik und Wissenschaft vorgeschlagene Maßnahmen, die darauf abzielen, den Wettbewerbsvorteil von Waren aus Ländern ohne nennenswerte Klimaschutzbemühungen auszugleichen. Allerdings liegt die Raffinesse des BTA gerade darin, dass er über die Maßgaben der Gleichwertigkeit und Inländergleichbehandlung einen gerechten Ausgleich der Interessen erzielt. Mit der einfacheren Strukturierung der alternativen Vorgehensweisen geht auch ein Verlust der Fähigkeit einher, nuancierte, „gerechte" Lösungen zu finden. Angesichts dieses Nachteils stellt sich die Frage, ob derartige Maßnahmen dennoch die Vorgaben des WTO-Rechts erfüllen können.

---

675 *McIsaac*, JWT 44 (2010), 1053 (1073).

676 Dieser Gedanke wird auch bezüglich des in der Richtlinie 2009/29/EG angedeuteten BTA deutlich, vgl. Erwägungsgründe 24, 25; ebenso *Ismer/Neuhoff*, EJLE 24 (2007), 137 (153 ff.); *Sindico*, EEELR 17 (2008), 328 (334); *Hoerner/Muller*, Carbon Taxes, S. 21.

1. Importverbot für klimaschädlich produzierte Waren

Die erste Möglichkeit, um die Konkurrenz durch Waren, die ohne klimapolitische Auflagen hergestellt wurden, zu vermeiden, ist ein Importverbot.[677] Dieses könnte die Einfuhr aus Ländern ohne substanzielle Klimaschutzpolitik verbieten. Da ein Verbot für sämtliche Waren nicht erwünscht und offensichtlich auch nicht angemessen ist, würde es sich auf den Import von solchen Waren beschränken, bei deren Herstellung in besonders hohem Maße Treibhausgase ausgestoßen werden, so dass in diesem Bereich ein gesteigertes Risiko des *carbon leakage* besteht. Das würde gerade die Wirtschaftszweige entlasten, die von der Klimapolitik überproportional betroffen sind, weil sie sehr energieintensiv produzieren.

Doch ist das Importverbot keine Alternative zum BTA, wenn es unvereinbar mit den Vorschriften der WTO ist. Problematisch ist in dieser Hinsicht, dass jede Art von Importverbot gleich welcher konkreten Ausgestaltung einen Verstoß gegen das Verbot der mengenmäßigen Beschränkungen gem. Art. XI:1 GATT darstellt.[678] Dieser lautet:

> „Außer Zöllen, Abgaben und sonstigen Belastungen darf eine Vertragspartei bei der Einfuhr einer Ware aus dem Gebiet einer anderen Vertragspartei oder bei der Ausfuhr einer Ware oder ihrem Verkauf zwecks Ausfuhr in das Gebiet einer anderen Vertragspartei Verbote oder Beschränkung, sei es in Form von Kontingenten, Einfuhr- und Ausfuhrbewilligungen oder in Form von anderen Maßnahmen, weder erlassen noch beibehalten."

Ein vollständiges Einfuhrverbot geht sogar über die genannten Beispiele der Kontingentierung oder Bewilligungen hinaus; es ist die stärkste denkbare Handelsbeschränkung überhaupt.[679] Zusätzlich verstößt ein Importverbot, das auf der Herkunft einer Ware basiert, gegen das Meistbegünstigungsprinzip gem. Art. I:1 GATT.[680] Denn dadurch werden Waren aus einigen WTO-Mitgliedstaaten schlechter behandelt als solche aus anderen. Da die Produkte ihre Gleichartigkeit nicht durch unterschiedliche Produktionsmethoden verlieren,[681] fällt diese Schlechterstellung in den Anwendungsbereich des Art. I:1 GATT.

Daher wäre ein Importverbot nur im Falle einer Rechtfertigung über Art. XX GATT WTO-rechtskonform möglich. Daraus, dass es die schärfste

---

677 Ein solches Importverbot schlägt *Stiglitz*, The Economists' Voice 3 (2006), Iss. 7, Article 3, S. 2 als Reaktion auf die Weigerung der USA, das Kyoto-Protokoll zu ratifizieren, vor.

678 Siehe bereits oben S. 22; *Pauwelyn*, U.S. Federal Climate Policy, S. 12; *McIsaac*, JWT 44 (2010), 1053 (1063, Fn. 65).

679 US – Shrimp, AB, para. 171; Brazil – Retreaded Tyres, Panel, para. 7.114.

680 *Pauwelyn*, U.S. Federal Climate Policy, S. 12.

681 Siehe oben S. 41 ff.

Waffe zur Erreichung eines der unter den allgemeinen Ausnahmen verfolgbaren Ziele ist und den Handel vollständig unterbindet, folgt nicht automatisch, dass eine Rechtfertigung ausgeschlossen ist.[682] Doch sind die Anforderungen, die hieran zu stellen sind, sehr hoch.

Das Verbot könnte sich darauf stützen, dass es der Erhaltung erschöpflicher Naturschätze gem. Art. XX lit. g) GATT diene. Denn im Wesentlichen trägt es zum Klimaschutz in gleicher Weise bei wie der Grenzsteuerausgleich: Es reduziert die Nachfrage nach klimaschädlich hergestellten Waren und sichert die Effektivität der inländischen Klimapolitik durch die Verhinderung eines *carbon leakage*.[683] Die Frage ist jedoch, ob dieses Verbot „im Zusammenhang mit Beschränkungen der inländischen Produktion" angewendet wird, ob also das Kriterium der *even-handedness* erfüllt ist. Zweifel hieran könnten sich deshalb ergeben, weil das Importverbot sehr weitreichend ist und damit im Regelfall über die Einschränkungen, die ein inländischer Hersteller zu tragen hat, hinausgehen dürfte. Andererseits scheiterte auch das Importverbot in *US – Shrimp* nicht an dieser Vorgabe, so dass bei Bestehen einer ernsthaften Klimapolitik im Inland die *even-handedness* zu bejahen sein dürfte. Ein Einfuhrverbot beispielsweise der EU würde folglich nicht an diesem Punkt scheitern.

Allerdings müssten zusätzlich die Anforderungen des *chapeau* erfüllt sein. Problematisch ist dabei, dass das Importverbot an das Herkunftsland einer Ware anknüpft und somit diskriminierend wirkt. Wenn die Unterscheidung auf der Ratifikation des Kyoto-Protokolls basiert, liegt hierin auch eine willkürliche oder ungerechtfertigte Diskriminierung i.S.d. *chapeau*, wie bereits dargelegt wurde.[684]

Entscheidende Hürde ist letztlich der *least trade restrictive*-Test. Bedenkt man, dass der *chapeau* eine Umsetzung des Prinzips des *abus de droit* darstellt und dass er demnach eine angemessen Ausübung der Rechte unter den allgemeinen Ausnahmen sicherstellen soll, so muss eine Rechtfertigung des Importverbots hieran scheitern. Denn es ist eine ganze Reihe von alternativen Maßnahmen denkbar, die einzeln oder im Zusammenspiel dieselben Ziele erreichen können, die mit dem vollständigen Verbot verfolgt werden, dabei aber weitaus weniger handelsbeschränkend wirken. Das trifft insbesondere auf den Grenzsteuerausgleich zu, der im Hinblick auf den Klimaschutz die gleiche Wirkungsweise wie ein Importverbot aufweist, bei ebenso großer Effektivität jedoch weniger einschneidend ist. Außerdem kann eine ganze Reihe von internen Maßnahmen getroffen werden, die nicht gezielt den grenzüberschreitenden Handel betreffen, wohl aber auf importierte Produkte anwendbar sind und so zur Mitigation des Klimawandels auch im Hinblick auf diese beitragen. Entsprechende Regelungen könnten etwa Kennzeichnungspflichten oder Standards im Zusam-

682 Brazil – Retreaded Tyres, AB, para. 150.
683 Vgl. oben S. 103 f.
684 Vgl. oben S. 91.

menhang mit dem Treibhausgas-Ausstoß normieren.[685] Angesichts dieser Alternativen muss man konstatieren, dass ein Importverbot, das das Fehlen von Maßnahmen wie Energie- bzw. CO_2-Steuern und Emissionshandel sanktioniert, über das Ziel hinausschießt und nicht mehr als angemessene Ausübung der Ausnahmerechte unter Art. XX GATT gesehen werden kann.

Im *Shrimp/Turtle*-Fall schloss der Appellate Body zwar die Möglichkeit eines Importverbots für Zwecke des Umweltschutzes unter der Voraussetzung der Einhaltung der Vorgaben des *chapeau* nicht aus.[686] Der Unterschied zum Einfuhrverbot für Waren, die weder einer Energiesteuer noch dem Emissionshandel unterliegen, ist aber, dass es in diesem Verfahren um regulatorische Vorgaben ging,[687] die ihrer Natur nach nicht durch eine Zahlung anlässlich des Grenzübergangs ausgeglichen werden können. Anders ist dies im Bereich des Klimaschutzes, weil die genannten Regelungen zuvorderst eine finanzielle Belastung bedeuten. Demnach entfällt im *Shrimp/Turtle*-Fall das Argument, dass zumindest der BTA ein milderes, aber gleich effektives Mittel zur Erreichung des gewünschten Ziels ist. Allein in der Möglichkeit, interne Maßnahmen zu ergreifen, dürfte in der Regel kein gleich effektives Mittel zu sehen sein. So hängt zum Beispiel bei Kennzeichnungspflichten die Wirksamkeit entscheidend von der Bereitschaft der Verbraucher ab, gegebenenfalls umweltpolitische Erwägungen über einen eventuellen Preisvorteil zu stellen. Diese Bereitschaft ist nicht generell vorhanden. Deshalb ist es nachvollziehbar, dass der Appellate Body im *Shrimp/Turtle*-Fall der Annahme der Erforderlichkeit nicht grundsätzlich ablehnend gegenüberstand. Im Bereich des Klimaschutzes, in dem durch das Einfuhrverbot die Nachteile aus steuerlichen Belastungen und dem Emissionshandel ausgeglichen werden sollen, greift diese Argumentation bezüglich der Schwachstellen interner Maßnahmen aber nicht. Folglich sind die Anforderungen des *chapeau* nicht erfüllt. Eine Rechtfertigung ist damit ausgeschlossen.

Die alternative Rechtfertigung eines Importverbots über den Schutz des Lebens und der Gesundheit von Menschen gem. Art. XX lit. b) GATT scheitert aufgrund der gleichen Überlegungen wie unter Buchstabe g). Allerdings werden diese bereits im Rahmen des Ausnahmetatbestands relevant, nämlich für den *„Necessity"*-Test, und nicht erst bei der Prüfung des *chapeau*. Hierzu führte der Appellate Body in *Brazil – Retreaded Tyres* aus:

> *„[...] when a measure produces restrictive effects on international trade as severe as those resulting from an import ban, it appears to us that it would be difficult for a panel*

685 Näher hierzu unten S. 106 ff.

686 US – Shrimp, AB, para. 186.

687 Das Einfuhrverbot in diesem Fall knüpfte daran an, ob im Exportland eine zwingende Verpflichtung zur Verwendung sog. TEDs („turtle excluder devices") beim Ernten von Shrimps bestand; vgl. US – Shrimp, AB, para. 4.

> *to find that measure necessary unless it is satisfied that the measure is apt to make a material contribution to the achievement of its objective.*"[688]

Nun führt das Importverbot dazu, dass das Risiko des *carbon leakage* eliminiert und die Nachfrage nach klimaschädlichen Produkten verringert wird. Es ist also ein zentrales Element zur Sicherstellung der Wirksamkeit der inländischen Klimapolitik. Demnach kann es als wesentlicher Beitrag zur Erreichung des verfolgten Ziels – der Mitigation des Klimawandels – gesehen werden. Doch ist dies nur eine notwendige, nicht aber eine hinreichende Bedingung, um den „*Necessity*"-Test zu bestehen. Vielmehr dürfen eben auch keine weniger handelsbeschränkenden, gleich wirksamen Alternativen vorhanden sein. Doch diese sind beim *least trade restrictive*-Test insbesondere in Form des Grenzausgleichs verfügbar. Daher scheitert die Rechtfertigung eines Importverbots für klimaschädliche Waren gem. Art. XX lit. b) GATT an der fehlenden Notwendigkeit dieser Maßnahme.

Insgesamt ist das Einfuhrverbot keine erwägenswerte Alternative zum BTA, wenn es darum geht, die durch die Klimapolitik verursachten Wettbewerbsnachteile auszugleichen. Dies leuchtet auch insofern ein, als ein Verbot nicht zu einem Ausgleich der widerstreitenden Interessen von Handel und Klimaschutz führt, sondern einseitig Letztere bevorzugt.

2. Erhebung eines Antidumpingzolls

Eine weniger extreme Alternative zum vollständigen Einfuhrverbot wäre die Erhebung von Strafzöllen. Eine in der Politik vertretene Ansicht möchte diese Zölle damit begründen, dass die Nicht-Einführung von Klimaschutz-Regelungen eine Form des Dumpings sei. So schlug bereits 2006 der damalige französische Premierminister Dominique de Villepin vor, Strafzölle auf Importe aus Ländern, die das Kyoto-Protokoll nicht ratifizieren, einzuführen und leitete dies aus dem Vorwurf des „Umwelt-Dumpings" ab.[689] Diese Linie wurde auch vom späteren französischen Präsidenten Sarkozy fortgeführt; selbst Bundeskanzlerin Merkel schloss 2009 die Möglichkeit von Strafzöllen zur Bekämpfung des „Klima-Dumpings" nicht mehr aus.[690]

So reizvoll die Idee ist, die Weigerung der Durchführung einer Politik zur Mitigation des Klimawandels als Dumping zu verstehen, und so anschaulich dieses

688 Brazil – Retreaded Tyres, AB, para. 150.

689 French Plan Would Tax Imports From Non-Signers of Kyoto Pact, New York Times, 14. November 2006, abrufbar unter http://www.nytimes.com/2006/11/14/world/europe/14france.html (zuletzt besucht am 29. Oktober 2010).

690 Merkel kritisiert Klima-Dumping, Handelsblatt, 11. Juni 2009, abrufbar unter http://www.handelsblatt.com/politik/deutschland/merkel-kritisiert-klima-dumping/3196036.html (zuletzt besucht am 27. November 2011).

Bild auch im politischen Diskurs sein mag, so hängt die rechtliche Machbarkeit doch davon ab, ob die Einordnung als Dumping auch juristisch zutreffend ist. Das WTO-Recht verbietet Dumping nicht,[691] verurteilt aber in Art. VI:1 S. 1 GATT gedumpte Importe aufgrund ihrer marktschädigenden Wirkung[692] als „unfaire Einfuhren"[693]:

> „Die Vertragsparteien erkennen an, dass ein Dumping, durch das Waren eines Landes unter ihrem normalen Wert auf den Markt eines anderen Landes gebracht werden, zu verurteilen ist, wenn es eine bedeutende Schädigung eines im Gebiet einer Vertragspartei bestehenden Wirtschaftszweiges verursacht oder zu verursachen droht oder wenn es die Errichtung eines inländischen Wirtschaftszweiges erheblich verzögert."[694]

Deshalb erlaubt Art. VI:2 S. 1 GATT die Erhebung eines sog. Antidumpingzolls bis zur Höhe der Dumpingspanne, um das Dumping unwirksam zu machen oder zu verhindern, wenn neben dem Dumping auch eine Schädigung eines inländischen Wirtschaftszweigs i.S.d. Art. VI:6 lit. a) GATT gegeben ist. Genaueres zur Vorgehensweise gegen Dumping ist im Übereinkommen zur Durchführung des Artikels VI des Allgemeinen Zoll- und Handelsabkommens 1994[695] geregelt, wobei die Artt. 9 ff. AD das Verfahren im Falle von Antidumping-Zöllen bestimmen.

Grundsätzlich ist die Idee, Dumping durch einen Strafzoll auszugleichen daher WTO-rechtlich zutreffend.[696] Voraussetzung ist allerdings, dass das Fehlen nationaler Klimaschutz-Maßnahmen tatsächlich eine Form des Dumpings darstellt. Grundlegendes Tatbestandsmerkmal hierfür ist, dass „Waren eines Landes unter ihrem normalen Wert auf den Markt eines anderes Landes gebracht werden." Gem. Art. VI:1 S. 2 GATT ist dies dann der Fall,

---

691 Vgl. *Jackson*, World Trade and the Law of GATT, S. 402; *Puth*, WTO und Umwelt, S. 220; *Berrisch/Düerkop*, in: Prieß/Berrisch, WTO-Handbuch, B.I.7., Rn. 2; *Stoll/Schorkopf*, WTO, Rn. 337; *Van den Bossche*, The Law and Policy of the World Trade Organization, S. 516.

692 Aus streng ökonomischer Sicht ist eigentlich nur das räuberische Dumping kritisch, d.h. die Preisdifferenzierung mit dem Ziel, nach Ausschalten aller Konkurrenten auf dem Auslandsmarkt die Preise anzuheben. Vgl. hierzu *Berrisch/Düerkop*, in: Prieß/Berrisch, WTO-Handbuch, B.I.7., Rn. 7 ff.; *Bender/Michaelis*, in: Hilf/Oeter, WTO-Recht, § 12, Rn. 2 f.; *Jackson*, The World Trading System, S. 253 f.; zu den ökonomischen Grundlagen des Antidumpings allgemein *Weigl*, in: Grabitz/Hilf, Das Recht der Europäischen Union, IV, E.6., Vorbemerkung, Rn. 66 ff.

693 *Jackson*, The World Trading System, S. 248; *Berrisch/Düerkop*, in: Prieß/Berrisch, WTO-Handbuch, B.I.7., Rn. 1.

694 In Art. 2 des Übereinkommens zur Durchführung des Artikel VI des Allgemeinen Zoll- und Handelsabkommens 1994 (nachfolgend „Anti-Dumping-Übereinkommen"), das gem. Art. 18.1 Anti-Dumping-Übereinkommen eine Auslegung des Art. VI GATT darstellt, ist im Detail geregelt, was unter Dumping zu verstehen ist.

695 Nachfolgend AD.

696 *Jackson*, The World Trading System, S. 247.

„wenn der Preis einer von einem Land in ein anderes Land ausgeführten Ware

a) niedriger ist als der vergleichbare Preis einer gleichartigen Ware im normalen Handelsverkehr, die zur Verwendung im Ausfuhrland bestimmt ist, oder
b) bei Fehlen eines derartigen Inlandspreises niedriger ist als
   i. der höchste vergleichbare Preis einer im normalen Handelsverkehr zur Ausfuhr nach einem dritten Land bestimmten gleichartigen Ware oder
   ii. die Herstellungskosten dieser Ware im Ursprungsland, zuzüglich einer angemessenen Spanne für Veräußerungskosten und Gewinn."

Die Qualifikation der fehlenden Klimapolitik als Dumping knüpft daran an, dass der Preis einer unter solchen Bedingungen gefertigten Ware niedriger ist als es die Herstellungskosten bei Berücksichtigung der negativen Auswirkungen des Treibhausgas-Ausstoßes erlauben würden.[697] Das zeige sich daran, dass in Ländern, in denen Produzenten die Kosten von CO_2-Emissionen aufgrund der Gesetzeslage internalisieren, der Preis höher ist. Doch ist dieser Vergleich der Warenpreise im Export- und in anderen Ländern für das Vorliegen von Dumping irrelevant.[698] Vielmehr wird in Art. VI:1 S. 2 lit. a) GATT deutlich, dass Vergleichswert für den Ausfuhrpreis der Inlandspreis ist, also der Preis einer gleichartigen Ware, die im Ausfuhrland verwendet werden soll (Normalpreis). Ist der Ausfuhrpreis niedriger als der Normalpreis, so liegt Dumping vor.[699] Der Inlandspreis wird aber genauso niedrig sein wie der Exportpreis, weil auch diejenigen im Inland produzierten Waren, die auf dem heimischen Markt verkauft werden sollen, keinen klimapolitischen Zwängen unterliegen und somit bei der Herstellung genauso wenige Kosten entstehen. Die Ausfuhr erfolgt demnach nicht unter dem normalen Preis der Ware.[700] Mag die Weigerung, an den internationalen Bemühungen zur Bekämpfung der globalen Erwärmung zu partizipieren, auch kritikabel sein, so stellt sie dennoch keinen Fall des Dumpings im rechtlichen Sinne dar. Die Idee des „Umwelt-Dumpings" ist aus den vorgenannten Gründen ganz allgemein abzulehnen.[701]

Dass dieses Ergebnis richtig sein muss und Vergleichsmaßstab nicht die Preise von im Einfuhrland hergestellten Waren sein können, folgt schon aus der Theorie der komparativen Kostenvorteile.[702] Denn läge in den geringeren Her-

---

697 Vgl. *Hudec*, Minn. J. Global Trade 5 (1996), 1 (19 f.); *Pauwelyn*, U.S. Federal Climate Policy, S. 13.

698 *Pauwelyn*, U.S. Federal Climate Policy, S. 13; *McIsaac*, JWT 44 (2010), 1053 (1068).

699 *Jackson*, The World Trading System, S. 251; *Berrisch/Düerkop*, in: Prieß/Berrisch, WTO-Handbuch, B.I.7., Rn. 24; *Bender/Michaelis*, in: Hilf/Oeter, WTO-Recht, § 12, Rn. 14; *Stoll/Schorkopf*, WTO, Rn. 344.

700 Ebenso *Puth*, WTO und Umwelt, S. 220; *ders.* in: Hilf/Oeter, WTO-Recht, § 25, Rn. 45; *Pauwelyn*, U.S. Federal Climate Policy, S. 13 f.

701 *Weigl*, in: Grabitz/Hilf, Das Recht der Europäischen Union, IV, E 6, Vorbemerkung Rn. 67; *Hilf*, NVwZ 2000, 481 (487); *Puth*, WTO und Umwelt, S. 221; *ders.* in: Hilf/Oeter, WTO-Recht, § 25, Rn. 45.

702 So auch *Stoll/Schorkopf*, WTO, Rn. 345 zum „Lohn- und Sozialdumping".

stellungskosten eine zur Einführung von Antidumpingzöllen berechtigende Tatsache, so wäre dies der Freifahrtschein zur Zunichtemachung jeglicher Kostenvorteile. Wiederum ist zu bemerken, dass im Bereich des Klimaschutzes die Produktionsbedingungen unter bestimmten Bedingungen nichtsdestotrotz ausgeglichen werden können. Doch sollte dies unter der Kontrolle des Art. XX GATT geschehen, um Missbrauchsrisiken auszuschließen.[703]

Entschiede sich ein Mitgliedstaat der WTO dennoch dazu, Strafzölle auf Waren aus Ländern ohne Klimapolitik zu erheben, so läge hierin ein Verstoß gegen Art. VI:1, 2 GATT und Art. 1 AD. Ist der Zoll zum Ausgleich mangelnder Klimaschutz-Vorschriften kein Antidumping-Zoll, so handelt es sich einfach um einen zusätzlichen Zoll. Dieser könnte wiederum mit der entsprechenden Begründung durch den erlassenden Staat als BTA gelten, doch ist dann nichts gewonnen. Sinn des Antidumping-Ansatzes ist es schließlich, einen Ausgleich gegenüber Waren aus „Klimasünder"-Staaten zu schaffen, ohne die strengen Vorgaben des Grenzausgleichs beachten zu müssen. Dieses Ansinnen kann nicht über eine Antidumping-Maßnahme umgesetzt werden.

3. Erhebung von Ausgleichszöllen für Subventionen

Anstatt das Fehlen von Regelungen für den Klimaschutz als Dumping zu betrachten, wollen manche Stimmen hierin eine Form der staatlichen Subventionierung sehen.[704] Nach ihrer Argumentation erspart der Staat den heimischen Produzenten Abgaben, wenn er keine Maßnahmen zur Internalisierung der Kosten des Klimawandels ergreift.[705] Das Vorliegen einer Subvention kann unter bestimmten Voraussetzungen zur Erhebung eines Ausgleichszolls gem. Art. 10 SCM berechtigen.

Nach der als „Ampel-Ansatz" bezeichneten Differenzierung im SCM gibt es drei Arten von Subventionen: Verbotene (rot), anfechtbare (gelb) und erlaubte (grün). Dabei versteht man unter verbotenen Subventionen gem. Art. 3.1 SCM Exportsubventionen und Import-Substitutionsbeihilfen, unter anfechtbaren Subventionen solche, die spezifisch i.S.d. Art. 2 SCM sind und gem. Art. 5 SCM nachteilige Auswirkungen auf die Interessen anderer Mitglieder haben. Erlaubte Subventionen können nicht angegriffen werden, weil sie entweder nicht wettbewerbsverzerrend wirken oder wichtigen, anerkannten Zielen gem. Art. 8.2 SCM dienen. Allerdings galten die Artt. 8 und 9 SCM gem. Art. 31 S. 1 SCM nur fünf Jahre nach Inkrafttreten des WTO-Abkommens, also bis zum 31. Dezember 1999. Da man sich nicht auf eine Verlängerung einigen konnte, sind diese Vor-

---

703 Vgl. schon oben S. 50 f.

704 *Stiglitz*, The Economists's Voice 3 (2006), Iss. 7, Article 3, S. 2; *Hudec*, Minn. J. Global Trade 5 (1996), 1 (14).

705 *Stiglitz*, The Economists's Voice 3 (2006), Iss. 7, Article 3, S. 2.

schriften nunmehr außer Kraft, so dass die grüne Subventionskategorie nicht mehr existiert.[706]

Gegen die ersten beiden Subventionskategorien, also die verbotenen und die anfechtbaren Subventionen, hält das SCM Abhilfemöglichkeiten bereit. Dies sind die Verhängung von Ausgleichszöllen im sog. Track I-Verfahren, das auf unilaterale Ausgleichsmaßnahmen abzielt, und die Pflicht zur Beseitigung der Subvention bzw. der nachteiligen Auswirkungen im sog. Track II-Verfahren, einer multilateralen Streitbeilegung.[707] Wenn also das Fehlen von Klimaschutzstandards eine derartige Subvention darstellen würde, so wäre ein Ausgleichszoll WTO-rechtlich zulässig. Allerdings würde diese Qualifikation in jedem Fall zunächst voraussetzen, dass hierin überhaupt irgendeine Art von Subvention zu sehen ist. Gem. Art. 1.1 SCM

> „liegt eine Subvention vor, wenn
>
> a) 1. eine Regierung oder öffentliche Körperschaft im Gebiet eines Mitglieds eine *finanzielle Beihilfe* leistet, d.h. wenn
>
> i. diese Praktik der Regierung einen direkten Transfer von Geldern (z.B. Zuschüsse, Kredite und Kapitalzufuhren) sowie potentielle direkte Transfers von Geldern oder Verbindlichkeiten (z.B. Kreditbürgschaften) beinhaltet;
>
> ii. die Regierung auf normalerweise zu entrichtende Abgaben verzichtet oder diese nicht erhebt (z.B. Steueranreize wie Steuergutschriften);
>
> iii. eine Regierung Waren oder Dienstleistungen, die nicht zur allgemeinen Infrastruktur gehören, zur Verfügung stellt oder Waren aufkauft,
>
> iv. eine Regierung Zahlungen an einen Fördermechanismus leistet oder eine private Einrichtung mit der Wahrnehmung einer oder mehrerer der in i. bis iii. genannten Aufgaben, die normalerweise der Regierung obliegen, betraut oder dazu anweist und sich diese Praktik in keiner Weise von den Praktiken unterscheidet, die normalerweise von den Regierungen ausgeübt werden
>
> oder
>
> 2. irgendeine Form der Einkommens- oder Preisstützung im Sinne des Artikels XVI des GATT 1994 besteht
>
> und
>
> a) dadurch ein *Vorteil* gewährt wird."[708]

Voraussetzungen für die Qualifikation als Subvention sind demnach das Vorliegen einer *finanziellen Beihilfe* und eines *Vorteils*.[709]

706 *Nowak*, in: Hilf/Oeter, WTO-Recht, § 13, Rn. 13.

707 *Nowak*, in: Hilf/Oeter, WTO-Recht, § 13, Rn. 18; *Tietje*, in: Tietje, Internationales Wirtschaftsrecht, § 3, Rn. 169 ff.

708 Hervorhebung vom Verfasser hinzugefügt.

709 *Puth*, WTO und Umwelt, S. 222.

a) Fehlende Klimaschutz-Regelungen als normalerweise zu entrichtende Abgaben

Grundsätzlich könnte es schwierig sein, in ordnungspolitischen Rahmenbedingungen wie dem Fehlen von Klimaschutz-Regelungen eine *finanzielle Beihilfe* zu sehen;[710] schließlich handelt es sich eher um eine regulatorische als eine finanzielle Besserstellung. Diese Hürde kann jedoch eventuell genommen werden, wenn man darauf abstellt, dass den Unternehmen durch das Fehlen von Standards finanzielle Belastungen erspart bleiben. Allerdings unterstreicht das Panel in *US – Export Restraints* die Bedeutung der Entstehungsgeschichte des Art. 1 SCM, aus der hervorgeht, dass die Anforderung der *finanziellen Beihilfe* gerade eingefügt wurde, damit nicht jede staatliche Maßnahme, die einen Vorteil gewährt, als Subvention zu qualifizieren ist[711]. Abgesehen hiervon ist entscheidend für die Frage, ob eine laxe oder inexistente Klimapolitik eine versteckte Subvention darstellt, ob einer der abschließend aufgezählten[712] Fälle in Art. 1.1 lit. a) (1) SCM einschlägig ist. Besonders interessant könnte hierbei die Nicht-Erhebung von normalerweise zu entrichtenden Abgaben gem. Art. 1.1 lit. a) (1) ii SCM sein. So soll es möglich sein, die ordnungspolitischen Rahmenbedingungen als sog. *regulatory subsidies* zu sehen, wenn Sozial- und Umweltstandards niedrig sind.[713] Es ließe sich argumentieren, unter Klimaschutz-Gesichtspunkten seien „normalerweise" Abgaben zu entrichten, durch die die Kosten des Treibhausgas-Ausstoßes für die Allgemeinheit durch die Hersteller internalisiert werden. Entscheidend ist, was unter „normalerweise" zu verstehen ist.[714] Wie bei der Annahme eines „Klima-Dumpings" auch geht die soeben dargestellte Argumentation vom falschen Vergleichsmaßstab aus. „Normalerweise" stellt nicht auf die bestehenden Regelungen in dem Land ab, das die Erhebung eines Ausgleichszolls erwägt und diese Vorschriften für ökologisch zwingend hält. „Normalerweise" orientiert sich daran, welche Abgaben in dem Land existieren, auf dessen Waren die Ausgleichszölle eingeführt werden sollen.[715] Zwar fehlt im Wortlaut von Art. 1.1 lit. a) (1) ii SCM eine ausdrückliche Referenz zu den Bedingungen im Ausfuhrland wie in Art. VI:1 lit. a) GATT. Daher wäre es zumin-

---

710 Vgl. *Bigdeli*, in: Cottier u.a. (Hrsg.), International Trade Regulation and the Mitigation of Climate Change, S. 155 (158 ff.); *Tarasofsky*, CCLR 2008, 7 (14); *Hufbauer u.a.*, Global Warming and the World Trading System, S. 70.

711 US – Export Restraints, Panel, para. 8.63.

712 US – Export Restraints, Panel, para. 8.73; *Pitschas*, in: Prieß/Berrisch, WTO-Handbuch, B.I.12, Rn. 61.

713 *Trachtman*, Harvard ILJ 34 (1993), 47 (81 ff.); *Bronckers/Quick*, JWT 23 (1989), 5 (22); allerdings beide noch zum Subsidies Code von 1979, der den Begriff der Subvention nicht definierte und somit in dieser Hinsicht mehr Spielraum ließ.

714 *Pauwelyn*, U.S. Federal Climate Policy, S. 15.

715 *Pauwelyn*, U.S. Federal Climate Policy, S. 15; *Bigdeli*, in: Cottier u.a. (Hrsg.), International Trade Regulation and the Mitigation of Climate Change, S. 155 (160).

dest keine Überschreitung der Wortlautgrenze, die normalerweise zu entrichtenden Abgaben auf das Importland zu beziehen. Doch führte auch der Appellate Body aus:

> „*As Members, in principle, have the sovereign authority to determine their own rules of taxation, the comparison under Article 1.1(a)(1)(ii) of the SCM Agreement must necessarily be between the rules of taxation contained in the contested measure and other rules of taxation* ***of the Member in question****. Such a comparison enables panels and the Appellate Body to reach an objective conclusion, on the basis of the rules of taxation established by a Member, by its own choice, as to whether the contested measure involves the foregoing of revenue that would be due in some other situation or, in the words of the SCM Agreement, ‚otherwise due'.*"[716]

Dieser Sichtweise, nach der es auf die normalerweise im Exportland zu entrichtenden Abgaben als Vergleichsmaßstab ankommt, ist zuzustimmen. Denn andernfalls könnte schon ein unterschiedliches Steuerniveau in zwei Staaten zu einer Subvention i.S.d. SCM führen. Eine derartige Auslegung verbietet sich aber. Ein solches Verständnis würde dazu führen, komparative Kostenvorteile auszugleichen, ohne dass eine Missbrauchskontrolle durch den Einleitungssatz von Art. XX GATT stattfindet. Dass dies nicht erwünscht ist, wurde bereits im Rahmen des „Klima-Dumpings" dargestellt.[717] Ausgleichszölle sollen nur eingesetzt werden, um Subventionen unwirksam zu machen, nicht aber, um komparative Kostenvorteile zu nivellieren.[718] Es kommt demnach für die Beurteilung einer Maßnahme im Rahmen des SCM auf die anderen Abgabe-Regelungen im Ausfuhrland an. Wenn dort keine klimapolitischen Beschränkungen existieren, dann kann die Tatsache, dass deren Einhaltung von staatlicher Seite nicht durchgesetzt wird, auch nicht als *finanzielle Beihilfe* gem. Art. 1.1 lit. a) (1) ii SCM gesehen werden.[719]

b) Fehlende Klimaschutz-Regelungen als Leistung einer Ware durch die Regierung

Alternativ wäre an das Vorliegen einer *finanziellen Beihilfe* in Form des zur Verfügung Stellens von Waren oder Dienstleistungen, die nicht zur allgemeinen Infrastruktur gehören, durch die Regierung gem. Art. 1.1 lit. a) (1) iii SCM zu denken. Das wäre dann der Fall, wenn das Recht zur Emission von Treibhausga-

---

716 US – Foreign Sales Corporation (Article 21.5), AB, para. 89 (Hervorhebung vom Verfasser hinzugefügt).

717 Siehe oben S. 106.

718 US – Lumber IV, AB, para. 109.

719 So auch *Puth*, WTO und Umwelt, S. 223; *ders.* in: Hilf/Oeter, WTO-Recht, § 25, Rn. 46; *Pauwelyn*, U.S. Federal Climate Policy, S. 15; *Condon*, JIEL 12 (2009), 1 (7); *Tarasofsky*, CCLR 2008, 7 (14); *Bigdeli*, CCLR 2008, 78 (80).

sen in die Atmosphäre einer staatlichen Gewährung unterliegen würde.[720] Durch die fehlenden Klimaschutz-Regelungen erhielten die Anlagenbetreiber dieses Recht dann umsonst. Dieser Gedankengang ruft Bedenken hervor. Erstens ist es schon sprachlich nicht überzeugend, beim reinen Bestehen eines bestimmten Zustandes, also den fehlenden regulatorischen Vorgaben, von einem zur Verfügung Stellen zu sprechen.[721] Zweitens geht die Regelung allgemeiner ordnungspolitischer Rahmenbedingungen nicht über die Schaffung von Infrastruktur hinaus.[722] Selbst wenn trotz dieser Bedenken eine finanzielle Beihilfe geleistet würde, so müsste hierdurch zusätzlich ein *Vorteil* gewährt werden. Gem. Art. 14 lit. d) SCM ist dies der Fall, wenn die Kostenfreiheit der Emission kein adäquates Entgelt hierfür ist:

> „*[T]he provision of goods or services or purchase of goods by a government shall not be considered as conferring a benefit unless the provision is made for less than adequate remuneration, or the purchase is made for more than adequate remuneration. The adequacy of remuneration shall be determined in relation to prevailing market conditions for the good or service in question* ***in the country of provision or purchase*** *(including price, quality, availability, marketability, transportation and other conditions of purchase or sale).*"[723]

Nun wäre es denkbar, bei der Auslegung des Begriffs „angemessenes Entgelt" die Präambel des WTO-Übereinkommens heranzuziehen, so dass unter Berücksichtigung von umwelt- bzw. klimaschützenden Gesichtspunkten nur dann ein angemessenes Entgelt vorliegt, wenn die negativen Auswirkungen der Treibhausgas-Emissionen im Preis internalisiert sind. Doch definiert Art. 14 lit. d) S. 2 SCM exakt, welche Parameter bei der Prüfung der Angemessenheit zu verwenden sind. Es zeigt sich, dass die Adäquanz an den Marktbedingungen im Ausfuhrland gemessen wird; klimapolitische Überlegungen sind hierbei nicht zu beachten.

Vergleichsmaßstab für die Feststellung eines Vorteils ist daher ausdrücklich das Preisniveau im Exportland. Da dort generell Emissionen kostenfrei sind, scheint das Entgelt somit zunächst adäquat. Allerdings weisen die Befürworter dieses Ansatzes auf die Entscheidung des Appellate Body in *US – Lumber IV*

720 *Howse/Eliason*, in: Cottier u.a. (Hrsg.), International Trade Regulation and the Mitigation of Climate Change, S. 48 (74).

721 *Puth*, WTO und Umwelt, S. 224.

722 *Puth*, WTO und Umwelt, S. 224.

723 Es ist erforderlich, auf den englischen Wortlaut einzugehen, da die deutsche Version nur von der Erbringung von Dienstleistungen oder dem Ankauf von Waren, nicht aber der Bereitstellung von Waren spricht. Da das Recht auf Treibhausgas-Emission wohl eher als Ware denn als Dienstleistung zu betrachten sein dürfte, erschiene daher die deutsche Version als gar nicht einschlägig.

hin.[724] Danach können zum Vergleich andere Bezugswerte als die privaten Preise im Ausfuhrland dienen, wenn diese Preise durch die dominierende Rolle des Staates als Versorger mit demselben Gut gestört sind.[725] Wenn schon bei einem gestörten Markt der Rückgriff auf andere als die inländischen Preise möglich ist, dann soll dies *a fortiori* für einen nicht existenten Markt gelten. Für den Fall von klimaschädlichen Emissionen könnte hierfür der europäische Markt mit seinem Emissionshandels-System herhalten.[726] Da dort der Treibhausgas-Ausstoß nicht kostenlos ist, wäre das Fehlen von Klimaschutz-Vorschriften als *Vorteil* i.S.d. SCM zu sehen.

Der gesamte Ansatz überzeugt nicht. Er scheitert nicht erst an der Frage des richtigen Vergleichsmaßstabs zur Bemessung eines eventuellen *Vorteils*. Vielmehr kann das Fehlen klimaschützender Vorschriften schon nicht als *finanzieller Beitrag* i.S.d. Art. 1.1 lit. a) (1) iii SCM gesehen werden. Denn das Recht zur Emission von CO_2 ist weder eine Ware noch eine Dienstleistung, die die Regierung zur Verfügung stellen würde. Es wurde bereits dargelegt, dass Emissionszertifikate keine Rechte verleihen, weil der Staat kein Recht am Klima oder an der Atmosphäre hat.[727] Es handelt sich beim System des *cap-and-trade* um eine Art der Regulierung des Treibhausgas-Ausstoßes, um einen marktbasierten Ersatz für ordnungspolitische Vorschriften. Hieraus folgt zwingend, dass Emissionsrechte keine Ware sind.

Im Übrigen verfängt aber auch die Begründung eines *Vorteils* mit der Entscheidung des Appellate Body in *US – Lumber IV* nicht. Das Panel entschied in diesem Fall, dass ein Rückgriff auf andere als die Marktbedingungen im Exportland möglich sein muss, wenn die Regierung der einzige Versorger mit der Ware ist oder die Preise administrativ kontrolliert.[728] Der Appellate Body stützt seine Sichtweise hieran anschließend darauf, dass es keinen entscheidenden Unterschied gebe zwischen einer Situation, in der der Staat der einzige Anbieter ist, und einer, in der er lediglich der vorherrschende Versorger ist.[729] Wohl aber gibt es einen entscheidenden Unterschied zum vorliegenden Fall: Wenn der Staat keine Emissionsrechte schafft, dann ist er nicht der einzige Anbieter dieser Rechte, sondern es existiert überhaupt kein Anbieter, kein Nachfrager und in der Konsequenz auch kein Markt. Diese Tatsache lässt stark an der Übertragbarkeit der Aussagen des Appellate Body auf einen Staat, der nicht an der Mitigation des Klimawandels teilnimmt, zweifeln.

---

724 *Howse/Eliason*, in: Cottier u.a. (Hrsg.), International Trade Regulation and the Mitigation of Climate Change, S. 48 (75).

725 US – Lumber IV, AB, paras. 90, 103.

726 *Howse/Eliason*, in: Cottier u.a. (Hrsg.), International Trade Regulation and the Mitigation of Climate Change, S. 48 (75).

727 Siehe bereits oben S. 106 ff.

728 US – Lumber IV, Panel, para. 7.57.

729 US – Lumber IV, AB, para. 100.

Außerdem hinkt der Vergleich mit der Entscheidung des Appellate Body in *US – Lumber IV* auch deshalb, weil dort die Möglichkeit, nicht auf die Marktbedingungen im Exportstaat abzustellen, dann anerkannt wurde, wenn der Markt durch den staatlichen Eingriff gestört ist. Im Hinblick auf Emissions-„Rechte“ kann es aber per Definition keinen privaten Markt und somit auch keinen privaten Preis geben, weil ein privater Anbieter niemals Rechte dieser Art verkaufen kann. Zwar sind Emissionszertifikate handelbar, doch geht es ja gerade um eine Rechtslage, in der der Staat kein *cap-and-trade* System geschaffen hat. Also gibt es auch keine handelbaren Berechtigungen. Ist ein privater Handel gar nicht möglich, dann liegt auch keine Störung des Marktes vor und somit kein Anlass, den Vergleichsmaßstab in Art. 14 lit. d) SCM abzuändern.

Ein weiterer Kritikpunkt ist, dass bei Fehlen eines Marktpreises von Emissionen im Ausfuhrland auf einen funktionierenden Markt wie den der EU zurückgegriffen werden soll, also das europäische System zum Handel mit Treibhausgasemissionszertifikaten.[730] Der Appellate Body bemerkt aber, dass es schwierig erscheint, die herrschenden Marktbedingungen im Exportland auf Grundlage der Marktbedingungen in einem anderen Land nachzubilden, da eine große Anzahl an Faktoren berücksichtigt werden müsste, um den spezifischen Bedingungen gerecht zu werden.[731] In dieser Hinsicht ist außerdem zu bemerken, dass nur in der Minderheit aller WTO-Mitgliedstaaten ein *cap-and-trade* System besteht bzw. es eine CO_2-Steuer gibt. In allen anderen Staaten ist die Emission von Treibhausgasen kostenlos. Es ist nicht überzeugend, dass unter diesen Umständen der adäquate Preis einer Emission durch eine Minderheit bestimmt werden soll. Überspitzt dargestellt führt diese Sichtweise dazu, dass ein Land Ausgleichszölle gegenüber anderen Mitgliedstaaten erheben könnte, wenn es als einziges ein frei verfügbares Gut kostenpflichtig machen würde, weil alle anderen Staaten Subventionen gewähren würden. Folglich stellen niedrige Klimaschutz-Anforderungen auch unter dem Aspekt des Art. 1.1 lit. a) (1) iii SCM keine Subvention dar, die zur Einführung von Ausgleichszöllen ermächtigen würde.

Dieses Ergebnis ist auch insofern zwingend, als die Qualifikation der niedrigen Klimastandards als Subvention zu absurden Konsequenzen führen würde. Denn Abhilfemaßnahme bei verbotenen oder – hier wahrscheinlicheren – anfechtbaren Subventionen beinhalten nicht nur Ausgleichszölle, sondern eben mithilfe des Track II-Verfahrens auch die Pflicht, die Subvention zu beseitigen. Was hieße dies aber für den Fall einer „Subvention“ in Form fehlender Klimaschutz-Regelungen? Die Beseitigung könnte dann nur dadurch realisiert werden, dass entsprechende Vorschriften erlassen werden. Einen Staat dazu zu zwingen, konkrete Umweltschutz- bzw. Klimaschutz-Maßnahmen zu ergreifen, geht je-

730 *Howse/Eliason*, in: Cottier u.a. (Hrsg.), International Trade Regulation and the Mitigation of Climate Change, S. 48 (75).

731 US – Lumber IV, AB, para. 108.

doch weit über die der WTO durch ihre Mitglieder übertragenen Kompetenzen hinaus.

c) Ergebnis

Das Fehlen staatlicher Regelungen zur Mitigation des Klimawandels kann nicht als eine Form der Subvention i.S.d. SCM gesehen werden. Denn weder handelt es sich hierbei um den Verzicht auf eine normalerweise zu entrichtende Abgabe noch stellt die Regierung dadurch eine Ware bereit, die nicht zur allgemeinen Infrastruktur gehört. Die anderslautende Ansicht, nach der mangelnde Klimapolitik eine Subvention darstellen soll, bedeutet einen unzulässigen Übergriff auf die staatliche Regelungshoheit, die jedem WTO-Mitglied zusteht. Demnach wäre ein Ausgleichszoll in Bezug auf eine hierin angeblich liegende Subvention keine rechtmäßige Abhilfemaßnahme gem. Art. VI:3 GATT. Eine derartige Kompensation, die auf der unzutreffenden Annahme der Existenz einer Subvention beruht, ist unvereinbar mit den Artt. 10 und 32.1 SCM.[732] Auch über den Weg der Ausgleichszölle lässt sich folglich der mit einem Grenzausgleich verbundene Aufwand nicht umgehen, will man das Ziel des *level the playing field* erreichen.[733]

IV. Zusammenfassung: Der problematische Einsatz von klimaschutzbezogenen Handelsmaßnahmen im Welthandelsrecht

Zusammenfassend bleibt die Feststellung, dass Handelsmaßnahmen, also Regelungen, die gezielt auf den grenzüberschreitenden Handel einwirken, insgesamt als ein schwieriges Mittel zur Erreichung von Klimaschutzzielen einzuschätzen sind. Zum Großteil sind sie rundheraus WTO-rechtswidrig (z.B. Importverbote, Antidumping- oder Ausgleichszölle). Die einzig zulässige Regelung – der Grenzsteuerausgleich – ist mit äußerster Vorsicht auszugestalten, da andernfalls das Abrutschen in die Illegalität droht. Aus rechtlicher Sicht lautet das Ergebnis der Untersuchung folglich, dass das Welthandelsrecht für die Lösung der Problematik der mit dem Klimaschutz verbundenen Wettbewerbsnachteile tatsächlich ein erhebliches Hindernis darstellt.

Diese Feststellung zeigt noch einmal die herausragende Bedeutung einer Einigung der Staaten auf multilateraler Ebene auf. Wenig überraschend ist die Erkenntnis, dass für eine effektive Bekämpfung des Klimawandels eine Post-Kyoto-Lösung gefunden werden muss, an der auch für die Zukunft des globalen

732 Vgl. US – Lumber IV, Panel, para. 7.65.
733 Vgl. schon zu den Antidumping-Zöllen oben S. 106 ff.

Klimas eminent wichtige Länder wie die Vereinigten Staaten teilhaben. Denn an der WTO-rechtlichen Umsetzbarkeit der hier vorgestellten Handelsmaßnahmen bestehen ernst zu nehmende Zweifel: Importverbot und Ausgleichszölle sind mit diesem Rechtsregime unvereinbar. Der BTA ist in seiner einzig legalen Form mit einem derartigen Aufwand verbunden, dass die Sinnhaftigkeit der Beschreitung dieses Weges ernsthaft bezweifelt werden muss. Dann bleibt den Mitgliedstaaten als unilaterale Handlungsmöglichkeit nur der Erlass interner Maßnahmen. Deren Vereinbarkeit mit dem WTO-Recht soll sogleich untersucht werden. Doch kann schon im Vorhinein gesagt werden, dass derartige Regelungen nicht die erhoffte Lösung für Probleme wie die Wettbewerbsverzerrung und das *carbon leakage* bringen können. Sie können nur Beiwerk zu und Unterstützung einer multilateralen Lösung sein.[734]

Doch sollte man hieraus nicht vorschnell folgern, dass das WTO-Recht und der Umweltschutz im Allgemeinen bzw. der Klimaschutz im Speziellen zwei unvereinbare Pole sind, die notwendigerweise in einem Konflikt stehen. Rechtspolitisch könnte man auch zu dem Schluss kommen, dass der Zwang eines multilateralen Lösungsansatzes für eine Problematik, die ein globales Gut betrifft, adäquat ist. Zudem ist in der vorstehenden Untersuchung auch deutlich geworden, dass jeder der vorgestellten Ansätze ein ganz erhebliches Risiko des Protektionismus birgt. Diese Bewertung wird dadurch bestätigt, dass zumindest der Grenzsteuerausgleich nicht grundsätzlich durch das WTO-Recht ausgeschlossen ist. Er unterliegt lediglich sehr hohen Anforderungen, die genau dieses Risiko der protektionistischen Motivation bzw. Ausgestaltung reflektieren. Mag also das Ergebnis zunächst auch unbefriedigend wirken, so hat es doch den Verdienst, den Belangen des internationalen Handels gerecht zu werden, ohne dabei jeglichen Handlungsspielraum des nationalen Gesetzgebers im Hinblick auf den Klimaschutz auszuschließen.

Ganz abgesehen von der Problematik von Grenzmaßnahmen bzw. Handelsmaßnahmen im Rahmen des WTO-Rechts, begegnen diese auch noch einem anderen, praktischen Problem: Sie können andere Mitgliedstaaten dazu motivieren, selber Beschränkungen des Imports einzuführen.[735] Ob diese WTO-rechtlich zulässig wären, ist eine andere Frage. Doch bieten interne Regelungen sicherlich weniger Anlass zu solchen Vergeltungsmaßnahmen. Außerdem ist es ohne Zweifel eine Frage des Blickwinkels, ob eher das Zielland oder der erlassende Staat derartiger Grenzmaßnahmen als „Drückeberger“ des Klimaschutzes einzuordnen ist. Die Gesetzesentwürfe auf dem Gebiet der Klimapolitik in den USA enthalten stets auch Regelungen zum Schutz des Wettbewerbs, die z.B. auf China anwendbar sein könnten, weil dort keine vergleichbaren Schritte zur Begrenzung der Treibhausgas-Emissionen unternommen werden. Umgekehrt könnte

734 So auch *Ismer*, European Yearbook of International Economic Law 2010, S. 205 (223 f.).

735 *McIsaac*, JWT 44 (2010), 1053 (1063).

China sich jedoch darauf stützen, dass kein Land der Erde höhere pro Kopf-Emissionen aufweist als die Vereinigten Staaten.[736] Aus dieser Sicht erscheint die Legalität von chinesischen Ausgleichsmaßnahmen nicht unvertretbar. Zusammenfassend kann festgehalten werden, dass klimaschützende Handelsmaßnahmen nicht nur Unsicherheit im Hinblick auf ihre Zulässigkeit aufweisen, sondern auch ein erhebliches Potenzial für internationale Konflikte haben und dadurch verhandlungsbasierte Lösungsansätze erschweren.[737] Auch aus diesem Grund überzeugt die Ansicht, dass nationale Gesetzgeber sich auf interne Regelungen zur Mitigation des Klimawandels beschränken, damit einhergehende Wettbewerbsverzerrungen aber auf multilaterale Weise behandelt werden sollten.

D. Interne Klimaschutz-Maßnahmen im WTO-Recht

Auf den ersten Blick weniger problematisch als klimapolitisch motivierte Handelsmaßnahmen sind solche Maßnahmen, die sich auf interne Regelungen beschränken. Denn diese sind nicht darauf ausgerichtet, den zwischenstaatlichen Handel zu beeinflussen. Um eine Reduzierung von Treibhausgas-Emissionen zu erreichen, kann ein Staat z.B. Energieeffizienzstandards einführen, eine Pflicht zum Ausweis des *carbon footprint* eines Produkts auf seiner Verpackung erlassen oder erneuerbare Energien durch Subventionen fördern.[738] Doch können auch diese Regelungen ein Hindernis für die grenzüberschreitenden Handelsflüsse darstellen. In der Konsequenz sind sie wie die Handelsmaßnahmen WTO-rechtlich relevant und müssen sich an den Maßstäben dieser Rechtsordnung messen lassen.

I. Energieeffizienzstandards

Im Zusammenhang mit dem Klimaschutz können sog. Standards eingesetzt werden, d.h. Regelungen, die bestimmte Eigenschaften einer Ware verbindlich vorgeben, sei es in Form eines Ge- oder eines Verbots.[739] Zur Reduktion des Treibhausgas-Ausstoßes tragen auf diese Weise etwa Vorschriften bei, die ein Verbot für Pkws enthalten, einen bestimmten Kraftstoffverbrauch oder CO_2-Ausstoß

736 *McIsaac*, JWT 44 (2010), 1053 (1068).
737 *McIsaac*, JWT 44 (2010), 1053 (1071).
738 Vgl. bereits oben S. 33 ff.
739 *Dröge u.a.*, WTR 3 (2004), 161 (164) sehen diese Art der Regelung sogar als Hauptform nationaler Klimaschutzpolitik.

pro Kilometer zu übersteigen oder die bei Kraftstoffen einen gewissen Effizienzgrad vorschreiben.[740] Derartige Regelungen existieren bereits bzw. sind bereits beschlossen, werden aber erst in Zukunft wirksam.[741] Dennoch ist nicht ohne weiteres zu beurteilen, ob sie im Hinblick auf das WTO-Recht angreifbar sind oder nicht.

1. GATT und das Übereinkommen über technische Handelshemmnisse: Einordnung von Energieeffizienzstandards in das System des WTO-Rechts

Entscheidend für diese Frage ist zunächst die Einordnung von Energieeffizienzstandards in das System der WTO. Denn für diese ist nicht allein das GATT relevant, sondern auch das Übereinkommen über technische Handelshemmnisse[742]. Dieses beinhaltet Bestimmungen zu technischen Vorschriften und Normen und hat zum Ziel, den handelsbeschränkenden und potenziell protektionistischen Effekten solcher Standards entgegenzuwirken. Dazu setzt es auf die Harmonisierung derartiger Vorschriften durch die Bezugnahme auf internationale Normen.[743] Gleichzeitig enthält es aber in Art. 2.1 TBT auch die Prinzipien der Meistbegünstigung und der Inländergleichbehandlung, also bereits aus dem GATT bekannte Grundsätze. Zusätzlich verlangt Art. 2.2 TBT, dass „technische Vorschriften nicht handelsbeschränkender als notwendig“ sein dürfen, geht folglich über die Anforderungen des Allgemeinen Zoll- und Handelsabkommens hinaus.[744]

An diesen grundlegenden Vorgaben sind Energieeffizienzstandards demnach zu messen, wenn es sich dabei um technische Vorschriften oder Normen handelt. Was hierunter zu verstehen ist, definiert Anhang 1 des TBT. Danach ist eine technische Vorschrift

> „ein Dokument, das Merkmale eines Produkts oder die entsprechenden Verfahren und Produktionsmethoden einschließlich der anwendbaren Verwaltungsbestimmungen festlegt, deren Einhaltung zwingend vorgeschrieben ist. Es kann unter anderem oder ausschließlich Festlegungen über Terminologie, Bildzeichen oder Verpackungs-, Kennzeichnungs- oder Beschriftungserfordernisse für ein Produkt, ein Verfahren oder eine Produktionsmethode enthalten.“

---

740 Vgl. bereits oben S. 35 ff.; *Green*, JIEL 8 (2005), 143 (148); *Buck/Verheyen*, ZUR 2002, 89 (91); *dies.*; International Trade Law and Climate Change, S. 7.

741 So die europäische Verordnung Nr. 443/2009 zu den CO_2-Emissionen von Pkws, die gem. Art. 4 ab 1. Januar 2012 ihre Wirkung entfalten wird.

742 Agreement on Technical Barriers to Trade (nachfolgend TBT).

743 Siehe Artt. 2.4, 2.5, 2.6 TBT.

744 *Appleton*, Environmental Labelling Programmes, S. 111.

Eine Norm i.S.d. TBT unterscheidet sich hiervon allein dadurch, dass sie nicht zwingend ist.[745] Nachdem ein Energieeffizienzstandard bestimmte Eigenschaften einer Ware verbindlich festlegt, z.B. den CO_2-Ausstoß eines Autos pro Kilometer, kann ohne größeren Begründungsaufwand festgehalten werden, dass es sich bei dieser Kategorie von Regelungen um technische Vorschriften handelt[746].

a) Gleichzeitige Anwendbarkeit von GATT und TBT

Gleichzeitig liegt in Energieeffizienzstandards auch eine interne Regelung i.S.d. Art. III:4 GATT,[747] so dass sich unweigerlich die Frage des Verhältnisses von GATT und TBT stellt.[748] Sind Energieeffizienzstandards an den Maßgaben beider multilateralen Abkommen zu messen oder verdrängt das eine das andere? Wenn beide Abkommen einschlägig sein sollten, beeinflusst dann das Ergebnis der Prüfung unter dem einen das Ergebnis der Prüfung unter dem anderen? Zunächst ist nach einem allgemeinen völkerrechtlichen Grundsatz von der Vermutung eines konfliktfreien Nebeneinanders von Rechtsnormen auszugehen.[749] Grundlegend bestimmt die Allgemeine Auslegungsregel zu Anhang 1 A des WTO-Übereinkommens:

> „Beim Vorliegen eines Widerspruchs zwischen Bestimmungen des Allgemeinen Zoll- und Handelsabkommens 1994 und Bestimmungen einer anderen Übereinkunft in Anhang 1 A des Abkommens zur Errichtung der Welthandelsorganisation sind die Bestimmungen der anderen Übereinkunft maßgebend.“

Im Falle eines Normenkonflikts geht demnach das TBT dem GATT vor. Die Auslegungsregel ist aber nicht so zu verstehen, dass das GATT von den anderen multilateralen Abkommen per se verdrängt wird.[750] Dies wäre nur bei einem echten Konflikt der Fall, wenn also die aus dem GATT und die aus den anderen Übereinkommen folgenden Verpflichtungen nicht gleichzeitig erfüllt werden könnten.[751] Davon kann jedoch im Hinblick auf den Grundsatz der effektiven Vertragsauslegung[752] nicht allgemein ausgegangen werden. Denn alle multilate-

---

745 *Puth*, WTO und Umwelt, S. 210; Tietje, in: *Tietje*, Internationales Wirtschaftsrecht, § 3, Rn. 120; *Herrmann*, in: Herrmann/Weiß/Ohler, Welthandelsrecht, § 12, Rn. 550.

746 *Buck/Verheyen*, International Trade Law and Climate Change, S. 11.

747 Vgl. *Green*, JIEL 8 (2005), 143 (162).

748 So auch *Wiemer*, Produktsicherheit und freier Warenverkehr in GATT/WTO, S. 194.

749 Indonesia – Autos, Panel, para. 14.28; *Tietje*, in: Tietje, Internationales Wirtschaftsrecht, § 3, Rn. 39.

750 *Tietje*, in: Prieß/Berrisch, WTO-Handbuch, B.I.5., Rn. 42.

751 Guatemala – Cement, AB, para. 65; Indonesia – Autos, Panel, para. 14.28, Fn. 549; EC - Bananas III, Panel, para. 7.159.

752 Siehe auch US – Shrimp, AB, para. 131 m.w.N.; vgl. *Brownlie*, Principles of International Public Law, S. 635; *Heintschel von Heinegg*, in: Ipsen, Völkerrecht, § 11, Rn. 16.

ralen Abkommen sind von denselben Parteien zum selben Zeitpunkt und in einem einheitlichen Rahmen verhandelt worden.[753] Dann ist die Annahme zugrunde zu legen, dass die Parteien gleichzeitig anwendbare, miteinander kompatible Vorschriften schaffen wollten. Das GATT und das TBT normieren daher eigenständige Verpflichtungen, die sich zum Teil überschneiden, zum Teil ergänzen.[754] Somit führt die Eigenschaft der WTO als „*single undertaking*“[755] zu einer kumulativen Anwendbarkeit der multilateralen Abkommen im Allgemeinen[756] und des TBT und des GATT im Speziellen.[757] Dies sieht auch der Appellate Body so.[758] Allerdings zeigt die Auslegungsregel einen gewissen Vorrang der „anderen Übereinkünfte“. Für die Konstellationen, die in ihren Anwendungsbereich fallen, stellen diese ein Sonderregime dar. So befassen sich die Regelungen des TBT spezifisch und im Detail mit technischen Vorschriften.[759] Deshalb sind sie prozessual vorrangig zu prüfen,[760] ohne jedoch das GATT materiell zu verdrängen.[761] Die Konsequenz ist, dass jeder Standard sowohl den Anforderungen des GATT als auch des TBT genügen muss.[762]

b) Die Möglichkeit unterschiedlicher Ergebnisse der Prüfungen unter GATT und TBT

Die Aussagekraft des Vorrangs des TBT im Falle konfligierender Ergebnisse in der Allgemeinen Auslegungsregel erscheint für die vorliegende Fragestellung recht beschränkt. Denn selbst wenn voneinander unabhängige Prüfungen der Anforderungen des TBT und des GATT zu dem Ergebnis kommen sollten, dass die betroffene Maßnahme nach dem einen Abkommen zulässig ist, nach dem

753 Indonesia – Autos, Panel, para. 14.28.

754 Vgl. zum Konzept der sich ergänzenden Vorschriften EC – Bananas III, Panel, para. 7.160; *Montaguti/Lugard*, JIEL 3 (2000), 473 (479 ff.).

755 Siehe oben S. 28.

756 Turkey – Textiles, Panel. Para. 9.92; *Montaguti/Lugard*, JIEL 3 (2000), 473 (481 f.).

757 *Tietje*, in: Prieß/Berrisch, WTO-Handbuch, B.I.5., Rn. 43.

758 In EC – Asbestos, AB, paras. 77 ff. hält der Appellate Body das TBT für anwendbar, prüft dann aber das GATT, weil die tatsächlichen Feststellungen des Panels zum TBT nicht ausreichen. Würde das TBT das GATT verdrängen, so wäre dies nicht möglich. Vgl. zu diesem Verständnis *Tietje*, in: Prieß/Berrisch, B.I.5., Rn. 43; *Stoll/Schorkopf*, WTO, Rn. 295. In EC – Sardines, AB, para. 313 sah der Appellate Body aus Gründen der Verfahrensökonomie davon ab, den Antrag nach Art. III:4 GATT zu prüfen, weil schon die Unvereinbarkeit mit dem TBT festgestellt worden war. Das heißt aber, dass er auch das GATT für grundsätzlich anwendbar hielt.

759 EC – Sardinges, Panel, para. 7.16; vgl. EC – Bananas III, AB, para. 204 zum Verhältnis zwischen GATT und Übereinkommen über Einfuhrlizenzverfahren.

760 Vgl. die Prüfungsreihenfolge in EC – Sardines, AB; *Green*, JIEL 8 (2005), 143 (153); *Wiemer*, Produktsicherheit und freier Warenverkehr in GATT/WTO, S. 195.

761 *Tietje*, in: Prieß/Berrisch, B.I.5, Rn. 43

762 *Green*, JIEL 8 (2005), 143 (153).

anderen aber gegen das WTO-Recht verstößt, so ist darin nicht unbedingt ein Konflikt zu sehen. Das Konzept des Konflikts zweier Abkommen ist im Völkerrecht sehr eng und spezifisch: Er liegt nur vor, wenn sich zwei Verpflichtungen gegenseitig ausschließen, wenn also nicht den Anforderungen beider Abkommen gleichzeitig nachgekommen werden kann.[763] Diese Sichtweise wurde in der Streitbeilegungspraxis für das WTO-Recht bestätigt.[764] Das GATT und das TBT normieren jedoch jeweils eigenständige Verpflichtungen,[765] so dass denklogisch kein Widerspruch besteht, nur weil unterschiedliche Ergebnisse erzielt werden. Stellt eines der beiden Abkommen höhere oder andere Anforderungen an technische Vorschriften als das andere, so macht dies nicht die gleichzeitige Einhaltung der Pflichten nach GATT und TBT unmöglich.

Anders wäre das nur, wenn das TBT bestimmte Normen des GATT im Detail konkretisieren würde, quasi als eine Art Annex. Dann wäre ein einheitliches Ergebnis zwingend. Zieht man jedoch einen Vergleich mit dem Verhältnis zwischen GATT und SPS, so erscheint diese Annahme unwahrscheinlich. Denn in der Präambel des SPS heißt es:[766]

> „[I]n dem Wunsch, dementsprechend **Durchführungsbestimmungen** zu den Artikeln des GATT 1994 auszuarbeiten, die die Anwendung gesundheitspolizeilicher und pflanzenschutzrechtlicher Maßnahmen betreffen, insbesondere zu Artikel XX Buchstabe b)[...]".

Zudem bestimmt Art. 2.4 SPS:

> „Gesundheitspolizeiliche oder pflanzenschutzrechtliche Maßnahmen, die mit den einschlägigen Bestimmungen dieses Übereinkommens übereinstimmen, gelten als im Einklang mit den die Anwendung von gesundheitspolizeilichen oder pflanzenschutzrechtlichen Maßnahmen betreffenden Verpflichtungen der Mitglieder aufgrund des GATT 1994, insbesondere mit Artikel XX Buchstabe b)."

Das SPS dient somit ausdrücklich der Durchführung bzw. genaueren Ausgestaltung von Verpflichtungen aus dem GATT. Das TBT enthält hingegen keine vergleichbaren Vorschriften. Nachdem beide Abkommen mit Gründung der WTO eingeführt wurden, also im selben Kontext, ist davon auszugehen, dass die Mitgliedstaaten, hätten sie ein ähnliches Verhältnis wie zwischen GATT und SPS auch für GATT und TBT vorgesehen, ähnliche Vorschriften eingefügt hätten. Im Umkehrschluss folgt hieraus, dass das TBT, anders als das SPS, nicht der

---

763 Guatemala – Cement, AB, para. 65; Indonesia – Autos, Panel, para. 14.28, Fn. 549; EC - Bananas III, Panel, para. 7.159; *Marceau/Trachtman*, JWT 36 (2002), 811 (868); *Montaguti/Lugard*, JIEL 3 (2000), 473 (475 ff.).

764 Guatemala – Cement, AB, para. 65; Indonesia – Autos, Panel, paras. 14.29 ff., 14.97 ff.

765 EC – Asbestos, AB, para. 80; *Wiemer*, Produktsicherheit und freier Warenverkehr in GATT/WTO, S. 195; *Herrmann*, in: Herrmann/Weiß/Ohler, Welthandelsrecht, § 12, Rn. 587.

766 Hervorhebung vom Verfasser hinzugefügt.

Konkretisierung oder Ergänzung einer GATT-Vorschrift dient.[767] Das bedeutet aber nicht, dass die beiden Abkommen sich überhaupt nicht gegenseitig beeinflussen würden. Vielmehr müssen die multilateralen Übereinkommen als ein Ganzes[768] und auf eine Weise interpretiert werden, die zu harmonischen, widerspruchsfreien Ergebnissen führt.[769] Alle Normen sind im Sinne einer praktischen Konkordanz weitestgehend zur Geltung zu bringen.[770] Das ergibt sich schon aus den allgemeinen Auslegungsregeln der Wiener Vertragsrechtskonvention, denn die verschiedenen Abkommen stellen gegenseitig ihren „Zusammenhang" i.S.v. Art. 31 Abs. 3 lit. c) WVRK dar. Daher sind bei der jeweiligen Auslegung eines Abkommens immer die anderen Abkommen der WTO zu berücksichtigen.

Folgt dann aus diesem Grundsatz der harmonischen Auslegung, dass zwar das TBT das GATT nicht verdrängt, es aber das Ergebnis der Überprüfung einer Regelung an den Maßstäben des GATT beeinflusst? Denkbar wäre, dass eine Maßnahme, die nach der vorrangigen Prüfung anhand des TBT als rechtmäßig befunden wurde, dies auch nach dem GATT sein muss bzw. umgekehrt, dass eine TBT-widrige Maßnahme automatisch gegen die Vorschriften des GATT verstößt. Für eine derartige Lösung wird der *single package*-Ansatz[771] im WTO-Recht angeführt: Die Einheit der WTO-Rechtsordnung verlange Widerspruchsfreiheit.[772] Doch spricht hiergegen wiederum der Vergleich mit dem Verhältnis zwischen GATT und SPS. Letzteres enthält eine sog. *safe harbor*-Vorschrift, nämlich den bereits zitierten Art. 2.4 SPS, wonach SPS-kompatible Regelungen auch den Anforderungen des Art. XX lit. b) GATT entsprechen. Unter umgedrehten Vorzeichen entschied ein Panel, dass bei einer Verletzung des SPS eine Rechtfertigung gem. Art. XX lit. b) GATT ohne weitere Prüfung ausgeschlossen ist.[773] Das TBT enthält aber gerade keine *safe harbor*-Vorschrift[774], obwohl es gemeinsam mit dem SPS in der Schlussakte von Marrakesch eingeführt wurde. Werden zwei multilaterale Abkommen gleichzeitig verabschiedet und nur eines davon enthält eine bestimmte Regel, so muss davon ausgegangen werden, dass es dem Willen der Mitgliedstaaten entsprach, dass diese Regel in dem anderen Abkommen nicht anwendbar sein sollte. Daraus folgt, dass weder ein positives noch ein negatives Ergebnis unter dem TBT unmittelbar Auswirkungen auf die Beurteilung gemäß dem GATT hat. Die Maßgabe der harmonischen Auslegung ist nur insofern relevant, als bestimmte Tatbestandsmerkmale in den verschiede-

767 *Wiemer*, Produktsicherheit und freier Warenverkehr in GATT/WTO, S. 195.

768 Korea – Dairy, AB, para. 81 m.w.N.; *Weiß*, in: Herrmann/Weiß/Ohler, Welthandelsrecht, § 10, Rn. 354.

769 Argentina – Footwear, AB, para. 81; US – Poultry, Panel, para. 7.466.

770 *Weiß*, in: Herrmann/Weiß/Ohler, Welthandelsrecht, § 10, Rn. 354.

771 Vgl. hierzu bereits S. 28.

772 *Tietje*, in: Prieß/Berrisch, WTO-Handbuch, B.I.5., Rn. 44; so auch *Verrill*, CCLR 2008, 43 (52).

773 US – Poultry, Panel, para. 7.481.

774 *Green*, JIEL 8 (2005), 143 (152).

nen Abkommen nicht abweichend voneinander beurteilt werden sollen oder anders ausgedrückt gleichlautende Rechtsbegriffe grundsätzlich übereinstimmend auszulegen sind.[775] Anzumerken ist allerdings noch, dass es nur sehr wenige Fälle geben wird, in denen eine technische Vorschrift die Hürde des TBT nimmt, dann aber gegen das GATT verstößt.[776]

2. Die Vereinbarkeit von Energieeffizienzstandards mit dem TBT

Da das TBT ein Sonderregime für technische Vorschriften und Normen darstellt, muss im Hinblick auf Energieeffizienzstandards stets mit der Prüfung der Legalität nach den Vorgaben dieses Abkommens begonnen werden. Dabei sollte immer im Hinterkopf behalten werden, dass im Rahmen des TBT ein Spannungsverhältnis besteht: Einerseits dienen technische Standards stets *prima facie* dem Schutz eines öffentlichen Gutes.[777] Andererseits verleitet genau dies dazu, sie für protektionistische Ziele einzusetzen.[778]

Um dieser Gefahr entgegenzuwirken, verlangt das Übereinkommen materiell in Art. 2.1 TBT die Einhaltung des Diskriminierungsverbots, sowohl in Form der Meistbegünstigung als auch der Inländerbehandlung. Davon ausgehend, dass ein Energieeffizienzstandard unterschiedslos auf alle im Inland angebotenen Waren gleich welcher Provenienz anwendbar ist, scheint dieses auf den ersten Blick unproblematisch. Doch sind durchaus Fallgestaltungen denkbar, in denen ein ursprungsneutraler (*origin-neutral*[779]) Standard zur Benachteiligung von Produkten aus bestimmten Ländern führen kann. So reguliert etwa die bereits verabschiedete europäische Verordnung (EG) Nr. 443/2009 den Schadstoffausstoß von Pkws in der EU.[780] Nun sind deutsche Automobilhersteller hiervon statistisch stärker betroffen als z.B. ihre französischen Konkurrenten, weil ihre Modelle im Durchschnitt mehr CO_2 emittieren.[781] Wäre die Regelung nicht europäisch, sondern französisch,[782] dann könnte sie folglich einen Verstoß gegen

---

775 *Tietje*, in: Prieß/Berrisch, WTO-Handbuch, B.I.5., Rn. 48; *Wiemer*, Produktsicherheit und freier Warenverkehr in GATT/WTO, S. 196.

776 *Marceau/Trachtman*, JWT 36 (2002), 811 (874); *Herrmann*, in: Herrmann/Weiß/Ohler, Welthandelsrecht, § 12, Rn. 587.

777 *Tietje*, in: Prieß/Berrisch, B.I.5,WTO-Handbuch, Rn. 1; *ders.* in: Tietje, Internationales Wirtschaftsrecht, § 3, Rn. 115.

778 *Jessen*, in: Hilf/Oeter, WTO-Recht, § 18, Rn. 5; *Tietje*, in: Prieß/Berrisch, B.I.5, Rn. 2.

779 Vgl. *Tietje*, in: Tietje, Internationales Wirtschaftsrecht, § 3, Rn. 69.

780 Siehe oben S. 35 f.

781 Vgl. Studie des Centre for Automotive Research, FH Gelsenkirchen, von Dezember 2006, erhältlich unter http://www.uni-due.de/~hk0378/studien/2007/Capital-15-1-2007.pdf (zuletzt besucht am 19. November 2010).

782 Von Fragen der europarechtlichen Zulässigkeit sei in diesem Beispiel einmal abgesehen.

das Gebot der Inländergleichbehandlung darstellen, wäre sie amerikanisch gegen das Meistbegünstigungsprinzip. Tatsächlich sind solche Fälle im Kontext von Regelungen bezüglich des Kraftstoffverbrauchs bereits aufgetreten. So ging die EG im sog. *CAFE*-Fall im Wege der WTO-Streitbeilegung gegen das amerikanische Steuersystem vor, da dieses höhere Belastungen für Autos mit schlechter Energieeffizienz vorsah.[783] Die in die USA exportierten Fahrzeuge europäischer Hersteller gehören zu einem großen Teil der gehobenen Preisklasse an und fallen mit ihrer niedrigen Effizienz unter diese Kategorie.[784] 1999 kam es zu einem gleich gelagerten Konflikt, wiederum zwischen der EU und diesmal Japan, das sein Steuersystem abhängig vom Kraftstoffverbrauch der Autos gestalten wollte. Allerdings erreichte dieser Konflikt nie das Stadium des Streitbeilegungsverfahrens, weil man sich anderweitig einigte.[785] Fraglich ist folglich, ob in dieser Konstellation tatsächlich ein Verstoß gegen Art. 2.1 TBT vorliegt. Da der Vorwurf, Energieeffizienzstandards würden zum Schutz der heimischen Produktion eingesetzt, wahrscheinlicher ist als die Behauptung, diese dienten der Besserstellung anderer ausländischer Waren, konzentriert sich die nachfolgende Darstellung auf die Inländerbehandlung. Die Ausführungen sind jedoch auch auf das Prinzip der Meistbegünstigung übertragbar.

a) Die Gleichartigkeit von Waren unter dem Aspekt der Energieeffizienz

Grundvoraussetzung für einen Verstoß gegen Art. 2.1 TBT ist, dass gleichartige Waren von der streitigen Regelung betroffen sind. Die Bestimmung der Produktgleichheit richtet sich dabei nach den gleichen Kriterien wie im Rahmen des GATT, also den physikalischen Eigenschaften, der Zollklassifizierung, dem Endgebrauch und der Wahrnehmung der Verbraucher.[786] Anders als im Rahmen der Handelsmaßnahmen knüpfen die Energieeffizienzstandards aber nicht an PPM an, sondern an die Gebrauchseigenschaften eines Produkts.[787] Daher kann in dieser Frage nicht schlicht auf die obigen Ausführungen verwiesen werden. Zum Teil wird für die Annahme einer Ungleichartigkeit angeführt, dass das Panel in *US – Autos*[788] die Produktgleichheit bei Fahrzeugen in Abhängigkeit vom Benzinverbrauch verneinte.[789] Allerdings stützte sich das Panel auf den *aims and*

---

783 US – Autos, Panel.

784 Vgl. zu diesem Verfahren *Brack* u.a., International Trade and Climate Change Policies, S. 52.

785 Vgl. zu diesem Streit *Green*, JIEL 8 (2005), 143 (167); *Brack* u.a., International Trade and Climate Change Policies, S. 53; *Zhang/Assunção*, The World Economy 27 (2004), 359 (367 f.).

786 Siehe bereits oben S. 42 ff.

787 Vgl. *Buck/Verheyen*, International Trade Law and Climate Change, S. 8.

788 US – Autos, Panel, para. 5.26.

789 *Buck/Verheyen*, International Trade Law and Climate Change, S. 9; *Zhang/Assunção*, The World Economy 27 (2004), 359 (369).

effects-Test, der hier abgelehnt wird,[790] so dass das Ergebnis nicht aussagekräftig ist.[791] Folglich bedarf es für die Frage der Gleichartigkeit einer Beurteilung der vier Standardkriterien. Zwar ändern sich Endgebrauch und Zollklassifizierung eines Pkws in Abhängigkeit vom Schadstoffausstoß nicht. Doch stellt dieser durchaus eine physikalische Eigenschaft dar, die der Ware innewohnt.[792] Allerdings besteht eine Ungleichartigkeit nicht schon dann, wenn die Unterschiede nur marginal sind.[793] Das ergibt sich aus der oben ausgeführten Einordnung der Produktgleichheit als Typenbegriff[794]: Bestehen bei einem der Kriterien lediglich Unterschiede, die eine *de minimis*-Schwelle nicht überschreiten, sprechen jedoch alle anderen Merkmale für die Annahme der Gleichheit, dann ergibt sich ein Gesamtbild der Gleichartigkeit. In der Konsequenz kommt auch in diesem Kontext den Verbrauchergewohnheiten eine herausragende Bedeutung zu. Es ist durchaus vorstellbar, dass die Emissionen für den Konsumenten bei seiner Kaufentscheidung von derart großer Wichtigkeit sind, dass er ein Auto, das einen sehr hohen CO_2-Ausstoß aufweist, nicht als Alternative zu einem Auto, das sehr umweltschonend fährt, ansehen würde. Allerdings ist derzeit wohl realistischerweise davon auszugehen, dass ein durchschnittlicher Verbraucher trotz dieses Unterschieds beide Fahrzeuge in Erwägung ziehen würde.[795] Allein, dass der Schadstoffausstoß bei der Kaufentscheidung für den Verbraucher eines von mehreren abzuwägenden Argumenten darstellt, genügt nicht, um eine Wettbewerbssituation zu verneinen.[796] Dies wäre vielmehr nur der Fall, wenn die Pkws durch den Unterschied für den Käufer von vorneherein zwei verschiedene Kategorien darstellen würden, die er zwar beide in Erwägung zieht, sich dabei aber bewusst ist, dass er hierdurch letztlich zwischen zwei verschiedenen Gattungen

790 Siehe oben S. 49 ff.

791 *Green*, JIEL 8 (2005), 143 (165); *Howse/Eliason*, in: Cottier u.a. (Hrsg.), International Trade Regulation and the Mitigation of Climate Change, S. 48 (92).

792 *Howse/Eliason*, in: Cottier u.a. (Hrsg.), International Trade Regulation and the Mitigation of Climate Change, S. 48 (91).

793 *Wiemer*, Produktsicherheit und freier Warenverkehr in GATT/WTO, S. 212.

794 Siehe oben S. 46 f.

795 Vgl. *Green*, JIEL 8 (2005), 143 (165 f.); a.A. *Buck/Verheyen*, ZUR 2002, 89 (92), die von einer „steigenden Sensibilität der Verbraucher" ausgehen und daher die Unterscheidbarkeit bejahen; *Howse/Eliason*, in: Cottier u.a. (Hrsg.), International Trade Regulation and the Mitigation of Climate Change, S. 48 (91), die auf ökologische und ökonomische Gründe hierfür verweisen und *Tietje*, in Prieß/Berrisch, WTO-Handbuch, B.I.5, Rn. 61.

796 Dass die Wettbewerbsbeziehung zentral für die Bestimmung der Gleichartigkeit ist, betont *Green*, JIEL 8 (2005), 143 (158).

wählt.[797] Verbrauchergewohnheiten werden eher im Bezug auf Energieeffizienz differieren, wenn damit die Möglichkeit von Kosteneinsparungen einhergeht, wie bei einem geringeren Kraftstoffverbrauch.[798] Fazit ist, dass die Gleichartigkeit bei sehr großen Differenzen im Schadstoffausstoß oder im Energieverbrauch verneint werden muss; hingegen ist sie im Großteil der Fälle zu bejahen.[799]

Wie in den Streitbeilegungsentscheidungen stets betont wird, kommt es auf jeden Einzelfall an.[800] Daher ist jede Art von Standard im konkreten Fall zu betrachten. Die Gleichartigkeit dürfte eher im Hinblick auf solche Standards zu verneinen sein, die nicht auf den Schadstoffausstoß, sondern den Energie- bzw. Kraftstoffverbrauch abstellen. Denn zu dem rein ökologischen Argument kommt hierbei für den Verbraucher ein finanzieller Aspekt hinzu, weil er für die Kosten des Energieverbrauchs aufkommen muss. Daher besteht hinsichtlich solcher Standards eher die Chance, dass ein Verstoß gegen das Diskriminierungsverbot schon deshalb ausscheidet, weil die Produktgleichheit fehlt.

b) Energieeffizienzstandards als weniger günstige Behandlung von ausländischen Produkten

Häufig werden die Produkte, die einem Energieeffizienzstandard unterliegen, gleichartig sein. Dann stellt sich die Frage, ob die statistische Benachteiligung von Waren aus bestimmten Ländern eine *weniger günstige Behandlung* i.S.d. Art. 2.1 TBT darstellt.

aa) Keine Tatbestandsmäßigkeit der *de facto*-Diskriminierung in Art. 2.1 TBT

Auch Art. III:4 GATT verbietet die *weniger günstige Behandlung* von Waren, die aus dem Gebiet einer Vertragspartei in das Gebiet einer anderen Vertragspartei eingeführt werden hinsichtlich aller Gesetze, Verordnungen und sonstigen Vorschriften über den Verkauf, das Angebot, den Einkauf, die Beförderung, Verteilung oder Verwendung. Nach dem über die harmonische Auslegung der multilateralen Abkommen Gesagten müsste der Begriff der *weniger günstigen*

797 So auch *Wiemer*, Produktsicherheit und freier Warenverkehr in GATT/WTO, S. 212, im Bezug auf den Benzinverbrauch. Nach ihm kann „ein Auto, welches nur 3 Liter auf 100 Kilometer verbraucht, […] im Vergleich zu einem Auto, welches 15 Liter auf 100 Kilometer verbraucht, evident nicht als gleichartig bezeichnet werden. Eine Verbrauchsdifferenz von einem Liter wäre dagegen sicherlich noch im Bereich der Gleichartigkeit.“

798 *Green*, JIEL 8 (2005), 143 (166).

799 So auch *Green*, JIEL 8 (2005), 143 (166).

800 Vgl. nur Japan – Alcoholic Beverages II, AB, S. 19 m.w.N.; Working Party Report on Border Tax Adjustments, para. 18; *Herrmann*, in: Herrmann/Weiß/Ohler, Welthandelsrecht, § 12, Rn. 514.

Behandlung in GATT und TBT grundsätzlich identisch auszulegen sein.[801] Art. III:4 GATT dient nach der Auslegung in der Streitbeilegungspraxis dazu, für ausländische Waren gleiche Wettbewerbschancen wie für inländische zu gewähren.[802] Nach einhelliger Ansicht genügt daher für einen Verstoß gegen das Gebot der Inländergleichbehandlung nicht nur die *de jure-*, sondern auch die *de facto*-Diskriminierung.[803] D.h., dass nicht nur eine formal ungleiche Behandlung von Waren, also die ausdrückliche Anknüpfung an die Herkunft, eine Diskriminierung darstellt, sondern dass es genügt, wenn eine unterschiedslos anwendbare Regelung im Ergebnis die Wettbewerbsbedingungen ausländischer Waren beeinträchtigt.[804] Die Annahme einer solchen *de facto*-Diskriminierung erscheint im Hinblick auf Energieeffizienzstandards nach dem oben genannten Beispiel des Schadstoffausstoßes von deutschen und französischen Pkws zumindest erwägenswert.

Allerdings wäre diese Frage nur dann relevant, wenn Art. 2.1 TBT in Übereinstimmung mit dem Verständnis der Artt. I:1 und III:4 GATT nicht auf *de jure*-Diskriminierungen beschränkt ist. Trotz der harmonischen, ganzheitlichen Auslegung der multilateralen Abkommen ist es nicht ausgeschlossen, dass das TBT eine andere Bewertung im Hinblick auf die *weniger günstige Behandlung* enthält, wenn hierfür objektive Gründe vorliegen. Entsprechend wird vertreten, dass Art. 2.1. TBT nur *de jure*-Diskriminierungen umfasse.[805] Die Begründung liegt darin, dass das hierin enthaltene Diskriminierungsverbot nicht ohne den Kontext des zweiten Absatzes gesehen werden darf, also eine systematische Gesamtschau erforderlich ist. Das Diskriminierungsverbot in Art. III:4 GATT sei in einer analogen Entwicklung zum Europäischen Gemeinschaftsrecht[806] zu einem Beschränkungsverbot weiterentwickelt worden.[807] Wäre auch Art. 2.1 TBT so zu verstehen, so bliebe kein eigener Regelungsbereich mehr für Art. 2.2 TBT, der den internationalen Handel vor unnötigen Hemmnissen schützt. Daher müsse Art. 2.1 TBT im Lichte des Art. 2.2 TBT ausgelegt werden: Eine *de facto*-Diskriminierung stelle nur dann einen Verstoß gegen diese Vorschriften dar,

---

801 *Tiejte*, in: Tietje, Internationales Wirtschaftsrecht, § 3, Rn. 121.

802 US – Section 337, Panel, para. 5.11.; US – Superfund, Panel, para. 5.1.9; siehe auch bereits oben S. 48 f.

803 Canada – Automotive Industry, AB, para. 78; *Herrmann*, in: Herrmann/Weiß/Ohler, Welthandelsrecht, § 12, Rn. 517; *Berrisch*, in: Prieß/Berrisch, WTO-Handbuch, B.I.1., Rn. 74; *Kennedy*, in: Bhala/Kennedy, World Trade Law, S. 100; *Wiemer*, Produktsicherheit und freier Warenverkehr in GATT/WTO, S. 218.

804 *Herrmann*, in: Herrmann/Weiß/Ohler, Welthandelsrecht, § 12, Rn. 517; *Berrisch*, in: Prieß/Berrisch, WTO-Handbuch, B.I.1., Rn. 98.

805 *Tiejte*, in: Tietje, Internationales Wirtschaftsrecht, § 3, Rn. 121.

806 EuGH, Dassonville, Rs. 8/74, Slg. 1974, 837 Rn. 5; vgl. nur *Herdegen*, Europarecht, § 15, Rn. 6.

807 So auch *Wiemer*, Produktsicherheit und freier Warenverkehr in GATT/WTO, S. 214.

wenn sie gleichzeitig ein unnötiges Hemmnis für den internationalen Handel bilde.[808]

Bereits die Grundannahme dieser Argumentation, das Diskriminierungsverbot sei in der Streitbeilegungspraxis zu einem Beschränkungsverbot weiterentwickelt worden, ist unzutreffend. Zwar ist es richtig, dass für die Feststellung eines Verstoßes gegen Art. III:4 GATT der Nachweis eines tatsächlichen und spezifischen Effekts auf den Handel nicht erforderlich ist.[809] Doch folgt daraus nicht unweigerlich, dass es nicht auf die Schlechterstellung ausländischer Waren ankäme. Vielmehr betont eine Vielzahl von Entscheidungen, dass es Zweck des Diskriminierungsverbots ist, die Gleichwertigkeit der Wettbewerbsbedingungen und -chancen zu sichern.[810] Es geht also sehr wohl um die Gleichstellung von importierten Produkten; die Ausweitung auf ein allgemeines Beschränkungsverbot kann hierin nicht gesehen werden. Demnach bliebe aber ein eigener Regelungsbereich für Art. 2.2 TBT, denn dieser schützt tatsächlich den internationalen Handel vor jeder Beeinträchtigung. Diese Ansicht wird dadurch gestützt, dass in der Literatur gerade betont wird, dass das TBT über die Pflichten des GATT hinausgeht, indem es nicht nur die Diskriminierung, sondern eben jedes unnötige Hemmnis des grenzüberschreitenden Handels verbietet.[811]

Dennoch trifft die Auffassung, Art. 2.1 TBT erfasse keine *de facto*-Diskriminierung, im Ergebnis aus anderen Gründen zu. Wenn auch der Grundsatz der harmonischen Auslegung der multilateralen Abkommen gilt, so muss daraus nicht unweigerlich folgen, dass die Rechtsbegriffe immer einheitlich auszulegen sind. Bietet der Kontext eines Begriffs objektive Anhaltspunkte für ein abweichendes Verständnis, so sind diese zu berücksichtigen. Nun sieht das TBT keinerlei Ausnahmen oder Rechtfertigungsgründe vergleichbar dem Art. XX GATT vor. D.h., dass ein Energieeffizienzstandard, der als *de facto*-Diskriminierung zu qualifizieren wäre, einen Verstoß gegen Art. 2.1 TBT bedeuten würde, wenn dieser nicht nur die formale Anknüpfung an die Herkunft erfasst. Für eine Berücksichtigung der möglicherweise legitimen Klimaschutz-Ziele ist dann kein Raum. Das entspricht aber weder der Wertung des GATT, nach dem ein Öko-Standard bei entsprechender Ausgestaltung gem. Art. XX lit. g) oder b) GATT gerechtfertigt ist, noch der ausdrücklichen Anerkennung des Umweltschutzes in der Präambel des TBT:

808 *Tietje*, in: Tietje, Internationales Wirtschaftsrecht, B.I.5., Rn. 50.

809 Korea – Beef, Panel, para. 627.

810 US – Section 337, Panel, para. 5.13; US – Gasoline, Panel, para. 6.10; Japan – Alcoholic Beverages II, AB, S. 16 f.; Japan – Film, Panel, para. 10.379; Korea – Beef, Panel, para. 623.

811 Jackson, The World Trading System, S. 223; *Hudec*, B.C. Int'l & Comparative L.R. 26 (2003), 185 (187 f.); *Green*, JIEL 8 (2005), 143 (173).*Tietje*, in: Prieß/Berrisch, WTO-Handbuch, B.I.5., Rn. 68; *Jessen*, in: Hilf/Oeter, WTO-Recht, § 18, Rn. 19.

> „[I]n Anerkennung dessen, dass kein Land daran gehindert werden sollte, auf als geeignet erachteter Ebene Maßnahmen zu treffen, die notwendig sind, um […] das Leben oder die Gesundheit von Menschen, Tieren oder Pflanzen sowie die Umwelt zu schützen […], sofern solche Maßnahmen nicht so angewendet werden, dass sie ein Mittel zur willkürlichen oder ungerechtfertigten Diskriminierung zwischen Ländern, in denen die gleichen Bedingungen herrschen, oder eine verschleierte Beschränkung des internationalen Handels darstellen“.

Wird der Verkauf eines Fahrzeugs ab einer bestimmten Menge CO_2-Ausstoß verboten, so ist diese Grenzziehung nicht willkürlich, sondern spiegelt die Intention der Regelung wider: Je höher die Schadstoff-Emission, desto stärker ist die Belastung des Klimas. Insofern ist es unangebracht, zwangsläufig in einer hieraus resultierenden statistischen Benachteiligung von Waren aus bestimmten Ländern eine verbotene Diskriminierung zu sehen. Ein solches Ergebnis würde mit der erklärten Anerkennung des Umweltschutzes und eben auch der Behandlung von Klimaschutz-Maßnahmen im Rahmen des GATT kollidieren. Außerdem bestimmt Art. 2.2 TBT:[812]

> „Die Mitglieder stellen sicher, dass technische Vorschriften nicht in der Absicht oder mit der Wirkung ausgearbeitet, angenommen oder angewendet werden, unnötige Hemmnisse für den internationalen Handel zu schaffen. Zu diesem Zweck sind technische Vorschriften nicht handelsbeschränkender als notwendig, um ein berechtigtes Ziel zu erreichen, wobei die Gefahren, die entständen, wenn dieses Ziel nicht erreicht würde, berücksichtigt werden. Berechtigte Ziele sind unter anderem Erfordernisse der nationalen Sicherheit, Verhinderung irreführender Praktiken, *Schutz der Gesundheit und Sicherheit von Menschen, des Lebens oder der Gesundheit von Tieren und Pflanzen oder der Umwelt.*“

Der Klimaschutz-Zweck wird also zwangsläufig bei jeder Maßnahme eine Rolle spielen, da Art. 2.2 TBT auf jede technische Vorschrift anzuwenden ist, auch wenn sie keinen Verstoß gegen das Diskriminierungsverbot beinhaltet. Würde ein Energieeffizienzstandard schon an den Anforderungen des Art. 2.1 TBT scheitern, so käme es gar nicht mehr zu einer Einbeziehung dieser Zielrichtung in die Bewertung der Regelung. Dies übersieht *Wiemer*, wenn er behauptet, es könne dahinstehen, ob die *de facto*-Diskriminierung in Art. 2.1 TBT tatbestandsmäßig sei.[813] Entscheidend sei ja ohnehin nur, ob eine technische Vorschrift ein unnötiges Handelshemmnis i.S.d. Art. 2.2 TBT bedeute, so dass hier Raum für eine Berücksichtigung der Motive einer Regelung sei. Doch stellt Art. 2.2 TBT keinen dem Art. XX GATT vergleichbaren Rechtfertigungstatbestand bei Verstößen gegen Art. 2.1 TBT dar,[814] sondern eine über das Diskrimi-

---

812 Hervorhebung vom Verfasser hinzugefügt.

813 *Wiemer*, Produktsicherheit und freier Warenverkehr in GATT/WTO, S. 218.

814 So ausdrücklich *Marceau/Trachtman*, JWT 36 (2002), 811 (874); *Tietje*, in: Prieß/Berrisch, WTO-Handbuch, B.I.5, Rn. 63.

nierungsverbot hinausgehende Anforderung,[815] die unabhängig von der Einhaltung der Verpflichtungen aus Art. 2.1 TBT immer zum Tragen kommt.[816] Selbst wenn Waren ungleichartig sind, muss die Anforderung gem. Art. 2.2 TBT eingehalten werden.[817] Folglich kann mithilfe dieser Norm kein Verstoß gegen das Diskriminierungsverbot gerechtfertigt werden.[818] Aus alledem folgt, dass den Vorgaben der Präambel des TBT durch einen Ausschluss der *de facto*-Diskriminierung aus dem Anwendungsbereich des Art. 2.1 TBT besser Genüge getan wird als durch eine einheitliche Auslegung mit der *weniger günstigen Behandlung* in Art. III:4 GATT. Bei diesem Ansatz wird zwar die Begriffseinheit nicht eingehalten, doch dafür inhaltlich ein Widerspruch vermieden. Somit führen Energieeffizienzstandards im Regelfall nicht zu einer Diskriminierung i.S.d. Art. 2.1 TBT, da sie unterschiedslos auf alle Produkte angewandt werden, unabhängig von ihrer Herkunft.

bb) Diskriminierung durch die europäische Verordnung zum Schadstoffausstoß von Pkws?

Die Feststellung, dass Energieeffizienzstandards unter dem Gesichtspunkt des Diskriminierungsverbots unbedenklich sind, bedarf allerdings der Modifikation, wenn bei ihrer Umsetzung Differenzierungen auftreten. In *US – Autos* wurde ein Teil der beanstandeten Regelungen für WTO-rechtlich unzulässig erachtet, weil der durchschnittliche Kraftstoffverbrauch bei europäischen Autos sich nur unter Bezugnahme auf die importierten Fahrzeuge errechnete. Effizientere Wagen, die zwar auch von den europäischen Herstellern produziert, aber nicht in die USA eingeführt wurden, konnten nicht gegengerechnet werden. Hierin sah das Panel einen Nachteil im Vergleich zu amerikanischen Fahrzeugen, bei denen die gesamte Flotte in die Berechnung des Durchschnitts einfloss.[819] Da die europäische Verordnung über den Schadstoffausstoß[820] sich ebenfalls auf den Emissionsdurchschnitt der Flotte bezieht, sind hier die gleichen Anforderungen zu stellen, um einen Verstoß gegen das Gebot der Inländerbehandlung zu vermeiden. Jedoch ist die Verordnung gem. Art. 2 Abs. 1 nur auf Neuwagen anwendbar, die in

---

815 Vgl. bereits die Nachweise in Fn. 811.

816 *Green*, JIEL 8 (2005), 143 (174).

817 *Tietje*, in: Prieß/Berrisch, WTO-Handbuch, B.I.5, Rn. 63.

818 Der Annahme *Wiemers* liegt ein völlig falsches Verständnis zugrunde, nämlich dass Art. 2.2 TBT nur zum Tragen kommt, wenn ein Verstoß gegen Art. 2.1 TBT gegeben ist. Siehe *Wiemer*, Produktsicherheit und freier Warenverkehr in GATT/WTO, S. 235: „Wenn ein Verstoß gegen den Grundtatbestand des Abkommens in Art. 2.1 festgestellt worden ist und die streitige Vorschrift mit dem Schutz eines legitimen Rechtsgutes wie Leben, Gesundheit und Umwelt begründet wurde, so gilt es weiterhin nach der Verhältnismäßigkeit zu fragen."

819 US – Autos, Panel, paras. 5.47, 5.60 f. (zur Rechtfertigung gem. Art. XX lit. g) GATT).

820 VO (EG) Nr. 443/2009.

der Gemeinschaft erstmals zugelassen werden. D.h., dass Fahrzeuge, die gar nicht nach Europa importiert werden, auch nicht beim durchschnittlichen Schadstoffausstoß berücksichtigt werden. Nun könnte man argumentieren, die Verordnung sei zwar nur auf solche Autos anwendbar, daraus folge aber nicht zwangsläufig, dass auch nur diese bei der Berechnung des Durchschnitts der Flotte Berücksichtigung finden. Schließlich definiert Art. 3 Abs. 1 lit. a) die „durchschnittlichen spezifischen Emissionen" als „für einen Hersteller den Durchschnitt der spezifischen CO_2-Emissionen aller neuen Personenkraftwagen, deren Hersteller er ist". Der Wortlaut ist folglich nicht auf in der EU zugelassene Fahrzeuge beschränkt. Doch weisen die Erwägungsgründe der Verordnung eindeutig in eine andere Richtung. Dort wird wiederholt auf die „durchschnittlichen spezifischen Emissionen aller *in der Gemeinschaft zugelassenen* Neuwagen" abgestellt.[821] Somit liegt der Verordnung das gleiche Konzept zugrunde wie das, welches in *US – Autos* als Verstoß gegen das Prinzip der Inländergleichbehandlung gewertet wurde. Dennoch stellt die Verordnung keinen Verstoß gegen das Diskriminierungsverbot dar. Denn die zulässigen CO_2-Emissionen werden für jeden Pkw in Abhängigkeit von seiner Masse festgelegt.[822] Dadurch ist es nicht erforderlich, kleinere und größere Wagen einer Flotte gegeneinander aufzurechnen. Werden nur schwere Fahrzeuge importiert, dann liegt in der fehlenden Möglichkeit der Berücksichtigung von leichteren Autos, die nicht eingeführt werden, kein Nachteil, denn auch die zulässigen durchschnittlichen Emissionen der Flotte sind dementsprechend höher.

c) Exkurs: Anwendbarkeit des Art. XX GATT im Rahmen des TBT

Anders könnte die Bewertung im Hinblick auf die Tatbestandsmäßigkeit der *de facto*-Diskriminierung in Art. 2.1 TBT ausfallen, wenn entgegen dem bisher Angenommenen doch eine Rechtfertigung von Verstößen gegen das Diskriminierungsverbot möglich ist. Denn dann wäre die einschränkende Auslegungsweise der *weniger günstigen Behandlung* nicht erforderlich, um zu mit den umweltpolitischen Zielen der WTO übereinstimmenden Ergebnissen zu gelangen. Ein Energieeffizienzstandard, der nicht mit Art. 2.1 TBT vereinbar ist, könnte unter dieser Voraussetzung dennoch letztendlich zulässig sein. Nun sieht aber das TBT selber keine Ausnahme- bzw. Rechtfertigungsregelungen vor. Deshalb kommt, wollte man diesem Ansatz folgen, nur eine entsprechende Heranziehung von Vorschriften aus anderen multilateralen Abkommen in Betracht. Da das GATT das Ursprungsmodell der Übereinkommen im WTO-System ist, könnte sich eine analoge Anwendung von Art. XX GATT anbieten.

---

821 Erwägungsgründe 19, 22; Hervorhebung vom Verfasser hinzugefügt.

822 Art. 4 i.V.m. Anhang I VO (EG) Nr. 443/2009.

Doch wird nicht zu Unrecht geäußert, die entsprechende Heranziehung der allgemeinen Ausnahmen des GATT in anderen multilateralen Abkommen bedürfe eines „heroischen Ansatzes".[823] Denn es spricht eine ganze Reihe von Argumenten gegen diese Analogie. Schon der Wortlaut von Art. XX GATT beschränkt den Anwendungsbereich sehr eindeutig auf Verstöße gegen das GATT. Dort heißt es:[824] „...darf keine Bestimmung *dieses* Abkommens so ausgelegt werden, dass sie eine Vertragspartei daran hindert, folgende Maßnahmen zu beschließen oder durchzuführen". *Dieses* Abkommen ist das GATT. Damit soll nach dem Wortlaut eine Rechtfertigung nur für Verstöße gegen Vorschriften des GATT und nicht gegen andere multilaterale Abkommen möglich sein.

Gerade im Hinblick auf eine Analogie ist die Wortlautgrenze jedoch kein absolutes Hindernis. Vielmehr beinhaltet diese ja gerade, dass eine Vorschrift auf einen Sachverhalt angewandt wird, der nicht von ihrem Wortlaut erfasst ist. Für die Möglichkeit einer Heranziehung des Art. XX GATT auch außerhalb des GATT spricht die Entscheidung des Appellate Body in *China – Audiovisual*. Dort wurde eine Berufung auf diesen Rechtfertigungstatbestand im Bezug auf eine Verletzung des Beitrittsprotokolls Chinas[825] für zulässig erachtet.[826] Das bedeutet, dass Art. XX GATT im Rahmen dieses Beitrittsprotokolls, also außerhalb des GATT, anwendbar ist. Folglich geht der Appellate Body nicht davon aus, dass der Anwendungsbereich von Art. XX GATT strikt auf das Allgemeine Zoll- und Handelsabkommen beschränkt ist. Eine entsprechende Anwendung der Ausnahmeregelung in anderen multilateralen Abkommen ist demnach vom Grundsatz her nicht ausgeschlossen. Allerdings kann aus der Entscheidung in *China – Audiovisual* auch nicht ohne weiteres geschlossen werden, dass Art. XX GATT in jeder WTO-rechtlichen Regelung als Rechtfertigung herangezogen werden kann. Denn im Vergleich zu den Bestimmungen des Beitrittsprotokolls weist das TBT gravierende Unterschiede auf. Das Beitrittsprotokoll ist lediglich ein temporäres Dokument, das den zeitlich gestreckten Übergang Chinas in den Status eines vollwertigen WTO-Mitglieds regelt. Es ist daher per Definition lückenhaft und erhebt nicht den Anspruch, ein Rechtsgebiet vollständig zu regeln. Insofern bietet sich eine ergänzende Heranziehung bestehender WTO-Vorschriften geradezu an. Anders stellt sich das TBT dar, das ein eigenständiges multilaterales Abkommen ist und gleichberechtigt neben dem GATT steht. Dieses soll den Bereich der technischen Vorschriften und Normen abschließend regeln. Eine Analogie zur Füllung eventueller Lücken ist damit deutlich schwerer begründbar. Beide Dokumente weisen völlig unterschiedliche Charakteristika

---

823 *Marceau/Trachtman*, JWT 36 (2002), 811 (874).

824 Hervorhebung vom Verfasser hinzugefügt.

825 In den für dieses Streitbeilegungsverfahren relevanten Teilen verpflichtet das Beitrittsprotokoll China dazu, Händlern, nicht Waren, den Zugang zu seinem Markt zu gewähren. Die USA rügten eine Verletzung dieser Verpflichtung.

826 China – Audiovisual, AB, para. 233.

auf, so dass nicht unmittelbar vom einen auf das andere geschlossen werden kann.

Außerdem stützt sich der Appellate Body bei seiner Entscheidung vorwiegend auf eine Auslegung des Einführungssatzes von § 5.1 des Beitrittsprotokolls.[827] Dieser lautet:

> *"Without prejudice to China's right to regulate trade in a manner consistent with the WTO Agreement, China shall progressively liberalize the availability and scope of the right to trade".*

Die Möglichkeit der Berufung auf Art XX GATT folgerte der Appellate Body dabei aus dem Recht Chinas, den Handel in einer mit dem WTO-Übereinkommen übereinstimmenden Weise zu regulieren. In der Tat kann in dieser Formulierung ein Verweis auf die Vorschriften des WTO-Rechts in ihrer Gesamtheit gesehen werden, der die Ausnahmetatbestände im GATT einschließt. Vergleichbare textuelle Anhaltspunkte für die Möglichkeit der Heranziehung von Vorschriften aus dem GATT finden sich im TBT nicht. Im Gegenteil beinhaltet es Formulierungen, die genau in die entgegengesetzte Richtung weisen. Zum einen behandelt Art. 2.2 TBT einen Großteil der in Art. XX GATT aufgezählten legitimen Ziele, nämlich die Verhinderung irreführender Praktiken und den Schutz der Gesundheit von Mensch, des Lebens oder der Gesundheit von Tieren und Pflanzen oder der Umwelt[828]. Dabei handelt es sich zwar nicht um eine Rechtfertigung, sondern um eine Verhältnismäßigkeitsprüfung,[829] die unabhängig von einem Verstoß gegen andere Vorschriften des TBT durchzuführen ist. Doch zeigt die Auflistung der berechtigten Ziele, dass den Mitgliedstaaten durchaus bewusst war, dass technische Vorschriften diesen Zwecken dienen können. Hätten sie es für notwendig befunden, aufgrund dieser Sachlage einen Rechtfertigungsmechanismus im TBT einzuführen, so hätten sie dies getan.

Ein noch stärkeres Indiz dafür, dass das Fehlen einer Ausnahmeregelung das Ergebnis einer bewussten Entscheidung ist, liegt in der Präambel des TBT. Diese lautet im hier relevanten Ausschnitt:[830]

> „[I]n Anerkennung dessen, dass kein Land daran gehindert werden sollte, auf als geeignet erachteter Ebene Maßnahmen zu treffen, die notwendig sind, um die Qualität seiner Ausfuhren zu erhalten, das Leben oder die Gesundheit von Menschen, Tieren oder Pflanzen sowie die Umwelt zu schützen oder irreführende Praktiken zu verhindern, *sofern solche Maßnahmen nicht so angewendet werden, dass sie ein Mittel zur willkürlichen oder ungerechtfertigten Diskriminierung zwischen Ländern, in denen die gleichen*

827 China – Audiovisual, AB, para. 216 ff.

828 Zwar enthält Art. XX GATT nicht ausdrücklich den Umweltschutz, doch wurde bereits dargelegt, dass Buchstabe g) in der Streitbeilegungspraxis so weit ausgelegt wird, dass jegliche Umweltschutzmaßnahme hierunter fällt, siehe oben S. 62 f.

829 Siehe zum Regelungsgehalt des Art. 2.2 TBT unten S. 106.

830 Hervorhebung vom Verfasser hinzugefügt.

Bedingungen herrschen, oder eine verschleierte Beschränkung des internationalen Handels darstellen".

Nicht nur findet sich hier noch einmal ein Teil der Schutzgüter der allgemeinen Ausnahmen wieder. Vor allem übernimmt die Präambel fast wörtlich den *chapeau* von Art. XX GATT. Daran ist deutlich erkennbar, dass den Mitgliedstaaten die Möglichkeit einer Rechtfertigungsregelung klar vor Augen stand. Dennoch hielten sie es nicht für erforderlich, eine solche Vorschrift einzuführen. Offenbar gingen sie davon aus, dass es genügt, den entsprechenden Gedanken bei der Auslegung der operativen Regelungen durch Heranziehung der Präambel zu berücksichtigen.[831]

Tatsächlich besteht die Notwendigkeit einer Analogie nur im Falle einer unbewussten Regelungslücke.[832] Dass das Fehlen eines Rechtfertigungstatbestands bewusst gewählt wurde, erschließt sich aus den vorstehenden Ausführungen. Zusätzlich kann nicht einmal von einer Regelungslücke ausgegangen werden. Denn diese würde nur dann bestehen, wenn das TBT ohne allgemeine Ausnahmen zu unbilligen und offensichtlich nicht gewollten Ergebnissen führen würde. Bei der hier befürworteten Auslegung des Art. 2.1 TBT, nach der *de facto*-Diskriminierungen von dieser Vorschrift nicht erfasst sind, ist dies nicht der Fall. Denn Regelungen, die die Hürde des Diskriminierungsverbots genommen haben, werden am Maßstab des Art. 2.2 TBT gemessen, der schon nach den in ihm aufgezählten berechtigten Zielen, aber auch unter Zuhilfenahme der Präambel, die Berücksichtigung von Klimaschutzzielen sowie die Anwendung des Verhältnismäßigkeitsgedankens erlaubt. *De jure*-Diskriminierungen würden von einer Analogie zu Art. XX GATT im Bereich der Energieeffizienzstandards ohnehin nicht profitieren. Denn da die Standards auf Eigenschaften der Ware und nicht die Produktionsmethoden im Herstellungsland abstellen[833], ist kein Grund ersichtlich, wieso eine technische Vorschrift legitimerweise an die Herkunft anknüpfen sollte. Klimapolitisch ist es gar nicht sinnvoll, Energieeffizienzstandards auf Waren aus Ländern zu beschränken, die besonders wenig für die Mitigation des Klimawandels unternehmen.[834] Denn ein Produkt, das bestimmte Grenzwerte überschreitet, ist immer gleich klimaschädlich, unabhängig von seiner Herkunft und den dort geltenden Regelungen. Daher wäre eine Rechtfertigung sowieso ausgeschlossen.

Es besteht folglich gar kein Bedürfnis für eine entsprechende Heranziehung des Art. XX GATT.[835] Mag es auch auf den ersten Blick so erscheinen, als würde durch das Fehlen einer vergleichbaren Vorschrift die Verfolgung von Klima-

831 Vgl. *Condon*, JIEL 12 (2009), 1 (31).

832 Vgl. *Larenz/Canaris*, Methodenlehre der Rechtswissenschaft, S. 370 ff.

833 Nichtproduktbezogene PPM fallen nicht in den Anwendungsbereich des TBT, siehe unten S. 106 ff.

834 Vgl. *Brack* u.a., International Trade and Climate Change Policies, S. 52.

835 Im Ergebnis ebenso *Condon*, JIEL 12 (2009), 1 (31).

schutzzielen behindert, so zeigt sich doch bei genauerer Betrachtung der Systematik des TBT, dass dieses Abkommen durchaus Raum für die Berücksichtigung legitimer Ziele lässt. Daher ist eine Analogie zu den allgemeinen Ausnahmen des GATT im TBT abzulehnen.

Fazit ist demnach, dass auch ohne eine entsprechende Anwendung des Art. XX GATT ein einheitlich auf inländische und ausländische Produkte angewandter Energieeffizienzstandard nicht in Konflikt mit Art. 2.1 TBT gerät. Denn verfolgt er tatsächlich Ziele des Klimaschutzes, so kann er allenfalls eine *de facto-*, nicht jedoch eine *de jure*-Diskriminierung beinhalten.

d) Verhältnismäßigkeitsprüfung bei technischen Vorschriften

Daraus, dass ein Energieeffizienzstandard nicht gegen das Diskriminierungsverbot verstößt, folgt nicht die abschließende Vereinbarkeit mit dem TBT. Denn auch den Anforderungen von Art. 2.2 TBT muss Genüge getan werden. Demnach ist sicherzustellen, dass die Standards keine „unnötigen Hemmnisse für den internationalen Handel" errichten. Konkret bedeutet dies, dass sie nicht „handelsbeschränkender als notwendig [sein dürfen], um ein berechtigtes Ziel zu erreichen".

aa) Beziehung zur Verhältnismäßigkeitsprüfung in Art. XX GATT

Im Rahmen des Art. 2.2 TBT stellt sich die Frage der Notwendigkeit technischer Vorschriften, so dass es nahe liegt, diese mit den gleichen Methoden wie bei Art. XX GATT zu beantworten.[836] Diese Ansicht wird durch die Formulierung in der Präambel des TBT unterstützt, die fast wortwörtlich mit dem *chapeau* übereinstimmt.[837] Offenbar hielten die Mitgliedstaaten die Anwendung eines vergleichbaren Prüfungsmaßstabs im TBT für angemessen. Zudem stimmt dieser Ansatz mit der Maßgabe der harmonischen Auslegung überein. Es ist grundsätzlich kein Grund erkennbar, warum im Rahmen des TBT die Notwendigkeits-Prüfung von derjenigen unter Art. XX GATT abweichen sollte.[838] Demnach beinhaltet auch Art. 2.2 TBT eine Verhältnismäßigkeitsprüfung[839].

---

836 Vgl. *Condon*, JIEL 12 (2009), 1 (29); *Appleton*, Environmental Labelling Schemes, S. 111 f.; *Tietje*, in: Prieß/Berrisch, WTO-Handbuch, B.I.5, Rn. 88.

837 *Wiemer*, Produktsicherheit und freier Warenverkehr in GATT/WTO, S. 235; *Buck/Verheyen*, ZUR 2002, 89 (92).

838 *Buck/Verheyen*, International Trade Law and Climate Change, S. 12; *Luff*, Le Droit de l'Organisation Mondiale du Commerce, S. 1055; *Wiemer*, Produktsicherheit und freier Warenverkehr in GATT/WTO, S. 246.

839 Vgl. zur Verhältnismäßigkeitsprüfung in Art. XX GATT oben S. 81 ff.

(1) Keine Prüfung der Angemessenheit

Fraglich ist allerdings, ob diese Verhältnismäßigkeitsprüfung sogar über die Anforderungen in Art. XX GATT hinausgeht. Denn dort beinhaltet die Verhältnismäßigkeit lediglich die Prüfungspunkte der Geeignetheit und der Erforderlichkeit, nicht aber die Frage der Angemessenheit.[840] Anlass für ein abweichendes Verständnis könnte Art. 2.2 S. 2 HS. 2 TBT geben.[841] Dieser lautet: „wobei die Gefahren, die entständen, wenn dieses Ziel nicht erreicht würde, berücksichtigt werden." Durch diese Formulierung könnte eine echte Abwägung zwischen den Belangen des Warenverkehrs und des Klimaschutzes impliziert sein. Die Annahme eines echten Angemessenheits-Tests stünde im Übrigen im Einklang mit der Charakterisierung des TBT als „GATT Plus", als Abkommen, das über den Schutz vor Diskriminierungen hinaus ein Verbot unnötiger Hemmnisse für den internationalen Handel aufstellt[842]. Doch spricht hiergegen die Entwicklungsgeschichte dieser Regelung. Ursprünglich war eine Fußnote zu Art. 2.2 TBT vorgesehen, die ausdrücklich die Proportionalität beinhaltete.[843] Diese fand jedoch keinen Eingang in den finalen Text. Aus der Streichung resultiert die Schlussfolgerung, dass in Art. 2.2 TBT gerade kein Angemessenheits-Test normiert werden sollte. Denn dass die Mitgliedstaaten sich bewusst dafür entschieden, den Hinweis auf die Proportionalität aus dem Abkommen herauszunehmen, zeigt, dass diese eben nicht Teil des Art. 2.2 TBT sein sollte. Außerdem wird die Befugnis zur Überprüfung der Angemessenheit den Panels auch im Rahmen der anderen multilateralen Abkommen nicht zugewiesen.[844] Sollte das TBT eine Ausnahme hierzu bilden, so hätten die Mitgliedstaaten dies deutlicher zum Ausdruck gebracht.[845] Demnach entspricht die Prüfung der Notwendigkeit in Art. 2.2 TBT vollständig dem *least trade restrictive*-Test in Art. XX GATT und beinhaltet keine Verhältnismäßigkeit im engeren Sinne.

Es gibt noch weitere Parallelen zu den allgemeinen Ausnahmen im GATT. Ebenso wie dort[846] hat der regelnde Staat im TBT bei der Bestimmung des für

840 *Stoll/Schorkopf*, WTO, Rn. 281 lehen auch im Rahmen des TBT eine Güterabwägung ab, gehen aber dennoch ohne Begründung davon aus, dass Art. 2.2 S. 2 TBT einer vollständigen Verhältnismäßigkeitsprüfung näher kommt als Art. XX GATT.

841 *Condon*, JIEL 12 (2009), 1 (29).

842 Vgl. Präambel des TBT und Art. 2.2 S. 1 TBT.

843 „This provision is intended to ensure proportionality between regulations and the risks non-fulfillment of legitimate obejctives would create", Draft Final Act Embodying the Results of the Uruguay-Round of Multilateral Trade Negotiations, MTN.TNC/W/35.

844 Vgl zum GATT oben S. 81 ff.

845 So auch *Wiemer*, Produktsicherheit und freier Warenverkehr in GATT/WTO, S. 254; a.A. *Tietje*, in: Prieß/Berrisch, WTO-Handbuch, B.I.5, Rn. 103.

846 Siehe oben S. 77 ff.

erforderlich gehaltenen Schutzniveaus einen weiten Ermessensspielraum. Dies folgt ausdrücklich aus der Präambel des TBT[847]:

> *„[N]o country should be prevented from taking measures necessary to ensure the quality of its exports, or for the protection of human, animal or plant life or health, of the environment, or for the prevention of deceptive practices,* ***at the levels it considers appropriate****".*

(2) Anforderungen an wissenschaftliche und technische Informationen

Nachdem der allgemeine Rahmen der Verhältnismäßigkeitsprüfung in Art. 2.2 TBT abgesteckt ist, stellt sich die Frage, ob Energieeffizienzstandards diesen Anforderungen gerecht werden können. Grundvoraussetzung ist, dass sie ein berechtigtes Ziel i.S.d. Art. 2.2 S. 2 TBT verfolgen. Als solche Ziele werden in der nicht abschließenden Liste[848] des Art. 2.2 S. 3 TBT ausdrücklich der Schutz der Gesundheit und Sicherheit von Menschen und des Lebens sowie der Schutz der Umwelt genannt.[849] Bei der Feststellung, ob für diese Rechtsgüter eine Gefahr durch den Klimawandel besteht, sind gem. Art. 2.2 S. 5 TBT unter anderem wissenschaftliche und technische Informationen zugrunde zu legen. Aus dieser ausdrücklichen Nennung derartiger Informationen könnte man schließen, dass hieran möglicherweise höhere Ansprüche zu stellen sind als im Rahmen des Art. XX GATT. Dann könnten die wissenschaftlichen Unsicherheiten im Bezug auf Ursache und Wirkung des Klimawandels ein Hindernis für Energieeffizienzstandards darstellen.[850] Doch zeigt sich im Vergleich mit den detaillierten Bestimmungen in den Artt. 5.1 bis 5.7 SPS, dass die Mitgliedstaaten deutlich strikter formuliert haben, wenn sie in dieser Hinsicht tatsächlich sehr restriktive Vorgaben machen wollten.[851] Demnach genügen die vorliegenden wissenschaftlichen Informationen etwa in Form der Berichte des IPCC zweifelsohne, um die erforderliche Grundlage für technische Vorschriften zu schaffen.

Energieeffizienzstandards dienen dazu, die Emissionen klimawirksamer Spurengase zu verringern, entweder, indem sie hierfür unmittelbar Grenzwerte ein-

---

847 Hervorhebung vom Verfasser hinzugefügt.

848 Vgl. Wortlaut: „Berechtigte Ziele sind *unter anderem*"; *Luff*, Le Droit de l'Organisation Mondiale du Commerce, S. 300.

849 Laut *Condon*, JIEL 12 (2009), 1 (29), *Verrill*, CCLR 2008, 43 (49) und *Buck/Verheyen*, International Trade Law and Climate Change, S. 11 fällt die Reduzierung von CO_2-Emissionen unzweifelhaft unter diese Ziele.

850 *Condon*, JIEL 12 (2009), 1 (29) lässt offen, ob die Frage der wissenschaftlichen Unsicherheit unter diesen Punkt fällt oder unter die Berücksichtigung der „Gefahren, die entständen, wenn diese Ziel nicht erreicht würde".

851 Vgl. *Green*, JIEL 8 (2005), 143 (171); *Wiemer*, Produktsicherheit und freier Warenverkehr in GATT/WTO, S. 236; *Condon*, JIEL 12 (2009), 1 (30); *Verrill*, CCLR 2008, 43 (50).

setzen oder aber mittelbar über die Begrenzung des Energieverbrauchs. Dadurch soll der globalen Erwärmung Einhalt geboten werden. Dass dies dem Schutz der Gesundheit von Menschen und der Umwelt dient, wurde bereits dargelegt.[852] Durch die Grenzwerte wird eine Reduzierung der Emissionen erreicht, so dass an ihrer Geeignetheit zur Erreichung des gesteckten Ziels keine ernsthaften Zweifel bestehen können.[853]

(3) Verhältnis zu Kennzeichnungspflichten

Mehr Argumentation bedarf die Begründung der Erforderlichkeit von Energieeffizienzstandards zur Mitigation des Klimawandels. Eine Alternative hierzu wären vor allem Kennzeichnungspflichten.[854] Auch wenn diese ebenfalls Anpassungskosten verursachen und damit ein Hemmnis des internationalen Handels darstellen können, so ist die Beeinträchtigung weitaus geringer als bei Standards. Denn es ist weniger aufwendig, lediglich die Verpackung eines Produkts für einen bestimmten Markt zu ändern, als das Produkt selber. Folglich sind Kennzeichnungspflichten weniger handelsbeschränkend als Energieeffizienzstandards. Allerdings bestehen berechtigte Zweifel daran, ob sie ebenso wirksam sind. Denn sie funktionieren nur dann, wenn der Verbraucher die durch die Kennzeichnung dargestellten Unterschiede der Warenmerkmale in seine Kaufentscheidung einbezieht. Es ist jedoch davon auszugehen, dass nicht jeder Käufer z.B. den Schadstoffausstoß eines Autos für relevant erachtet. D.h., dass unweigerlich auch Fahrzeuge mit sehr ungünstiger Klimabilanz eine Chance auf dem Markt haben. Bei Bestehen eines absoluten Grenzwertes würden diese Autos gar nicht erst auf den Markt kommen. Dies zeigt, dass Kennzeichnungspflichten nicht genauso wirksam sind wie Energieeffizienzstandards.[855]

bb) Konkretisierung der Erforderlichkeitsprüfung durch das TBT

Die Prüfung der Erforderlichkeit wird darüber hinaus durch die Regelungen des TBT konkretisiert,[856] und zwar maßgeblich durch die Artt. 2.5 und 2.8 TBT.

852 Siehe oben S. 61 ff., 72 ff.

853 So auch *Wiemer*, Produktsicherheit und freier Warenverkehr in GATT/WTO, S. 244.

854 Vgl. hierzu Thailand – Cigarettes, Panel, para. 77 zu Labelling als Alternative zu einem Importverbot.

855 Vgl. *Green*, JIEL 8 (2005), 143 (185 f.); *Tietje*, in: Prieß/Berrisch, WTO-Handbuch, B.I.5, Rn. 89.

856 *Wiemer*, Produktsicherheit und freier Warenverkehr in GATT/WTO, S. 245; vgl. auch *Green*, JIEL 8 (2005), 143 (181).

(1) Erforderlichkeitsvermutung bei Bezugnahme auf internationale Normen

Vor allem die Bezugnahme auf internationale Normen spielt für die Konkretisierung der Erforderlichkeitsprüfung eine Rolle. Denn Art. 2.5 TBT lautet:

> „Wird eine technische Vorschrift für eines der in Absatz 2 ausdrücklich genannten Ziele ausgearbeitet, angenommen oder angewendet und ist sie konform mit einschlägigen internationalen Normen, so besteht die widerlegbare Vermutung, dass sie kein unnötiges Hemmnis für den internationalen Handel schafft."

Anders ausgedrückt besteht eine Vermutung dafür, dass die technische Vorschrift erforderlich ist, wenn sie mit einer internationalen Norm übereinstimmt. Grund hierfür ist, dass das TBT eine internationale Harmonisierung anstrebt.[857] Denn je mehr technische Vorschriften in den Mitgliedstaaten übereinstimmen, desto weniger können sie ein Hemmnis für den grenzüberschreitenden Handel darstellen. Für Energieeffizienzstandards ist die Vorgabe des Art. 2.5 TBT jedoch bislang ohne Bedeutung. Denn zurzeit existieren keine internationalen Normen über den Schadstoffausstoß von Autos, die Energieeffizienz von Haushaltsgeräten, etc.[858] Lediglich die Energieeffizienz von Gebäuden ist geregelt,[859] doch haben Immobilien für den grenzüberschreitenden Handelsverkehr keine Bedeutung. Mangels internationaler Normen kann ein Staat sich daher beim Erlass von Energieeffizienzstandards nicht auf die Vermutung der Erforderlichkeit stützen.

(2) Bewertung der Schaffung internationaler Normen im Rahmen der völkerrechtlichen Klimaschutzabkommen

Zum Teil wird aus der soeben dargestellten Regelung die Konsequenz gezogen, es sei erstrebenswert, den Erlass von entsprechenden internationalen Normen zu forcieren.[860] Da die normsetzenden Körper im Anhang 1 Nr. 4 TBT lediglich als „eine Organisation oder ein System, der bzw. dem zuständige Stellen zumindest aller Mitglieder beitreten können" definiert werden, könnte jedes multilaterale Klimaschutzabkommen, das für alle WTO-Staaten offen ist, also vor allem die COP im Rahmen der Klimarahmenkonvention, solche Normen schaffen.[861] Richtig ist an der Überlegung, dass Regelungen, die sich an derartigen internati-

857 *Herrmann*, in: Herrmann/Weiß/Ohler, Welthandelsrecht, § 12, Rn. 575; *Stoll/Schorkopf*, WTO, Rn. 283.

858 *Howse/Eliason*, in: Cottier u.a. (Hrsg.), International Trade Regulation and the Mitigation of Climate Change, S. 48 (91); *Verrill*, CCLR 2008, 43 (50); *Buck/Verheyen*, International Trade Law and Climate Change, S. 12.

859 ISO 13790:2008.

860 *Buck/Verheyen*, ZUR 2002, 89 (93); *dies.*, International Trade Law and Climate Change, S. 12; *Zhang/Assunção*, The World Economy 27 (2004), 359 (368).

861 *Condon*, JIEL 12 (2009), 1 (30); *Buck/Verheyen*, ZUR 2002, 89 (93).

onalen Normen orientieren, von der Erforderlichkeits-Vermutung profitieren würden. Allerdings ist auch zu bedenken, dass im Bereich des Klimaschutzes häufig nur ein Minimalkonsens in Form des kleinsten gemeinsamen Nenners erzielt werden kann.[862] Sind die normierten Grenzwerte in der Folge eher großzügig, so kann dies ein ernsthaftes Problem darstellen. Denn ein höheres Schutzniveau darf gem. Art. 2.4 TBT nur dann angestrebt werden, wenn „diese internationalen Normen oder die einschlägigen Teile derselben [...] unwirksame oder ungeeignete Mittel zur Erreichung der angestrebten berechtigten Ziele [wären], zum Beispiel wegen grundlegender klimatischer oder geographischer Faktoren oder grundlegender technologischer Probleme." Dass an diesen Untauglichkeitsnachweis hohe Anforderungen zu stellen sind, zeigt sich im Vergleich mit den Regelungen des SPS. Art. 3.3 SPS erlaubt ausdrücklich die Wahl eines höheren Schutzniveaus, wenn hierfür nur eine wissenschaftliche Begründung vorliegt. Aus dieser Voraussetzung folgt keine Beweislastumkehr zulasten des regelnden Staates.[863] Art. 2.4 TBT hingegen fordert den Nachweis der Ungeeignetheit oder Unwirksamkeit, wodurch er die Beweislast dem Mitgliedstaat auferlegt, der von internationalen Normen abweichen will.[864] Die Darlegung, dass eine Norm, die Grenzwerte für Energieeffizienzstandards festlegt, wegen klimatischer oder geografischer Faktoren in einem bestimmten Land ungeeignet ist, den Klimaschutz zu verwirklichen, ist äußerst schwierig. Folglich birgt die Erarbeitung von internationalen Normen in diesem Bereich nicht nur Chancen, sondern auch Risiken.

(3) Präferenz für *Performance Standards*

Ein weiterer Punkt, in dem das TBT die Erforderlichkeitsprüfung konkretisiert, folgt aus Art. 2.8 TBT. Demnach „umschreiben die Mitglieder die technischen Vorschriften eher in Bezug auf die Gebrauchstauglichkeit als in Bezug auf Konstruktion oder beschreibende Merkmale." Man unterscheidet sog. *Performance* und *Design Standards*.[865] Die Anforderung des Art. 2.8 TBT könnte auch so umschrieben werden, dass technische Vorschriften, die beschreibende Merkmale verwenden, nicht erforderlich sind, weil das berechtigte Ziel auch mithilfe von Regelungen über die Gebrauchstauglichkeit erreicht werden kann. Grund hierfür ist, dass die Hürden für ausländische Waren umso höher sind, je detaillierter die

862 *Zhang/Assunção*, The World Economy 27 (2004), 359 (370).

863 EC – Hormones, AB, para. 104, 171 f.

864 Vgl. *Herrmann*, in: Herrmann/Weiß/Ohler, Welthandelsrecht, § 12, Rn. 575; *Tietje*, in: Prieß/Berrisch, WTO-Handbuch, B.I.5, Rn. 99; a.A. *Jessen*, in: Hilf/Oeter, WTO-Recht, § 18, Rn. 21, der die Wortwahl im TBT als „rechtlich weniger verpflichtend" erachtet als im SPS und *Wiemer*, Produktsicherheit und freier Warenverkehr in GATT/WTO, S. 249 f.

865 *Wiemer*, Produktsicherheit und freier Warenverkehr in GATT/WTO, S. 246.

technischen Vorschriften sind.[866] Für Standards im Rahmen des Klimaschutzes bedeutet dies, dass Grenzwerte für den Schadstoffausstoß bzw. den Energieverbrauch eingesetzt werden müssen, nicht aber die Technik vorgeschrieben werden darf, mit deren Hilfe ein solcher Wert einzuhalten ist. Energieeffizienzstandards bestimmen z.B. bei Fahrzeugen die Menge an CO_2, die pro Kilometer ausgestoßen werden darf, enthalten jedoch keine Vorgaben über die hierfür zu verwendende Technologie. Daher scheitert die Bejahung ihrer Erforderlichkeit nicht an diesem Punkt. Ganz allgemein ist es schwer vorstellbar, dass Energieeffizienzstandards in einer Weise gestaltet werden sollten, die hiermit nicht in Einklang steht.

e) Ergebnis

Energieeffizienzstandards bestehen demnach in ihrer üblichen Form die Verhältnismäßigkeits-Prüfung gem. Art. 2.2 TBT in Verbindung mit den Konkretisierungen der Artt. 2.5 und 2.8 TBT. Auch im Übrigen sind sie als mit dem TBT vereinbar anzusehen. Dass das legitime Ziel des Klimaschutzes erst in Art. 2.2 TBT relevant wird, stellt entgegen anderslautender Meinung[867] kein Problem dar.[868] Voraussetzung ist allerdings, dass Art. 2.1 TBT im Zusammenhang mit Art. 2.2 TBT ausgelegt wird. Andernfalls würde ein Energieeffizienzstandard, der zu einer *de facto*-Diskriminierung führt, schon gegen das Gebot der Inländergleichbehandlung verstoßen, ohne dass eine Möglichkeit der Berücksichtigung der klimapolitischen Ziele gegeben wäre. Hierin liegt der entscheidende Punkt. Formal betrachtet bietet zwar nur Art. 2.2 S. 2, 3 TBT Raum für eine Einbeziehung der Zielrichtung in die Bewertung einer technischen Vorschrift. Liest man aber Art. 2.1 TBT im Zusammenhang mit dem nächsten Absatz, dann führt dies eben dazu, dass das berechtigte Ziel des Klimaschutzes schon auf der ersten Prüfungsebene Berücksichtigung findet. Dafür, dass das TBT Energieeffizienzstandards keine Steine in den Weg legt, spricht im Übrigen, dass bisher keiner dieser Standards als unnötiges Hemmnis für den internationalen Handel angegriffen wurde.[869]

---

866 *Luff*, Le Droit de l'Organisation Mondiale du Commerce, S. 306; *Wiemer*, Produktsicherheit und freier Warenverkehr in GATT/WTO, S. 246 f.

867 *Green*, JIEL 8 (2005), 143 (189).

868 *Tarasofsky*, CCLR 2008, 7 (13) geht sogar davon aus, dass das TBT mehr Chancen als Hindernisse für die Klimapolitik bietet.

869 *Brack u.a.*, International Trade and Climate Change Policies, S. 52.

3. Abweichende Beurteilung im GATT?

Wie bereits dargelegt[870] werden die Bestimmungen des GATT durch die Anwendbarkeit des TBT nicht verdrängt. Zwar wurden die Prinzipien der Meistbegünstigung und der Inländerbehandlung bereits dort geprüft, doch mit der Besonderheit, dass im TBT *de facto*-Diskriminierungen nicht tatbestandsmäßig sind. Daher eröffnet sich nach den Regeln des GATT ein ganz neuer Problembereich: Wenn ein Energieeffizienzstandard durchschnittlich betrachtet häufiger ausländische Waren als inländische beschränkt, stellt er dann einen Verstoß gegen Art. III:4 GATT dar? Voraussetzung dafür ist, dass der Anwendungsbereich der Norm überhaupt eröffnet ist. Dafür müssen die betroffenen Waren gleichartig sein. Insofern greifen die bereits im Rahmen des TBT angestellten Überlegungen[871], denn der Begriff der Produktgleichheit ist in beiden Abkommen identisch auszulegen. Um auf das Beispiel der Grenzwerte für CO_2-Emissionen zurückzukommen, bedeutet dies, dass nur größere, aber nicht marginale Unterschiede zur Ungleichartigkeit von Produkten führen. Zwei Pkws, von denen einer gerade über, der andere gerade unter dem Grenzwert liegt, werden daher in der Regel gleichartig sein.

a) Notwendigkeit eines subjektiven Elements bei der de facto-Diskriminierung

In der Konsequenz stellt sich die Frage, ob das Vermarktungsverbot, das nur für eines der beiden Modelle greift, eine *weniger günstige Behandlung* im Sinne einer *de facto*-Diskriminierung bedeutet. Eine *de facto*-Diskriminierung ist grundsätzlich dann gegeben, wenn ausländische Waren besonders betroffen sind, sie also statistisch gesehen häufiger unter der Regelung leiden.[872] Im Beispiel der Schadstoffausstoß-Begrenzung ist dies im Bezug auf deutsche Autos der Fall. Aufgrund ihrer überdurchschnittlich hohen CO_2-Emissionen wären sie öfters als Fahrzeuge aus anderen Ländern Gegenstand eines Vermarktungsverbots, das ab einem bestimmten Grenzwert greift. Die Frage ist, ob allein diese verstärkte statistische Betroffenheit ausreichen kann, um eine *de facto*-Diskriminierung anzunehmen. Immerhin gilt es zu bedenken, dass die Differenzierung nicht willkürlich ist, sondern auf einem anerkennenswerten Grund be-

870 Siehe oben S. 106.
871 Siehe oben S. 106 f.
872 Vgl. zum Begriff der *de facto*-Diskriminierung *Jackson*, The World Trading System, S. 216; *Stoll/Schorkopf*, WTO, Rn. 142; zur *de facto*-Diskriminierung im EU-Recht *Bröhmer*, in: Calliess/Ruffert (Hrsg.), EUV/AEUV, Art. 49, Rn. 25.

ruht.[873] Denn die erhöhte Belastung bestimmter Waren ist ein Resultat dessen, dass sie klimaschädlicher sind als andere Produkte. Dass dadurch auch gleichartige Waren unterschiedlich behandelt werden, lässt sich nicht vermeiden. Denn eine Grenze muss nun einmal an einer bestimmten Stelle gezogen werden. Dies mag als Härte erscheinen, wenn man speziell Waren betrachtet, die z.B. beim CO_2-Ausstoß lediglich 0,1 g/km über bzw. unter diesem Wert liegen. Doch liegt dies in der Natur des Grenzwerts und ist somit unumgänglich.

Die Berücksichtigung des anerkennenswerten Grundes bei der *weniger günstigen Behandlung* im Falle von unterschiedslos anwendbaren Maßnahmen erinnert an den im Rahmen der Produktgleichheit abgelehnten *aims and effects*-Test.[874] Tatsächlich würde die Prüfung einer *de facto*-Diskriminierung, die die Existenz eines legitimen bzw. protektionistischen Motivs mit einbezieht, zu einem Wiederaufleben dieses Tests führen.[875] Obwohl dagegen die gleichen Bedenken bestehen wie bei der Gleichartigkeit,[876] sprechen im vorliegenden Kontext aber zusätzliche Argumente dafür, die Motivation des regelnden Staates zu berücksichtigen. Denn bei ursprungsneutralen Maßnahmen kann zunächst einmal davon ausgegangen werden, dass diese nicht aus einem protektionistischen Antrieb heraus getroffen wurden, sondern einem legitimen Ziel dienen. Insofern unterscheiden sie sich von anderen Vorschriften, die unter dem Aspekt der Inländerbehandlung geprüft werden. Anders wäre dies nur bei Regelungen, die Anforderungen stellen, die typischerweise für ausländische Waren schwerer zu erfüllen sind. Ein Beispiel hierfür sind Rücknahmeverpflichtungen im Bezug auf Pfandflaschen: Diese führen zu einer erheblich größeren Belastung für importierte Produkte, weil für ihre Hersteller typischerweise die Rücknahme schwieriger zu realisieren ist.[877]

Es würde eine unzulässige Ausweitung des Diskriminierungsverbots in Art. III:4 GATT bedeuten, wenn jegliche unterschiedslos anwendbare Regelung, die rein tatsächlich zu einer noch so kleinen Zusatzbelastung führt, einen Verstoß gegen das Gebot der Inländerbehandlung darstellen würde. Dass die Anpas-

---

873 Für die generelle Berücksichtigung solcher Motive bei der *weniger günstigen Behandlung* nicht nur bei *origin-neutral* Maßnahmen *Regan*, JWT 37 (2003), 737 (751); *Porges/Trachtman*, JWT 37 (2003), 783 (796); zweifelnd *Green*, JIEL 8 (2005), 143 (162, 166 f.).

874 Siehe oben S. 49 ff.

875 *Herrmann*, in: Herrmann/Weiß/Ohler, Welthandelsrecht, § 12, Rn. 517; *Stoll/Schorkopf*, WTO, Rn. 142.

876 Aus diesem Grund lehnt *Wiemer*, Produktsicherheit und freier Warenverkehr in GATT/WTO, S. 216, den *aims and effects*-Test auch bei der Frage der *weniger günstigen Behandlung* ab.

877 Vgl. *Wiemer*, Produktsicherheit und freier Warenverkehr in GATT/WTO, S. 217, Fn. 802. Zwar kommt es nicht auf die Schlechterstellung der Hersteller an, doch bedeuten höhere Kosten der Produzenten mittelbar eine Diskriminierung der Waren, wenn diese Kosten den Marktpreis erhöhen und dadurch die Wettbewerbschancen schmälern.

sungskosten für ausländische Waren hinsichtlich interner Vorschriften im Regelfall höher sind als für inländische Produkte, ist unumgänglich. Denn Erstere sind zumeist primär auf einen anderen Markt ausgerichtet. Bestehen in einem Staat andere Anforderungen als auf diesem Markt, so entstehen automatisch Anpassungskosten, die bei inländischen Produkten häufig nicht anfallen, weil diese stark oder ausschließlich für den heimischen Markt bestimmt sind und daher die genannten Anforderungen von vorneherein erfüllen.[878] Diese Gegebenheit als Diskriminierung zu begreifen, ist nicht überzeugend. Daher bedarf es für unterschiedslos anwendbare Maßnahmen eines Korrektivs. Dieses liegt in der Berücksichtigung der Motivation des Gesetzgebers. Unvermeidliche Zusatzbelastungen ausländischer Waren können daher nicht tatbestandsmäßig sein.[879]

Dem könnte man entgegen halten, eine derartige Beschränkung des Tatbestandes von Art. III:4 GATT sei nicht notwendig, weil das geforderte Korrektiv in der Ausnahmevorschrift des Art. XX GATT zum Tragen komme.[880] Doch übersieht dieser Einwand, dass die Beweislastverteilung in diesem Zusammenhang umgekehrt wie in Art. III GATT ist. In der Folge müsste ein Mitgliedstaat, dessen Regelung in einem Streitbeilegungsverfahren angegriffen wird, beweisen, dass er mit dieser Vorschrift einen legitimen Zweck verfolgt. Im Rahmen des Art. III GATT wäre es hingegen an der klagenden Partei, zu beweisen, dass eine Bevorzugung der inländischen Waren beabsichtigt ist. Im Rahmen der Gleichartigkeit wurde die Einbeziehung der Zielrichtung gerade aufgrund dieser Verteilung der Beweislast abgelehnt. Bei unterschiedslos anwendbaren Maßnahmen spricht ebendiese Beweislastverteilung für die Berücksichtigung der Motive des regelnden Staates. Denn andernfalls bestünde der Zwang, sich für jede Art der internen Regelung zu rechtfertigen. Das ist unangemessen. In Übereinstimmung mit dieser Auffassung hält auch der Appellate Body Wettbewerbsnachteile, die sich aus Umständen ergeben, die nichts mit der Herkunft der Ware zu tun haben, für unbeachtlich.[881]

Für die Energieeffizienzstandards bedeutet dies, dass sie – immer unter der Voraussetzung der unterschiedslosen Anwendung auf Importe und inländische Waren – trotz eventueller tatsächlicher Benachteiligungen von ausländischen Produkten nicht als Verstoß gegen das Gebot der Inländergleichbehandlung zu betrachten sind. Eine Ausnahme zu dieser Einschätzung würde nur bestehen, wenn ein Standard so gestaltet ist, dass er offenbar gerade darauf abzielt, Waren

878 Vgl. *Wiemer*, Produktsicherheit und freier Warenverkehr in GATT/WTO, S. 219, Fn. 808.

879 So auch *Wiemer*, Produktsicherheit und freier Warenverkehr in GATT/WTO, S. 220, in Bezug auf Art. 2.1 TBT; a.A. *Tietje*, in: Prieß/Berrisch, WTO-Handbuch, B.I.5., Rn. 51.

880 Zögerlich *Green*, JIEL 8 (2005), 143 (168).

881 Dominican Republic – Cigarettes, AB, para. 96; vgl. auch *Condon*, JIEL 12 (2009), 1 (28); *Herrmann*, in: Herrmann/Weiß/Ohler, Welthandelsrecht, § 12, Rn. 517; *Stoll/Schorkopf*, WTO, Rn. 142.

einer bestimmten Herkunft zu treffen. So könnte sich der Grenzwert in der Form an den vorhandenen Statistiken zum durchschnittlichen CO_2-Ausstoß orientieren, dass er gerade eben oberhalb des heimischen Wertes angesetzt wird.[882] Dann hätte der Standard zumindest auf durchschnittliche inländische Waren keine Auswirkungen und würde somit praktisch nur für Importe eine Beschränkung darstellen. Bei einer derartigen Ausgestaltung liegt die Vermutung nahe, dass primäres Ziel nicht der Klimaschutz, sondern der Schutz inländischer Hersteller ist. Trifft dies zu, so stellt die Regelung einen Verstoß gegen das Gebot der Inländergleichbehandlung gem. Art. III:4 GATT dar.

b) Sichere Rechtfertigung unter den allgemeinen Ausnahmen

Selbst unter der Hypothese, dass eine *de facto*-Diskriminierung auch ohne subjektives Element im Rahmen des Art. III:4 GATT tatbestandsmäßig ist, stellt dies letztendlich keine unüberwindbare Hürde für die Zulässigkeit von Energieeffizienzstandards dar. Denn eine Rechtfertigung gem. Art. XX lit. b)und g) GATT ist unproblematisch möglich.[883] Zwar hat die Prüfung unter Art. 2.2 TBT keine präjudizielle Wirkung für die Frage der Rechtfertigung gem. Art. XX GATT in dem Sinne, dass aus vertragssystematischen Gründen ein abweichendes Ergebnis ausgeschlossen wäre. Doch kann die dortige Argumentation unproblematisch übernommen werden. Schließlich wurde bereits dargelegt, dass in beiden Fällen eine eingeschränkte Verhältnismäßigkeitsprüfung durchgeführt wird.[884] Unter dem Gesichtspunkt der harmonischen Auslegung der multilateralen Abkommen[885] müssen dann sowohl im TBT als auch im GATT die gleichen Maßstäbe gelten. Demnach ist auch bei der Ausnahmeregelung des Art. XX GATT entscheidend, dass jeder Staat die Befugnis hat, sein eigenes Schutzniveau zu bestimmen, und dass keine gleich effektive, weniger einschneidende Alternative ersichtlich ist. Allerdings gilt die Ansicht, dass Energieeffizienzstandards ohne weiteres gerechtfertigt werden können, ausdrücklich nicht im Falle der oben beschriebenen bewusst protektionistischen Ausgestaltung. Derartige Regelungen werden die Anforderungen des *chapeau* nicht erfüllen.

---

882 Vgl. hierzu *Wiemer*, Produktsicherheit und freier Warenverkehr in GATT/WTO, S. 244 f.

883 So auch *Buck/Verheyen*, ZUR 2002, 89 (92); *Hufbauer u.a.*, Global Warming and the World Trading System, S. 73.

884 Vgl. oben S. 81 ff., S. 106 f.

885 Siehe bereits oben S. 106 f.

4. Ergebnis

Fazit ist, dass Energieeffizienzstandards unter dem WTO-Recht ein zulässiges Mittel zur Mitigation des Klimawandels sind[886], sofern sie nicht erkennbar andere Ziele als den Klimaschutz verfolgen, dieser gleichsam nur vorgeschobenes Motiv ist. Grundlegend für dieses positive Ergebnis ist die Frage der Behandlung von *de facto*-Diskriminierungen. Sähe man diese als von Art. 2.1 TBT erfasst an, so wäre das TBT in der Tat ein großes Hindernis für Energieeffizienzstandards. Tatsächlich birgt diese Frage einen gewissen Unsicherheitsfaktor. Es gab bisher nur sehr wenige Streitbeilegungsentscheidungen, die sich explizit mit dem TBT befasst haben[887], so dass dessen Auslegung weitestgehend noch unerforscht ist.[888] Die Lesart, dass Art. 2.1 TBT auch *de facto*-Diskriminierungen umfasst, ist durchaus vom Wortlaut des Vertragstextes gedeckt. Doch führt vor allem die fehlende Möglichkeit der Rechtfertigung in Verbindung mit der Nennung der legitimen Ziele in der Präambel des TBT zu der Erkenntnis, dass es von den Mitgliedstaaten nicht gewollt war, jede *de facto*-Diskriminierung unabhängig von einem subjektiven Element zwingend als Verstoß gegen das TBT zu betrachten. Damit steht das WTO-Recht der Einführung von Energieeffizienzstandards nicht im Wege. Ausgenommen sind nur solche technischen Vorschriften, deren klimapolitische Motivation lediglich vorgeschoben ist. Doch dass diese durch die Regelungen des WTO-Rechts verhindert werden, ist nicht kritikwürdig, sondern steht im Einklang mit der Grundausrichtung der WTO auf die Liberalisierung des internationalen Handels.

II. Klima-Labelling

Verwandte Fragen wie bezüglich der Energieeffizienzstandards stellen sich auch im Hinblick auf Klima-Labels. Darunter sind Kennzeichnungspflichten zu verstehen, mit deren Hilfe den Verbrauchern die klimarelevanten Eigenschaften einer Ware verdeutlicht werden sollen. Dadurch wird ihr Bewusstsein für diese Problematik geschärft; gleichzeitig erhöht sich der wirtschaftliche Druck auf Hersteller und Verkäufer von Waren, derartige Fragen in ihr Kalkül einzubeziehen.[889] Dabei sind zwei Varianten denkbar: Erstens kann eine Kennzeichnung im Hinblick auf die Energieeffizienz bei Gebrauch des Produkts erfolgen. Zweitens ist ein Label vorstellbar, das den *carbon footprint* einer Ware ausweist, also

886 Vgl. *Zhang/Assunção*, The World Economy 27 (2004), 359 (369).

887 EC – Asbestos, Panel; EC – Sardines, Panel.

888 Vgl. *Brack* u.a., International Trade and Climate Change Policies, S. 52.

889 *Buck/Verheyen*, ZUR 2002, 89 (94); *Appleton*, Environmental Labelling Programmes, S. 115 f.; *ders.*, in: Cottier u.a. (Hrsg.), International Trade Regulation and the Mitigation of Climate Change, S. 131 (131); *Dröge u.a.*, WTR 3 (2004), 161 (166).

die Menge an CO_2, die bei Herstellung, Verpackung und Transport ausgestoßen wurde.[890] Innerhalb dieser beiden Varianten besteht jeweils die Möglichkeit, entweder den Aufdruck eines Labels auf eine Ware zu erlauben, wenn bestimmte Treibhausgas-Werte unterschritten werden, oder vorzuschreiben, dass Informationen über die Emissionen auf der Verpackung erkennbar sein müssen.

Derartige Klima-Labels sind technische Vorschriften i.S.d. TBT, wenn sie zwingend bzw. Normen, wenn sie fakultativ sind. Denn Anhang 1 Nr. 1 S. 2 bzw. Nr. 2 S. 2 TBT bestimmt ausdrücklich, dass ein solches Dokument „Festlegungen über [...] Kennzeichnungs- oder Beschriftungserfordernisse für ein Produkt, ein Verfahren oder eine Produktionsmethode enthalten" kann. Daher sind Klima-Labels am Maßstab des TBT zu messen. Es soll hier eine Beschränkung auf zwingende CO_2-Kennzeichnungspflichten, also technische Vorschriften, erfolgen, da die vorliegende Arbeit sich mit obligatorischen staatlichen Maßnahmen zur Mitigation des Klimawandels beschäftigt. Es sei jedoch darauf hingewiesen, dass für Normen auf Grundlage des Verhaltenskodex in Anhang 3 TBT im Wesentlichen die gleichen Anforderungen gelten wie für technische Vorschriften,[891] also ein umfassendes Diskriminierungsverbot (Anhang 3 lit. D.) sowie die Untersagung der Schaffung unnötiger Hemmnisse für den internationalen Handel (Anhang 3 lit. E.).

1. CO_2-Labels im Allgemeinen: Die Frage der Effektivität

Im Bezug auf CO_2-Labels der ersten Kategorie, also solche, die Auskunft über den Treibhausgas-Ausstoß bei Gebrauch der Ware geben, kann grundlegend auf die Beurteilung der Energieeffizienzstandards verwiesen werden.[892] Denn genau betrachtet handelt es sich hierbei nur um zwei verschiedene Umsetzungen einer Maßnahme: Der Staat legt einen bestimmten Emissionswert fest, den er für sinnvoll erachtet. Um die Einhaltung dieses Grenzwerts zu erreichen, kann er ihn entweder verbindlich festschreiben oder eine verpflichtende Kennzeichnung einführen, mithilfe derer erkennbar ist, ob die Grenze eingehalten wird. Folglich ist die Bewertung von Energieeffizienzstandards auf diese Art der Kennzeichnungspflichten übertragbar. Damit stehen der Vereinbarkeit von CO_2-Labels mit dem TBT aufgrund ihrer in Art. 2.2 TBT anerkannten Zielrichtung grundsätzlich keine Bedenken entgegen. Im Gegenteil sind Kennzeichnungspflichten sogar

890 *Buck/Verheyen*, ZUR 2002, 89 (94).

891 *Appleton*, in: Cottier u.a. (Hrsg.), International Trade Regulation and the Mitigation of Climate Change, S. 131 (137, 141); *Buck/Verheyen*, ZUR 2002, 89 (94).

892 *Buck/Verheyen*, ZUR 2002, 89 (94).

das mildeste Mittel, das im Rahmen der Klimapolitik verwandt werden kann.[893] Denn im Gegensatz zu den Standards zwingen sie die Hersteller nicht dazu, die Eigenschaften ihres Produkts zu ändern, sondern überlassen es dem freien Spiel der Marktkräfte, dies gegebenenfalls durch den wirtschaftlichen Druck zu erreichen.[894] Wenn also die stärker handelsbeschränkenden Energieeffizienzstandards schon mit dem TBT vereinbar sind, dann muss dies *a maiore ad minus* auch für Klima-Labels gelten.

Problematisch ist allerdings die Frage der Effektivität solcher Kennzeichnungspflichten zur Erreichung der Klimaschutzziele. Diese ist nicht unbestritten.[895] Eine positive Wirkung können CO_2-Labels nur haben, wenn sich das Verhalten der Verbraucher tatsächlich an ihnen ausrichtet. Bislang ist dies nur in begrenztem Umfang der Fall. Hierin liegt die Schwachstelle im Vergleich zu den Energieeffizienzstandards, die nicht auf Marktmechanismen vertrauen müssen, sondern ein klassisches Instrument des *command and control* darstellen. Sind Kennzeichnungspflichten völlig ineffektiv, dann können sie den Notwendigkeits-Test im Rahmen des Art. 2.2 TBT nicht bestehen.[896] Denn ein Mittel, das schon nicht geeignet zur Erreichung des legitimen Zwecks ist, kann hierzu erst recht nicht erforderlich sein. Bei allen Zweifeln an der Effektivität von Klima-Kennzeichnungspflichten erscheint es aber doch als eine Übertreibung, diesen jegliche Wirkung abzusprechen.[897] Zumindest ein Teil der Verbraucher orientiert sich an derartigen Labels, wie sich am Beispiel der sog. *food miles* zeigt, die mithilfe der Angabe des Transportwegs von Lebensmitteln Rückschlüsse auf den CO_2-Ausstoß bei der Beförderung ermöglichen sollen[898].

Zudem ist zu berücksichtigen, dass den Mitgliedstaaten der WTO eine Einschätzungsprärogative zusteht, die sich auch und gerade auf die Wirksamkeit einer Maßnahme bezieht[899]. Es genügt demnach, wenn die Geeignetheit zur Mitigation des Klimawandels nicht völlig ausgeschlossen ist. Diese Minimalanforderung ist bei den CO_2-Labels zu bejahen. Eine darüber hinausgehende Prüfung der Kosten-Nutzen-Relation verbietet sich aufgrund der Systematik des WTO-

893 Siehe zu näheren Ausführungen, warum dies so ist *Appleton*, Environmental Labelling Programmes, S. 114 ff.; *Buck/Verheyen*, International Trade Law and Climate Change, S. 15; vgl. auch bereits oben S. 82.

894 *Buck/Verheyen*, ZUR 2002, 89 (94).

895 *Buck/Verheyen*, International Trade Law and Climate Change, S. 15; siehe bereits oben S. 106 f.

896 So auch *Appleton*, Environmental Labelling Programmes, S. 116; *ders.*, in: Cottier u.a. (Hrsg.), International Trade Regulation and the Mitigation of Climate Change, S. 131 (142).

897 So auch *Buck/Verheyen*, ZUR 2002, 89 (92); *Howse/Eliason*, in: Cottier u.a. (Hrsg.), International Trade Regulation and the Mitigation of Climate Change, S. 48 (91); *Tietje*, in Prieß/Berrisch, WTO-Handbuch, B.I.5, Rn. 61.

898 Vgl. zu den *food miles* näher unten S. 106.

899 Vgl. bereits oben S. 106.

Rechts. Denn es wurde bereits dargelegt, dass die Notwendigkeits-Prüfung in Art. 2.2 TBT dem *least trade restrictive*-Test im Rahmen von Art. XX GATT entspricht[900]. Dort wurde es abgelehnt, eine echte Angemessenheits-Prüfung durchzuführen, da dies einen vom WTO-Recht nicht gedeckten und nicht gewollten Eingriff in die Regelungshoheit der Mitgliedstaaten bedeuten würde. Nun verursachen Kennzeichnungspflichten ohne Zweifel Anpassungskosten, insbesondere im Hinblick auf Waren, die primär für einen anderen Markt bestimmt sind und deren Verpackung dementsprechend nur für einen Teil der Produktion angepasst werden muss. Dadurch entstehen relativ höhere Kosten, als wenn die Verpackung der gesamten Produktion umgestellt würde. Dennoch ist es für die Notwendigkeit i.S.d. Art. 2.2 TBT irrelevant, ob diese zusätzlichen Kosten im Verhältnis zu ihrem klimapolitischen Nutzen verhältnismäßig sind. Dies zu beurteilen liegt in der alleinigen Kompetenz des regelnden Staates. Folglich scheitert die WTO-Rechtmäßigkeit von Klima-Labels nicht an ihrer begrenzten Effektivität. Anders würde das Ergebnis nur ausfallen, wenn sie praktisch gar keine klimapolitische Wirkung zeitigen würden. Diese Ansicht ist aber aufgrund der praktischen Erfahrung mit derartigen Kennzeichnungspflichten unvertretbar.

2. Kennzeichnungspflichten für nichtproduktbezogene PPM

Bei Kennzeichnungspflichten der zweiten Kategorie, die sich (auch) auf die CO_2-Emissionen bei der Herstellung einer Ware beziehen, tritt wiederum die Frage der Behandlung von PPM in den Vordergrund. Die Definitionen von technischen Vorschriften und Normen, die aufgrund ihrer Parallelität einheitlich behandelt werden können[901], sind in dieser Hinsicht nicht eindeutig. Anhang 1 Nr. 1 TBT definiert die technische Vorschrift folgendermaßen[902]:

> *"Document which lays down product characteristics or* ***their related processes and production methods****, including the applicable administrative provisions, with which compliance is mandatory. It may also include or deal exclusively with terminology, symbols, packaging, marking or labelling requirements as they apply to a product,* ***process or production method****."*

PPM sind also ausdrücklich vom Anwendungsbereich des TBT umfasst. Allerdings ist damit nicht abschließend geklärt, ob sich dies lediglich auf produktbezogene PPM bezieht, oder ob auch nichtproduktbezogene PPM unter diese Definition fallen.[903] Entscheidend ist dabei die Auslegung des Begriffs „*related*".

900 Siehe oben S. 106 ff.
901 Vgl. *Puth*, WTO und Umwelt, S. 210.
902 Hervorhebung vom Verfasser hinzugefügt.
903 *Dröge u.a.*, WTR 3 (2004), 161 (164).

Anknüpfungspunkt hierfür sind nach der Syntax die Produktmerkmale (*product characteristics*), nicht das Produkt (*product*) selber. Wenn sich die PPM auf die Eigenschaften beziehen müssen und nicht nur auf die Ware allgemein, dann bedeutet dies, dass sie sich in diesen Eigenschaften niedergeschlagen haben, also produktbezogen sein müssen.[904] Aufgrund der Verwendung des Plurals „*their*" ist es auch ausgeschlossen, dass der Begriff „*related*" mit dem Begriff Produkt verbunden ist. Denn dieses steht in der englischen Version im Singular, die Merkmale hingegen im Plural.[905] PPM, die sich lediglich auf die Ware als Ganzes, nicht aber ihre Merkmale beziehen, könnten nämlich durchaus nichtproduktbezogen sein. So aber weist schon der Wortlaut erkennbar in eine bestimmte Richtung: Nichtproduktbezogene PPM fallen nicht unter Anhang 1 Nr. 1 S. 1 TBT.

a) Entstehungsgeschichte des TBT: Nichtproduktbezogene PPM außerhalb des Anwendungsbereichs

Jedoch unterscheidet sich der zweite Satz, der sich mit den Kennzeichnungserfordernissen beschäftigt, insofern vom ersten, als er zwar auch ausdrücklich PPM anspricht, dabei aber das Wort „*related*" vermissen lässt. Zwangsläufig ergibt sich daraus die Möglichkeit, dass im Hinblick auf die in Satz zwei genannten technischen Vorschriften, also die „Festlegungen über Terminologie, Bildzeichen sowie Verpackungs-, Kennzeichnungs- oder Beschriftungserfordernisse", auch nichtproduktbezogene PPM in den Anwendungsbereich des TBT fallen könnten.[906] Die meisten der WTO-Mitglieder[907] und auch die ganz herrschende Meinung im Schrifttum[908] widersprechen dem jedoch. Satz 2 sei im Zusammenhang mit Satz 1 zu lesen. Denn Satz 1 stecke den Rahmen für technische Vorschriften bzw. Normen ab, wohingegen Satz 2 nur ein Unterfall bzw. eine

904 *Tietje*, in : Prieß/Berrisch, WTO-Handbuch, B.I.5., Rn. 30.

905 Die französische Fassung ist hier weniger eindeutig: „les caractéristiques d'un produit ou les procédés et méthodes de production s'y rapportant".

906 *Jessen*, in: Hilf/Oeter, WTO-Recht, § 18, Rn. 16; *Appleton*, Environmental Labelling Programmes, S. 92 f.; *ders.*, in: Cottier u.a. (Hrsg.), International Trade Regulation and the Mitigation of Climate Change, S. 131 (139); *Puth*, in: Hilf/Oeter, WTO-Recht, § 25, Rn. 48.

907 Vgl. *Appleton*, in: Cottier u.a. (Hrsg.), International Trade Regulation and the Mitigation of Climate Change, S. 131 (139).

908 *Tietje*, JWT 29 (1995), 123 (134); *ders.*, in : Prieß/Berrisch, WTO-Handbuch, B.I.5., Rn. 30; *Rege*, JWT 28 (1994), 95 (110); *Appleton*, Environmental Labelling Programmes, S. 93; *Gesser*, Harvard ILJ 39 (1998), 501 (538); *Wha Chang*, JWT 31 (1997), 137 (142 ff.); *Wiemer*, Produktsicherheit und freier Warenverkehr in GATT/WTO, S. 188; *Jessen*, in: Hilf/Oeter, WTO-Recht, § 18, Rn. 16; *Puth*, in: Hilf/Oeter, WTO-Recht, § 25, Rn. 48.

Ausgestaltung von Satz 1 sei.[909] Das Fehlen des Begriffs „*related*" sei ein reines Redaktionsversehen.[910] Mag die Argumentation mit Redaktionsversehen auch häufig mit Zweifeln behaftet sein, so sprechen vor allem die Vertragsmaterialien (*travaux préparatoires*) des TBT stark für die Richtigkeit dieser Annahme. In den Protokollen der Verhandlungen der Uruguay-Runde kommt deutlich zum Ausdruck, dass die Mitgliedstaaten nichtproduktbezogene PPM nicht in den Anwendungsbereich des TBT einbeziehen wollten.[911] Da dies auch im Wortlaut mit dem Begriff „*related*" einen Anknüpfungspunkt findet, muss zunächst Ergebnis der Untersuchung sein, dass nichtproduktbezogene PPM nicht unter das TBT fallen.

b) Zielverfehlung des Ausschlusses von nichtproduktbezogenen PPM

Aus teleologischer Sicht verwundert diese Auslegung allerdings. Denn der Ausschluss von nichtproduktbezogenen PPM beruht darauf, dass diese als problematisch erachtet werden, weil sie mit der Theorie der komparativen Kostenvorteile in Konflikt geraten könnten. So heißt es denn auch in den Protokollen der Verhandlungen, dass diese Form der PPM aus dem TBT ausgeschlossen werden sollte, um sie nicht zu legitimieren.[912] Diese Aussage überrascht. Denn wie bereits mehrfach ausgeführt geht das TBT in seinen Anforderungen über das GATT hinaus[913]. Es normiert nicht nur ein Diskriminierungsverbot, sondern auch das Verbot unnötiger Hemmnisse für den internationalen Handel. Damit unterliegen eine Kennzeichnungspflicht bzw. ein Standard, wenn sie in den Anwendungsbereich des TBT fallen, strengeren Anforderungen als allein nach dem GATT. Wenn aber nichtproduktbezogene PPM eine potenzielle Gefahr für den grenzüberschreitenden Handel darstellen, dann wäre es konsequent, sie dem multilateralen Abkommen mit dem strengeren Prüfungsmaßstab zu unterstellen. Denn die Folge dessen, dass sie nicht unter das TBT fallen, ist nicht, dass sie per se unzulässig wären. Die Unanwendbarkeit des TBT hat unmittelbar gar keine Folge. Derartige Kennzeichnungspflichten sind als interne Regelungen einfach am Maßstab des Art. III GATT zu überprüfen. Es ist ein fundamentaler Irrtum, zu glauben, dass eine Maßnahme, auf die das TBT nicht anwendbar ist, durch

909 *Jessen*, in: Hilf/Oeter, WTO-Recht, § 18, Rn. 16; *Puth*, in: Hilf/Oeter, WTO-Recht, § 25, Rn. 48.

910 *Tietje*, in : Prieß/Berrisch, WTO-Handbuch, B.I.5., Rn. 30.

911 Committee on Trade and Environment, Committee on Technical Barriers to Trade, Negotiating History of the Coverage of the Agreement on Technical Barriers to Trade with Regard to Labelling Requirements, Voluntary Standards, and Processes and Production Methods Unrelated to Product Characteristics, Note by the Secretariat, G/TBT/W/11, WT/CTE/W/10.

912 Report (1996) of the Committee on Trade and Environment, WT/CTE/1, para. 70.

913 Siehe oben S. 106.

das TBT verboten sein könnte.[914] Für die Annahme, das TBT definiere die zulässigen Ausgestaltungen von technischen Vorschriften, so dass alles, was außerhalb seines Anwendungsbereichs liegt, verboten sei,[915] gibt es keinen Anhaltspunkt im Text des TBT.

Die historische Ansicht, dass nichtproduktbezogene PPM gegen das WTO-Recht verstoßen, wenn sie nicht unter das TBT fallen, kann gegebenenfalls damit erklärt werden, dass die Produkt-Prozess-Doktrin davon ausging, dass solche Maßnahmen grundsätzlich unvereinbar mit dem GATT sind. Somit ist es denkbar, dass die Mitgliedstaaten bei ihren Äußerungen in den Verhandlungen die Annahme zugrunde legten, eine Prüfung unter den Vorschriften des GATT müsse stets zur Rechtswidrigkeit führen. Doch seit dem Streitbeilegungsverfahren in *US – Shrimp* steht fest, dass nichtproduktbezogene PPM sehr wohl gem. Art. XX GATT gerechtfertigt werden können[916], eine Möglichkeit, die im Übrigen im TBT gerade fehlt. Fraglich ist demnach, ob die Auslegung der Definitionen in Anhang 1 Nr. 1 und 2 TBT auf dieser veränderten Grundlage anders ausfallen müsste. Dem ursprünglichen Gedanken der Vertragsparteien würde es zumindest mehr entsprechen, wenn technische Vorschriften und Normen auch nichtproduktbezogene PPM erfassen würden. Denn dadurch wären sie einer strengeren Prüfung als im Rahmen des GATT unterworfen. Die Entstehungsgeschichte ist hierfür kein unüberwindbares Hindernis, denn die historische Auslegung spielt gegenüber den anderen Methoden des Auslegungskanons auch in der WTO-Rechtsprechung nur eine untergeordnete Rolle.[917]

c) Konsistenz zwischen Satz 1 und 2 der Definition

Hiergegen spricht aber, dass eine Konsistenz zwischen den Sätzen 1 und 2 der Definition in Anhang 1 Nr. 1 TBT bestehen muss.[918] Gerade im Hinblick auf solche Labels, die nur verwendet werden dürfen, wenn bestimmte Grenzwerte unterschritten werden, ist dies relevant. Denn anstatt positiv den Aufdruck eines solchen Labels zu erlauben, könnte der Gesetzgeber auch einen zwingend einzuhaltenden Klima-Standard erlassen. Dieser würde grundsätzlich unter Anhang 1 Nr. 1 Satz 1 TBT fallen, jedoch sind nichtproduktbezogene Standards nach

914 So auch *Puth*, WTO und Umwelt, S. 219; *Condon*, JIEL 12 (2009), 1 (27); *Hufbauer u.a.*, Global Warming and the World Trading System, S. 72; *Appleton*, Environmental Labbelling Programmes, S. 94, weist darauf hin, dass umgekehrt aus der Unanwendbarkeit des TBT auch nicht automatisch die Legalität solcher Labels im WTO-Recht folgt.

915 *Buck/Verheyen*, International Trade Law and Climate Change, S. 14 ziehen dies als mögliche Rechtsfolge in Erwägung; *Stoll/Schorkopf*, WTO, Rn. 273 sind der Ansicht, dass die gegenüber dem Vorgängerabkommen der Tokyo-Runde erstmalige Einbeziehung zur Rechtfertigung von PPM führt.

916 Vgl. *Hufbauer u.a.*, Global Warming and the World Trading System, S. 73, Fn. 17.

917 *Hufbauer u.a.*, Global Warming and the World Trading System, S. 72.

918 Vgl. *Puth*, WTO und Umwelt, S. 216.

fast einhelliger Meinung nicht in dieser Definition inbegriffen. Würde man folglich nichtproduktbezogene Kennzeichnungspflichten als von Anhang 1 Nr. 1 Satz 2 TBT umfasst betrachten, dann würde dies bedeuten, dass das TBT auf diese Pflichten anwendbar ist, auf den entsprechenden Klima-Standard aber nicht, obwohl das Label lediglich die Konformität mit diesem Standard anzeigt. Dieses Ergebnis ist in sich widersprüchlich, da eine Kennzeichnungspflicht eine weniger große Einschränkung für Waren bedeutet als die zwingende Einhaltung eines Standards. Wählt ein Mitgliedstaat die weniger handelsbeschränkende Alternative, so wird er dafür demnach mit der Anwendung des äußerst strengen TBT-Regimes bestraft. Dass dieses Ergebnis nicht zutreffend sein kann, ist evident.[919] Vielmehr ist es zwingend, eine staatliche Maßnahme, die einen bestimmten Grenzwert für klimaschädliche Emissionen normiert, einheitlich zu behandeln, unabhängig davon, ob hierfür der Weg eines Labels oder eines Standards gewählt wird.

Das Argument der Konsistenz würde nur dann nicht verfangen, wenn auch die Definition in Anhang 1 Nr. 1 S. 1 TBT so ausgelegt werden könnte, dass sie nichtproduktbezogene Standards beinhaltet. Doch dass der Wortlaut in der englischen Fassung diese Deutung nicht zulässt, wurde bereits dargelegt.[920] *Verrill* vertritt hingegen die Ansicht, aufgrund des sehr weiten Verständnisses des Begriffs der *characteristics* des Appellate Body in *EC – Asbestos* stelle der Wortlaut von Anhang 1 Nr. 1 S. 1 TBT kein Hindernis für die Einbeziehung von nichtproduktbezogenen PPM, insbesondere der CO_2-Intensität, dar.[921] Der Appellate Body versteht den Begriff *characteristics* folgendermaßen[922]:

> *„[T]he 'characteristics' of a product include, in our view, any objectively definable 'features', 'qualities', 'attributes', or other 'distinguishing mark' of a product. Such 'characteristics' might relate, inter alia, to a product's composition, size, shape, colour, texture, hardness, tensile strength, flammability, conductivity, density, or viscosity. In the definition of a 'technical regulation' in Annex 1.1, the TBT Agreement itself gives certain examples of 'product characteristics' – 'terminology, symbols, packaging, marking or labelling requirements'. These examples indicate that 'product characteristics' include, not only features and qualities intrinsic to the product itself, but also related 'characteristics', such as the means of identification, the presentation and the appearance of a product."*

Verrill betont vor allem den letzten Satz, nämlich dass die Eigenschaften der Ware nicht innewohnen müssen. Hieraus folge, dass der CO_2-Ausstoß bei der Herstellung ein Produktmerkmal i.S.d. Anhang 1 Nr. 1 S. 1 TBT sein könne. *Verrill* übersieht aber in seiner Argumentation, dass die vom Appellate Body genannten Beispiele, nämlich die Präsentation und das Aussehen der Ware, zwar

---

919 Vgl. zum Ganzen *Puth*, WTO und Umwelt, S. 216.

920 Vgl. soeben S. 106.

921 *Verrill*, CCLR 2008, 43 (46 f.).

922 EC – Asbestos, AB, para. 67.

nicht dem Produkt inhärent, wohl aber zum Zeitpunkt des Imports äußerlich wahrnehmbar sind. Darin liegt ein entscheidender Unterschied zu Produktionsmethoden. Vor allem aber verkennt er, dass Anhang 1 Nr. 1 S. 1 TBT zwei getrennte Fälle enthält. Die „entsprechenden Verfahren und Produktionsmethoden", unter die nichtproduktbezogene PPM fallen könnten, sind kein Unterfall der Merkmale eines Produkts, sondern eine eigenen Kategorie[923]. Dies folgt aus der Verknüpfung der beiden Begriffe mit „oder", die sich in allen authentischen Fassungen wieder findet. Da PPM im zweiten Fall des Anhang 1 Nr. 1 S. 1 TBT ausdrücklich benannt werden, können sie nicht mithilfe einer ausgedehnten Auslegung unter die Wareneigenschaften i.S.d. ersten Falls subsumiert werden. Andernfalls wäre ihre namentliche Aufführung in Anhang 1 Nr. 1 S. 1 TBT überflüssig. Mögen demnach auch die Produktmerkmale weit zu verstehen sein, so dass der Bezugspunkt der PPM entsprechend wenig restriktiv ist, so bleibt dennoch festzuhalten, dass eine irgendwie geartete Beziehung der Produktionsweise zu den – zugegebenermaßen weit zu verstehenden – Charakteristiken der Ware bestehen muss. Dies ist bei nichtproduktbezogenen Kriterien wie dem CO_2-Ausstoß bei Herstellung und Transport nicht der Fall. Folglich bleibt es bei der Feststellung, dass die Definition in Anhang 1 Nr. 1 S. 1 TBT keine nichtproduktbezogenen PPM umfasst. Aus Gründen der Kohärenz muss dies auch für Satz 2 gelten. Im Ergebnis fallen Kennzeichnungspflichten, die auf Kriterien abstellen, die sich nicht in der fertigen Ware niederschlagen, daher nicht in den Anwendungsbereich des TBT.

3. Der Sonderfall der *life cycle*-Labels

Aus der Feststellung, dass Kennzeichnungspflichten, die sich auf den Treibhausgas-Ausstoß bei Gebrauch der Ware beziehen, technische Vorschriften i.S.d. TBT sind, solche die an nichtproduktbezogene PPM anknüpfen aber nicht, ergibt sich eine spezielle Problematik im Umweltrecht im Allgemeinen und im Klimarecht im Besonderen. Labels in diesem Bereich folgen häufig einem sog. *life cycle*-Ansatz[924]. Das bedeutet, dass sie nicht nur Auskunft über einen bestimmten Aspekt einer Ware geben, sondern gleichsam ihre vollständige klimatologische Relevanz „von der Wiege bis zur Bahre" anzeigen. Eine derartige Kennzeichnung fußt auf den Treibhausgas-Emissionen eines Produkts bei Herstellung, Transport, Gebrauch und Entsorgung, um ein umfassendes Bild davon

923 *Verrill*, CCLR 2008, 43 (45).

924 Siehe zur Definition des *life cycle*-Ansatzes *Appleton*, in: Cottier u.a. (Hrsg.), International Trade Regulation and the Mitigation of Climate Change, S. 131 (131, Fn. 2); *Puth*, WTO und Umwelt, S. 217; *ders.*, in: Hilf/Oeter, WTO-Recht, § 25, Rn. 48; *Hilf*, NVwZ 2000, 481 (486, Fn. 68); *Dröge u.a.*, WTR 3 (2004), 161 (167); *Tietje*, in: Prieß/Berrisch, WTO-Handbuch, B.I.5., Rn. 31.

zu geben, welche Auswirkungen auf das Klima mit der Entscheidung, gerade diese Ware zu kaufen, verbunden sind. Grundsätzlich ist dieser Ansatz auch zu begrüßen. Denn das willkürliche Herausgreifen nur eines Aspekts kann zu Verzerrungen führen. So erfreuen sich die sog. *food miles* einer gewissen Beliebtheit: Diese informieren darüber, wie weit Lebensmittel bis zu ihrem Verkauf transportiert werden und sollen dadurch Rückschlüsse auf den CO_2-Ausstoß beim Transport erlauben.[925] Doch führt das einseitige Abstellen auf den zurückgelegten Weg dazu, dass heimische Produkte automatisch bevorzugt werden, weil sie per Definition weniger weit transportiert werden müssen.[926] Abgesehen davon, dass dieses Instrument folglich für protektionistische Zwecke eingesetzt werden kann, führt es überdies nicht zu einem akkuraten Bild der Klimaschädlichkeit von Lebensmitteln, da bei diesen Produkten die Produktionsphase hinsichtlich des Ausstoßes von Treibhausgasen deutlich dominiert.[927] Außerdem werden Waren aus Entwicklungsländern benachteiligt, die aus europäischer Sicht regelmäßig weitere Entfernungen zu überbrücken haben.[928] Insofern sind *life cycle*-Labels vorzugswürdig.[929]

Doch stellt sich bei diesen *life cycle*-Labels WTO-rechtlich ein Einordnungsproblem. Nach dem bereits Dargelegten fällt eine Regelung bezüglich des CO_2-Ausstoßes bei Gebrauch eines Produkts in den Anwendungsbereich des TBT, wohingegen eine Kennzeichnungspflicht, die an die Treibhausgas-Emissionen bei Herstellung oder Transport der Ware anknüpft, allein auf Grundlage des GATT zu beurteilen ist. Vereint ein Label beide Elemente in sich, so muss die Frage gestellt werden, nach welchen Vorschriften sich dessen WTO-rechtliche Zulässigkeit bestimmt. Für die Beantwortung dieser Frage gibt es drei Lösungsansätze:

1. Die Kennzeichnungspflicht könnte nach ihren Bestandteilen aufgeteilt werden, so dass jeder Aspekt einzeln nach den auf ihn anwendbaren Vorschriften beurteilt wird.
2. Das Label ist als untrennbare Einheit zu sehen und muss deshalb insgesamt unter ein multilaterales Abkommen fallen, nämlich das TBT.
3. Das Label ist einheitlich anhand der Regelungen des GATT zu beurteilen.

925 Siehe weiterführend zum Konzept der *food miles*, *Weber/Matthews*, Environmental Science & Technology 42 (2008), 3508.

926 *Appleton*, in: Cottier u.a. (Hrsg.), International Trade Regulation and the Mitigation of Climate Change, S. 131 (134).

927 *Weber/Matthews*, Environmental Science & Technology 42 (2008), 3508 (3508); *Appleton*, in: Cottier u.a. (Hrsg.), International Trade Regulation and the Mitigation of Climate Change, S. 131 (132).

928 Ebenso *Appleton*, in: Cottier u.a. (Hrsg.), International Trade Regulation and the Mitigation of Climate Change, S. 131 (133).

929 *Appleton*, in: Cottier u.a. (Hrsg.), International Trade Regulation and the Mitigation of Climate Change, S. 131 (136).

Die erste Lösung wäre zwar dogmatisch gesehen die überzeugendste, doch dürfte sie sich unüberwindbaren praktischen Hindernissen gegenübersehen.[930] Denn im Regelfall wird ein *life cycle*-Label auf der Ware nicht nach den verschiedenen „Lebensphasen", die es inkorporiert, aufgeschlüsselt sein. Dies entspricht schließlich auch dem Ansatz, ein umfassendes Bild des Produkts im Hinblick auf seine Klimaschädlichkeit zu zeichnen. Aus dieser Funktion heraus erscheint es nicht einmal sinnvoll, die Kennzeichnung aufzuteilen, wenn dies möglich ist.[931] Denn dies würde dem Charakter des Labels nicht gerecht werden.

Folglich ist eine einheitliche Behandlung entweder unter dem TBT oder dem GATT geboten. Für die Anwendung des TBT wird vorgebracht, so werde diesem Abkommen zu maximaler Wirksamkeit verholfen.[932] Außerdem ist Ziel des TBT, unnötige Handelshemmnisse durch technische Vorschriften und Normen zu vermeiden.[933] Dieses Ziel würde am besten erreicht, wenn Kennzeichnungserfordernisse insgesamt diesem Abkommen unterfallen.[934] Doch vermögen diese Argumente nicht zu überzeugen, weil sie der Systematik des WTO-Rechts widersprechen. Labels, deren Grundlage nichtproduktbezogene PPM sind, fallen nicht in den Anwendungsbereich des TBT. Daran ändert auch die Tatsache nichts, dass sie eine Einheit mit Kennzeichnungspflichten bilden, die technische Vorschriften i.S.d. Anhang 1 Nr. 1 S. 1 TBT sind. Die Verknüpfung verschiedener Verpflichtungen kann nicht zu einer Ausweitung des Anwendungsbereichs eines multilateralen Abkommens führen.[935] Hingegen verdrängt das TBT wie gezeigt die Regeln des GATT nicht als *lex specialis*[936]. Das heißt in der Konsequenz, dass die Kennzeichnung im Hinblick auf den Treibhausgas-Ausstoß bei Gebrauch einer Ware sowohl dem TBT als auch dem GATT unterfällt. Damit ist das TBT nur auf einen Teilaspekt von *life cycle*-Labels anwendbar, das GATT jedoch auf die Gesamtheit. Daraus folgt zwingend, dass im Falle der Untrennbarkeit, wie sie bei derartigen Labels regelmäßig vorliegen dürfte, das auf alle Facetten anwendbare Abkommen Grundlage einer Zulässigkeitsprüfung sein muss, also das GATT.[937]

Der Anwendungsbereich des Abkommens ist das schlagende Argument in dieser Debatte. Es können aber noch weitere Begründungen für das gleiche Er-

---

930 Für eine partielle Anwendung des TBT dennoch *Jessen*, in: Hilf/Oeter, WTO-Recht, § 18, Rn. 18.

931 *Tietje*, in: Prieß/Berrisch, WTO-Handbuch, B.I.5., Rn. 31; *Puth*, in: Hilf/Oeter, WTO-Recht, § 25, Rn. 49.

932 *Ward*, RECIEL 1997, 139 (143).

933 5. Erwägungsgrund der Präambel des TBT.

934 *Puth*, WTO und Umwelt, S. 218.

935 So auch *Puth*, WTO und Umwelt, S. 218.

936 Siehe oben S. 106.

937 *Tietje*, in: Prieß/Berrisch, WTO-Handbuch, B.I.5., Rn. 31; *Puth*, in: Hilf/Oeter, WTO-Recht, § 25, Rn. 48.

gebnis angeführt werden. Zum einen gilt im Völkerrecht der Grundsatz *in dubio mitius*, d.h. die Vermutung der souveränitätsschonenden Auslegung.[938] Da das GATT weniger strenge Anforderungen an interne Regelungen stellt als das TBT, kommt daher im Zweifel Ersteres zur Anwendung.[939] Das zweite Argument steht mit diesem Aspekt der geringeren Restriktion in engem Zusammenhang. Es wurde bereits aufgezeigt, dass *life cycle*-Kennzeichnungen weniger Gefahr in sich bergen, für protektionistische Zwecke missbraucht zu werden, als Labels, die nur einen einzelnen Bereich im „Leben" einer Ware beleuchten. Deshalb erscheint es angemessen, diese dem weniger restriktiven Regime zu unterwerfen, um einen Anreiz für ihre Verwendung zu schaffen.

4. Ergebnis

m Ergebnis fallen nur solche Kennzeichnungserfordernisse in den Anwendungsbereich des TBT, die sich ausschließlich auf Produktmerkmale oder zumindest produktbezogene Produktionsmethoden beziehen. Damit müssen sie insbesondere den Anforderungen des Art. 2 TBT entsprechen, also das Diskriminierungsverbot einhalten und den Notwendigkeitstest bestehen. Aufgrund des in Art. 2.2 TBT ausdrücklich anerkannten legitimen Zwecks des Umweltschutzes, unter den auch die Mitigation des Klimawandels fällt, liegt hierin keine größere Hürde für Klima-Labels. In dieser Hinsicht kann auf die Ausführungen zu den Klima-Standards verwiesen werden. Denn eine Kennzeichnungspflicht stellt grundsätzlich eine geringere Beeinträchtigung des internationalen Handels dar als ein Standard. Wenn also Letzterer nicht an den Anforderungen des TBT scheitert, dann muss dies *a fortiori* auch für Erstere gelten.

Auf andere Labels hingegen, die entweder zum Teil oder ausschließlich an nichtproduktbezogene PPM anknüpfen, ist das TBT nicht anwendbar. Entsprechend der Systematik des WTO-Rechts sind sie daher am Maßstab der GATT-Vorschriften, insbesondere Artt. III:4 und XX GATT zu messen. Auch insofern gilt das *argumentum a maiore ad minus* im Hinblick auf die Klima-Standards; als weniger einschneidende Maßnahme sind Kennzeichnungspflichten unter den gleichen Voraussetzungen wie diese mit dem GATT vereinbar. Es verbietet sich daher lediglich, sie so auszugestalten, dass typischerweise nur ausländische Importe betroffen sind. Andernfalls liegt schon kein Verstoß gegen das Gebot der Inländergleichbehandlung vor bzw. ist dieser zumindest gem. Art. XX GATT rechtfertigbar.

---

938 *Göttsche*, Die Anwendung von Rechtsprinzipien in der Spruchpraxis der WTO-Rechtsmittelinstanz, S. 232; *Herdegen*, Völkerrecht, § 15, Rn. 31; *Brownlie*, Principles of Public International Law, S. 635.

939 *Puth*, WTO und Umwelt, S. 218.

Zwar ist somit Fazit der Untersuchung, dass Klima-Labels ohne weiteres mit dem WTO-Recht vereinbar sind. Vollständig befriedigen kann das zweigeteilte Ergebnis jedoch nicht. Die Mitgliedstaaten haben ein spezielles Abkommen für technische Handelshemmnisse geschaffen, weil sie der Ansicht waren, dass die hierin enthaltenen Regelungen der Problematik des Spannungsverhältnisses zwischen Schutz von öffentlichen Gütern und Protektionismus am besten gerecht werden.[940] Es ist vor diesem Hintergrund wenig überzeugend, wenn ausgerechnet die als am problematischsten empfundenen nichtproduktbezogenen PPM aus dem Anwendungsbereich herausfallen. Gerade diese bergen doch aufgrund der zumindest schwierigen Kompatibilität mit der Theorie der komparativen Kostenvorteile die Gefahr des Protektionismus. Deshalb wäre es konsequent, sie dem restriktiveren Rechtsregime zu unterwerfen, also dem TBT. Dies würde im Übrigen auch besser der Motivation der Mitgliedstaaten entsprechen, die sie beim Ausschluss der nichtproduktbezogenen PPM aus dem Anwendungsbereich verfolgten. Insofern wird angeregt, diese Art von Regelungen *de lege ferenda* in den Definitionen von technischen Vorschriften und Normen in Anhang 1 Nr. 1 und 2 TBT zu integrieren.[941]

III. Klimaschutz-Subventionen

Als interne Maßnahme des Klimaschutzes stehen den Staaten neben *command and control*-Instrumenten wie Energieeffizienzstandards und *carbon footprint*-Kennzeichnung noch andere Möglichkeiten offen. So können sie beispielsweise Anreize für Warenproduzenten schaffen, bei der Produktion Energie einzusparen bzw. erneuerbare Energien einzusetzen. Dieser Ansatz entspricht der ausdrücklichen Nennung der „Erforschung und Förderung, Entwicklung und vermehrte[n] Nutzung von neuen und erneuerbaren Energieformen, von Technologien zur Bindung von Kohlendioxid und von fortschrittlichen und innovativen umweltverträglichen Technologien“ in Art. 2.1 lit. a) iv) KP. Ein geeignetes Mittel für die Erreichung dieser Ziele sind Subventionen.[942] Diese haben zwar wirtschaftlich den Nachteil, dass sie zu einer ineffektiven Allokation der Ressourcen führen können. Gleichzeitig sind sie aber ein Werkzeug zur Durchsetzung öffentlicher Interessen[943] und eröffnen die Möglichkeit, Marktversagen auszugleichen[944]. Entsprechend dieser zwiespältigen Wahrnehmung verbietet

---

940 Vgl. bereits oben S. 106.

941 So auch *Schoenbaum*, AJIL 91 (1997), 268 (295).

942 *Steger*, JWT 44 (2010), 779 (779).

943 *Howse*, Climate Mitigation Subsidies, S. 3.

944 *Green*, WTR 5 (2006), 377 (380); *Howse*, Climate Mitigation Subsidies, S. 5.

das WTO-Recht Subventionen nicht; es reguliert sie lediglich.[945] Erklärtes Ziel ist aber dennoch ein Abbau des Gesamtvolumens an Subventionen.[946]

1. Subventionsformen im Bereich des Klimaschutzes

Subventionen zur Förderung des Klimaschutzes sind in vielfältiger Art vorstellbar und auch existent.[947] Zunächst kann grob zwischen solchen Subventionen, die Herstellern von Waren zugutekommen, und solchen, die sich an die Verbraucher richten, unterschieden werden. Ein Beispiel für letztere Kategorie ist die deutsche Umweltprämie, die 2009 im Rahmen des Konjunkturpakets II für die Stilllegung alter Autos und den Kauf eines Neu- bzw. Jahreswagens gewährt wurde. Ein Effekt hiervon sollte die Ersetzung von alten Personenkraftwagen mit hohen Emissionen durch neue, effizientere und sauberere Fahrzeuge sein.[948] Dies kann auch die Reduzierung des CO_2-Ausstoßes durch Pkws bewirken, insbesondere aufgrund des durchschnittlich geringeren Kraftstoffverbrauchs neuer Fahrzeuge. Überwiegend werden Subventionen jedoch den Warenproduzenten gewährt. Dabei sind ebenfalls unterschiedliche Modelle denkbar. Zuwendungen können z.B. direkt von der Reduktion der Treibhausgas-Emissionen abhängig gemacht werden. Ein anderer Anknüpfungspunkt für Zuschüsse ist die verstärkte Verwendung erneuerbarer Energien, bei deren Erzeugung kein CO_2 entsteht. Häufig werden auch Subventionen an die Erzeuger erneuerbarer Energien geleistet, etwa die Hersteller von Solarpaneelen. Dadurch soll es ihnen ermöglicht werden, mit der Erzeugung konventioneller Energie, die bislang deutlich günstiger ist, zu konkurrieren[949]. Zuletzt ist ein wichtiger Aspekt der Subventionierung zu Klimaschutz-Zwecken die Förderung der Forschung im Bereich der neuen Technologien und des Klimawandels.

Gestaltungsmöglichkeiten eröffnen sich dem Staat nicht nur bei den verschiedenen Bedingungen, an die die Gewährung einer Beihilfe anknüpft, sondern auch bei den Modalitäten. Die direkteste Art eines Zuschusses ist die Zahlung eines Geldbetrags, doch werden häufig auch steuerliche Vorteile gewährt oder Kredite zu besonders günstigen Bedingungen vergeben. Eine besondere Form der Unterstützung erneuerbarer Energien wurde bereits beschrieben:[950] Es handelt sich um die gesetzliche Festschreibung eines garantierten Mindestpreises

---

945 *Stoll/Schorkopf*, WTO, Rn. 337.

946 Vgl. *Nowak*, in: Hilf/Oeter, WTO-Recht, § 13, Rn. 3.

947 Vgl. zum Ganzen *Green*, WTR 5 (2006), 377 (381 ff.); *Howse*, Climate Mitigation Subsidies, S. 2; *Zhang/Assunção*, The World Economy 27 (2004), 359 (362).

948 Vgl. Regelungsziel der Richtlinie zur Förderung des Absatzes von Personenkraftwagen vom 20. Februar 2009, BAnz. 2009, S. 835, 1056.

949 *Bigdeli*, in: Cottier u.a. (Hrsg.), International Trade Regulation and the Mitigation of Climate Change, S. 155 (155 f.).

950 Siehe bereits oben S. 37.

für die Einspeisung von Energie aus erneuerbaren Quellen in das Stromnetz. Die Besonderheit dieser Förderung liegt darin, dass nicht der Staat diese Mindestpreise finanziert, sondern die Netzbetreiber, die diese Energie erwerben müssen, und damit mittelbar die Kunden, an die die Kosten über die Tarife weitergegeben werden.[951]

Ebenfalls das Gebiet der Subventionen betrifft ein völlig entgegengesetzter Ansatz zur Mitigation des Klimawandels. Als entscheidender Eckpfeiler für die Bekämpfung der globalen Erwärmung wird die Reduzierung der Subventionen für die größten Treibhausgas-Emittenten gesehen, wie sie auch Art. 2.1 lit. a) v) KP vorsieht.[952] Dies betrifft vor allem die staatliche Unterstützung der fossilen Brennstoffe, insbesondere Kohle und Öl. Allein in Deutschland werden jährlich rund zwei Milliarden Euro für die Förderung der Steinkohle ausgegeben.[953] „Zuschüsse für den Absatz deutscher Steinkohle zur Verstromung und an die Stahlindustrie sowie zum Ausgleich von Belastungen infolge von Kapazitätsanpassungen" stellen mit Abstand den größten Posten bei den Finanzhilfen des Bundes im Jahr 2010 dar.[954] Würde diese Subventionierung wegfallen, so wäre damit zu rechnen, dass die hieraus gewonnene Energie aufgrund des ansteigenden Preises zumindest zum Teil durch weniger klimabelastende Energiequellen ersetzt würde.[955] Dadurch würden die globalen Treibhausgas-Emissionen signifikant verringert.[956] Allerdings steht der Abbau von Subventionen offensichtlich nicht im Konflikt mit dem Ziel des WTO-Rechts, das Beihilfevolumen abzusenken.[957] Daher soll dieser Aspekt in der vorliegenden Darstellung, die sich auf mögliche Hindernisse für Klimaschutz-Maßnahmen durch das WTO-Recht konzentriert, zunächst ausgeklammert werden.[958]

---

951 *Dröge u.a.*, WTR 3 (2004), 161 (179); *Ismer*, European Yearbook of International Economic Law 2010, S. 205 (210 f.).

952 *Bigdeli*, in: Cottier u.a. (Hrsg.), International Trade Regulation and the Mitigation of Climate Change, S. 155 (155); *ders.*, CCLR 2008, 78 (78); *Buck/Verheyen*, International Trade Law and Climate Change, S. 20; vgl. auch *Steger*, JWT 44 (2010), 779 (780) zu den Verhandlungen im Rahmen der Doha-Runde.

953 Zahlen aus „Berlin setzt sich in Brüssel durch", Handelsblatt, 17. November 2010; abrufbar unter http://www.handelsblatt.com/politik/deutschland/berlin-setzt-sich-in-bruessel-durch/3641052.html (zuletzt besucht am 12. Januar 2011).

954 22. Subventionsbericht der Bundesregierung über die Entwicklung der Finanzhilfen des Bundes und der Steuervergünstigungen für die Jahre 2007 - 2010, Januar 2010, Übersicht 2, S. 14.

955 Vgl. *Bigdeli*, CCLR 2008, 78 (82).

956 *Buck/Verheyen*, ZUR 2002, 89 (96).

957 So auch *Dröge u.a.*, WTR 3 (2004), 161 (163).

958 Jedoch wird dieser Aspekt im dritten Kapitel, das sich mit möglichen Synergien zwischen Klimaschutz und Welthandelsrecht befasst, näher beleuchtet werden. Vgl. unten S. 106 f.

2. Das SCM: Ein schwerwiegendes Hindernis für Klimaschutz-Subventionen

Die Frage, die sich bei allen Formen der Subventionierung stellt, ist, inwiefern das WTO-Recht die Mitgliedstaaten in ihren Gestaltungsmöglichkeiten in dieser Hinsicht einschränkt. Entscheidend sind dabei die Vorgaben des SCM. Denn die im GATT 1947 enthaltenen Vorschriften zu den Subventionen – Artt. VI und XVI GATT – normieren kaum nennenswerte Beschränkungen.[959] So sieht Art. XVI:1 GATT lediglich eine Notifikationspflicht und für den Fall einer ernsthaften Schädigung der Interessen einer Vertragspartei Konsultationen vor. Art. VI:3 GATT sieht zwar die Möglichkeit eines Ausgleichszolls vor, schweigt aber weitestgehend zu den Voraussetzungen.[960] Wirkliche Vorgaben für die rechtmäßige Ausgestaltung von Subventionen enthält nur das SCM. Das System dieses Abkommens wurde bereits im Rahmen der Diskussion über die Möglichkeit von Ausgleichszöllen gegenüber einer laxen Klimapolitik dargestellt,[961] soll aber hier noch einmal aufgegriffen werden. Es sei daran erinnert, dass das SCM ein Ampel-System beinhaltet, nach dem es verbotene, anfechtbare und nichtanfechtbare Subventionen gibt. Nach Ablaufen der grünen Kategorie gem. Art. 8 SCM verbleiben nur noch die rote und die gelbe Kategorie gem. Art. 3 bzw. 5 SCM. Diese können sowohl im multilateralen Track II-Verfahren angegriffen werden, das zu einer Rücknahmeverpflichtung der Beihilfen führen kann, als auch im unilateralen Track I-Verfahren, in dem ein Ausgleichszoll verhängt wird. Während gegen verbotene Subventionen ein erfolgreiches Track II-Verfahren ohne weitere Voraussetzungen möglich ist, muss hierfür bei anfechtbaren Subventionen der Nachweis ihrer Spezifität gem. Art. 2 SCM und ihrer nachteiligen Auswirkungen i.S.d. Art. 5 SCM geführt werden.

a) Der Subventionsbegriff im SCM

Grundlegend ist in jedem Fall die Qualifikation der dargestellten Klimaschutz-Zuwendungen als Subventionen i.S.d. Art. 1 SCM. Dafür müssen sie eine *finanzielle Beihilfe* oder eine *Form der Einkommens- oder Preisstützung* darstellen, die zu einem *Vorteil* für den Bedachten führt. Bei klassischen Instrumenten wie der Zahlung eines Zuschusses oder der Gewährung eines Kredits besteht kein Zweifel daran, dass die Regierung eine *finanzielle Beihilfe* leistet. Schließlich sind diese Praktiken ausdrücklich in der abschließenden[962] Liste des Art. 1.1 lit. a) (1) SCM aufgeführt, nämlich als direkter oder potenziell direkter Transfer

959 *Nowak*, in: Hilf/Oeter, WTO-Recht, § 13, Rn. 2; *Pitschas*, in: Prieß/Berrisch, WTO-Handbuch, B.I.12., Rn. 4 besonders zu Art. XVI.

960 *Pitschas*, in: Prieß/Berrisch, WTO-Handbuch, B.I.12., Rn. 5.

961 Siehe oben S. 106 ff.

962 *Hufbauer u.a.*, Global Warming and the World Trading System, S. 61; *Pitschas*, in: Prieß/Berrisch, WTO-Handbuch, B.I.12., Rn. 61.

von Geldern gem. Ziffer i). Das Gleiche gilt für Steuerbegünstigungen etwa in Form von Nachlässen oder Gutschriften. Dabei handelt es sich um den Verzicht auf normalerweise zu entrichtende Abgaben gem. Art. 1.1 lit. a) (1) ii) SCM.

aa) Das Erfordernis staatlicher Kosten am Beispiel der Einspeisevergütung

Im Gegensatz hierzu ist die Einordnung der Mindestpreise bei der Einspeisevergütung weniger eindeutig. Da nicht der Staat, sondern die Energieversorger diese Vergütung leisten, bestehen Zweifel daran, ob hierin eine *finanzielle Beihilfe* der Regierung gesehen werden kann. Für das europäische Recht der staatlichen Beihilfen hat der EuGH entschieden, dass die garantierte Einspeisevergütung keine Beihilfe darstelle.[963] Demnach liege eine Beihilfe nur dann vor, wenn die Gewährung auf staatliche Kosten erfolge.[964] Doch lässt sich das Europarecht nicht als Vergleichsmaßstab heranziehen. Denn es gibt keine einheitliche internationale Definition der Subvention. Vielmehr enthalten sowohl das WTO- als auch das Europarecht jeweils autonome Begriffe. Vor allem beschränkt sich Art. 107 Abs. 1 AEUV ausdrücklich auf „staatliche oder aus staatlichen Mitteln gewährte Beihilfen". Einen vergleichbar deutlichen Anknüpfungspunkt für ein Erfordernis der Entstehung von Kosten für staatliche Stellen bietet der Wortlaut des Art. 1.1 SCM nicht. Allerdings heißt es auch hier, dass die „Regierung […] eine finanzielle Beihilfe leistet" bzw. in der authentischen englischen Fassung *„a financial contribution **by** a government"*. Doch könnte hierunter ohne Verletzung der Wortlautgrenze zu verstehen sein, dass der Staat diese Beihilfe durch seine Regulierung leistet, sie aber nicht direkt und auf eigene Kosten finanziert.

(1) Das Problem der staatlichen Kosten als Frage der finanziellen Beihilfe

In *Canada – Aircraft* entschied der Appellate Body in Übereinstimmung mit dem vorangehenden Bericht des Panels, dass für die Qualifikation als Subvention die Entstehung von Kosten für den Staat nicht erforderlich ist[965]. Problematisch an der zugrunde liegenden Argumentation ist aber, dass er diese Frage unter dem Punkt des *Vorteils* erörterte. Doch ist diese Prüfung systematisch richtigerweise beim Vorliegen einer *finanziellen Beihilfe* bzw. einer *Einkommens-*

963 EuGH, Urteil vom 13. März 2001 – Rs. C-379/98, PreussenElektra, Rn. 66.
964 Ibid., Rn. 58.
965 Canada – Aircraft, AB, paras. 153 ff.; bestätigt durch Korea – Commercial Vessels, Panel, para. 7.84.

oder Preisstützung anzusiedeln.[966] Denn Art. 1.1 SCM bezieht sich unter lit. a) auf die Rolle der Regierung und unter lit. b) auf den Empfänger. Dann muss die Frage der Kosten für die Regierung konsequenterweise unter lit. a) – beim *finanziellen Beitrag* bzw. der *Einkommens- oder Preisstützung* – angesiedelt werden. Dass die Mindestpreisgarantie einen *Vorteil* für Erzeuger von Strom aus erneuerbarer Energie darstellt, steht außer Frage. Schließlich sichert sie ihnen ohne jedes Risiko höhere Gewinne als sie ohne eine solche Regelung erzielen könnten.[967] Möglicherweise ist die Argumentation des Appellate Body unter Zugrundelegung dieser systematischen Anknüpfung aber nicht mehr valide. Denn sie beruht ganz überwiegend darauf, dass es für die Bestimmung, ob die finanzielle Beihilfe einen *Vorteil* gewährt, allein darauf ankommt, ob der Empfänger der Zuwendung sich durch sie in einer vorteilhafteren Position wiederfindet als ohne sie („*but for*"-Test[968]). Auf Kosten für den Zuwender kommt es dabei nicht an. Hierzu zitiert der Appellate Body den Bericht des Panels[969]:

> *„[...] the ordinary meaning of "benefit" clearly encompasses some form of advantage. We do not consider that the ordinary meaning of "benefit" per se includes any notion of net cost to the government. [...] In order to determine whether a financial contribution (in the sense of Article 1.1(a)(i)) confers a "benefit", i.e., an advantage, it is necessary to determine whether the financial contribution places the* ***recipient*** *in a* ***more advantageous position than would have been the case but for the financial contribution****. In our view, the only logical basis for determining the position the recipient would have been in absent the financial contribution is the* ***market****. Accordingly, a financial contribution will only confer a "benefit", i.e., an advantage, if it is* ***provided on terms that are more advantageous than those that would have been available to the recipient on the market****."*[970]

Diesem Gedanken ist uneingeschränkt zuzustimmen. Auf Seiten des Empfängers und somit im Hinblick auf die Gewährung eines *Vorteils* ist die Entstehung von Kosten für den Gewährenden irrelevant, da weder vom üblichen Wortsinn umfasst noch aus anderen ersichtlichen Gründen bedeutsam.[971] Doch hat dies für

---

966 So ausdrücklich *Nowak*, in Hilf/Oeter: WTO-Recht, § 13, Fn. 47; *Pitschas*, in: Prieß/Berrisch, WTO-Handbuch, B.I.12., Rn. 66; auch *Bigdeli*, in: Cottier u.a. (Hrsg.), International Trade Regulation and the Mitigation of Climate Change, S. 155 (170 ff.) und *Howse*, Climate Mitigation Subsidies, S. 12 f. setzen die Existenz eines Vorteils in solchen Fällen wie selbstverständlich voraus und erörtern die Frage der staatlichen Kosten unter der *finanziellen Beihilfe* bzw. der *Einkommens- und Preisstüzung*.

967 Vgl. EuGH, a.a.O., Rn. 54; *Bigdeli*, in: Cottier u.a. (Hrsg.), International Trade Regulation and the Mitigation of Climate Change, S. 155 (170).

968 US – Foreign Sales Corporations, AB, para. 91.

969 Canada – Aircraft, AB, para. 149 (das hier wiedergegebene Zitat umfasst Passagen, die der Appellate Body nicht zitiert hat).

970 Canada – Aircraft, Panel, para. 9.112 (Hervorhebungen entsprechen denen des Appellate Body).

971 *Pitschas*, in: Prieß/Berrisch, WTO-Handbuch, B.I.12., Rn. 66.

die grundlegende Frage, ob eine Subvention die Entstehung von Kosten für den Staat voraussetzt, keine Aussagekraft. Denn der Appellate Body stützt seine Argumentation im Wesentlichen darauf, dass Art. 1.1 lit. b) SCM auf den Empfänger, nicht aber die gewährende Stelle fokussiert sei. Damit ist dieser Gedanke auf eine Prüfung des Vorliegens einer *finanziellen Beihilfe* gem. Art. 1.1 lit. a) SCM nicht übertragbar.

Sowohl der Appellate Body als auch das Panel in *Canada – Aircraft* stützen sich jedoch auf ein weiteres Argument, das nicht ohne weiteres unter Hinweis auf die unzutreffende Systematik entkräftet werden kann. Ein Subventionsbegriff, der zwingend staatliche Kosten voraussetze, führe zur Überflüssigkeit der Tatbestandsalternative in Art. 1.1 lit. a) (1) iv) SCM. Denn in dieser Variante wird „eine private Einrichtung [von der Regierung] mit der Wahrnehmung einer oder mehrerer der in i) bis iii) genannten Aufgaben [...] betraut" oder dazu angewiesen. In diesem Fall könne aber niemals das Erfordernis der staatlichen Kosten erfüllt werden, da schließlich die private Einrichtung die Aufgabe wahrnehme.[972] Ob diese Ausführungen zutreffend sind, hängt davon ab, wie der Begriff der privaten Einrichtung bzw. in den authentischen Sprachen *„private body"*, *„organisme privé"* oder *„entidad privada"* zu verstehen ist. Kommt es für die Qualifikation als privat darauf an, dass formell eine Rechtsform des Privatrechts gewählt wurde, so ist es durchaus vorstellbar, dass dem Staat aufgrund der Aufgabenwahrnehmung durch diese Einrichtung Kosten entstehen. Denn auch wenn kein direkter Transfer einer finanziellen Beihilfe von der Regierung an den Empfänger stattfindet, so kann der Staat dennoch mittelbar die Finanzierung übernehmen. Somit wäre das Argument, Alternative iv) würde durch das Erfordernis der Budgetrelevanz bedeutungslos, nicht ergiebig.

Begreift man die private Einrichtung hingegen nur dann als privat, wenn sie vom Staat unabhängig agiert, so wäre in der Tat keine Konstellation vorstellbar, in der staatliche Stellen im Falle des Art. 1.1 lit. a) (1) iv) SCM Kosten zu tragen hätten. Doch sprechen mehrere Gründe gegen diese Auslegung. Die Einbeziehung privater Einrichtungen in die Definition der *finanziellen Beihilfe* dient dazu, die Umgehung der Subventionsdisziplin zu unterbinden.[973] Es soll verhindert werden, dass Zuwendungen nur deshalb nicht als Subvention qualifiziert werden können, weil der Staat die Leistung auf einen Privaten überträgt. Dann ist es naheliegend, dass es sich hierbei nicht um eine völlig unabhängige Einrichtung handelt, sondern dass im Endeffekt der Staat mittelbar die Kosten trägt. Hinzu kommt, dass bei einem von der Regierung komplett losgelösten Akteur gar kein staatliches Handeln mehr vorliegen würde. Rein private Sachverhalte fallen aber nicht in den Bereich der Subventionen, sondern des Dumpings. Gerade in der

972 Canada – Aircraft, AB, para. 160; Panel, para. 9.115.

973 US – Export Restraints, Panel, para. 8.53; *Grave*, Der Begriff der Subvention, S. 148; *Pitschas*, in: Prieß/Berrisch, WTO-Handbuch, B.I.12., Rn. 60.

Privatheit bzw. Staatlichkeit liegt das entscheidende Abgrenzungskriterium.[974] Somit muss der Begriff der privaten Einrichtung so verstanden werden, dass er auch Fallgestaltung umfassen kann, in denen der Staat letztendlich die Kosten trägt. Daher vermag das hieran anknüpfende Argument des Appellate Body nicht zu überzeugen.

Im Ergebnis sollte der Subventionsbegriff auf solche Arten der Zuwendungen beschränkt sein, bei denen öffentliche Mittel verbraucht werden.[975] Dies deckt sich zum einen mit dem Wortlaut des Art. 1.1 lit. a) (1) SCM, nach dem *financial contributions **by** a government* erfasst sind.[976] Zum anderen verhindert diese Sichtweise eine Ausdehnung der Regulierung von Subventionen durch das SCM auf Sachverhalte, die nach objektiven Maßstäben dem regulatorischen Bereich zuzuordnen sind. Es muss eine Trennlinie zwischen Leistungs- und Eingriffsverwaltung gezogen werden; dies kann mithilfe des Kostenkriteriums geschehen. Schließlich dient das Erfordernis einer finanziellen Beihilfe gerade dazu, dass nicht jede staatliche Maßnahme, durch die ein Vorteil entsteht, als Subvention zu qualifizieren ist.[977] In der garantierten Einspeisevergütung liegt ein regulatorischer Eingriff in den Strommarkt.[978] Damit ist abschließend geklärt, dass sie keine *finanzielle Beihilfe* i.S.d. Art. 1.1 lit. a) (1) SCM ist.

(2) Der unerforschte Begriff der Preisstützung

Doch steht damit noch nicht fest, dass die Qualifikation als Subvention tatsächlich ausscheidet. Denn alternativ zur *finanziellen Beihilfe* kann eine Subvention gem. Art. 1.1 lit. a) (2) SCM auch dann vorliegen, wenn „irgendeine Form der Einkommens- oder Preisstützung im Sinne des Artikels XVI des GATT 1994 besteht". Weiterführende Hinweise, was hierunter zu verstehen ist, enthalten weder das SCM noch das GATT. Auch war diese Vorschrift bislang nicht Objekt eines Streitbeilegungsverfahrens und hat im Schrifttum keine größere Aufmerksamkeit erlangt. Daher ist relativ unklar, wann eine *Einkommens- oder Preisstützung* i.S.d. Art. XVI GATT angenommen werden kann.[979] Von der gewöhnlichen Bedeutung des Wortes *Preisstützung* ausgehend erscheint es durchaus vorstellbar, dass ein System des Mindestpreises hierunter fällt.[980] Denn dieses hält den Preis künstlich auf einem Niveau, auf dem er unter ungestörten

974 *Nowak*, in: Hilf/Oeter, WTO-Recht, § 13, Rn. 3.

975 So auch *Grave*, Der Begriff der Subvention, S. 157; *Dröge u.a.*, WTR 3 (2004), 161 (181 f.); a.A. *Jackson*, The World Trading System, S. 295; *Pitschas*, in: Prieß/Berrisch, WTO-Handbuch, B.I.12., Rn. 66.

976 *Grave*, Der Begriff der Subvention, S. 157.

977 US – Export Restraints, Panel, para. 8.65; siehe bereits oben S. 106.

978 *Howse*, Climate Mitigation Subsidies, S. 12 f.; *ders.*, JEEPL 6 (2006), 500 (512 f.).

979 *Pitschas*, in: Prieß/Berrisch, WTO-Handbuch, B.I.12., Rn. 63.

980 *Bigdeli*, in: Cottier u.a. (Hrsg.), International Trade Regulation and the Mitigation of Climate Change, S. 155 (171).

Marktbedingungen nicht wäre. Der Verweis auf Art. XVI GATT bedeutet, dass die Preisstützung „mittelbar oder unmittelbar die Wirkung [haben muss], die Ausfuhr einer Ware aus ihrem Gebiet zu steigern oder die Einfuhr einer Ware in ihr Gebiet zu vermindern". Da aber jeder Anreiz zu erhöhter Produktion diesen Effekt hat, wenn nicht gleichzeitig Gegenmaßnahmen ergriffen werden, stellt dies keine echte Beschränkung des Tatbestands dar.

Dennoch lehnt *Howse* die Einordnung der Preisregulierung bei Energieversorgern bzw. netzgebundenen Versorgern allgemein ab. Er begründet dies damit, dass in einem von monopolartigen Strukturen geprägten Bereich die Preisregulierung der Durchsetzung öffentlicher Interessen wie etwa der allgemeinen Verfügbarkeit von Energie diene. In derartige staatliche Entscheidungen dürfe nicht über die Subventionsdisziplin eingegriffen werden.[981] Richtig daran ist, dass auch in der Bundesrepublik Deutschland trotz der grundsätzlich erfolgten Öffnung des Energiemarktes für den Wettbewerb rein tatsächlich weiterhin eine Beherrschung des Marktes durch wenige große Unternehmen in einem Quasi-Monopol vorliegt.[982] Doch übersieht *Howse*, dass Subventionen regelmäßig dem öffentlichen Interesse dienen. Dies führt generell nicht dazu, dass die Qualifikation als Subvention ausgeschlossen wäre. Insofern vermag dieses Argument nicht zu überzeugen.

Im Rahmen des Art. 1.1 lit. a) (2) SCM kommt es letztendlich wiederum entscheidend darauf an, ob man als konstitutives Element der Subvention das Anfallen staatlicher Kosten sieht. Wird dies verneint, so stellt die Einspeisevergütung zu einem garantierten Preis eine Subvention dar. Die *Einkommens- oder Preisstützung* ist ein Auffangtatbestand im Verhältnis zu den in Art. 1.1 lit. a) (1) SCM aufgezählten Formen der Leistung einer finanziellen Beihilfe. Daher ist es konsequent, wenn sie harmonisch und in systematischer Übereinstimmung mit diesen ausgelegt wird.[983] Mangels näherer Hinweise auf den Inhalt des Begriffs der *Preisstützung* im WTO-Recht kann auf die einzelnen Fälle der Subventionen zurückgegriffen werden, die in Art. 1.1 lit. a) (1) SCM ausdrücklich genannt sind, um vom Speziellen auf das Allgemeine zu schließen. Da in der vorliegenden Arbeit die Ansicht vertreten wird, dass eine *finanzielle Beihilfe* aus staatlichen Mitteln gewährt werden muss, gilt dies auch für die *Einkommens- oder Preisstützung*.[984] Somit stellt die Einspeisevergütung zu einem Mindestpreis mangels Kosten für den Staat weder eine *finanzielle Beihilfe* noch eine

981 *Howse*, Climate Mitigation Subsidies, S. 13, Fn. 6.

982 Vgl. hierzu „Kartellamt beißt sich am Strom Zähne aus", FAZ 14. Januar 2011.

983 *Grave*, Der Begriff der Subvention, S. 252; *Pitschas*, in: Prieß/Berrisch, WTO-Handbuch, B.I.12., Rn. 63.

984 So auch *Grave*, Der Begriff der Subvention, S. 252; *Dröge u.a.*, WTR 3 (2004), 161 (182); *Pitschas*, in: Prieß/Berrisch, WTO-Handbuch, B.I.12., Rn. 63; a.A. *Bigdeli*, in: Cottier u.a. (Hrsg.), International Trade Regulation and the Mitigation of Climate Change, S. 155 (171 f.), der auf die Entscheidungen des Appellate Body und des Panels in *Canada – Aircraft* verweist.

Preisstützung dar. Sie ist keine Subvention i.S.d. Art. 1.1 SCM. Derzeit ist allerdings ein Streitbeilegungsverfahren im Gange, das sich mit garantierten Mindestpreisen bei der Einspeisevergütung befasst. Am 13. September 2010 stellte Japan einen Antrag auf Konsultationen über derartige kanadische Maßnahmen.[985] Es sieht in der Zusicherung von bestimmten Preisen eine verbotene Importsubstitutions-Beihilfe i.S.d. Art. 3.1 lit. b) SCM, weil Voraussetzung für die Anspruchsberechtigung die Verwendung von in Ontario gefertigten Anlagen zur Generierung erneuerbarer Energie sei. Es bleibt abzuwarten, ob es in diesem Fall zur Bildung eines Panels kommen wird und wenn ja, ob dieses in den Mindestpreisen bei der Einspeisevergütung eine Subvention sehen wird.

bb) Ausgleich des *Vorteils* durch strenge Klimaschutz-Regelungen?

Der Löwenanteil der üblichen Klimaschutz-Zuwendungen beinhaltet eine *finanzielle Beihilfe* i.S.d. Art. 1.1 lit. a) (1) SCM. Dennoch können sie WTO-rechtlich nur dann als Subventionen qualifiziert werden, wenn dem Empfänger durch diese Beihilfe auch ein *Vorteil* gewährt wird. Auf den ersten Blick erscheint dies unproblematisch. Denn entscheidend ist, ob der Bedachte eine bessere Position erlangt, als er am Markt ohne staatlichen Eingriff hätte erreichen können.[986] Werden zinsfreie Darlehen für die Entwicklung von Solarpaneelen gewährt oder diese sogar mit einem Geldbetrag bezuschusst, so ist dies der Fall. Die Frage ist aber, ob in die Bewertung das sonstige regulatorische Umfeld mit einbezogen werden darf.[987] Anders ausgedrückt könnten die Kosten einer ambitionierten Klimapolitik mit den Zuwendungen gegengerechnet werden. Es würde dann kein Vorteil gewährt, wenn eine Subvention lediglich den Nachteil ausgleicht, der durch die strengen Klimaschutz-Regelungen entstanden ist. Denn letztendlich stünde der Empfänger der Zuwendung dann so wie ohne jeglichen staatlichen Eingriff. Im Falle der Förderung der Forschung im Bereich der erneuerbaren Energien ist diese Überlegung nicht relevant. Doch fließen Zahlungen an Unternehmen besonders energieintensiver Wirtschaftszweige, so ist diese Rechnung durchaus von Interesse.

---

985 Canada – Certain Measures Affecting the Renewable Energy Generation Sector, DS412.

986 *Bigdeli*, in: Cottier u.a. (Hrsg.), International Trade Regulation and the Mitigation of Climate Change, S. 155 (161).

987 *Green*, WTR 5 (2006), 377 (395 f.); *Bigdeli*, in: Cottier u.a. (Hrsg.), International Trade Regulation and the Mitigation of Climate Change, S. 155 (161); *Howse*, Climate Mitigation Subsidies, S. 13; *Hufbauer u.a.*, Global Warming and the World Trading System, S. 63.

(1) Vergleich mit den marktmäßigen Bestimmungen

Für die Auslegung des Begriffs Vorteil ist die Ansicht des Appellate Body in *Canada - Aircraft* äußerst aufschlussreich. Eine Passage aus diesem Bericht wurde bereits zitiert.[988] Dort hieß es, ein *Vorteil* könne nur dann bestehen, wenn die Beihilfe zu günstigeren Konditionen als den am Markt verfügbaren gewährt werde. Weiterhin führt der Appellate Body aus[989]:

> *„We also believe that the word 'benefit', as used in Article 1.1(b), implies some kind of* ***comparison****. This must be so, for there can be no ‚benefit' to the recipient unless the ‚financial contribution' makes the recipient ‚****better off****' than it would otherwise have been, absent that contribution. In our view,* ***the marketplace provides an appropriate basis for comparison*** *in determining whether a ‚benefit' has been ‚conferred', because the trade-distorting potential of a ‚financial contribution' can be identified by determining whether the recipient has received a ‚financial contribution' on terms more favourable than those available to the recipient in the market."*

Es ist folglich ein Vergleich mit den marktmäßigen Bestimmungen durchzuführen. Bezugspunkt hierfür ist nicht die Situation anderer Marktteilnehmer, sondern die Lage des Empfängers ohne die Subvention.[990] Durch die Determination dieses Vergleichsmaßstabs wird bereits deutlich, dass bei der Frage nach der Gewährung eines *Vorteils* kein Raum für die Berücksichtigung ordnungspolitischer Begleitumstände besteht. Denn unabhängig davon, ob die Klimapolitik eines Staates kostenintensive Standards und Maßnahmen vorschreibt oder nicht, wird der Empfänger eines Zuschusses oder zinsgünstigen Kredits durch diese Beihilfe gegenüber der andernfalls herrschenden Lage begünstigt.[991]

Selbst im Falle der Heranziehung anderer Marktteilnehmer als Vergleichsmaßstab stellt sich aber die Frage, inwiefern die Anforderungen der Klimaschutz-Regelungen bei der Bestimmung des *Vorteils* Berücksichtigung finden könnten. Zuwendungen, die staatlicherseits gewährt werden, um die finanzielle Belastung solcher Anforderungen aufzufangen, kommen regelmäßig den besonders energieintensiven Sektoren wie der Aluminium- oder Papierproduktion zugute. Wenn aber alle Produzenten in diesem Wirtschaftszweig von den strengen Klimaschutz-Vorschriften betroffen sind, dann gleicht die Subvention keinen Nachteil gegenüber anderen Marktteilnehmern aus. Denn alle Produzenten dieses Sektors wurden schon vorher gleich behandelt. Eine Benachteiligung bestand lediglich gegenüber anderen, weniger energieintensiven Wirtschaftszweigen. Diese können aber schlechterdings nicht als Vergleichsmaßstab herhalten,

---

988 Siehe oben S. 106 f.

989 Canada – Aircraft, AB, para. 157 (Hervorhebung vom Verfasser hinzugefügt).

990 *Bigdeli*, in: Cottier u.a. (Hrsg.), International Trade Regulation and the Mitigation of Climate Change, S. 155 (161).

991 *Bigdeli*, in: Cottier u.a. (Hrsg.), International Trade Regulation and the Mitigation of Climate Change, S. 155 (162).

weil es mangels Wettbewerb zwischen den produzierten Waren an der Relevanz fehlt. Folglich blieben als einziger Gegenpol, demgegenüber Nachteile durch strenge Klimavorschriften ausgeglichen werden könnten, ausländische Waren des gleichen Wirtschaftszweiges. Dass die Regelungslage im Ausland nicht als Vergleichsmaßstab im Rahmen des Art. 1.1 lit. a (1) ii) SCM dienen kann, wurde bereits für die Frage der Subventionierung durch laxe Klimapolitik eingehend erörtert.[992] Gleiches muss konsequenterweise auch für den Ausgleich eines Nachteils durch besonders ambitionierte Klimapolitik im Hinblick auf den *Vorteil* i.S.d. Art. 1.2 SCM gelten.

(2) Keine abweichende Bewertung bei einheitlicher Regelung von Regulierung und Ausgleich

Anders könnte die Bewertung nur ausfallen, wenn die Last einer Regulierung in ein und derselben Maßnahme durch einen *finanziellen Beitrag* ausgeglichen wird. Betrachtet man die gesamte Regelung als einheitliches Paket, so könnte man vertreten, dass insgesamt gesehen kein Vorteil gewährt wurde.[993] Erscheint diese Argumentation auch zunächst nachvollziehbar, so sprechen doch die überzeugenderen Argumente dafür, dass die regulatorischen Rahmenbedingungen nie gegen einen *finanziellen Beitrag* aufgerechnet werden können, insbesondere im Bereich der Klima- bzw. Umweltvorschriften. Der Grund hierfür liegt in der Regelung des Art. 8.2 lit. c) SCM. Zwar ist diese nicht mehr in Kraft, so dass ihr nicht dieselbe Wirkung wie einer aktuellen Vorschrift zugesprochen werden darf. Doch bleibt sie als systematischer Kontext für die Auslegung anderer Normen relevant. Denn sie erlaubt Rückschlüsse auf den historischen Willen der Mitgliedstaaten bei Abschluss des Abkommens. Art. 8.2 SCM lautet in den hier relevanten Teilen:

> „Ungeachtet der Bestimmungen der Teile III und V sind folgende Subventionen nicht anfechtbar:
> […]
> b) Beihilfen zur Förderung der Anpassung bestehender Einrichtungen an neue Umweltvorschriften, die durch Gesetz und/oder Verordnungen erlassen werden und größere Auflagen und finanzielle Belastungen für die Unternehmen zur Folge haben […].“

Diese Vorschrift regelt genau den vorliegend diskutierten Fall, dass eine Subvention geleistet wird, um die finanzielle Belastung für Unternehmen durch neu erlassene Klimavorschriften auszugleichen. Dabei wird diese Art der Beihilfe für nicht anfechtbar erklärt. Wären die Mitgliedstaaten davon ausgegangen, dass

992 Siehe oben S. 106 f.

993 *Bigdeli*, in: Cottier u.a. (Hrsg.), International Trade Regulation and the Mitigation of Climate Change, S. 155 (162 f.).

derartige Zuwendungen schon keinen *Vorteil* gewähren und somit keine Subvention darstellen, so wäre diese Vorschrift überflüssig gewesen. Denn eine Zahlung, die keine Subvention ist, kann ohnehin nicht im Rahmen des SCM angefochten werden. Somit wird deutlich, dass in dieser Konstellation sehr wohl ein *Vorteil* besteht und es sich folglich um eine Subvention handelt. Allein dadurch, dass die Gültigkeit der „grünen Kategorie“ ausgelaufen ist, hat sich nichts an dem 1995 normierten Subventionsbegriff geändert. Daher würde es der Systematik des SCM widersprechen, wenn die dargestellten *finanziellen Beihilfen* keine Subventionen wären.[994]

Im Ergebnis sprechen eine konsequente Auslegung und die Systematik des SCM dafür, die erhöhten Kosten für die Umstellung auf erneuerbare Energien oder emissionsärmere Produktionsmethoden bei der Beurteilung des Vorliegens eines *Vorteils* unberücksichtigt zu lassen.[995] Damit bleibt die Feststellung, dass bis auf die Garantie der Einspeisevergütung die hier vorgestellten Formen der Klimabeihilfen Subventionen i.S.d. Art. 1 SCM sind.[996] Daher fallen sie unter die Disziplin dieses Abkommens und können gegebenenfalls unilateral oder multilateral angegriffen werden.

b) Das weite Verständnis der Spezifität

Es steht also fest, dass ein ganz erheblicher Teil der denkbaren Klimasubventionen unter den Subventionsbegriff des Art. 1 SCM fällt. Doch ist Konsequenz hieraus zunächst nur, dass das Regime des SCM anwendbar ist. Hingegen bedeutet dies für sich genommen nicht, dass das WTO-Recht ein Hindernis für solche Subventionen darstellt. Denn das SCM und die Artt. VI und XVI GATT regulieren lediglich die staatlichen Beihilfen, sie verbieten sie aber nicht.[997] Grundlegende Voraussetzung für die Möglichkeit eines Vorgehens gegen Subventionen ist ihre Spezifität gem. Art. 2 SCM. Eine Subvention kann spezifisch für ein Unternehmen, einen Wirtschaftszweig oder eine Gruppe von Unternehmen oder Wirtschaftszweigen sein (vgl. Art. 2.1 SCM). Das Erfordernis der Spezifität stammt aus dem US-amerikanischen Recht der Ausgleichszölle.[998] Der dem zugrunde liegende Gedanke ist, dass Subventionen, die allgemein ver-

994 *Bigdeli*, in: Cottier u.a. (Hrsg.), International Trade Regulation and the Mitigation of Climate Change, S. 155 (163); *Hufbauer u.a.*, Global Warming and the World Trading System, S. 64.

995 Zustimmend *Green*, WTR 5 (2006), 377 (405).

996 So auch *Green*, WTR 5 (2006), 377 (395).

997 Siehe bereits oben S. 106.

998 *Jackson*, The World Trading System, S. 296.

fügbar sind, den internationalen Handel wenig oder gar nicht verzerren.[999] Außerdem erlaubt es diese zusätzliche Voraussetzung, allgemeine Aktivitäten des Staates, die anerkanntermaßen legitim sind, aus dem Bereich der angreifbaren Subventionen zu eliminieren.[1000]

aa) Verbotene Klimasubventionen in Form der Importsubstitutions-Beihilfen

Bei Exportsubventionen und Importsubstitutions-Beihilfen wird die Spezifität gem. Art. 2.3 SCM unwiderleglich vermutet. Allerdings ist kein Grund ersichtlich, warum eine Subvention zu Klimaschutzzwecken von der Ausfuhrleistung abhängig, also eine Ausfuhrsubvention sein sollte.[1001] Es sind jedoch derzeit zwei Fälle der Streitbeilegung im Klimaschutzbereich anhängig, bei denen der jeweilige Beschwerdeführer seinen Antrag auf Konsultationen darauf stützt, dass es sich um Importsubstitutions-Beihilfen handele. Dies betrifft einerseits die bereits beschriebene kanadische Einspeisevergütung („*FIT-Program*")[1002] und andererseits die chinesische Gewährung von Kapital und Darlehen an Unternehmen, die Windkraft-Anlagen herstellen.[1003] In beiden Fällen wurde vorgebracht, die Zuwendungen seien abhängig davon, dass einheimische Waren Vorrang vor eingeführten Waren erhalten. Zwar bleibt abzuwarten, ob diese Beschwerden zutreffend sind, da beide Verfahren sich noch auf der Ebene der Konsultationen befinden. Doch kann schon jetzt festgestellt werden, dass ein Verbot derartiger Subventionen nicht im Konflikt mit dem Klimaschutz stehen würde, da die Verwendung einheimischer Waren in keiner Verbindung mit der Mitigation des Klimawandels steht.[1004] Jedenfalls wären diese Subventionen gem. Art. 2.3 SCM als verbotene Subventionen spezifisch und könnten ohne weitere Voraussetzung im Track II-Verfahren angegriffen werden, was die Pflicht zur Rücknahme der Subventionen gem. Art. 4.7 SCM zur Folge hätte. Um im Track I-Verfahren Ausgleichszölle verhängen zu können, ist gem. Art. 11.2 SCM zusätzlich der Nachweis einer Schädigung eines inländischen Wirtschaftszweigs und der Kausalität der Subvention für diese Schädigung erforderlich.

---

999 *Bigdeli*, in: Cottier u.a. (Hrsg.), International Trade Regulation and the Mitigation of Climate Change, S. 155 (179); *Jackson*, The World Trading System, S. 296 f.; *Nowak*, in: Hilf/Oeter, WTO-Recht, § 13, Rn. 11; *Pitschas*, in: Prieß/Berrisch, WTO-Handbuch, B.I.12., Rn. 26; vgl. auch US – Lumber IV, Panel, para. 7.116.

1000 *Jackson*, The World Trading System, S. 296 f.; *Nowak*, in: Hilf/Oeter, WTO-Recht, § 13, Rn. 11.

1001 *Green*, WTR 5 (2006), 377 (409).

1002 Canada – Certain Measures Affecting the Renewable Energy Generation Sector, DS412; siehe oben S. 106.

1003 China – Measures Concerning Wind Power Equipment, DS419; die USA beantragten am 22. Dezember 2010 Konsultationen.

1004 Vgl. *Green*, WTR 5 (2006), 377 (398).

Tatsächlich könnte es aber Klimasubventionen geben, die legitimerweise davon abhängig sind, dass einheimische Waren Vorrang vor eingeführten Waren erhalten.[1005] Dies hängt damit zusammen, dass der Appellate Body auch *de facto* Importsubstitutions-Beihilfen als einen Fall des Art. 3.1 lit. b) SCM betrachtet[1006], obwohl diese Norm, anders als Art. 3.1 lit. a) SCM, nicht ausdrücklich die gesetzliche und tatsächliche Abhängigkeit vom Vorrang einheimischer Waren nennt. Nun ist es gut vorstellbar, dass eine Subvention, die z.B. von der Verwendung erneuerbarer Energien abhängt, *de facto* dazu führt, dass in der Hauptsache Beihilfen an Unternehmen geleistet werden, die inländische erneuerbare Energie nutzen. Grund hierfür könnte sein, dass das Inland führender Erzeuger solcher Energieformen ist. Dann wäre eine Importsubstitutions-Beihilfe anzunehmen, die dennoch durch Klimaschutzziele motiviert ist. Diese Motivation ist aber in der Bewertung der Subvention nicht zu berücksichtigen; das SCM allgemein und Art. 3 SCM im Speziellen bieten hierfür keine Möglichkeit. Daher handelt es sich auch in diesem Fall um eine verbotene Subvention, die spezifisch ist.

bb) Die Spezifität „echter" Klimasubventionen

Da die *de jure*-Abhängigkeit von Subventionen von der bevorzugten Verwendung einheimischer Waren nicht dem Ziel des Klimaschutzes dient, liegt die Vermutung nahe, dass bei derartigen Beihilfen die Bekämpfung des Klimawandels nur vorgeschoben oder zumindest nur ein Teilaspekt der Motivation für die Gewährung ist. Subventionen, die ausschließlich Klimaschutz-Ziele verfolgen, sind weder Export- noch *de jure*-Importsubstitutions-Subventionen. Daher greift bei ihnen die unwiderlegliche Vermutung der Spezifität gem. Art. 2.3 SCM nicht; die Spezifität muss positiv festgestellt werden. Wann diese allerdings gegeben ist, unterliegt einiger Unsicherheit.[1007] Festgehalten werden kann aber, dass in der WTO bisher in jedem Fall der Streitbeilegung Spezifität angenommen wurde.[1008]

Art. 2.1 SCM legt die Grundsätze nieder, nach denen die Spezifität bestimmt wird. Demnach handelt es sich um eine spezifische Subvention, wenn der Zugang zu ihr ausdrücklich auf bestimmte Unternehmen beschränkt ist (Art. 2.1 lit. a) SCM). Diese Variante beschreibt die *de jure*-Spezifität,[1009] bei der eine Berechtigung schon nach der gesetzlichen oder verwaltungstechnischen Grundlage

1005 *Green*, WTR 5 (2006), 377 (397).

1006 Canada – Automotive Industry, AB, para. 143; zustimmend *Pitschas*, in: Prieß/Berrisch, WTO-Handbuch, B.I.12., Rn. 88.

1007 US – Cotton, Panel, para. 7.1139; *Bigdeli*, in: Cottier u.a. (Hrsg.), International Trade Regulation and the Mitigation of Climate Change, S. 155 (179).

1008 *Bigdeli*, in: Cottier u.a. (Hrsg.), International Trade Regulation and the Mitigation of Climate Change, S. 155 (179).

1009 *Nowak*, in: Hilf/Oeter, WTO-Recht, § 13, Rn. 12.

nur für ausgewählte Empfänger besteht. Spezifität ist hingegen nicht gegeben, wenn ein automatischer Anspruch auf die Subvention in Abhängigkeit von objektiven Kriterien besteht (Art. 2.1 lit. b) SCM). Laut Fußnote 2[1010] sind objektive Bedingungen solche, die neutral sind, die nicht bestimmte Unternehmen bevorzugen, die wirtschaftlicher Art sind und horizontal angewendet werden. Art. 2.1 lit. c) SCM normiert zusätzlich ausdrücklich die *de facto*-Spezifität. Von dieser ist auszugehen, wenn ein Subventionsprogramm ausschließlich oder vorwiegend durch eine begrenzte Anzahl bestimmter Unternehmen in Anspruch genommen wird oder wenn besonders hohe Subventionssummen an bestimmte Unternehmen geleistet werden.

(1) *De jure*-Spezifität im Bereich der erneuerbaren Energien

Im Hinblick auf staatliche Beihilfen zur Förderung der Forschung und Entwicklung im Bereich der erneuerbaren Energien besteht eine *de jure*-Spezifität, wenn die Generierung von erneuerbarer Energie ein eigener Wirtschaftszweig ist. Denn dann wäre der Zugang zur Subvention auf einen Wirtschaftszweig beschränkt. Das SCM bestimmt allerdings nicht näher, wie viele Unternehmen eine „Gruppe" ausmachen und was unter einem „Wirtschaftszweig" zu verstehen ist.[1011] So stellt sich die Frage, ob der Sektor der Generierung erneuerbarer Energien ein Wirtschaftszweig ist oder ob dieser Begriff enger verstanden werden muss. So könnten z.B. Wind- und Solarkraft jeweils eigene Wirtschaftszweige darstellen. Ebenso wäre es vorstellbar, dass der gesamte Energiesektor als ein Wirtschaftszweig zu sehen ist. Dies ist ganz entscheidend. Denn je größer die Einheit ist, die noch als Wirtschaftszweig bezeichnet werden kann, desto mehr Subventionen werden spezifisch sein. Hält z.B. ein Mitgliedstaat Beihilfen für den gesamten Energiesektor bereit und wird jede einzelne Form der Energiegewinnung als eigener Wirtschaftszweig betrachtet, so wäre diese Subvention nicht spezifisch, es sei denn, es handelt sich um eine Gruppe von Wirtschaftszweigen. Stellt jedoch die Energieerzeugung in ihrer Gesamtheit einen Wirtschaftszweig dar, so liegt unzweifelhaft Spezifität vor.

Viel spricht dafür, dass die Branche der erneuerbaren Energien ein eigener Wirtschaftszweig ist.[1012] Denn in der bisherigen Streitbeilegungspraxis wurden selbst große Industriezweige wie die Stahlproduktion als ein Wirtschaftszweig i.S.d. Art. 2.1. SCM angesehen.[1013] In *US – Cotton* bemerkt das Panel, dass das SCM auf alle Waren anwendbar ist. Das Konzept der Spezifität müsse im Hin-

1010 „Objective criteria or conditions, as used herein, mean criteria or conditions which are neutral, which do not favour certain enterprises over others, and which are economic in nature and horizontal in application, such as number of employees or size of enterprise."

1011 US – Lumber IV, Panel, para. 7.119; US – Cotton, Panel, para. 7.1141.

1012 So auch *Dröge u.a.*, WTR 3 (2004), 161 (181).

1013 US – Lumber IV, Panel, para. 7.120; vgl. auch US – Cotton, Panel, para. 7.1150.

blick auf den gesamten Kontext des Abkommens betrachtet werden.[1014] Hieraus kann gefolgert werden, dass eine Subvention schon dann spezifisch ist, wenn sie nicht für die Gesamtheit der Produkte in einem Mitgliedstaat verfügbar ist.[1015] Demnach wäre es sogar erwägenswert, den Strom- oder Energiesektor als Wirtschaftszweig zu betrachten. Das Gleiche muss dann umso mehr für die Branche der erneuerbaren Energien gelten. Diese Sichtweise ist durchaus kritikwürdig. Denn es stellt sich die Frage, ob bei einer für einen ganzen Industriezweig verfügbaren Subvention nicht schon davon ausgegangen werden kann, dass aufgrund der weitgehenden Verfügbarkeit keine Verzerrung des Marktes entsteht. Ebendies soll das Merkmal der Spezifität sicherstellen. Selbst wenn man diese Ansicht vertritt, lässt sich aber noch argumentieren, dass die Branche der erneuerbaren Energien nur einen Unterbereich der Energieerzeugung ausmacht.[1016] So gesehen handelt es sich gerade nicht um einen eigenen Industriezweig. Aus teleologischer Sicht kann für diese Auffassung angeführt werden, dass Subventionen für erneuerbare Energien einen Vorteil gegenüber anderen Formen der Energiegewinnung generieren und daher die Verhältnisse am Markt beeinflussen. Es ist ja gerade Ziel dieser Beihilfen, den Marktanteil von erneuerbaren Energien am Strommarkt zu erhöhen. Somit spricht nicht nur die reine Begrifflichkeit „Wirtschaftszweig“ für die Bejahung der Spezifität, sondern auch ein teleologisches Argument. Subventionen, die den Erzeugern von erneuerbarer Energie gewährt werden, sind daher spezifisch.[1017]

(2) *De facto*-Spezifität anderer Klimasubventionen

Weniger eindeutig lässt sich die Frage nach der Spezifität im Hinblick auf solche staatlichen Beihilfen beantworten, die allgemein die Reduzierung des Treibhausgas-Ausstoßes oder die Verwendung erneuerbarer Energie honorieren. Diese können so gestaltet sein, dass sie für das gesamte produzierende Gewerbe verfügbar sind. Schließlich besteht unabhängig von der Art und Größe des Unternehmens immer ein öffentliches Interesse daran, CO_2-Emissionen zu verringern. Bei einer solchen Gestaltung wäre die Annahme von *de jure*-Spezifität ausgeschlossen. Es ist jedoch zu bedenken, dass derartige Subventionen zu einem überproportional großen Teil den sog. „*heavy emitters*“[1018] zugutekommen, den energieintensiven Unternehmen mit besonders hohem Treibhausgas-Ausstoß. Hierunter fallen die bereits häufiger genannten Papier-, Aluminium-

1014 US – Cotton, Panel, para. 7.1144.

1015 Vgl. *Bigdeli*, in: Cottier u.a. (Hrsg.), International Trade Regulation and the Mitigation of Climate Change, S. 155 (180).

1016 So auch *Green*, WTR 5 (2006), 377 (410); *Bigdeli*, in: Cottier u.a. (Hrsg.), International Trade Regulation and the Mitigation of Climate Change, S. 155 (181).

1017 *Bigdeli*, in: Cottier u.a. (Hrsg.), International Trade Regulation and the Mitigation of Climate Change, S. 155 (181).

1018 Vgl. zu diesem Begriff *Green*, WTR 5 (2006), 377 (381).

und Stahlproduktionen. Nach dieser Feststellung sind die Subventionen *de facto* spezifisch i.S.d. Art. 2.1 lit. c) SCM. Denn sie werden vorwiegend von bestimmten Unternehmen in Anspruch genommen, und zwar mit besonders hohen Beträgen.[1019]

Gegen die Bejahung der *de facto*-Spezifität könnte nur der vierte in Art. 2.1 lit. c) SCM genannte Faktor für die Beurteilung der Spezifität, nämlich „die Art und Weise, in der die gewährende Behörde bei der Entscheidung über die Gewährung [...] von ihrem Ermessen Gebrauch gemacht hat", sprechen. Denn bei einer Beihilfe, die allein in Abhängigkeit von der Reduktion der CO_2-Emissionen bewilligt wird, hat die Behörde kein Ermessen. Fraglich ist demnach, ob die Annahme der *de facto*-Spezifität zwingend voraussetzt, dass ein Ermessensspielraum besteht. Doch heißt es in Art. 2.1 lit. c) SCM lediglich, dass andere Faktoren in Betracht gezogen werden *können*, wenn ungeachtet des Anscheins der Nichtspezifität Gründe zu der Annahme bestehen, dass es sich in Wirklichkeit um eine spezifische Subvention handelt. Dies entspricht auch den authentischen Versionen, die das Verb *„may"* bzw. *„pouvoir"* verwenden. Daraus folgt, dass kein Zwang zur Heranziehung aller vier in Art. 2.1 lit. c) SCM aufgeführten Kriterien besteht; es können auch nur einige von ihnen verwendet werden.[1020] Überdies ist diese Ansicht zwingend, weil es ausgeschlossen ist, dass alle vier Kriterien gleichzeitig erfüllt sind. Denn es kann nicht gleichzeitig eine begrenzte Anzahl bestimmter Unternehmen das Subventionsprogramm in Anspruch nehmen (1. Faktor) und eine vorwiegende Inanspruchnahme durch bestimmte Unternehmen (2. Faktor) vorliegen. Vielmehr ist der zweite Fall als abgeschwächte Modalität des Ersten zu verstehen. Im vorliegenden Fall der *„heavy emitters"* sprechen immerhin zwei der vier Kriterien, nämlich die vorwiegende Inanspruchnahme durch bestimmte Unternehmen und die Gewährung unverhältnismäßig hoher Subventionsbeträge an bestimmte Unternehmen, deutlich dafür, dass die Klimasubventionen spezifisch sind.

Hinzu kommt, dass es vom Gesetzgeber im Regelfall durchaus gewollt ist, besonders die energieintensiven Unternehmen zu subventionieren, da diese einerseits das größte Reduktionspotenzial bei CO_2-Emissionen aufweisen und andererseits finanziell am stärksten durch strenge Klimaschutzvorschriften belastet werden. Denn neben der reinen Förderung von energiesparenden Technologien und der Verwendung erneuerbarer Energien dienen staatliche Beihilfen im Bereich der Klimapolitik gleichzeitig als Maßnahme des *level the playing field*.[1021] Besteht demnach sogar ein Wille des Regelungskörpers, bestimmte Unternehmen mehr als andere zu fördern, so ist dies ein starkes Argument für die Spezifität der Subvention. Zwar ist die vorsätzliche Beschränkung auf einen Wirt-

---

1019 *Green*, WTR 5 (2006), 377 (400); *Howse*, Climate Mitigation Subsidies, S. 16.

1020 US – Lumber IV, Panel, para. 7.123.

1021 *Bigdeli*, in: Cottier u.a. (Hrsg.), International Trade Regulation and the Mitigation of Climate Change, S. 155 (155 f.).

schaftszweig kein notwendiges Merkmal einer spezifischen Subvention.[1022] Ist sie aber gegeben, so spricht dies eindeutig für eine *de facto*-Spezifität.

Insgesamt wird das Kriterium der Spezifität folglich beim ganz überwiegenden Teil der Klimasubventionen erfüllt sein.[1023] In der Folge sind sie grundsätzlich der Qualifikation als anfechtbare Subventionen zugänglich.

c) Nachteilige Auswirkungen von Klimasubventionen: Eine Frage der Kausalität

Entsprechend dem Gedanken, dass das WTO-Recht Subventionen nicht verbietet, sondern nur reguliert, sind auch spezifische Subventionen nicht gemeinhin anfechtbar. Zwar wird diesen das Potenzial zugesprochen, eine verzerrende Wirkung auf dem Weltmarkt zu entfalten. Doch können Mitgliedstaaten erst dann gegen sie vorgehen, wenn sie eine nachteilige Auswirkung i.S.d. Art. 5 SCM auf die Interessen anderer Mitglieder verursachen.

aa) Arten der nachteiligen Auswirkung

Art. 5 SCM sieht drei Fälle der nachteiligen Auswirkung vor:

> „a) eine Schädigung des inländischen Wirtschaftszweigs eines anderen Mitglieds;
> b) eine Zunichtemachung oder Schmälerung der einem anderen Mitglied mittelbar oder unmittelbar aus dem GATT 1994 erwachsenden Vorteile, insbesondere der Vorteile aus den gemäß Artikel II des GATT 1994 gebundenen Zugeständnissen;
> c) eine ernsthafte Schädigung der Interessen eines Mitglieds."

Von diesen drei Konstellationen berechtigt nur die erste, also die Schädigung (*injury*) eines inländischen Wirtschaftszweigs dazu, unilateral Ausgleichszölle zu erheben. In den Fällen der Buchstaben b) und c) muss zwingend das multilaterale Track II-Verfahren beschritten werden. Dies ist in sich logisch, denn die Verhängung von Ausgleichszöllen ist nur dann sinnvoll, wenn ein Nachteil ausgeglichen werden soll, der im verhängenden Staat durch die Einfuhr der subventionierten Waren entsteht. Art. 5 lit. c) SCM erfasst aber auch Nachteile auf anderen als den heimischen Märkten.

Den Begriff der ernsthaften Schädigung (*serious prejudice*) definiert Art. 6 SCM näher. Dabei ist zu beachten, dass Art. 6.1 SCM die sog. „dunkelgelbe" Kategorie[1024] enthielt, durch die eine Beweislastumkehr im Hinblick auf die Schädigung eintrat; diese Vorschrift ist wie die Normierung der unanfechtbaren Subventionen seit dem 31. Dezember 1999 außer Kraft. Daher steht nun-

---

1022 US – Lumber IV, Panel, para. 7.116.

1023 Zustimmend Green, WTR 5 (2006), 377 (400); *Bigdeli*, in: Cottier u.a. (Hrsg.), International Trade Regulation and the Mitigation of Climate Change, S. 155 (180 f.); *Zhang/Assunção*, The World Economy 27 (2004), 359 (362 f.).

1024 *Nowak*, in: Hilf/Oeter, WTO-Recht, § 13, Rn. 16.

mehr Art. 6.3 SCM im Fokus[1025], der Auswirkungen aufzählt, die zur Annahme einer ernsthaften Schädigung führen können. Dies sind:

> „a) Die Subvention wirkt sich in einer Verdrängung oder Verhinderung von Einfuhren einer gleichartigen Ware eines anderen Mitglieds auf den Markt des subventionierenden Mitglieds aus;
> b) die Subvention wirkt sich in einer Verdrängung oder Verhinderung von Ausfuhren einer gleichartigen Ware eines anderen Mitglieds nach einem Drittlandmarkt aus;
> c) die Subvention wirkt sich in einer bedeutenden Preisunterbietung durch die subventionierte Ware im Vergleich zum Preis einer gleichartigen Ware eines anderen Mitglieds auf demselben Markt oder in erheblichem Preisdruck, Preisrückgang oder Absatzverlust auf demselben Markt aus;
> d) die Subvention wirkt sich in einer Zunahme des Weltmarktanteils des subventionierenden Mitglieds bei einem bestimmten subventionierten Grundstoff oder einer subventionierten Ware im Vergleich zu ihrem durchschnittlichen Anteil während des vorangegangenen Dreijahreszeitraums aus, wobei diese Zunahme einem Trend entspricht, der über den Zeitraum, in dem Subventionen gewährt wurden, angehalten hat.“

Ob eine Klimasubvention diese Auswirkungen hat, kann nicht allgemein, sondern nur von Fall zu Fall beurteilt werden. Grundsätzlich ist dies jedenfalls möglich.

bb) Gleichartigkeit von „fossilem“ und „erneuerbarem“ Strom

Interessant für die Frage des *serious prejudice* ist vor allem für den Bereich der Subventionierung erneuerbarer Energien der Begriff der gleichartigen Ware. Wenn Strom, der aus fossilen Energieträgern gewonnen wurde, gleichartig mit Strom aus Wind-, Solar- oder Wasserkraft ist, so ist die Wahrscheinlichkeit groß, dass eine Subvention, die Letzteren fördert, zu einer der genannten Auswirkungen führen wird. Denn Vergleichsmaßstab ist dann auch der konventionelle Strom. Ist als gleichartige Ware aber ausschließlich erneuerbare Energie aus anderen Mitgliedstaaten anzusehen, so verringert sich diese Wahrscheinlichkeit zumindest. Fußnote 46 SCM definiert für dieses Abkommen, wie der Begriff des gleichartigen Produkts auszulegen ist:

> *“Throughout this Agreement the term ‚like product' (‚produit similaire') shall be interpreted to mean a product which is identical, i.e. alike in all respect to the product under consideration, or in the absence of such a product, another product which, although not alike in all respects, has characteristcs closely resembling those of the product under consideration.”*

Dies deutet zunächst auf eine gewisse Fixierung auf die physischen Eigenschaften einer Ware hin, wenn es um die Bestimmung der Gleichartigkeit geht[1026].

1025 *Pitschas*, in: Prieß/Berrisch, WTO-Handbuch, B.I.12., Rn. 97.
1026 Vgl. Indonesia – Autos, Panel, para. 14.173.

Bei Strom aus unterschiedlichen Quellen stünde damit die Produktgleichheit fest. Denn das Endprodukt unterscheidet sich in keiner Weise in Abhängigkeit von seiner Generierung. Es handelt sich um eine Frage von PPM, bei der auch im vorliegenden Kontext des SCM nur das Abstellen auf die Verbrauchergewohnheiten einen Anknüpfungspunkt zur Verneinung der Produktgleichheit böte[1027]. Der Wortlaut von Fußnote 46 SCM zwingt jedoch nicht dazu, nur physische Charakteristika zu berücksichtigen. Es kann im Wege der harmonischen Auslegung auf die Analyse des gleichlautenden Begriffs in anderen Abkommen des WTO-Rechts zurückgegriffen werden.[1028] Daher ist es nicht von vorneherein ausgeschlossen, dass das Klimabewusstsein der Verbraucher zur Ungleichartigkeit der verschiedenen Stromarten führt. Geht man von den Werbeprospekten der Stromanbieter aus, so drängt sich der Gedanke auf, dass zumindest in Deutschland die Kunden einen ausreichend gravierenden Unterschied zwischen „Öko-" und traditionellem Strom sehen, um die Produktgleichheit zu verneinen.[1029] Doch darf nicht aus dem Blick verloren werden, dass die Bestimmung der Gleichartigkeit dazu dient, festzustellen, ob ein Wettbewerbsverhältnis besteht. Unter diesem Gesichtspunkt muss die Produktgleichheit zwischen Strom aus erneuerbaren und fossilen Energieträgern unbedingt bejaht werden. Hierfür sprechen gleich mehrere Argumente. Erstens sollen die Subventionen ausdrücklich dazu dienen, den Anteil erneuerbarer Energien am Strommarkt zu erhöhen. Ausgesprochenes Ziel ist es also, andere Energiequellen zu verdrängen. Dann muss ein Wettbewerbsverhältnis bestehen. Zweitens ist die Frage nach der Gleichartigkeit im Rahmen der nachteiligen Auswirkungen angesiedelt. Wenn derartige Auswirkungen vorhanden sind, dann zeigt das, dass die Verbraucher die eine Stromart durch die andere substituieren. Auch dies zeugt von einem Wettbewerbsverhältnis. Demnach sind Strom aus erneuerbaren Energien und Strom aus fossilen Energieträgern gleichartig.

Es sei darauf hingewiesen, dass diese Überlegungen nicht nur im Hinblick auf die ernsthafte Schädigung i.S.d. Artt. 5 lit. c), 6 SCM, sondern auch bezüglich der Schädigung gem. Art. 5 lit. a) SCM Gültigkeit haben. Zwar beschränkt sich Letztere nicht ausdrücklich auf inländische Wirtschaftszweige gleichartiger Waren. Doch ist der Begriff „Schädigung" gem. Fußnote 45 SCM nach den Bestimmungen des Art. 15 SCM, der Regelungen über die Feststellung der Schädigung enthält, auszulegen. Art. 15.1 SCM wiederum nennt ausdrücklich die „Auswirkungen auf die Preise *gleichartiger* Waren auf dem Inlandsmarkt" und „die Folgen [...] für die inländischen Hersteller dieser Waren." Folglich besteht

1027 Siehe zu diesem Befund bereits oben S. 45 und 106.

1028 Indonesia – Autos, Panel, para. 14.174.

1029 Vgl. nur die Urteile des LG Hamburg zur Irreführung der Verbraucher durch Werbung damit, dass „Ökostrom" geliefert wird: Urteile vom 28. Januar 2000, Az.: 406 O 198/99, und vom 25. Januar 2002, Az.: 406 O 183/01.

die Schädigung eines inländischen Wirtschaftszweigs nur dann, wenn in diesem gleichartige wie die subventionierten Waren hergestellt werden.

cc) Die nachlässige Überprüfung der Ursächlichkeit in der Streitbeilegungspraxis

Ebenso wenig wie die Frage nach den nachteiligen Auswirkungen kann abstrakt beantwortet werden, ob zwischen Klimasubventionen und diesen negativen Effekten ein kausaler Zusammenhang besteht.[1030] Dies muss im Einzelfall beurteilt werden. Dass ein Kausalitätserfordernis besteht, ergibt sich schon aus dem Wortlaut des Art. 5 SCM.[1031] Denn dieser benutzt in der englischen Fassung die Wörter „*cause*" und „*effects*", beides Begriffe die nur im Falle der Ursächlichkeit verwendet werden können. Zudem ist es zwingend, dass Gegenmaßnahmen nur ergriffen werden können, wenn Subventionen die Ursache für negative Folgen sind. Andernfalls würden diese Maßnahmen gar keine Abhilfe schaffen, denn der eigentliche Grund für die nachteiligen Auswirkungen bliebe bestehen.

Kann auch allgemein zur Kausalität zwischen Klimasubvention und nachteiliger Auswirkung keine Aussage getroffen werden, so gilt es doch, eine Besonderheit bei solchen Beihilfen zu beachten, die gerade für energieintensive Industrien die Kosten der Klimaschutz-Regelungen kompensieren sollen. Es kann hier ein Gedanke wiederaufgegriffen werden, der bei der Prüfung des Vorteils i.S.d. Art. 1.2 SCM abgelehnt wurde[1032]: Wird eine Subvention nur in der Höhe gewährt, die der Belastung durch die ordnungspolitischen Klimavorschriften entspricht, so führt sie lediglich dazu, dass gleiche Wettbewerbsbedingungen im Verhältnis zu Waren bestehen, deren Herstellung keinem strengen Klimakonzept unterliegt. Erfolgt demnach nur ein Ausgleich, nicht aber eine Besserstellung, so ist es schwerlich vorstellbar, dass dies zu einer Schädigung führen soll. Problematisch ist bei dieser Argumentation jedoch, dass sie für die Frage der nachteiligen Auswirkungen auf einen Zeitpunkt abstellt, der sowohl vor der ordnungspolitischen Regelung als auch der Bewilligung der Subvention lag. Kommt es hingegen auf den Zeitpunkt dazwischen an, so wäre ein negativer Effekt durchaus denkbar. Demnach ist diese Argumentation nur in solche Konstellationen stichhaltig, in denen sowohl die belastende Regelung als auch die Bewilligungsgrundlage der Subvention als einheitliches Paket erlassen wurden. Diese Verteidigung gegen die Annahme der Kausalität betrifft daher nur einen geringen Teil der Klimasubventionen.

Nach der bisherigen Streitbeilegungspraxis ist davon auszugehen, dass die Ursächlichkeit der Klimasubventionen für nachteilige Auswirkungen zumeist

---

1030 *Bigdeli*, in: Cottier u.a. (Hrsg.), International Trade Regulation and the Mitigation of Climate Change, S. 155 (184).

1031 *Pitschas*, in: Prieß/Berrisch, WTO-Handbuch, B.I.12., Rn. 64.

1032 Siehe dazu oben S. 106 ff.

angenommen werden muss. Zwar betont der Appellate Body in *US – Cotton*, dass eine reine Korrelation nicht ausreicht[1033]:

> *„mere correlation between payment of subsidies and significantly suppressed prices would be insufficient, without more, to prove that the effect of the subsidies is significant price suppression."*

Gleichzeitig sieht er aber über einige Ungenauigkeiten in der Prüfung der Kausalität durch das Panel in diesem Fall hinweg. Obwohl er selber anmerkt, dass einige der Zusammenhänge detaillierter hätten ausgeführt werden können, stellt dies für ihn keinen Rechtsfehler dar.[1034] Insgesamt herrscht der Eindruck vor, dass der Appellate Body die Anforderungen an den Kausalitätsnachweis nicht zu hoch ansetzen möchte.[1035] Dies ist aufgrund der Komplexität der wirtschaftlichen Zusammenhänge nachvollziehbar. Schließlich soll die Beweislast in dieser Hinsicht nicht dazu führen, dass das SCM seiner Aufgabe der Regulierung von Subventionen nicht mehr nachkommen kann. Gleichzeitig hat dieser Ansatz aber zur Folge, dass sowohl uni- als auch multilaterale Verfahren gegen Subventionen selten an diesem Erfordernis scheitern. Diese Feststellung gilt ohne Einschränkung auch für Klimasubventionen.

d) Ergebnis

Vorläufiges Ergebnis der Untersuchung von Klimaschutz-Subventionen unter dem SCM ist, dass dieses Abkommen ein großes Hindernis für die Klimapolitik eines Mitgliedstaats bedeuten kann.[1036] Bis auf die Mindestpreise bei der Einspeisevergütung sind alle üblichen Beihilfen in diesem Bereich Subventionen i.S.d. Art. 1 SCM. Bei einem großen Teil besteht die nicht unwahrscheinliche Möglichkeit, dass es sich um anfechtbare Subventionen handelt.[1037] Die Fülle der Beihilfen, bei denen die Spezifität bejaht wird, zeigt die Angreifbarkeit dieser Klimaschutz-Maßnahme.[1038] Letztendlich hängt die Anfechtbarkeit nur von den faktischen Auswirkungen im Einzelfall, also den möglichen nachteiligen Effekten ab. Daraus folgt aber, dass ein Staat, der sich des Mittels der Subventionen zur Mitigation des Klimawandels bedienen möchte, damit rechnen muss,

---

1033 US – Cotton, AB, para. 451.

1034 US – Cotton, AB, para. 458.

1035 *Green*, WTR 5 (2006), 377 (402 f.).

1036 Zustimmend *Bigdeli*, in: Cottier u.a. (Hrsg.), International Trade Regulation and the Mitigation of Climate Change, S. 155 (188); *Green*, WTR 5 (2006), 377 (404); *Zhang/Assunção*, The World Economy 27 (2004), 359 (363).

1037 *Horlick*, in: Cottier u.a. (Hrsg.), International Trade Regulation and the Mitigation of Climate Change, S. 193 (194, 196).

1038 *Bigdeli*, in: Cottier u.a. (Hrsg.), International Trade Regulation and the Mitigation of Climate Change, S. 155 (182).

dass hiergegen Ausgleichszölle verhängt werden oder er die Subvention zurücknehmen muss. Denn auch für ihn ist es schwer absehbar, ob die Beihilfe zukünftig nachteilige Auswirkungen i.S.d. Art. 5 SCM zeitigen wird.

3. Möglichkeiten zur besseren Berücksichtigung des Klimaschutz-Ziels im SCM

Zwar wurden bisher anfechtbare Klimaschutz-Subventionen weder im Track II-Verfahren angegriffen, noch Ausgleichszölle gegen sie verhängt. Lediglich gegen möglicherweise verbotene Subventionen in Form der Importsubstitutions-Beihilfe wurden Konsultationen beantragt. Doch liegt dies offenbar weniger an den rechtlichen Gegebenheiten als am fehlenden politischen Willen. Denn nach dem Auslaufen der grünen Kategorie, die im vorliegenden Kontext vor allem in ihrer Spielart gem. Art. 8.2 lit. c) SCM relevant hätte sein können, gibt es keine Möglichkeit, den legitimen Zweck der Subvention zu berücksichtigen.[1039] In anderen multilateralen Abkommen wie dem TBT konnte zumindest im Rahmen der Auslegung ein Verweis auf die ausdrückliche Anerkennung des Umweltschutzes in der Präambel erfolgen. Das SCM hat hingegen gar keine Präambel. Es bleibt daher nur der eventuelle Rückgriff auf die Präambel des WTO-Übereinkommens, in der das Ziel der nachhaltigen Entwicklung und des Schutzes und der Erhaltung der Umwelt anerkannt wird.

a) Gründe für die Sonderbehandlung von Klimasubventionen

Allein auf den politischen Willen anderer Mitgliedstaaten zu vertrauen, keine Klimasubventionen anzugreifen, ist keine belastbare und rechtssichere Grundlage für staatliches Handeln.[1040] Es stellt sich daher die Frage, ob es *de lege lata* oder *de lege ferenda* Wege gibt, eine ausgewogenere Behandlung derartiger Beihilfen im SCM zu erreichen. Bevor hierauf eine Antwort gegeben werden kann, muss zunächst beurteilt werden, ob es überhaupt wünschenswert ist, Umweltsubventionen im Allgemeinen und Klimasubventionen im Speziellen gegenüber anderen Beihilfen eine Sonderbehandlung zukommen zu lassen. Richtig ist, dass die Mitigation des Klimawandels ein legitimes, schützenswertes Ziel ist. Doch kann grundsätzlich davon ausgegangen werden, dass alle Subventionen einen im öffentlichen Interesse liegenden Zweck verfolgen. Dies ist integra-

---

1039 *Green*, WTR 5 (2006), 377 (404).

1040 Das Bedürfnis nach Rechtssicherheit sieht auch *Howse*, Climate Mitigation Subsidies, S. 1.

ler Bestandteil ihrer Definition.[1041] Aus diesem Grund verbietet das WTO-Recht die Subventionen ja auch nicht, sondern reguliert sie nur. Wenn alle Beihilfen anerkennenswerte Ziele verfolgen, warum sollte dann gerade der Klimaschutz eine Sonderbehandlung im Hinblick auf die Anfechtbarkeit erhalten?

Ein Unterschied zu anderen Zuwendungen liegt darin, dass Klimasubventionen zumindest vorrangig eine allgemeinpolitische, keine wirtschaftliche Zielsetzung verfolgen. Dies unterscheidet sie von Kohlesubventionen, die künstlich einen Wirtschaftszweig am Leben erhalten, um die damit verbundenen Arbeitsplätze zu sichern. Dadurch ist ihr Konfliktpotenzial mit den Prinzipien des Welthandelsrechts geringer. Dennoch lehnt *Bigdeli* Beihilfen auch im Bereich der erneuerbaren Energien ab.[1042] Sie führten dazu, dass weniger effektive Erzeuger erneuerbarer Energien gegenüber effektiveren, ausländischen Unternehmen bevorzugt würden, die keine staatliche Unterstützung erhalten. Letztere könnten sogar aus dem Markt gedrängt werden. Diese Feststellung ist zunächst korrekt. Doch verengt sie die Betrachtung unzulässigerweise auf die Erzeuger erneuerbarer Energie. Tatsächlich muss als Vergleichsgruppe auch die Generierung von Strom aus fossilen Energieträgern oder Atomkraft herangezogen werden. Denn hierbei handelt es sich, wie bereits dargelegt[1043], um gleichartige Produkte, die im Wettbewerb mit der erneuerbaren Energie stehen. Überdies muss in der Branche der erneuerbaren Energien berücksichtigt werden, dass durch die jahrelange Kohleförderung eine besondere Situation besteht, deren Folgen ohne staatlichen Eingriff vermutlich nicht aufzuheben sind.[1044] Eine weitere Besonderheit gegenüber anderen legitimen Zielen der Subventionierung liegt darin, dass die Beihilfe nicht einem rein nationalen, sondern einem globalen Interesse dient. Insofern kann anderen Staaten eher zugemutet werden, eventuelle Beeinträchtigungen ihrer Interessen hinzunehmen. All diese Gründe sprechen dafür, dass zumindest solche Klimasubventionen, die nicht die Form einer verbotenen Exportsubvention i.S.d. Art. 3.1 lit. a) SCM annehmen, weder durch Ausgleichszölle noch im multilateralen Streitbeilegungsverfahren anfechtbar sein sollten.[1045] Das ursprüngliche, in der Uruguay-Runde hergestellte Gleichgewicht im SCM ist dadurch gestört, dass die grüne Kategorie nicht mehr in Kraft ist. Um die Balance wiederzuerlangen, ist es erforderlich, neue Ansätze zur Berück-

---

1041 Vgl. nur für das deutsche Recht *Maurer*, Allgemeines Verwaltungsrecht, § 17, Rn. 5: „Subventionen sind […] vermögenswerte Zuwendungen des Staates oder eines anderen Verwaltungsträgers an Privatpersonen ohne marktmäßige Gegenleistung zur Förderung eines im öffentlichen Interesse liegenden Zwecks."

1042 *Bigdeli*, in: Cottier u.a. (Hrsg.), International Trade Regulation and the Mitigation of Climate Change, S. 155 (189).

1043 Siehe oben S. 106 f.

1044 *Howse*, Climate Mitigation Subsidies, S. 6.

1045 So auch *Green*, WTR 5 (2006), 377 (396).

sichtigung der dort genannten Ziele (Forschung und Entwicklung, regionale Förderung, Umweltschutz) zu finden.[1046]

b) De lege lata *kein Ausweg aus der Anfechtbarkeit*

Bevor über die Möglichkeit von Änderungen oder Ergänzungen des SCM zum Vorteil der Klimasubventionen nachgedacht wird, ist die Frage zu beantworten, ob nicht das bestehende Recht Ansatzpunkte bietet, die Qualifikation als anfechtbare Subvention zu vermeiden.[1047]

aa) Heranziehung der Rechtfertigung gem. Art. XX GATT

Ein erster Gedanke ist es, Art. XX GATT im Rahmen des SCM anzuwenden. Dadurch könnte eine an sich anfechtbare Klimasubvention mithilfe der Ausnahmetatbestände der Buchstaben b) und g) gerechtfertigt werden. Eine unmittelbare Anwendung scheidet aufgrund des Wortlauts des *chapeau* aus, der ausdrücklich von den Bestimmungen „*dieses* Abkommens" spricht[1048]. Insofern kommt nur eine analoge Heranziehung in Betracht. Die Argumente, die gegen eine solche Analogie im Rahmen des TBT vorgebracht wurden, haben keine universelle Geltung. Denn sie fußen an erster Stelle auf der Tatsache, dass das TBT in seiner Präambel und auch den operativen Vorschriften bereits Teile des Art. XX GATT bzw. vergleichbare Bestimmungen enthält.[1049] Dies ist im SCM nicht der Fall. Aus teleologischer Sicht spricht für eine analoge Anwendung, dass nach der bisherigen Sichtweise sehr viel stärker marktverzerrende Maßnahmen wie Importverbote zumindest theoretisch einer Rechtfertigung zugänglich wären, wohingegen für die weniger handelsverzerrenden Subventionen eine Rechtfertigung von vorneherein ausgeschlossen ist.[1050]

Dennoch ist eine entsprechende Heranziehung von Art. XX GATT auch im SCM im Ergebnis abzulehnen. Denn eine Analogie setzt das Bestehen einer planwidrigen Regelungslücke voraus. Die Mitglieder der WTO hatten aber ausdrücklich eine Ausnahmereglung in Art. 8.2 SCM vorgesehen, die von Anfang an mit einem Verfallsdatum versehen war. In dem Zeitraum, in dem diese noch in Kraft war, bestand schon keine Regelungslücke. Anschließend konnten die

1046 *Steger*, JWT 44 (2010), 779 (794); WTO Negotiations Concerning the WTO Agreement on Subsidies and Countervailing Measures - Proposal by the European Communities, TN/RL/W/30, 21. November 2001, S. 4.

1047 *Green*, WTR 5 (2006), 377 (405); *Horlick*, in: Cottier u.a. (Hrsg.), International Trade Regulation and the Mitigation of Climate Change, S. 193 (195) spricht von einer „sich entwickelnden Auslegung".

1048 In den authentischen Versionen „*this Agreement*" bzw. noch deutlicher „*le présent Accord*".

1049 Siehe oben S. 106 ff.

1050 *Howse*, Climate Mitigation Subsidies, S. 17.

Mitgliedstaaten sich nicht auf eine Verlängerung einigen. Das heißt aber, dass ihnen der Regelungsbedarf durchaus bewusst war. Sie sahen in Kenntnis dieser Tatsache von einer Verlängerung oder Neuregelung ab. Dies geschah zwar nicht gezielt und bewusst, sondern mangels einer einigungsfähigen Lösung. Doch beruhen völkerrechtliche Verträge auf dem Konsensprinzip. Konnte keine Einigung in dieser Hinsicht erzielt werden, so kann dies nicht über die Hintertür einer analogen Anwendung nachgeholt werden, zumal Art. XX GATT viel weitergehende Ausnahmen als Art. 8.2 SCM normiert. Mag auch seit dem 1. Januar 2000 eine Regelungslücke im Hinblick auf Umweltsubventionen bestehen, so ist diese keineswegs planwidrig. Daher ist die entsprechende Anwendung von Art. XX GATT im SCM abzulehnen.

bb) Erleichterung durch abweichende Auslegung der Tatbestandsmerkmale

Anstatt einen Ausweg in der Analogie zu anderen multilateralen Abkommen zu suchen, könnte das Klimaschutz-Ziel von Subventionen auch bei der Auslegung der einzelnen Tatbestandsmerkmale berücksichtigt werden. Insbesondere böte es sich an, an den Stellschrauben von Vorteil (1), Kausalität (2) und Gleichartigkeit (3) zu drehen.

(1) Aufrechnung von Kosten beim Vorteil

Die Zulässigkeit der Aufrechnung von Kosten ordnungspolitischer Klimaregelungen gegen finanzielle Beihilfen im Rahmen des *Vorteils* wurde bereits diskutiert und abgelehnt[1051]. Es sollen nur die m.E. stärksten Argumente, die gegen diese Herangehensweise sprechen, in Erinnerung gerufen werden. Erstens würde die gegenteilige Auffassung der Ansicht Vorschub leisten, die die Existenz der sog. *regulatory subsidies* bejaht. Denn wenn die regulatorischen Rahmengegebenheiten für das Vorliegen eines Vorteils maßgeblich wären, dann müssten sie konsequenterweise auch bei der finanziellen Beihilfe berücksichtigt werden. Dies wird hier aber als Eingriff in die Regelungshoheit der Mitgliedstaaten abgelehnt.[1052] Zweitens spricht die in Art. 8.2 SCM enthaltene Regelung sehr deutlich dafür, dass es dem historischen Willen der Vertragsparteien entsprach, auch die Kompensation von Kosten entfachenden Umweltvorschriften als Subvention zu sehen. Fielen derartige Maßnahmen gar nicht erst unter den Begriff der Subvention, so bestünde keine Notwendigkeit, sie der grünen Kategorie zuzuordnen.

Zu diesen Argumenten kommt hinzu, dass die abweichende Auslegung des Begriffs *Vorteil* nicht zu einer befriedigenden Lösung für Klimasubventionen führt. Lediglich ein sehr geringer Teil dieser staatlichen Beihilfen könnte dadurch dem Status der anfechtbaren Subvention entgehen. Subventionen im Be-

---

1051 Siehe oben S. 106 ff.
1052 Vgl. hierzu oben S. 106.

reich erneuerbarer Energien oder die an die Reduzierung von Energieverbrauch oder Treibhausgas-Ausstoß anknüpfen, würden ohnehin nicht davon profitieren. Daher könnte die Auslegung zwar einige wenige Subventionen vor Angriffen schützen; auf Dauer ist aber ein allumfassender Ansatz notwendig, der sich nicht nur auf einen kleinen Ausschnitt der Klimasubventionen bezieht.

(2) Höhere Anforderungen an den Kausalitätsbeweis

Eine weitere Möglichkeit, die Zahl der Klimaschutz-Zuwendungen, die unter die anfechtbaren Subventionen fallen, zu begrenzen, wäre es, höhere Anforderungen an den Beweis der Kausalität zwischen Subvention und nachteiligen Auswirkungen gem. Art. 5 SCM zu stellen[1053]. In diesem Kontext spricht vieles dafür, Klimaschutz-Kosten derart zu berücksichtigen, dass Kausalität ausgeschlossen ist, wenn Subventionen lediglich dazu dienen, Waren gleiche, nicht aber bessere Wettbewerbsbedingungen zu verschaffen.[1054] Die Anforderungen an den Beweis der Ursächlichkeit dürfen nicht zu niedrig sein. Wenn schon beim zeitlichen Zusammenfallen einer Subvention mit einer Schwächung eines Wirtschaftszweigs die Kausalität bejaht wird, dann läuft dies auf eine Beweislastumkehr hinaus. Es wäre in der Folge am Beschwerdegegner, zu beweisen, dass andere Faktoren als die Beihilfe zu der nachteiligen Entwicklung geführt haben. Eine solche Beweislastumkehr war aber nur in Art. 6.1 SCM vorgesehen, der nicht mehr in Kraft ist. Dies zeigt, dass sie in anderen als den dort genannten Konstellationen nicht gewollt war.

Aber selbst die strengere Auslegung der Kausalität führt nicht zu einem ausreichenden Schutz der Klimasubventionen. Grund hierfür ist, dass zumindest ein Teil von ihnen tatsächlich negative Auswirkungen haben wird. Im Falle der Verdrängung fossiler Energieträger durch erneuerbare Energie ist dies sogar gewollt. Es genügt demnach nicht, die Nichtanfechtbarkeit von Klimabeihilfen zu sichern, die keine nachteiligen Auswirkungen i.S.d. Art. 5 SCM haben. Vielmehr muss auch eine Rechtfertigung möglich sein, wo Wirtschaftszweige oder Interessen anderer Mitgliedstaaten geschädigt werden. Denn auch diese Subventionen verfolgen mit der Mitigation des Klimawandels einen anerkennenswerten Zweck. Folglich ist die strengere Auslegung des Kausalitätserfordernisses zwar zu befürworten. Dies ist aber kein Spezifikum der Klimasubventionen, sondern muss aufgrund der Systematik des SCM für alle Subventionen gelten.

1053 Hierfür spricht sich *Green*, WTR 5 (2006), 377 (403 f.) aus.

1054 Siehe zu diesem Ansatz bereits oben S. 106.

(3) Abweichende Auslegung des Begriffs der Gleichartigkeit

Ein letzter Anknüpfungspunkt für eine Berücksichtigung der Klimaschutz-Ziele bei der Auslegung ist der Begriff der Gleichartigkeit. Nach den üblichen vier Kriterien für die Bestimmung der Produktgleichheit, die schon aus den Artt. I und III GATT bekannt sind, sind Waren, die klimafreundlich hergestellt wurden, und Waren, bei deren Produktion ein hoher CO_2-Ausstoß anfiel, gleichartig.[1055] Nun spricht die Vorgabe der harmonischen Auslegung dafür, gleiche Begriffe in den verschiedenen multilateralen Abkommen gleich auszulegen. Doch kann hiervon durchaus abgewichen werden, wenn sich aus dem Kontext des jeweiligen Übereinkommens ein Bedürfnis hierfür ergibt. Im Rahmen des SCM könnte daher ein größeres Gewicht auf das Kriterium der Verbrauchergewohnheiten gelegt werden. Abweichend von der üblichen Behandlung eines Typenbegriffes wäre dann nicht das Gesamtbild entscheidend, sondern ein einzelnes Merkmal würde gegenüber den anderen hervorgehoben. Begründet werden kann diese Abweichung mit der fehlenden Möglichkeit einer Rechtfertigung im SCM. Dadurch ist die Systematik so verschieden von der des GATT, dass eine Änderung der Methodik gerechtfertigt sein könnte. Gerade in der Wahrnehmung der Verbraucher können sich allgemeinpolitische Zielsetzungen widerspiegeln, die im System des GATT bei den allgemeinen Ausnahmen gem. Art. XX Berücksichtigung finden.

Doch darf die Funktion des Begriffs der Gleichartigkeit bei seiner Auslegung nicht aus den Augen verloren werden. Sinn und Zweck der Prüfung der Produktgleichheit ist es, dem Diskriminierungsverbot des WTO-Rechts zur Wirksamkeit zu verhelfen. Eine Diskriminierung von Waren ist nur dort relevant, wo Wettbewerb besteht. Dass dies bei durch Klimasubventionen geförderten und anderen Produkten der Fall ist, wurde bereits dargelegt.[1056] Es würde der Funktion der Gleichartigkeit nicht gerecht werden, würde das Fehlen einer Rechtfertigungsmöglichkeit bei ihrer Auslegung stärker gewichtet als das Bestehen eines Wettbewerbsverhältnis. Vor allem aber kann die Gleichartigkeit im Rahmen des SCM nicht unterschiedlich verstanden werden, je nachdem ob es sich um eine Klimasubvention handelt oder um eine andere Art der staatlichen Beihilfe. Daraus folgt, dass dieser Begriff stets abweichend vom Verständnis in allen anderen Abkommen zu gebrauchen wäre. Dies ist nicht überzeugend. Somit bietet auch die Auslegung der Produktgleichheit keine Möglichkeit, die Anfechtung von Klimasubventionen zu verhindern.

1055 Siehe bereits oben S. 106 ff.

1056 Vgl. oben S. 106.

c) Rechtfertigung von Klimasubventionen de lege ferenda

Das SCM bietet keinen Raum für die Einstellung des Klimaschutz-Zwecks in die Bewertung von Subventionen. Dies kann auch nicht im Wege einer im Vergleich zum derzeitigen Verständnis abgeänderten Auslegung erreicht werden.[1057] Dennoch besteht das Bedürfnis, Klimasubventionen auf eine rechtssichere Basis zu stellen. Sie müssen in einer Weise gestaltet werden können, die nicht in Konflikt mit dem WTO-Recht gerät. Dies stimmt auch mit den in der Präambel des WTO-Übereinkommens ausdrücklich formulierten Zielen überein. In der Konsequenz ist es erforderlich, eine Änderung im WTO-Recht vorzunehmen.

aa) Autoritative Auslegung zu Art. XX GATT

Die am wenigsten invasive Methode hierzu würde darin bestehen, Art. XX GATT in der Form verbindlich auszulegen[1058], dass er im Rahmen des SCM anwendbar ist.[1059] Die Kompetenz hierzu liegt gem. Art. IX:2 S. 1 WTO-Ü bei der Ministerkonferenz und beim Allgemeinen Rat. Der Vorteil dieser Lösung ist, dass lediglich eine Dreiviertelmehrheit der Mitglieder für einen solchen Beschluss erforderlich ist. Gegen diesen Ansatz spricht hingegen, dass Art. XX GATT als zu weit gefasst gesehen werden könnte. Immerhin ist im Grundsatz davon auszugehen, dass jede Subvention dem öffentlichen Interesse dient. Insofern könnte die immerhin zehn Ausnahmetatbestände umfassende Regel des Art. XX GATT zu weit gehen, wenn die Beihilfen in all diesen Fällen der Anfechtbarkeit entzogen würden. Dafür, dass diese Ansicht auch von den Mitgliedstaaten geteilt würde, spricht die enorme Voraussetzungsdichte, die insbesondere bei Art. 8.2 lit. c) SCM vorlag. Nur sehr wenige Umweltsubventionen dürften die dort normierten Anforderungen erfüllen. Es erscheint insgesamt vorzugswürdig, eine eigene Rechtfertigungs- oder Ausnahmeregelung für den Bereich der Subventionen zu schaffen, die den dortigen Erfordernissen gerecht wird. Dennoch bleibt eine verbindliche Auslegung aufgrund ihrer vergleichsweise einfachen Umsetzung eine Möglichkeit zur Lösung des Konflikts zwischen Klimaschutz und WTO-Recht im Hinblick auf Subventionen.

bb) Wiederaufleben der „*green box*"

Inhaltlich vorzugswürdig wäre jedoch eine für das SCM maßgeschneiderte Ausnahmeregelung. Die Mitgliedstaaten könnten die grüne Kategorie des Art. 8

1057 *Green*, WTR 5 (2006), 377 (406).

1058 Vgl. zur Möglichkeit der autoritativen Auslegung *Schöbener/Herbst/Perkams*, Internationales Wirtschaftsrecht, § 11, Rn. 58; *Stoll/Schorkopf*, WTO, Rn. 55.

1059 *Howse*, Climate Mitigation Subsidies, S. 18.

SCM wieder aufleben lassen.[1060] Allerdings geht die Regelung des Art. 8.2 lit. c) SCM für die Belange des Klimaschutzes nicht weit genug.[1061] So heißt es auch in einem Vorschlag der Europäischen Gemeinschaften zur Weiterentwicklung des SCM in der Doha-Runde[1062]:

> *„The ‚green list' under Article 8 of the Agreement proved to be of very limited use since the definitions and procedures were so complicated that no Member could make serious use of it."*

Laut Art. 8.2 lit. c) SCM sind lediglich folgende Subventionen nicht anfechtbar:

> „c) Beihilfen zur Förderung der Anpassung bestehender Einrichtungen an neue Umweltvorschriften, die durch Gesetz und/oder Verordnungen erlassen werden und größere Auflagen und finanzielle Belastungen für die Unternehmen zur Folge haben vorausgesetzt, daß die Beihilfe
> i) eine einmalige, nicht wiederkehrende Maßnahme darstellt;
> ii) auf 20 % der Kosten für die Anpassung begrenzt ist;
> iii) die Kosten für Ersatz und Betrieb der geförderten Investition nicht deckt, die in vollem Umfang von dem Unternehmen getragen werden müssen;
> iv) unmittelbar an die von dem Unternehmen geplante Verringerung der Umweltbeeinträchtigungen- und -belastung geknüpft ist und im Verhältnis dazu steht und keine Einsparungen an Herstellungskosten deckt, die erzielt werden können;
> v) allen Unternehmen zur Verfügung steht, die die neuen Ausrüstungen und/oder Herstellungsverfahren einsetzen können."

Die Ausnahme würde damit nur die Konstellationen umfassen, in denen Subventionen zum Ausgleich der Kosten, die durch Klimaschutz-Vorschriften entstehen, gewährt werden. Diese Beihilfen stellen aber erstens nur einen kleinen Teil der Klimasubventionen dar. Zweitens handelt es sich hierbei genau um den Bereich, der noch am ehesten unter den bestehenden Regelungen durch Auslegung aus der Kategorie der anfechtbaren Subventionen herausgehalten werden kann.[1063] Die anderen Klimaschutz-Subventionen, die gerade einer Rechtfertigungsmöglichkeit bedürften, würden hingegen keineswegs unter Art. 8.2 lit. c) SCM fallen. Selbst bei den kompensatorischen Subventionen ist die bisherige Regelung zu restriktiv: Die Beihilfe muss unter dieser Ägide auf 20 % der Kosten der Anpassung begrenzt sein. Es ist nicht einzusehen, warum eine Klima-

---

1060 *Green*, WTR 5 (2006), 377 (408); *Bigdeli*, in: Cottier u.a. (Hrsg.), International Trade Regulation and the Mitigation of Climate Change, S. 155 (190); *Howse*, Climate Mitigation Subsidies, S. 19 ff.

1061 So auch *Green*, WTR 5 (2006), 377 (409).

1062 WTO Negotiations Concerning the WTO Agreement on Subsidies and Countervailing Measures - Proposal by the European Communities, TN/RL/W/30, 21. November 2001, S. 2, Fn. 2.

1063 Siehe zur Auslegung der Tatbestandsmerkmale des Vorteils und der Kausalität oben S. 106 ff.

subvention nicht die gesamten Kosten z.B. einer Einführung einer neuen, energiesparenden Technologie aufbringen sollte.[1064]

cc) Schaffung einer neuen Kategorie nichtanfechtbarer Subventionen

Daher genügt es nicht, Art. 8 SCM einfach wieder in Kraft zu setzen. Zwar kann die Methodik insofern beibehalten werden, dass eine Kategorie der nichtanfechtbaren Subventionen geschaffen wird. Es ist nicht erforderlich, eine Rechtfertigung oder eine Ausnahme im Stile des Art. XX GATT zu normieren. Doch muss diese Kategorie inhaltlich weiter formuliert sein.[1065] Auch sollte sie nicht nur bis dato anfechtbare, sondern auch verbotene Subventionen umfassen. Denn zumindest Subventionen, die lediglich *de facto*, nicht aber *de jure* Importsubstitutions-Beihilfen sind, können legitime Ziele verfolgen.[1066] Der Gedanke der Rechtfertigung solcher Subventionen fügt sich in die schon im Rahmen des TBT[1067] und des GATT[1068] zum Zuge gekommene Idee ein, dass bei *de facto*-Diskriminierungen die schlechtere Behandlung ungewollte Nebenfolge der Verfolgung eines anerkennenswerten Ziels sein kann. Denn auch Art. 3.1 lit. b) SCM ist Ausdruck des allgemeinen Diskriminierungsverbots.[1069] Daher muss in diesen Fällen die Berücksichtigung der subjektiven Seite ermöglicht werden, um nicht über das Ziel des Schutzes vor Handelsverzerrungen hinauszuschießen. Dies kann über die Aufnahme in die grüne Kategorie geschehen. Ob Exportsubventionen und *de jure* Importsubstitutions-Beihilfen von vorneherein aus der „*green box*“ ausgenommen sind oder nicht, kann dahinstehen. Da diese ohnehin nicht aus Gründen des Klimaschutzes erfolgen, würden sie den Anforderungen der neuen grünen Kategorie sowieso nicht gerecht werden.

Um den Gefahren eines solchen im Vergleich zum derzeitigen Art. 8.2 SCM weiter gefassten Tatbestands entgegen zu wirken, sollte eine dem *chapeau* des Art. XX GATT vergleichbare Regelung aufgenommen werden.[1070] Denn das Risiko, dass eine neue grüne Kategorie zu protektionistischen Zwecken missbraucht werden könnte, zeigt sich schon an den derzeit anhängigen Verfahren im

1064 Zustimmend *Horlick*, in: Cottier u.a. (Hrsg.), International Trade Regulation and the Mitigation of Climate Change, S. 193 (193, Fn. 1).

1065 *Green*, WTR 5 (2006), 377 (409); *Howse*, Climate Mitigation Subsidies, S. 20 f.

1066 Siehe oben S. 106; vgl. auch *Green*, WTR 5 (2006), 377 (397 f.).

1067 Siehe oben S. 106 ff.

1068 Siehe oben S. 106 ff.

1069 *Pitschas*, in: Prieß/Berrisch, WTO-Handbuch, B.I.12., Rn. 87.

1070 *Bigdeli*, in: Cottier u.a. (Hrsg.), International Trade Regulation and the Mitigation of Climate Change, S. 155 (191) schlägt einen „*Necessity*"-Test vor, wie er in Art. XX lit. b) GATT durchgeführt wird; auch *Green*, WTR 5 (2006), 377 (385) weist auf die Gefahr des Protektionismus durch Klimasubventionen hin.

Bereich der Subventionierung von erneuerbaren Energien,[1071] auch wenn dort nach Aussage der Beschwerdeführer Subventionen betroffen sind, die *de jure* von der Bevorzugung einheimischer Waren abhängen und daher ohnehin mangels Ausrichtung auf den Klimaschutz nicht gerechtfertigt werden könnten. Insgesamt würden die gleichen Maßstäbe gelten, die auch bei einer Rechtfertigung unter Art. XX GATT zu wahren sind. Das bedeutet, dass die Subvention einer Verhältnismäßigkeitsprüfung standhalten und dass primäres Ziel die Mitigation der globalen Erwärmung sein muss[1072]. Die Schaffung einer derart gestalteten „*green box*" stellt allerdings eine Änderung eines multilateralen Handelsübereinkommens gem. Art. X WTO-Ü dar[1073]. Daher tritt eine solche Regelung gem. Art. X:3 S. 1 SCM erst nach Annahme durch zwei Drittel der Mitglieder in Kraft und für jedes einzelne Mitglied nur, wenn es die Änderung selber angenommen hat. Die präferierte Lösung ist damit zugleich die am schwierigsten umzusetzende.

4. Ergebnis

Von den denkbaren internen Klimaschutz-Maßnahmen, die ein Staat ergreifen kann, bereiten die Subventionen die größten Probleme im Hinblick auf das WTO-Recht. Müssen hinsichtlich der Energieeffizienzstandards und Kennzeichnungspflichten lediglich bei der Ausgestaltung inhaltliche Vorgaben beachtet werden, so stellt das SCM für Subventionen ein grundlegendes Hindernis dar. Denn es gibt nur sehr wenige Formen, die entweder schon nicht die Tatbestandsmerkmale einer Subvention i.S.d. Abkommens erfüllen oder zumindest nicht anfechtbar sind. Hierzu gehört vor allem die garantierte Einspeisevergütung. Demnach beeinflusst das SCM nicht nur die konkrete Ausgestaltung einer Klimaschutz-Maßnahme, sondern schon deren Wahl. Dies ist insofern überraschend, als die Subventionen mit den unter das TBT fallenden Maßnahmen das Charakteristikum teilen, dass ihre grundsätzlich Legitimität zur Erreichung von

1071 Canada – Certain Measures Affecting the Renewable Energy Generation Sector, China - Measures Concerning Wind Power Equipment; siehe zu diesen Verfahren oben S. 106.

1072 Zweifel an der Erfüllung dieser Anforderungen bestünden z.B. im Hinblick auf die deutsche „Abwrackprämie", da sie erstens vor allem der Wirtschaft dient und zweitens erhebliche Zweifel an ihrer positiven Auswirkung auf die Umwelt, besonders auf die Verringerung der CO_2-Emissionen bestehen; vgl. Studie des Bundesumweltministeriums zur Abwrackprämie vom 31. August 2009, http://www.bundesumwelt ministerium.de/files/pdfs/allgemein/application/pdf/ifeu_abwrackpraemie_bf.pdf (zuletzt besucht am 21. Januar 2011).

1073 Vgl. zum Verfahren der Vertragsänderung *Weiß*, in: Hermann/Weiß/Ohler, Welthandelsrecht, § 9, Rn. 207 ff.; *Schöbener/Herbst/Perkams*, Internationales Wirtschaftsrecht, § 11, Rn. 60.

Zielen des öffentlichen Interesses anerkannt wird. Doch legt allein das SCM Klimaschutz-Regelungen ernst zu nehmende Steine in den Weg, das TBT hingegen nicht. Zutreffend ist, dass beide Abkommen keinen echten Rechtfertigungstatbestand für Sachverhalte mit Bezug zum Umwelt- bzw. Klimaschutz aufweisen. Doch bietet das TBT mit seiner wiederholten Anerkennung umweltpolitischer Zielsetzung in der Präambel und den operativen Vorschriften genügend Anknüpfungspunkte, um die Belange des Klimaschutzes zu berücksichtigen. Dies ist im SCM nicht der Fall.

Aus der fehlenden Verlängerung der grünen Kategorie nichtanfechtbarer Subventionen oder einer ähnlichen Institution kann auch nicht geschlossen werden, dass die Angreifbarkeit von Klimasubventionen dem Willen der Mitglieder entspricht. Es konnte keine Einigung im Hinblick auf die „*green box*" erzielt werden. Das bedeutet nicht zwangsläufig, dass dies einen bewussten Entschluss darstellt. Angesichts der wiederholten Anerkennung des Umwelt- und damit auch des Klimaschutzes in den verschiedenen Abkommen, die das WTO-Recht bilden, muss vielmehr davon ausgegangen werden, dass ein Grundkonsens bezüglich der Legitimität dieser Zielsetzung herrscht. Da die derzeitige Regelung im SCM dem nicht gerecht wird, sollte eine entsprechende Änderung des Abkommens vorgenommen werden. Denn es kann nicht ausreichen, als rechtliche Grundlage für Klimaschutz-Subventionen darauf zu vertrauen, dass ein Vorgehen gegen derartige staatliche Beihilfen politisch nicht opportun ist. Es bedarf einer belastungsfähigen, rechtssicheren Basis für diese Maßnahmen. Diese ist im SCM, wie es sich aktuell darstellt, nicht zu finden. Auch eine „klimafreundlichere" Auslegung genügt diesen Ansprüchen nicht. Erstens vermag sie nicht, das legitime Interesse an der Mitigation des Klimawandels ausreichend zu berücksichtigen. Zweitens kann eine Veränderung der bisherigen Auslegung nicht in gleichem Maße Sicherheit gewähren wie ein Tätigwerden der Mitgliedstaaten. Nur diese haben die Kompetenz, die Berücksichtigung der Klimaschutzziele bei der Überprüfung von Subventionen zwingend festzuschreiben. Denkbar, aber nicht ausreichend hierfür, wäre ein Wiederaufleben der bestehenden grünen Kategorie. Denn diese ist derart restriktiv formuliert, dass nur ein geringer Anteil der Klimasubventionen durch sie der Anfechtbarkeit entgehen könnte. Als Minimum wäre daher eine verbindliche Auslegung des Art. XX GATT in der Form, dass dieser auch im Rahmen des SCM anwendbar ist, erforderlich. Vorzuziehen wäre jedoch eine Änderung des SCM durch Anfügung einer neu gestalteten „*green box*", die speziell an die Belange der Subventionen angepasst ist.

De lege lata finden sich im Bereich der staatlichen Beihilfen die größten Hürden für eine umfassende nationale Klimapolitik. Dies stimmt insofern nicht mit der Systematik des WTO-Rechts überein, als es sich beim Umweltschutz um ein anerkanntes Ziel der Organisation handelt und andere, deutlich handelsverzerrende Maßnahmen wie der Grenzsteuerausgleich auf welthandelsrechtlicher

Grundlage weniger angreifbar sind. Folglich besteht im Bereich der Subventionen Handlungsbedarf, der im Rahmen der Doha-Runde umgesetzt werden könnte.[1074]

E. Zusammenfassung: Das Konfliktpotenzial nationaler Klimaschutz-Maßnahmen mit dem WTO-Recht

Am Ende der Beleuchtung des Konfliktpotenzials nationaler Klimaschutz-Maßnahmen mit dem WTO-Recht steht das Fazit, dass ein solches Potenzial zwar besteht, aber nicht in dem Maße, wie es bei oberflächlicher Betrachtung der Regelungen des Welthandelsrechts scheinen könnte. Die Mitgliedstaaten unterliegen gewissen Beschränkungen in ihrer Klimapolitik, doch macht das WTO-Recht sie nicht handlungsunfähig.[1075] Zentral sind zwei Feststellungen:

- Unter dem Gesichtspunkt der WTO-rechtlichen Zulässigkeit sind interne Maßnahmen den Handelsmaßnahmen vorzuziehen.
- Das WTO-Recht normiert überwiegend Restriktionen für die Ausgestaltung, nicht für die Auswahl von Klimaschutz-Maßnahmen.

Der erste Aspekt[1076] ist ohne weiteres aus den der WTO zugrunde liegenden Prinzipien zu erklären. Denn schließlich zielen Handels- bzw. Grenzmaßnahmen gerade darauf ab, den grenzüberschreitenden Handel zu beeinflussen. Geht man von der Grundthese aus, dass der freie Handel zu einer optimalen Allokation der Ressourcen führt, so sind derartige Regelungen schon von ihrem Grundgedanken her kritisch zu sehen. Anders verhält es sich mit den internen Maßnahmen. Diese beeinträchtigen den internationalen Handel lediglich als Reflex ihres eigentlichen Regelungsziels, den inländischen Handel im Hinblick auf Klimaschutzziele zu regulieren. Daher drängt sich bei ihnen nicht von vorneherein die Vermutung auf, dass eine Kollision mit dem Welthandelsrecht bestehen könnte.

Der zweite Aspekt[1077] ist der Grund dafür, dass kein unlösbarer Konflikt zwischen Klimaschutz und WTO-Recht besteht. Denn wenn die Mitgliedstaaten im Wesentlichen die freie Auswahl haben, mit welchen Mitteln sie Klimaschutzziele erreichen wollen, so kann nicht von einem unbedingten Vorrang der Handelsinteressen gesprochen werden. Vielmehr zeigt die Notwendigkeit der Rücksichtnahme bei der Ausgestaltung, dass beide Zielsetzungen nebeneinander existieren können und zu einem Ausgleich in Form der praktischen Konkordanz zu

---

1074 So auch *Steger*, JWT 44 (2010), 779 (789 f.).

1075 So lautet auch das Ergebnis von *Dröge u.a.*, WTR 3 (2004), 161 (183 f.); *Buck/Verheyen*, International Trade Law and Climate Change, S. 4.

1076 Siehe hierzu insbesondere 2. Kapitel, C.

1077 Siehe hierzu insbesondere 2. Kapitel, B.II.3; C.II.

bringen sind. Dieser Gedanke entspricht nicht nur dem WTO-Recht, sondern auch der Regelung in Art. 2.3 KP, nach der die nachteiligen Auswirkungen der Klimapolitik auf den Welthandel so gering wie möglich gehalten werden sollen. Letztendlich bedeutet dies, dass weder den Interessen des Welthandels noch den Interessen des Klimaschutzes ein absoluter Vorrang vor dem jeweils anderen zugebilligt wird.

Dass entgegen dieses Fazits der Anschein entstehen kann, die WTO sei einseitig auf Handelsbelange fokussiert und biete keinen Raum für die Berücksichtigung anderer globaler öffentlicher Interessen, mag vorwiegend daran liegen, dass das zentrale multilaterale Abkommen, das GATT, aus einer Zeit stammt, in der insbesondere der Umwelt- und erst recht der Klimaschutz noch keine herausragende Rolle in der öffentlichen Debatte spielten.[1078] Dieser Befund lässt sich auch dadurch belegen, dass in allen in dieser Untersuchung relevanten späteren Abkommen Bestimmungen zu Gunsten des Umweltschutzes enthalten sind.[1079] Dies trifft sowohl für das WTO-Übereinkommen (in der Präambel) als auch für das TBT (in der Präambel und Art. 2.2) und das SCM (in Art. 8.2) zu, wenn auch die angesprochene Regelung im SCM seit dem 1. Januar 2000 nicht mehr in Kraft ist. So liegt denn der Schluss nahe, dass das Fehlen einer ausdrücklichen Umwelt- oder Klimaschutzausnahme im GATT weniger auf mangelndem aktuellem Willen der Mitgliedstaaten als auf historischem Kontext beruht. Dass sich die Wahrnehmung der Umweltschutzproblematik in der WTO gewandelt hat, zeigt sich insbesondere in der Präambel des WTO-Übereinkommens, die die Nachhaltigkeit und den Schutz und die Erhaltung der Umwelt als ausdrückliche Ziele nennt. Da es sich hierbei um das grundlegende Abkommen handelt, umspannt diese Aussage alle anderen Übereinkommen.

Konkret bezogen auf das GATT mag verwundern, dass Art. XX GATT keine ausdrückliche Umweltausnahme enthält, unter die auch der Klimaschutz fallen würde. Doch erkennt auch der Appellate Body die soeben aufgezeigte historische Entwicklung in Fragen des Umweltschutzes im WTO-Recht und macht sich das Instrument der dynamischen Auslegung sowie den Verweis auf die Präambel des WTO-Übereinkommens dergestalt zunutze, dass er hierdurch aus den an sich begrenzt formulierten Tatbeständen der Art. XX lit. b) und g) GATT eine umfassende Rechtfertigung von Umwelt- und somit auch Klimaschutz-Maßnahmen zieht. Diese Bereitschaft, nicht an einer einmal getroffenen Auslegung eines Rechtsbegriffs festzuhalten, sondern den Kontext der Zeit miteinzubeziehen, ist ganz wesentliche Grundlage für den Befund, dass das WTO-Recht entgegen dem ersten Anschein nicht in einem unlösbaren Konflikt mit der Mitigation des Klimawandels steht. Sie wirkt zudem nicht allein in den Ausnahmetatbeständen des GATT, sondern in allen multilateralen Abkommen.[1080]

1078 Vgl. *Senti*, WTO, Rn. 657.

1079 Siehe 2. Kapitel, D.

1080 Siehe zum Ganzen 1. Kapitel, B.III.2; 2. Kapitel, B.II.2.a.aa.(1).

Von herausragender Bedeutung für den Klimaschutz ist ein einzelner Aspekt[1081] dieser dynamischen Auslegung, der sich in der Entscheidung des *Shrimp/Turtle*-Falls Bahn brach: Ohne die Anerkennung, dass die Anknüpfung an PPM nicht per se gegen die Grundprinzipien der WTO verstößt, wäre eine ganze Reihe nationaler Klimaschutz-Maßnahmen mit dem WTO-Recht unvereinbar. Denn der Löwenanteil der Treibhausgas- und vor allem der CO_2-Emissionen entsteht bei der Produktion von Waren. Wäre es durch das Welthandelsrecht von vorneherein ausgeschlossen, an diesen Faktor anzuknüpfen, so wäre ein effektiver Klimaschutz unmöglich.

Neben den PPM existiert ein weiterer problematischer Aspekt[1082], der sich wie ein roter Faden durch die Untersuchung zieht. In vielen Fällen ist es denkbar, dass nationale Klimaschutz-Maßnahmen zu einer *de facto*-Diskriminierung führen, sei es in Form der Ungleichbehandlung von Waren aus verschiedenen Ländern, sei es in Form der Benachteiligung ausländischer gegenüber inländischen Produkten. Da dies bei wirklichen, durch den Klimaschutz motivierten Maßnahmen ein ungewollter Nebeneffekt ist, der auf den unterschiedlichen typischen Charakteristika von Waren in Abhängigkeit von ihrer Herkunft beruht, wäre es falsch, derartige Maßnahmen allein auf dieser Grundlage als illegitim zu betrachten. Es muss daher stets die Möglichkeit geben, auch die subjektive Seite solcher Regelungen zu berücksichtigen, vorzugsweise auf einer möglichst frühen Prüfungsebene. Werden die legitimen Motive erst auf der Stufe der Rechtfertigung relevant, so geht dies mit einer Beweislastumkehr einher, die regelmäßig nicht zu befürworten ist. So wird denn hier auch die Ansicht vertreten, dass eine *de facto*-Diskriminierung im TBT nicht tatbestandsmäßig ist und dass das subjektive Element einer Regelung im Rahmen des Art. III:4 GATT beim Tatbestandsmerkmal der weniger günstigen Behandlung einzubeziehen ist. Lediglich im SCM bietet sich erst auf der Ebene der Einordnung in eine (noch zu schaffende) grüne Kategorie die Möglichkeit der Wertung der Regelungsmotive.

Zusammenfassend ergibt sich ein Bild des WTO-Rechts, nach dem durchaus Konfliktpotenzial zwischen Klimaschutz und Welthandel besteht. Auf der Grundlage, dass Klimaschutzregelungen ohne Zweifel die Wettbewerbsverhältnisse beeinflussen können, ist dies auch nicht zu beanstanden. Hervorzuheben ist aber noch einmal, dass die Regelungen des WTO-Rechts für den Großteil der hier vorgestellten Klimaschutz-Maßnahmen lediglich Anforderungen an ihre Ausgestaltung stellen, wenn auch zum Teil sehr anspruchsvolle. Ein generelles Hindernis, eine bestimmte Form des Klimaschutzes zu wählen, besteht nur in wenigen Fällen.[1083] Diese Konstellationen sind denn aber auch derart drastisch, dass die WTO-rechtliche Hürde nicht zu beanstanden ist. Denn bei einem vollständigen Importverbot kann beispielsweise durchaus angezweifelt werden, ob

1081 Siehe hierzu 2. Kapitel B.I.

1082 Siehe hierzu 2. Kapitel D.I.2.b.aa; 3.a.

1083 Siehe hierzu 2. Kapitel, C.III.

es tatsächlich noch den Belangen des Klimaschutzes dient oder ob nicht doch protektionistische Motive dominieren. Es ist begrüßenswert, dass im Sinne des verhältnismäßigen Ausgleichs ein gewisses Maß an Proportionalität gewahrt bleiben muss.

Einzig im Bereich der Subventionen kann dieses Fazit keine uneingeschränkte Geltung erlangen.[1084] Denn für staatliche Beihilfen stellt das WTO-Recht eine ernsthafte Hürde dar. Zwar sind sie nicht geradewegs verboten. Doch erweist sich ein großer Anteil als anfechtbar, ohne dass die Möglichkeit einer Rechtfertigung vorhanden wäre. Gleichzeitig sind Klimasubventionen kein derart drastischer Eingriff in das Gefüge des internationalen Handels, dass der Ausschluss ihrer Rechtfertigung verständlich wäre. In dieser Hinsicht stellt das WTO-Subventionsrecht eine Quelle erheblicher Rechtsunsicherheit dar. Diese Tatsache ist vor allem insofern kritikwürdig, als sie nicht dem Gesamtbild des WTO-Rechts entspricht. Laut Präambel des WTO-Übereinkommens stellen der Schutz und die Erhaltung der Umwelt und somit auch des Klimas erklärte Ziele der WTO dar. Dies schlägt sich auch in allen multilateralen Abkommen mit Ausnahme des SCM nieder. Für diese Ungleichbehandlung gibt es jedoch keinen sachlichen Grund; sie beruht lediglich auf der Unfähigkeit der Mitgliedstaaten, zu einer konkreten Einigung in dieser Hinsicht zu kommen. Deshalb ist es für die Kohärenz des gesamten Systems erforderlich, dass Abhilfe geschaffen wird, bevorzugt in Form einer neu gestalteten grünen Kategorie unanfechtbarer Subventionen, die einen Umweltschutztatbestand enthält.

Mit Ausnahme des Subventionsrechts bietet das bestehende WTO-Recht aber hinreichend Möglichkeiten, zu einem befriedigenden Ausgleich zwischen den Belangen des Klimaschutzes und des Welthandels zu gelangen. Dies entspricht dem erklärten Willen sowohl der WTO-Mitglieder, die Nachhaltigkeit und Umweltschutz ausdrücklich zu ihren Zielen zählen, als auch der Unterzeichner des Kyoto-Protokolls, die nachteilige Auswirkungen des Klimaschutzes auf den Welthandel so weit wie möglich vermeiden wollen.

1084 Siehe hierzu 2. Kapitel, D.III.

3. Kapitel: Die Nutzung des WTO-Rechts als Anreiz für den Klimaschutz

Die bisherige Betrachtung war auf den Aspekt der Beziehung zwischen WTO-Recht und Klimaschutz beschränkt, dass die welthandelsrechtlichen Vorgaben die Handlungsmöglichkeiten der Mitgliedstaaten in der Klimapolitik limitieren. Es stand die Frage im Vordergrund, ob das WTO-Recht bestimmte Gestaltungsvarianten oder sogar ganze Kategorien von Klimaschutz-Maßnahmen verbietet und so deren Umsetzung verhindert. Hinter dieser Fragestellung stand implizit der Gedanke, dass die Regelungen der WTO unausgewogen sein könnten, da sie möglicherweise die Belange des internationalen Handels stets über jedes andere öffentliche Interesse stellen. Letztendlich galt es zu überprüfen, ob im Falle des Konflikts zwischen Handel und Klimaschutz ein angemessener Ausgleich erzielt wird. Doch ist diese Sichtweise zu eindimensional. Um ein akkurates Bild von der Beziehung zwischen Klimapolitik und Welthandelsrecht zu erhalten, ist zusätzlich zu untersuchen, ob das Verhältnis dieser beiden Pole nicht nur Konfliktpotenzial, sondern auch Synergien aufweist. Die WTO könnte dazu dienen, gleichzeitig die Handelsliberalisierung und den Klimaschutz zu fördern, so dass eine Win-win-Situation für den internationalen Handel und die Umwelt entstehen würde. Dieses Kapitel wird sich der Frage widmen, ob und wenn ja, in welcher Form das WTO-Recht Mechanismen bereithält, die als Anreiz für die Einführung bzw. Erweiterung einer Klimaschutzpolitik eingesetzt werden können. Es handelt sich dabei, anders als etwa im Fall der Subventionen, nicht um Anreize für einzelne Warenproduzenten, sondern um Anreize für Staaten. Im Vordergrund steht in dieser Hinsicht die Gewährung präferenzieller Zolltarife in Abhängigkeit von der Realisierung bestimmter klimapolitischer Vorgaben (A). Außerdem bietet das WTO-Recht noch andere Gelegenheiten, diese Rechtsordnung für die Zwecke des Klimaschutzes nutzbar zu machen (B).

A. Anreizsetzung für Entwicklungsländer durch Zollpräferenzen

Ein Anreiz für die Verbesserung der eigenen Klimapolitik kann dadurch gesetzt werden, dass Bemühungen in diesem Bereich die Gewährung von Zollpräferenzen durch andere Staaten nach sich ziehen. Die Bewilligung solcher vorteilhafter Zolltarife kann dementsprechend an bestimmte Bedingungen geknüpft werden, nämlich die Ratifizierung der Klimarahmenkonvention und/oder des Kyoto-Protokolls. Die geringeren Zolltarife machen den Export von Waren in die die Vorteile gewährenden Länder wirtschaftlich attraktiver. Dadurch entsteht ein erheblicher Ansporn, die genannten Bedingungen zu erfüllen, um die Präferenzen zu erhalten. Zentrales Instrument der Anreizsetzung ist damit eine Absenkung der Zolltarife. Problematisch ist dabei aber Folgendes: Zwar ist der Abbau der Zölle erklärtes Ziel der WTO.[1085] Ganz offensichtlich verstößt jedoch die Gewährung von niedrigeren Zöllen für Produkte aus einem ausgewählten Teil der Mitgliedstaaten gegen das Meistbegünstigungsprinzip des Art. I GATT. Denn bei diesem Ansatz wird eine Vergünstigung nicht unverzüglich und bedingungslos für alle gleichartigen Waren gewährt, die aus den Gebieten der anderen Vertragsparteien stammen. Die Gewährung ist ja gerade an eine Bedingung geknüpft. Auch kann an der Gleichartigkeit der betroffenen Waren kein Zweifel bestehen. Denn es ist kein Grund dafür ersichtlich, dass die Ratifizierung des Kyoto-Protokolls durch das Herkunftsland die Produktgleichheit aufheben sollte. Schließlich hat die Rechtslage im Exportstaat weder Einfluss auf die physischen Charakteristika noch den Endgebrauch noch die Zollklassifizierung noch die Verbrauchergewohnheiten. Demnach ist der Anwendungsbereich des Art. I GATT in jedem Fall eröffnet. Zudem scheidet eine Rechtfertigung dieser Vorgehensweise über Art. XX GATT aus, da, wie bereits ausführlich erläutert, die Anknüpfung an die Mitgliedschaft in einem multilateralen Umweltschutzabkommen im Allgemeinen und im Kyoto-Protokoll im Besonderen nicht zum Bestehen unterschiedlicher Verhältnisse i.S.d. *chapeau* führt[1086]. Daher würde eine solche Differenzierung zu einer ungerechtfertigten Diskriminierung führen. Auf den ersten Blick handelt es sich folglich um einen Ansatz, dessen Umsetzung durch das WTO-Recht ausgeschlossen scheint. Doch ist eine Abweichung vom Grundsatz der Meistbegünstigung dort denkbar, wo dieser ohnehin abbedungen ist. Dies ist, unter bestimmten Voraussetzungen, im Bezug auf Entwicklungsländer der Fall.

I. Das Generalized System of Preferences und die Enabling Clause

Die Präambel des WTO-Übereinkommens erkennt an, „dass es positiver Bemühungen bedarf, damit sich die Entwicklungsländer, insbesondere die am wenigsten entwickelten unter ihnen, einen Anteil am Wachstum des internationalen Handels sichern, der den Erfordernissen ihrer wirtschaftlichen Entwicklung entspricht“. Doch schon lange vor der Gründung der WTO im Jahre 1995 bestand Einigkeit darüber, dass die uneingeschränkte Anwendung der Regeln des Welthandelsrechts auf Entwicklungsländer unangemessen ist.[1087] Um den Zugang von Produkten aus solchen Ländern zu den Märkten der Industriestaaten zu erleichtern bzw. überhaupt erst zu ermöglichen, ist es erforderlich, ihnen günstigere Zollkonditionen zu gewähren. Gleichzeitig würde aber die Forderung nach Gegenseitigkeit, also des umgekehrten Verzichts der Entwicklungsländer auf

1085 Vgl. Präambel des WTO-Übereinkommens.

1086 Siehe oben S. 90 f.

1087 Vgl. *Kennedy*, in: Bhala/Kennedy, World Trade Law, S. 399.

Zolleinnahmen, eine Überforderung darstellen. Im Rahmen der United Nations Conference on Trade and Development[1088] wurde daher ein System von Zollpräferenzen entwickelt, das diesen Vorgaben entsprach.[1089] Um die Umsetzung dieses Systems in Übereinstimmung mit dem GATT zu ermöglichen, entschieden sich die Vertragsparteien im Jahr 1971, einen sog. *waiver* gem. Art. XXV:5 GATT zu erlassen.[1090] Dadurch kann eine Vertragspartei von einer ihr durch das GATT auferlegten Verpflichtung befreit werden. Die Befreiung zugunsten der Entwicklungsländer sollte für 10 Jahre gelten und hatte die Form eines *Generalized System of Preferences*. Darunter ist zu verstehen, dass die industrialisierten Staaten allen Entwicklungsländern auf alle Waren Zollpräferenzen einräumen dürfen, ohne dass ihnen in dieser Hinsicht das Meistbegünstigungsprinzip entgegengehalten werden könnte, also ohne diese Vergünstigung gleichzeitig auf die Industriestaaten ausdehnen zu müssen. Noch vor Ablauf dieses *waivers* wurde die Ausnahmebestimmung durch die *Decision on Differential and More Favourable Treatment, Reciprocity and Fuller Participation of Developing Countries* vom 28. November 1979[1091] perpetuiert. In dieser Entscheidung, die als *Enabling Clause* bekannt ist[1092] und die ohne zeitliche Beschränkung Anwendung findet, heißt es in den relevanten Teilen:

> „*1. Notwithstanding the provisions of Article I of the General Agreement, contracting parties may accord differential and more favourable treatment to developing countries*[1]*, without according such treatment to other contracting parties.*
>
> *2. The provisions of paragraph 1 apply to the following:*[2]
>
> *(a) Preferential tariff treatment accorded by developed contracting parties to products originating in developing countries in accordance with the Generalized System of Preferences,*[3]
>
> *[...]*

1088 Nachfolgend UNCTAD.

1089 Resolution of the Second Session of UNCTAD on the Expansion and Diversification of Exports of Manufactures and Semi-Manufactures of developing countries, Resolution 21 (II) (1968); vgl. zur Geschichte des *Generalized System of Preferences Kennedy*, in: Bhala/Kennedy, World Trade Law, S. 419 ff.; *Bartels*, JIEL 6 (2003), 507 (510 ff.); *Shaffer/Apea*, JWT 39 (2005), 977 (978 ff.); *McKenzie*, JIEL 11 (2008), 679 (685 f.).

1090 Entscheidung der VERTRAGSPARTEIEN vom 25. Juni 1971, L/3545, BISD 18S/24.

1091 L/4903, LT/TR/D/1.

1092 *McKenzie*, JIEL 11 (2008), 679 (685); *Shaffer/Apea*, JWT 39 (2005), 977 (979); *Switzer*, ICLQ 57 (2008), 113 (115); *Schmahl*, AVR 2004, 389 (398); *Jessen*, WTO-Recht und Entwicklungsländer, S. 331; *ders.*, in: Hilf/Oeter, WTO-Recht, § 26, Rn. 25; *Schöbener/Herbst/Perkams*, Internationales Wirtschaftsrecht, § 12, Rn. 197; *Berrisch*, in: Prieß/Berrisch, WTO-Handbuch, B.I.1, Rn. 314; *Kennedy*, in: Bhala/Kennedy, World Trade Law, S. 423; *Stoll/Schorkopf*, WTO, Rn. 125.

(d) *Special treatment of the least developed among the developing countries in the context of any general or specific measures in favour of developing countries.*

3. *Any differential and more favourable treatment provided under this clause:*

(a) *shall be designed to facilitate and promote the trade of developing countries and not to raise barriers to or create undue difficulties for the trade of any other contracting parties;*

[...]

(c) *shall in the case of such treatment accorded by developed contracting parties to developing countries be designed and, if necessary, modified, to respond positively to the development, financial and trade needs of developing countries.*

---

[1] The words 'developing countries' as used in this text are to be understood to refer also to developing territories.

[2] It would remain open for the CONTRACTING PARTIES to consider on an ad hoc basis under the GATT provisions for joint action any proposals for differential and more favourable treatment not falling within the scope of this paragraph.

[3] As described in the Decision of the CONTRACTING PARTIES of 25 June 1971, relating to the establishment of "generalized, non-reciprocal and non discriminatory preferences beneficial to the developing countries" (BISD 18S/24).“

Demnach haben Industrienationen die Möglichkeit, nicht aber die Pflicht, Entwicklungsländern in Abweichung von Art. I GATT Zollpräferenzen unter der Voraussetzung zu gewähren, dass die Bedingungen der *Enabling Clause* eingehalten werden. Diese Ausnahmegenehmigung ist auch nach Gründung der WTO in Kraft und als sonstiger Beschluss der Vertragsparteien des GATT 1947 i.S.d. Abs. 1 lit. b) iv) GATT 1994 permanenter Bestandteil des GATT-Acquis.[1093] Bemerkenswert ist die Kontinuität zwischen dem *Generalized System of Preferences* und der *Enabling Clause*. So schreibt § 2 lit. a) der *Enabling Clause* ausdrücklich vor, dass die präferenzielle Zollbehandlung in Übereinstimmung mit dem *Generalized System of Preferences* gewährt werden muss. Mit den Worten der Präambel des *waivers* präzisiert Fußnote 3, dass nur generalisierte, nicht gegenseitige und nicht diskriminierende Präferenzen eingerichtet werden dürfen.

Grundlegende Voraussetzung dafür, dass von der *Enabling Clause* Gebrauch gemacht werden kann, ist, dass die bevorzugte Partei ein Entwicklungsland ist.

1093 *Zimmermann*, EuZW 2009, 1 (2); *Bartels*, JIEL 6 (2003), 507 (515); *Jessen*, WTO-Recht und Entwicklungsländer, S. 531; vgl. auch EC – Tariff Preferences, AB, Fn. 192.

Was hierunter zu verstehen ist, definiert das GATT recht vage.[1094] Gem. Art. XVIII GATT handelt es sich um Staaten, „deren Wirtschaft nur einen niedrigen Lebensstandard zulässt und sich in den Anfangsstadien der Entwicklung befindet." Praktisch wird in der WTO jedoch das Prinzip der Selbstbestimmung angewandt. Wer sich selber als Entwicklungsland einstuft, wird auch als solches behandelt. Üblicherweise wird diese Selbstdefinition von den anderen Mitgliedstaaten akzeptiert.[1095] Daher spielt diese Voraussetzung für die Anwendbarkeit der *Enabling Clause* in der Praxis keine Rolle.

Wichtig für das Verständnis dieser Freistellung ist ihre Einordnung in das System des WTO-Rechts. Die *Enabling Clause* normiert eine Ausnahme zum Meistbegünstigungsprinzip des Art. I GATT.[1096] Denn unter der Voraussetzung, dass ihren Anforderungen Genüge getan wird, erlaubt sie eine Abweichung von den Verpflichtungen des Art. I GATT. Dass ein Regel-Ausnahme-Verhältnis vorliegt, zeigt sich an der Benutzung des Wortes *„notwithstanding"*[1097], das mit „abweichend von", „ungeachtet" oder „trotz" übersetzt werden kann[1098]. Dies bedeutet, dass ausnahmsweise eine Abweichung von den Vorgaben des Art. I GATT möglich ist, obwohl diese Vorschrift grundsätzlich auch bei der Bevorzugung von Entwicklungsländern anwendbar bleibt. Die *Enabling Clause* stellt daher kein eigenes, abgeschlossenes System im Verhältnis von Industriestaaten und Entwicklungsländern dar, das den allgemeinen Regeln des GATT als *lex specialis* vorgehen würde, sondern fügt sich hierin als zusätzliche Vorschrift ein.

Relevant ist diese Einordnung für die Frage der Beweislast. Es entspricht einem allgemein anerkannten Grundsatz, dass diejenige Partei die Beweislast trägt, für die die zu beweisende Tatsache günstig ist, sei es zu ihrer Verteidigung oder zur Begründung eines Anspruchs.[1099] Im Hinblick auf die *Enabling Clause* würde dies grundsätzlich bedeuten, dass es für den Antragsteller in einem Streitbeilegungsverfahren über ein Zollpräferenz-Schema genügt, die Unvereinbarkeit dieses Schemas mit Art. I GATT zu beweisen. Der Beweis des Vorliegens der Voraussetzungen der *Enabling Clause* würde dann der beklagten Partei obliegen. Diese Sichtweise wird jedoch der speziellen Rolle dieser Ausnahmegenehmigung für die Förderung von Entwicklungsländern nicht gerecht. Per Definition verstößt jedes *Generalized System of Preferences* gegen das Meistbegünstigungsprinzip. Dies ist sein ausgesprochenes Ziel, da es Entwicklungsländer an-

1094 *Jessen*, in: Hilf/Oeter, WTO-Recht, § 26, Rn. 18.

1095 *Herdegen*, Internationales Wirtschaftsrecht, § 10, Rn. 41; *Jessen*, in: Hilf/Oeter, WTO-Recht, § 26, Rn. 19; *Kennedy*, in: Bhala/Kennedy, World Trade Law, S. 400; *Bartels*, JIEL 6 (2003), 507 (507, Fn. 1).

1096 EC – Tariff Preferences, AB, para. 90, 99.

1097 So auch EC – Tariff Preferences, AB, para. 90.

1098 Langenscheidt Großes Schulwörterbuch Englisch-Deutsch, Neubearbeitung 1996.

1099 US – Wool Shirts and Blouses, AB, S. 13; EC – Tariff Preferences, AB, para. 87.

deren Mitgliedstaaten vorziehen soll. Das bedeutet in der Konsequenz, dass es nach den allgemeinen Grundsätzen für die Beanstandung eines solchen Schemas genügen würde, die Verletzung von Art. I GATT zu rügen, was aufgrund der ihm inhärenten Systematik zwangsweise gelingen wird.[1100] Es wäre dann an dem die Präferenzen gewährenden Staat zu beweisen, dass die Anforderungen der *Enabling Clause* erfüllt sind. Zwar entspricht dies der Beweislastverteilung in anderen Fällen, in denen aufgrund der Verfolgung legitimer Ziele von den Regeln des GATT abgewichen werden kann, nämlich der Ausnahmeregelung des Art. XX GATT. Doch sind die beiden Konstellationen nicht vergleichbar. Denn die Rechtfertigung gem. Art. XX GATT wird lediglich geduldet, wohingegen die Einführung eines allgemeinen Schemas von Zollpräferenzen für Entwicklungsländer im Gegenteil gefördert und unterstützt wird.[1101] Dann kann es aber für die Klage gegen ein solches Schema nicht ausreichen, lediglich die Verletzung von Art. I GATT, die selbstverständlich ist, darzulegen.[1102] Vielmehr ist zumindest erforderlich, dass die antragende Partei einen *prima facie* Beweis dafür erbringt, dass bestimmte Voraussetzungen der *Enabling Clause* nicht eingehalten wurden. Erst wenn diese Anforderung erfüllt ist, trifft die Beweislast für die Beachtung der Bestimmungen der Freistellung das Industrieland.[1103]

II. Die Nutzung der *Enabling Clause* als Anreiz für den Klimaschutz

Das so beschriebene System der *Enabling Clause* kann als Anreiz für den Klimaschutz nutzbar gemacht werden, indem die Gewährung der Zollpräferenzen für Waren aus Entwicklungsländern an die Bedingung der Ratifizierung des Kyoto-Protokolls oder der Klimarahmenkonvention durch das Herkunftsland geknüpft wird.[1104] Somit können die Entwicklungsländer durch ihre Beteiligung am internationalen Klimaschutz einen Vorteil erlangen. Diese Gewährung von Vergünstigungen unter der Bedingung eines bestimmten Verhaltens wird als positive Konditionalität bezeichnet.[1105] Tatsächlich hat die Europäische Union die-

1100 EC – Tariff Preferences, AB, para. 110.
1101 EC – Tariff Preferences, AB, paras. 106, 111.
1102 EC – Tariff Preferences, AB, para. 110.
1103 EC – Tariff Preferences, AB, para. 118.
1104 *McKenzie*, JIEL 11 (2008), 679 (688 f.).
1105 *Jessen*, WTO-Recht und Entwicklungsländer, S. 548 f.; *Eberhard*, Diskriminierende Gleichbehandlung von Entwicklungsländern in der WTO?, S. 171 f.; *Bartels*, in: Charnovitz u.a., WTR 3 (2004), 239 (245); *ders.*, JIEL 6 (2003), 507 (508); *Switzer*, ICLQ 57 (2008), 113 (115).

se Idee bereits 2005 in die Tat umgesetzt. Ihr Zollpräferenzsystem für Entwicklungsländer enthält drei Untergliederungen[1106]:

(1.) Das als GSP bekannte, für alle Entwicklungsländer zugängliche Schema allgemeiner Zollpräferenzen unterscheidet gem. Art. 6 der GSP-Verordnung nach empfindlichen und nicht empfindlichen Waren. Für Letztere werden die Zollsätze ausgesetzt, für Erstere um 3,5 Prozentpunkte herabgesetzt.

(2.) Im Bezug auf Waren aus den am wenigsten entwickelten Ländern setzt Art. 11 Abs. 1 der GSP-Verordnung alle Zollsätze mit Ausnahme derjenigen auf Waffen und Munition aus. Dieser Teil ist entsprechend als das *Everything but Arms Arrangement* bekannt.[1107]

(3.) Die dritte und vorliegend interessierende Untergliederung des Zollpräferenzsystems der EU ist das sog. GSP Plus, das eine „Sonderregelung als Anreiz für nachhaltige Entwicklung und verantwortungsvolle Staatsführung" enthält. Demnach werden Waren aus Entwicklungsländern, die bestimmte Anforderungen erfüllen, von Zöllen befreit.[1108] Der Vorteil gegenüber dem allgemeinen GSP entsteht hierbei im Wesentlichen im Hinblick auf als empfindlich eingestufte Waren. Voraussetzung für die Anwendbarkeit dieses Regimes ist einerseits, dass es sich um ein gefährdetes Land handelt[1109], d.h. ein Land mit niedrigem Einkommensniveau, geringer Diversifikation der Exporte und geringer Ausfuhrleistung[1110]. Außerdem muss das Entwicklungsland 27 in der GSP-Verordnung aufgelistete Übereinkommen zu den Menschen- und Arbeitnehmerrechten und dem Umweltschutz ratifiziert und tatsächlich umgesetzt haben.[1111] Eines davon ist das Kyoto-Protokoll[1112]. Derzeit profitieren 17 Entwicklungsländer von den Präferenzen des GSP Plus.[1113]

1106 Siehe Verordnung (EG) Nr. 732/2008 des Rates vom 22. Juli 2008 über ein Schema allgemeiner Zollpräferenzen für den Zeitraum vom 1. Januar 2009 bis 31. Dezember 2011 und zur Änderung der Verordnungen (EG) Nr. 552/97 und (EG) Nr. 1933/2006 sowie der Verordnungen (EG) Nr. 1100/2006 und (EG) Nr. 964/2007 der Kommission (nachfolgend GSP-Verordnung).

1107 Vgl. nur die Webseite der Europäischen Kommission zum GSP http://ec.europa.eu/trade/wider-agenda/development/generalised-system-of-preferences/#_regulations (zuletzt besucht am 10. Februar 2011).

1108 Art. 7 GSP-Verordnung.

1109 Art. 8 Abs. 1 lit. c) GSP-Verordnung.

1110 Art. 8 Abs. 2 GSP-Verordnung.

1111 Art. 8 Abs. 1 lit. a) GSP-Verordnung.

1112 Nr. 23 Anhang III GSP-Verordnung.

1113 Vgl. Entscheidung der Kommission vom 9. Dezember 2008, ABl. 2008, L334, und Beschluss der Kommission vom 9. Juni 2010, ABl. 2010, L142.

Bei der Betrachtung der europäischen Regelung stellt sich die Frage, ob die Konditionalität von zusätzlichen Zollvorteilen im System der allgemeinen Zollpräferenzen zulässig ist. Nur wenn dies der Fall ist, kann ein Anreiz für die Ratifizierung von Klima-Abkommen mithilfe der Zollpräferenzen geschaffen werden. Entscheidend sind hierfür die verschiedenen Anforderungen, die die *Enabling Clause* an präferenzielle Zollbehandlungen stellt. Das betrifft zunächst die Pflicht der Übereinstimmung mit dem *Generalized System of Preferences* gem. § 2 lit. a) der *Enabling Clause*. Diese wird in Fußnote 3 genauer definiert als Einführung von generalisierten, nicht reziproken und nicht diskriminierenden Präferenzen zugunsten der Entwicklungsländer.[1114] Außerdem muss ein Zollpräferenz-Schema den Anforderungen des § 3 der *Enabling Clause* gerecht werden. D.h., es darf keine Hemmnisse oder unangemessenen Schwierigkeiten für den Handel eines anderen Mitgliedstaates nach sich ziehen[1115], darf nicht den Abbau der Reduzierung von Zöllen behindern[1116] und muss eine positive Antwort auf die Entwicklungs-, finanziellen und Handelsbedürfnisse der Entwicklungsländer darstellen.[1117]

1. Die Bedeutung des Begriffs „nicht diskriminierend“

Eine zentrale Rolle bei der WTO-rechtlichen Beurteilung der Konditionalität kommt dem Begriff „nicht diskriminierend“ in Fußnote 3 der *Enabling Clause* zu. Denn die Frage lautet doch: Ist es zulässig, zwischen verschiedenen Entwicklungsländern auf der Grundlage der Ratifizierung von Klima-Übereinkommen zu differenzieren? Sicher ist, dass das Diskriminierungsverbot sich ausschließlich auf das Verhältnis der Entwicklungsländer zueinander beziehen kann[1118], denn die allgemeinen Zollpräferenzen sind per Definition diskriminierend gegenüber den Industrienationen.

a) Kein Verbot jeglicher Ungleichbehandlung

Grundlegend hat sich der Appellate Body zur Auslegung dieses Begriffs in *EC – Tariff Preferences* geäußert. Dort hatte er die Frage zu beurteilen, ob überhaupt eine Unterscheidung zwischen den einzelnen Entwicklungsländern zulässig ist oder ob die Bestimmung in Fußnote 3 so verstanden werden muss, dass außer

1114 *Bartels*, JIEL 6 (2003), 507 (520) betont, dass es sich hierbei um verbindliche Voraussetzungen und nicht nur um Soll-Vorschriften handelt; so auch EC – Tariff Preferences, AB, para. 145.

1115 § 3 lit. a) Enabling Clause.

1116 § 3 lit. b) Enabling Clause.

1117 § 3 lit. c) Enabling Clause.

1118 *Bartels*, JIEL 6 (2003), 507 (524).

der Bevorteilung von am wenigsten entwickelten Ländern gem. § 2 lit. d) der Enabling Clause und *a priori* Beschränkungen[1119] keine weiteren Differenzierungen möglich sind. In letzterem Sinne hatte das Panel in diesem Streitbeilegungsverfahren entschieden.[1120]

Ein Argument dafür, dass eine Unterscheidung innerhalb der Gruppe der Entwicklungsländer gegen die Vorgaben der *Enabling Clause* verstößt, könnte darin gesehen werden, dass § 2 lit. d) für die am wenigsten entwickelten Länder ausdrücklich eine spezielle Behandlung erlaubt. Im Umkehrschluss könnte dies bedeuten, dass Differenzierungen in allen anderen Fällen ausgeschlossen sind.[1121] Doch entspricht diese Sichtweise nicht dem Gesamtkontext des WTO-Rechts. Wiederholt wird innerhalb der Sonderbehandlung der Entwicklungsländer auf die im Vergleich noch prekärere Situation und die daher erforderliche Bevorzugung der am wenigsten entwickelten Länder hingewiesen.[1122] Diese Hervorhebung beginnt schon in der Präambel des WTO-Übereinkommens, in der festgehalten wird, „dass es positiver Bemühungen bedarf, damit sich die Entwicklungsländer, *insbesondere die am wenigsten entwickelten unter ihnen*, einen Anteil am Wachstum des internationalen Handels sichern".[1123] Überdies soll § 2 lit. d) der *Enabling Clause* dazu anregen, den am wenigsten entwickelten Ländern zusätzlich Vorteile gegenüber den „normalen" Entwicklungsländern zukommen zu lassen.[1124] Eine Differenzierung innerhalb der Gruppe der Entwicklungsländer ist sicherlich nicht im gleichen Maße erwünscht und muss daher nicht ausdrücklich gefördert werden. Daraus folgt aber keinesfalls ein Verbot. Abgesehen davon, dass die ausdrückliche Nennung von Vergünstigungen für die am wenigsten entwickelten Länder also auf dem Gedanken eines Aufrufs zur Bevorzugung beruht, hat sie wohl auch einen praktischen Hintergrund. Schon für die Identifizierung von Entwicklungsländern steht keine akkurate, brauchbare Definition zur Verfügung. Dies gilt umso mehr für die Bestimmung von Schwellenländern, Transformationsländern etc.[1125] Einzig die Liste der am wenigsten entwickelten Länder wird von den Vereinten Nationen verbindlich

1119 Dabei handelt es sich um im Vorhinein festgelegte Schwellenwerte für Importe, bei deren Überschreitung keine weiteren präferenziellen Zolltarife gewährt werden. Vgl. EC – Tariff Preferences, Panel, para. 7.108.

1120 EC – Tariff Preferences, Panel, para. 7.116.

1121 So das Panel in EC – Tariff Preferences, para. 7.145.

1122 Befreiung vom Verbot der Exportsubventionen: Art. 27.2 lit. a) i.Vm. Anhang VII SCM; Befreiung von den Senkungsverpflichtungen: Art. 15.2 des Übereinkommens über die Landwirtschaft; deutlich günstigere Behandlung: Art. 6 des Übereinkommens über Textilwaren und Bekleidung; vgl. auch Ziffer 42 der Doha Ministerial Declaration vom 14. November 2011, WT/MIN(01)/DEC/1.

1123 Hervorhebung vom Verfasser hinzugefügt.

1124 Vgl. EC – Tariff Preferences, AB, para. 172.

1125 Vgl. *Kennedy*, in: Bhala/Kennedy, World Trade Law, S. 399 f.

festgelegt.[1126] Diese stellen daher die einzige, unzweifelhaft abgrenzbare Gruppierung innerhalb der Entwicklungsländer dar. Dennoch steht außer Frage, dass auch im Übrigen innerhalb der Gruppe der Entwicklungsländer eine große Heterogenität besteht. Insofern haben die Länder aufgrund ihrer verschiedenen wirtschaftlichen Lagen auch unterschiedliche Bedürfnisse, die genau wie bei den am wenigsten entwickelten Ländern eine unterschiedliche Behandlung geboten erscheinen lassen können. Nach alledem kann dem Argument nicht gefolgt werden, die ausdrückliche Erlaubnis einer Besserstellung der am wenigsten entwickelten Länder lasse darauf schließen, dass anderweitige Differenzierungen untersagt seien.[1127]

Daher ist für die Beantwortung der Frage, ob eine Unterscheidung zwischen den Entwicklungsländern im Rahmen der *Enabling Clause* zulässig ist, auf den Wortsinn von *non discriminatory* abzustellen. Dabei muss berücksichtigt werden, dass das Verb *to discriminate* im Englischen durchaus eine neutrale Bedeutung haben kann, nämlich „unterscheiden" oder „unterschiedlich behandeln". Einzig bei der Verbindung mit *against* meint *to discriminate* das deutsche, negative Diskriminieren, also schlechter behandeln.[1128] Hat der Begriff eine neutrale Bedeutung, so ist jede Unterscheidung zwischen Entwicklungsländern ausgeschlossen; hat er eine negative Bedeutung, so ist eine Differenzierung anhand von objektiven Kriterien möglich.[1129] Allerdings würde das Adjektiv in der neutralen Bedeutung eher *discriminating* als *discriminatory* lauten. Dies deutet darauf hin, dass nicht jede Unterscheidung verboten ist, sondern nur eine negativ zu bewertende. Desgleichen lautet der französische authentische Wortlaut *sans discrimination*, wobei dies im Französischen die gleiche, negative Bedeutung wie in der deutschen Sprache hat. Der Appellate Body stellte entsprechend fest, dass keine Verpflichtung besteht, jedem einzelnen Entwicklungsland exakt die gleichen Präferenzen zu gewähren[1130], dass aber zumindest die Unterscheidung zwischen Entwicklungsländern in vergleichbarer Lage diskriminierend i.S.d. Fußnote 3 der *Enabling Clause* ist.[1131]

1126 Siehe die Liste auf der Webseite des *UN Office of the High Representative for the Least Developed Countries, Landlocked Developing Countries and Small Island Developing States* http://www.unohrlls.org/en/ldc/related/62/ (zuletzt besucht am 25. Februar 2011).

1127 So auch EC – Tariff Preferences, AB, para. 172.

1128 Vgl. zu den beiden möglichen Bedeutungen EC – Tariff Preferences, Panel, para. 7.126.

1129 EC – Tariff Preferences, AB, para. 152; *Shaffer/Apea*, JWT 39 (2005), 977 (987).

1130 EC – Tariff Preferences, AB, para. 159.

1131 EC – Tariff Preferences, AB, para. 153.

b) Vergleichbarkeit von Entwicklungsländern in Anknüpfung an ihre Lage

Wenn die Ungleichbehandlung von Entwicklungsländern in vergleichbarer Lage diskriminierend ist, stellt sich in der Konsequenz die Frage, nach welchen Kriterien festgestellt werden kann, ob eine solche vergleichbare Lage vorliegt. Insbesondere ist zu beurteilen, ob die Ratifizierung des Kyoto-Protokolls zur Annahme von relevanten Unterschieden führen kann. Dies wird im Schrifttum zum Teil sehr kritisch beurteilt.[1132] Gegründet ist diese Skepsis darauf, dass der Appellate Body als relevanten Kontext für die Auslegung von Fußnote 3 der *Enabling Clause* § 3 lit. c) der gleichen Regelung heranzieht. Dieser lautet:

> „*3. Any differential and more favourable treatment provided under this clause:*
> *(c) shall in the case of such treatment accorded by developed contracting parties to developing countries be designed and, if necessary, modified, to respond positively to the development, financial and trade needs of developing countries.*"

Daraus schließt der Appellate Body, dass eine hinreichende Verbindung[1133] zwischen der präferenziellen Behandlung einerseits und den genannten Bedürfnissen andererseits bestehen müsse.[1134] Dementsprechend sei die Gewährung eines Vorteils im Rahmen eines *Generalized System of Preferences* dann nicht diskriminierend, wenn sie auf ein bestimmtes finanzielles, Entwicklungs-, oder Handelsbedürfnis ausgerichtet und für alle Entwicklungsländer, die dieses Bedürfnis teilen, verfügbar sei. Mit Recht wird darauf hingewiesen, dass die Ratifizierung bzw. Nicht-Ratifizierung des Kyoto-Protokolls keinen Einfluss auf das Bestehen derartiger Bedürfnisse habe[1135]. Ein Entwicklungsland, das nicht Teil der internationalen Klima-Abkommen ist, habe grundsätzlich exakt die gleichen Entwicklungs-, Handels- oder finanziellen Bedürfnisse wie ein Entwicklungsland, das z.B. die Klimarahmenkonvention ratifiziert hat. Daher werde mit dem Erfordernis der Ratifizierung riskiert, dass zusätzliche Zollpräferenzen Ländern gewährt werden, die das besagte Bedürfnis nicht haben, bzw. dass die Vergünstigungen Entwicklungsländern nicht zugutekommen, obwohl sie das relevante Bedürfnis haben.[1136]

Führt man jedoch den Gedanken, dass eine Differenzierung, die einem bestimmten Zweck dient, nur dann zulässig ist, wenn dieser Zweck gerade den besonderen Bedürfnissen der bevorzugten Entwicklungsländer entspricht, konsequent zu Ende, dann bedeutet dies Folgendes: Die Problematik der globalen Er-

---

1132 *McKenzie*, JIEL 11 (2008), 679 (692 f.); *Bartels*, JIEL 10 (2007), 869 (876 ff.).

1133 „*Sufficient nexus*".

1134 EC – Tariff Preferences, AB, para. 164.

1135 *Bartels*, JIEL 10 (2007), 869 (877); *McKenzie*, JIEL 11 (2008), 679 (692); ähnlich auch *Switzer*, ICLQ 57 (2008), 113 (138 ff).

1136 *Bartels*, JIEL 10 (2007), 869 (877).

wärmung kann durchaus als Entwicklungsbedürfnis gesehen werden[1137], da die Studien des IPCC zeigen, dass gerade ärmere Länder von ihren Folgen besonders betroffen sind[1138]. Außerdem weist der Appellate Body darauf hin, dass die Existenz eines solchen Bedürfnisses anhand eines objektiven Standards beurteilt werden muss, wobei die Anerkennung in einem multilateralen Instrument als ein solcher Standard dienen kann.[1139] Mit der Klimarahmen-Konvention und dem Kyoto-Protokoll finden sich von einem Großteil der Staatengemeinschaft ratifizierte Abkommen, die die Notwendigkeit eines Einschreitens gegen die globale Erwärmung anerkennen. Grundsätzlich fällt also der Klimawandel unter die Bedürfnisse, die durch die Zollpräferenzen erfüllt werden dürfen. Besonders drängend ist die Bedrohung durch den Klimawandel in kleinen Inselstaaten wie den Malediven, die durch den Anstieg des Meeresspiegels vollständig überflutet werden könnten. Das Erfordernis, die Mitigation des Klimawandels voranzutreiben, besteht folglich in herausragendem Maße in diesen Ländern. Daher dürften nur diese Länder über das Schema der allgemeinen Zollpräferenzen hinausgehende Vorteile in Abhängigkeit von der Ratifizierung des Kyoto-Protokolls erhalten.[1140] Das bedeutet aber, dass nur für diese Länder Anreize zum Klimaschutz gesetzt werden. Dies ist zum einen deshalb nicht sinnvoll, weil das Reduktionspotenzial von Treibhausgas-Emissionen in den betroffenen Ländern äußerst gering ist. Aus klimapolitischer Sicht wäre es weitaus zweckmäßiger, großen Schwellenländern mit bereits ausgeprägter Industrie Anreize für den Klimaschutz zu setzen. Zum anderen widerspricht diese Vorgehensweise eklatant dem Gedanken der internationalen Klimaschutz-Instrumente, nach denen gerade nicht die Betroffenen die Last der Bemühungen zur Mitigation des Klimawandels tragen sollen, sondern jeder Staat nach seiner historischen Verantwortung und seiner wirtschaftlichen Leistungsfähigkeit. Dieser Grundsatz wird durch den soeben beschriebenen Ansatz auf den Kopf gestellt.

c) Überbewertung des Berichts in EC – Tariff Preferences für die Frage der positiven Konditionalität

Dass die Ansicht, nur die besonders von der globalen Erwärmung betroffenen Entwicklungsländer könnten zusätzliche Vergünstigungen aufgrund ihrer Klimapolitik erlangen, nicht dem Klimavölkerrecht entspricht, hat nicht automa-

1137 So auch *Switzer*, ICLQ 57 (2008), 113 (119, 139); *Bartels*, JIEL 10 (2007), 869 (876 f.); zweifelnd *McKenzie*, JIEL 11 (2008), 679 (691), der zwischen einem Entwicklungsbedürfnis und einem „Bedürfnis nach nachhaltiger Entwicklung" unterscheidet, allerdings auch anerkennt, dass der Klimawandel eine Bedrohung für die Entwicklung ist.

1138 IPCC 2007: Synthesis Report, S. 65.

1139 EC – Tariff Preferences, AB, para. 163.

1140 Vgl. *McKenzie*, JIEL 11 (2008), 679 (692 f.).

tisch zur Folge, dass dies auch für die WTO-rechtliche Beurteilung gelten muss. Es stellt sich die Frage, ob eine Auslegung des Begriffs „nicht diskriminierend", die keine Verbindung zwischen dem Differenzierungsgrund und den Bedürfnissen der begünstigten Entwicklungsländer fordert, mit den Vorgaben der *Enabling Clause* vereinbar ist und ob sie vom Verständnis des Appellate Body in *EC – Tariff Preferences* abweicht. Letzteres ist m.E. nicht der Fall. Tatsächlich hat sich der Appellate Body gar nicht zur Frage der positiven Konditionalität im Rahmen eines *Generalized System of Preferences* geäußert.[1141] Um diese Position zu erläutern, ist es erforderlich, den diesem Streitbeilegungsverfahren zugrunde liegenden Sachverhalt näher zu beleuchten.

Das Schema allgemeiner Zollpräferenzen der Europäischen Gemeinschaft für den Zeitraum vom 1. Januar 2002 bis zum 31. Dezember 2004[1142] sah neben den allen Entwicklungsländern zugänglichen Vorteilen noch drei weitere, darüber hinausgehende, den Bereich der empfindlichen Waren betreffende *Special Incentive Arrangements* vor. Dies waren das noch heute existierende *Everything but Arms Arrangement*, die als Anreiz konzipierten Sonderregelungen und das *Drug Arrangement*. Die Anreizregelungen unterteilten sich wiederum in zwei Untergruppen, nämlich die Anreize zum Schutz der Arbeitnehmerrechte und die Anreize zum Schutz der Umwelt. In der ersten Gruppe wurden zusätzliche Zollpräferenzen gewährt, wenn die innerstaatlichen Rechtsvorschriften den Konventionen der International Labor Organization entsprechen.[1143] Die zweite Gruppe betraf ausschließlich Zollpräferenzen für Tropenholzerzeugnisse, die unter der Bedingung der effektiven Anwendung von „innerstaatlichen Rechtsvorschriften, welche die international anerkannten Normen und Leitlinien im Bereich der nachhaltigen Bewirtschaftung tropischer Wälder im Wesentlichen enthalten", gewährt wurden.[1144] Diese Anreizregelungen waren folglich Ausdruck der positiven Konditionalität und mit dem heutigen GSP Plus vergleichbar.[1145]

Bezüglich des *Drug Arrangement* stellte der Verordnungstext hingegen keinerlei Konditionen auf, die erfüllt sein mussten, um die Vergünstigung zu erhalten, weder im Hinblick auf erforderliche Eigenschaften noch auf Verhaltensweisen der Länder. Aus dem Wortlaut ergab sich lediglich, dass die Sonderregelungen der Bekämpfung der Drogenproduktion und des Drogenhandels dienen soll-

1141 Zustimmend *Charnovitz*, in: Charnovitz u.a., WTR 3 (2004), 239 (239); a.A. *McKenzie*, JIEL 11 (2008), 679 (690), der ausdrücklich von den *„requirements for GSP conditionality set out by the Appellate Body in EC - Tariff Preferences"* spricht.

1142 Verordnung (EG) Nr. 2501/2001 des Rates vom 10. Dezember 2001 über ein Schema allgemeiner Zollpräferenzen für den Zeitraum vom 1. Januar 2002 bis 31. Dezember 2004, ABl. L. 346 (nachfolgend GSP-Verordnung von 2001).

1143 Art. 14 Abs. 2 der GSP-Verordnung von 2001.

1144 Art. 21 der GSP-Verordnung von 2001.

1145 Allerdings machte einzig die Republik Moldau von den als Anreiz konzipierten Sonderregelungen für Arbeitnehmerrechte Gebrauch, vgl. Anhang I der der GSP-Verordnung von 2001.

ten.[1146] Zwar sah Art. 25 Abs. 2 lit. b) der GSP-Verordnung von 2001 vor, dass die Kommission Bemühungen seitens jeden begünstigten Landes zur Bekämpfung der Drogenproduktion und des Drogenhandels überwacht und auswertet. Daraus folgt aber nicht, dass derartige Bemühungen Voraussetzung für den Genuss des *Drug Arrangement* waren.[1147] Denn die Regelungen der Verordnung knüpfen keine Rechtsfolge an diese Überwachung durch die Kommission an. Wäre es für den Erhalt der zusätzlichen Zollpräferenzen notwendig gewesen, bestimmte Anstrengungen für die Bekämpfung der Drogenproblematik zu unternehmen, so hätte das Fehlen solcher Bemühungen auch den Entzug der Vergünstigungen zur Folge haben müssen. Dies ging jedoch aus Art. 25 der GSP-Verordnung von 2001 nicht hervor. Das *Drug Arrangement* stellt demnach gar kein Schema positiver Konditionalität dar.[1148] Bezeichnend ist auch, dass der Europäische Wirtschafts- und Sozialausschuss in einer Stellungnahme zum Allgemeinen Präferenzsystem feststellte, dass „es keinerlei Beweise dafür [gibt], ob diese Regelungen irgendwelche Auswirkungen auf den Drogenhandel zeitigten."[1149] Dies ist ein weiteres Indiz dafür, dass die Zollvorteile in keinem Zusammenhang mit der Erfüllung von drogenbezogenen Bedingungen standen. In *EC –Tariff Preferences* wendete sich Indien zunächst sowohl gegen die Anreizregelungen als auch das *Drug Arrangement*, beschränkte aber später seinen Antrag auf letzteres Regime.[1150] Da es sich nur bei den Anreizregelungen, nicht aber dem *Drug Arrangement* um einen Fall der positiven Konditionalität handelte, konnten das Panel bzw. der Appellate Body sich in Übereinstimmung mit ihrem Mandat hierzu nicht äußern.

Welche Länder sich für das *Drug Arrangement* qualifizieren konnten und welche Kriterien hierfür angewandt wurden, geht aus dem Text der GSP-Verordnung von 2001 nicht hervor. Vielmehr enthielt Anhang I der Verordnung eine Liste mit 11 lateinamerikanischen Ländern und Pakistan, die hierdurch begünstigt wurden, ohne dass erkennbar wäre, wie diese Liste zustande gekommen ist. Im Streitbeilegungsverfahren kam zum Ausdruck, dass es sich dabei wohl um Länder handeln soll, die besonders von Drogenproblemen betroffen sind.[1151]

1146 Art. 10 der GSP-Verordnung von 2001.

1147 *Shaffer/Apea*, JWT 39 (2005), 977 (981 f.) gehen hingegen ohne weiteren Beleg davon aus, dass unter dem *Drug Arrangement* zusätzliche Zollpräferenzen in Abhängigkeit von der Erfüllung bestimmter Anti-Drogenhandel Kriterien gewährt werden.

1148 Ähnlich *Eberhard*, Diskriminierende Gleichbehandlung von Entwicklungsländern in der WTO?, S. 105, der dem *drug arrangement* die Eigenschaft als Anreizpolitik abspricht, da es keine Belohnung für politische Reformen, sondern höchstens einen Kredit hierfür darstellt.

1149 Stellungnahme des Europäischen Wirtschafts- und Sozialausschusses zum Thema „Allgemeines Präferenzsystem (APS)" vom 25. Februar 2004, ABl. C110/34, Ziffer 6.6.2.

1150 Siehe EC – Tariff Preferences, Panel, para. 1.5.

1151 Vgl. EC – Tariff Preferences, AB, para. 183.

Dieses Unterscheidungsmerkmal entspricht aber nicht dem Mechanismus der positiven Konditionalität, verstanden als die Anknüpfung von zusätzlichen Zollpräferenzen an ein bestimmtes Verhalten eines Entwicklungslandes. Vielmehr ist Kriterium die Lage des Entwicklungslandes. Gemeint ist dabei die Lage, von der auch der Appellate Body spricht, wenn er die Ungleichbehandlung von Ländern, die sich in vergleichbarer Lage befinden, als diskriminierend bewertet[1152]. Daraus folgt, dass auch die hinreichende Verbindung zu den in § 3 lit. c) der *Enabling Clause* genannten Bedürfnissen nicht im Hinblick auf einen Differenzierungsgrund bei der Konditionalität, sondern auf die Lage des Entwicklungslandes bestehen muss.[1153] Nachvollziehbar ist diese Unterscheidung zwischen der Situation des Landes und der Konditionalität der Zollpräferenzen im aktuellen GSP Plus. Voraussetzung für die Erlangung der Vorzugsbehandlung ist einerseits die Qualifikation als gefährdetes Land. Dies bezieht sich auf die Lage des Landes. Zudem muss eine Reihe internationaler Abkommen ratifiziert werden. Dieses Erfordernis spiegelt die Anknüpfung an eine positive Handlung des Begünstigten wider, also die Konditionalität.

Nachdem das *Drug Arrangement* aber gar keine Bedingungen für die Gewährung von Zollpräferenzen aufstellte, konnte der Appellate Body sich auch nicht dazu äußern, ob das Erfordernis der Nicht-Diskriminierung in Fußnote 3 der *Enabling Clause* ein Hindernis für die positive Konditionalität ist. Dies wäre nur der Fall gewesen, wenn Indien seinen Antrag auch unter dem Gesichtspunkt der Sonderregelungen für Anreize aufrechterhalten hätte. Daher gibt die Entscheidung im Fall *EC – Tariff Preferences* keinen abschließenden Aufschluss darüber, ob das Stellen einer Bedingung in Form eines bestimmten Verhaltens des begünstigten Entwicklungslandes diskriminierend ist. Dennoch kann sie teilweise zur Beantwortung dieser Frage herangezogen werden. Der Appellate Body stellt folgende grundlegende Anforderung an eine differenzierende Zollbehandlung:[1154]

> *„In granting such differential tariff treatment, however, preference-granting countries are required, by virtue of the term "non-discriminatory", to ensure that identical treatment is* ***available*** *to all similarly-situated GSP beneficiaries, that is, to all GSP beneficiaries that have the "development, financial and trade needs" to which the treatment in question is intended to respond."*

Daraus folgt, dass es ausreicht, wenn die Vorzugszolltarife für alle Entwicklungsländer in vergleichbarer Lage verfügbar sind. Verfügbar bedeutet aber nicht, dass der Vorteil automatisch gewährt werden muss. Es genügt vielmehr, wenn jedes Entwicklungsland es selber in der Hand hat, durch sein eigenes Ver-

1152 EC – Tariff Preferences, AB, para. 153.

1153 Ebenso *Bartels*, JIEL 6 (2003), 507 (523).

1154 EC – Tariff Preferences, AB, para. 173 (Hervorhebung vom Verfasser hinzugefügt); vgl. auch para. 165.

halten die Anwendung des günstigeren Regimes herbeizuführen.[1155] Hierin liegt der entscheidende Unterschied zwischen der Konditionalität und der Situation in einem Entwicklungsland. Die Erfüllung einer Bedingung ist durch das begünstigte Land durch seine eigenen Handlungen herbeiführbar, wohingegen die Lage in diesem Land nicht ohne weiteres verändert werden kann. Da das Kyoto-Protokoll von jedem Staat ratifiziert werden kann, ist eine Zollpräferenz, deren Gewährung hiervon abhängt, für alle Mitgliedstaaten der WTO verfügbar. Es sei darauf hingewiesen, dass das Kyoto-Protokoll für Entwicklungsländer keine konkreten Verpflichtungen zur Reduktion des CO_2-Ausstoßes vorsieht. Dadurch steht die Ratifizierung den Entwicklungsländern nicht nur technisch offen, sondern sie ist auch unter Berücksichtigung ihrer wirtschaftlichen Kapazitäten faktisch möglich, ohne eine Überforderung nach sich zu ziehen.[1156] Des Weiteren betont der Appellate Body die Anforderung, dass die Einbeziehung in ein zusätzliches Zollpräferenzschema von objektiven Kriterien abhängen muss.[1157] Die Ratifizierung bestimmter internationaler Verträge wie des Kyoto-Protokolls ist ein objektives Kriterium. Somit sind die Anforderungen des Appellate Body an eine Differenzierung innerhalb der Gruppe der Entwicklungsländer unter dem Gesichtspunkt des Diskriminierungsverbots erfüllt.

d) WTO-rechtliche Zulässigkeit der positiven Konditionalität

Daraus folgt aber nicht zwingend, dass die positive Konditionalität im Hinblick auf die Ratifizierung des Kyoto-Protokolls auch abschließend als „nicht diskriminierend" i.S.d. Fußnote 3 der *Enabling Clause* zu betrachten ist. Ob diese Ungleichbehandlung zulässig ist, muss zusätzlich unter systematischen und teleologischen Gesichtspunkten beleuchtet werden. Grundlegend stellt sich die Frage, welche Institution über die Konditionen für Zollpräferenzen entscheiden soll: Liegt dies in der Hand der gewährenden Staaten, müssen die Mitgliedstaaten als Ganzes im Einzelfall entscheiden, oder können im Streitbeilegungsverfahren allgemeine Richtlinien auf Grundlage der *Enabling Clause* entwickelt werden?[1158]

Dafür, dass die Industriestaaten die Bedingungen der Begünstigungen festlegen können, ohne dass die Konditionalität eine verbotene Diskriminierung darstellt, spricht das *argumentum a maiore ad minus*. Die Industrienationen sind

1155 *Switzer*, ICLQ 57 (2008), 113 (137); *Bartels*, JIEL 6 (2003), 507 (525); *McKenzie*, JIEL 11 (2008), 679 (693).

1156 So auch *McKenzie*, JIEL 11 (2008), 679 (689 f.); dies betont *Bartels*, JIEL 6 (2003), 507 (526) auch in Bezug auf das Übereinkommen über Tropenhölzer, nach dem lediglich eine Pflicht zur Kooperation und zur Bemühung besteht.

1157 EC – Tariff Preferences, AB, para. 183.

1158 Vgl. zur Frage dieser „institutionellen Wahl" *Shaffer/Apea*, JWT 39 (2005), 977 (995 f.).

durch die *Enabling Clause* nicht dazu verpflichtet, den Entwicklungsländern eine Vorzugsbehandlung bezüglich der Zolltarife zukommen zu lassen. Dieser Befreiungstatbestand eröffnet ihnen lediglich die Möglichkeit hierzu in Übereinstimmung mit den Vorschriften des WTO-Rechts.[1159] Wenn es aber den Mitgliedstaaten frei steht, gar keine Zollpräferenzen zu gewähren, dann muss es auch möglich sein, diese von bestimmten Bedingungen abhängig zu machen, solange diese nur objektiv und nicht willkürlich sind.[1160] Zurückzuführen ist dies auf die Tatsache, dass § 1 der *Enabling Clause* das Meistbegünstigungsprinzip für die Behandlung der Entwicklungsländer durch industrielle Mitgliedstaaten aussetzt. Dadurch entsteht eine Situation, die derjenigen nach allgemeinem Völkerrecht gleicht: Ohne die Geltung der WTO-Vorschriften können Staaten Vergünstigungen im Bereich der Zölle gewähren, ohne dass diese automatisch anderen Staaten zuteilwerden.[1161]

aa) Die Problematik des wirtschaftlichen Drucks: Abweichung der formalen von der materiellen Gleichheit der Staaten

Allerdings basiert die völkerrechtliche Freiheit, bestimmte Staaten besser zu behandeln als andere, auf der Annahme der souveränen Gleichheit der Staaten gem. Art. 2 Abs. 1 UN-Charta, verstanden als formale Gleichstellung aller Mitglieder der Staatenwelt[1162]. Zwar besteht diese Gleichheit normativ, doch materiell herrscht ein strukturelles Ungleichgewicht zwischen Industriestaaten und Entwicklungsländern. Es stellt sich daher die Frage, ob es in diesem Verhältnis angemessen ist, den wirtschaftlich starken Mitgliedern der WTO das Recht zur Ungleichbehandlung zu belassen.[1163] Denn faktisch wird hierdurch ein erheblicher Druck auf die Entwicklungsländer ausgeübt[1164], der von den Industriestaaten für richtig gehaltenen Klimapolitik zu folgen. So wird denn auch der Einsatz von Handelsmaßnahmen zur Erreichung solcher Ziele von den Entwicklungsländern zum Teil als „Öko-Imperialismus“ betrachtet[1165] und gefürchtet, dass diese als unilaterale Handelssanktionen eingesetzt werden können.[1166] Als Illust-

1159 *Bartels*, JIEL 6 (2003), 507 (513); *Schmahl*, AVR 2004, 389 (396, Fn. 24); *Kennedy*, in: Bhala/Kennedy, World Trade Law, S. 420, 424.

1160 Vgl. *Schmahl*, AVR 2004, 389 (402 f.).

1161 Vgl. zur Ablehnung eines völkergewohnheitsrechtlichen Diskriminierungsverbots *Jackson*, The World Trading System, S. 158.

1162 *Herdegen*, Völkerrecht, § 33, Rn. 1; *Ipsen*, Völkerrecht, § 26, Rn. 7 ff; *Hobe*, Einführung in das Völkerrecht, S. 365 f.

1163 So auch *Shaffer/Apea*, JWT 39 (2005), 977 (991).

1164 *Shaffer/Apea*, JWT 39 (2005), 977 (999); *Steinberg*, AJIL 91 (1997), 231 (232 f.).

1165 *McKenzie*, JIEL 11 (2008), 679 (684); *Voon*, J. Transnat'l L. & Pol'y 10 (2000), 71 (100).

1166 *Jessen*, in: Hilf/Oeter, WTO-Recht, § 26, Rn. 30; siehe zum Einsatz des Präferenzsystems in diplomatischen Verhandlungen *Jackson*, The World Trading System, S. 160.

ration für die Realität dieses Zwangs kann wiederum der Fall *EC – Tariff Preferences* verwendet werden. Indien strengte dieses Verfahren an, weil Pakistan zum 1. Januar 2002 in die Liste der begünstigten Entwicklungsländer aufgenommen wurde.[1167] Dadurch erlangten pakistanische Textilien, die zu den empfindlichen Waren zählen, zollfreien Zugang zum Markt der Europäischen Gemeinschaft, wohingegen auf indische Textilien der reguläre Zollsatz anfiel. Nach indischen Schätzungen verursachte dies einen Exportverlust in Höhe von ca. 250 Mio. US Dollar.[1168] Das bedeutet einen nicht zu vernachlässigenden Wettbewerbsverlust, so dass schon fast von einem Zwang gesprochen werden kann, die Bedingungen für die Gewährung der Zollpräferenz zu erfüllen, um diesen Verlust zu verhindern.

Nun wurde im Rahmen der Anforderungen des *chapeau* des Art. XX GATT die Ansicht vertreten, die Ausübung wirtschaftlichen Drucks zur Erzielung einer erzieherischen Wirkung schließe nicht per se die Vereinbarkeit mit dem WTO-Recht aus. Dies liege vorwiegend an der Eigenschaft des Klimas als *common concern of mankind*, der nur durch international abgestimmtes Handeln geschützt werden könne, nicht aber durch rein nationale Maßnahmen.[1169] Dieses Argument ist zunächst auch für die Beurteilung der positiven Konditionalität eines Schemas allgemeiner Zollpräferenzen valide. Dennoch stellt sich die Frage, ob deshalb ausgeschlossen werden kann, dass der wirtschaftliche Druck zu einer Diskriminierung i.S.d. Fußnote 3 der *Enabling Clause* führt. Denn die Zulässigkeit derartiger Maßnahmen steht im Hinblick auf die allgemeinen Ausnahmen des GATT unter gewissen vom Appellate Body aufgestellten Bedingungen. Dabei handelt es sich um die Kooperationspflicht, die Anerkennung gleichwertiger ausländischer Regelungen und die Einhaltung des *fair trial*-Grundsatzes.[1170] Bei einem *Generalized System of Preferences*, das zusätzliche Vergünstigungen unter bestimmten Bedingungen gewährt, ist davon auszugehen, dass vor Erlass der Regelungen nicht mit den betroffenen Staaten verhandelt wurde.[1171] Auch eine Möglichkeit der Beschwerde gegen die Entscheidung dürfte nicht gegeben sein. Doch sind die Bedingungen, die der Appellate Body im Rahmen des *chapeau* anwendet, nicht auf Zollpräferenzen für Entwicklungsländer übertragbar. Denn die Rechte dieser Staaten werden nicht im Vergleich zum Niveau, das das WTO-Recht grundsätzlich gewährt, beschnitten, sondern erweitert. Bei einer Besserstellung ist es nicht erforderlich, im Vorhinein mit

1167 Mutmaßlich als Belohnung für die Kooperation mit westlichen Ländern im Bezug auf die Bekämpfung des Terrorismus; vgl. *Jessen*, WTO-Recht und Entwicklungsländer, S. 550.

1168 Vgl. *Jessen*, WTO-Recht und Entwicklungsländer, S. 550; *Shaffer/Apea*, JWT 39 (2005), 977 (984).

1169 Siehe oben S. 87.

1170 Siehe oben S. 88 ff.

1171 *Shaffer/Apea*, JWT 39 (2005), 977 (998).

den Entwicklungsländern hierüber zu verhandeln bzw. nachträgliche Rechtschutzmöglichkeiten zu gewährleisten.

Doch unterscheidet sich die vorliegende Konstellation von der Rechtfertigung gem. Art. XX GATT insofern, als die Anwendung der *Enabling Clause* systematisch das Verhältnis von Entwicklungsländern zu Industriestaaten betrifft. Per Definition kann Ziel des wirtschaftlichen Drucks daher nur ein strukturell schwächerer Mitgliedstaat sein, der im Allgemeinen auf den Markt des die Zollpräferenzen gewährenden Staates angewiesen sein wird. Für den Fall, dass ein Entwicklungsland die Bedingungen für den Erhalt der zusätzlichen Vergünstigungen nicht erfüllt, ein anderes Entwicklungsland, das direkt konkurrierende Waren produziert, aber schon, werden den betroffenen Produkten zwar keine Vorteile entzogen. Wohl aber ist die Entstehung einer Handelsumlenkung wahrscheinlich[1172], weil die Waren aus dem zweiten Entwicklungsland einen Preisvorteil genießen und daher zulasten der Produkte aus dem ersten Entwicklungsland vermehrt auf den Markt des Industriestaates eingeführt werden. Entwicklungsländer zeichnen sich allgemein durch eine geringe volkswirtschaftliche Diversifizierung aus.[1173] Folglich kann ein Exportverlust bei einer der wenigen Warengruppen, die überhaupt ausgeführt werden, drastische Konsequenzen für die Wirtschaft dieser Staaten haben. Das materielle Ungleichgewicht zwischen Industrienationen und Entwicklungsländern und der hieraus folgende wirtschaftliche Druck könnten Argumente dafür sein, die positive Konditionalität als Form der Diskriminierung zu betrachten.[1174]

bb) Überlegungen zum Charakter der *Enabling Clause*

Eine systematische Betrachtung spricht ebenfalls dafür, die Anknüpfung von zusätzlichen Zollpräferenzen an die Erfüllung bestimmter Bedingungen als unzulässig anzusehen. Denn die *Enabling Clause* stellt lediglich eine begrenzte Ausnahme vom Prinzip der Meistbegünstigung dar. Ungeachtet dieser Ausnahme bleibt die Meistbegünstigung einer der grundlegenden Pfeiler des WTO-Systems. Daher soll dieser Grundsatz gegenüber den Entwicklungsländern nur soweit ausgesetzt werden, wie dies für die Förderung ihrer Wirtschaft erforderlich ist. Das Meistbegünstigungsprinzip findet daher nur im Verhältnis zu entwickelten Mitgliedstaaten keine Anwendung, so dass Letztere nicht die gleichen Vergünstigungen erhalten müssen wie Entwicklungsländer. Aus dem Gedanken

---

1172 *Switzer*, ICLQ 57 (2008), 113 (125).

1173 So kann ein Entwicklungsland durch das GSP Plus nur dann begünstigt sein, wenn „die fünf größten Abschnitte seiner unter das allgemeine Präferezschema (APS) fallenden Einfuhren in die Gemeinschaft mehr als 75 % des Wertes seiner gesamten unter das APS fallenden Einfuhren ausmachen", Art. 8 Abs. 2 lit. a) GSP-Verordnung.

1174 *Shaffer/Apea*, JWT 39 (2005), 977 (993) sehen hierin ein System, das mit den kolonialen Präferenzprogrammen vergleichbar ist und somit den Hoheitsanspruch der Industriestaaten zum Ausdruck bringt.

heraus, dass die jeweilige Entwicklungsstufe eine Abweichung von der Meistbegünstigung rechtfertigt, ist es auch nachvollziehbar, dass innerhalb der Gruppe der Entwicklungsländer anhand ihrer wirtschaftlichen Lage, also ihrer „Entwicklungs-, finanziellen und Handelsbedürfnisse" unterschieden wird. Doch die Differenzierung mithilfe von Bedingungen wie der Ratifizierung bestimmter internationaler Übereinkommen fügt sich in diese Systematik nicht ein. Sie ist völlig unabhängig von der jeweiligen Entwicklungsstufe des Staates. Getreu dem Grundsatz, dass Ausnahmen grundsätzlich restriktiv auszulegen sind, drängt sich der Gedanke auf, dass das Meistbegünstigungsprinzip in dieser Hinsicht, also zwischen gleich entwickelten Staaten, auch im Rahmen der *Enabling Clause* anwendbar bleiben muss. Schließlich führt alles andere wie gezeigt zu einer Handelsumlenkung und damit möglicherweise zur Bevorzugung ineffizienter Produktion und zu einer nicht paretooptimalen Allokation der Ressourcen. Daran wird deutlich, dass die Meistbegünstigung auch unter den Entwicklungsländern ihre Daseinsberechtigung hat und nicht ohne weiteres aufgehoben werden sollte.

Im Rahmen eines *Generalized System of Preferences* kann folglich nicht ohne Grund vom Prinzip der Meistbegünstigung abgewichen werden. Doch liegt der Grund vorliegend in der Anreizsetzung zum Klimaschutz in Entwicklungsländern. Dabei handelt es sich laut Präambel des WTO-Übereinkommens genau wie bei der Förderung der Entwicklungsländer um ein ausdrückliches Ziel der WTO, nämlich die nachhaltige Entwicklung und den Schutz und die Erhaltung der Umwelt[1175]. Würde man die Konditionalität zum Nutzen dieser Zielsetzung aufgrund des strukturellen Ungleichgewichts zwischen Entwicklungsländern und Industriestaaten vollständig ausschließen, so würde das bedeuten, ein Ziel der WTO einem anderen vorzuziehen, obwohl beide grundsätzlich gleichberechtigt nebeneinanderstehen.[1176] Hinzu kommt, dass die Entwicklungsländer mit ihrer Mitgliedschaft in der WTO die Notwendigkeit des Umwelt- und damit auch des Klimaschutzes anerkannt haben. Dies müssen sie sich entgegenhalten lassen.

Für die WTO-rechtliche Zulässigkeit der positiven Konditionalität von zusätzlichen Zollpräferenzen spricht neben diesem Aspekt die Sorge um die volle Entfaltung des durch die *Enabling Clause* ermöglichten Sonderregimes für Entwicklungsländer. Denn zum einen ist die Effektivität eines Bedingungsverbots zweifelhaft. Werden bisher wie im GSP Plus die Vorzugszolltarife öffentlich und in transparenter Weise mit der Ratifizierung internationaler Übereinkommen verknüpft, so könnte sich derselbe Mechanismus im Falle eines Verbotes, wenn nicht sogar inoffiziell und in Hinterzimmern, dann zumindest in einem

---

1175 So auch *McKenzie*, JIEL 11 (2008), 679 (684).

1176 Zur Bedeutung der Wertung verschiedener Ziele der WTO in dieser Konstellation vgl. *Shaffer/Apea*, JWT 39 (2005), 977 (989 f.).

bilateralen Rahmen[1177] vollziehen. Dies würde aber die inhaltliche Kontrolle erschweren und dem Schutz der Entwicklungsländer vor unangemessenem Druck durch das Ausspielen der wirtschaftlich überlegenen Position eher schaden als nützen. Zum anderen bestünde die Gefahr, dass die entwickelten Mitgliedstaaten als Konsequenz keinerlei Präferenzen mehr gewähren würden.[1178] Dieser „Tod der Allgemeinen Zollpräferenzen"[1179] würde jedoch dem erklärten Ziel der *Enabling Clause* und auch des WTO-Rechts insgesamt, den Entwicklungsländern einen Anteil am Wachstum des internationalen Handels zu sichern, entgegenlaufen. Dieser Gesichtspunkt spricht folglich teleologisch für die Zulässigkeit der positiven Konditionalität und damit die Verneinung einer Diskriminierung i.S.d. Fußnote 3 der *Enabling Clause.*

cc) Abwägung zwischen dem wirtschaftlichen Druck und den Klimaschutzzielen

Im Rahmen der Auslegung des Begriffs „nicht diskriminierend" sprechen folglich sowohl Argumente für als auch gegen die Zulässigkeit der Gewährung zusätzlicher Zollpräferenzen unter einer Bedingung. Es stellt sich daher letztlich die Frage einer Abwägung zwischen dem wirtschaftlichen Druck, der auf Entwicklungsländer ausgeübt wird, und dem Beitrag, den die positive Konditionalität bei Anknüpfung an die Ratifizierung der Klimarahmen-Konvention bzw. des Kyoto-Protokolls für den Schutz des Klimas leisten kann[1180]. Eine negative Bewertung würde bedeuten, dass die Ausübung des Drucks so stark ist, dass die Nichtgewährung der zusätzlichen Zollpräferenzen auf der Grundlage der Nicht-Ratifizierung des Kyoto-Protokolls eine Diskriminierung beinhaltet. Doch ist dies angesichts einiger Besonderheiten im Bereich der Mitigation des Klimawandels nicht der Fall.

Zunächst muss die Eigenschaft des Klimas als globales Gut berücksichtigt werden, dessen Erhaltung nur durch eine Zusammenarbeit auf internationaler und multilateraler Ebene erreicht werden kann. Dadurch mischt sich ein Industriestaat, der über sein allgemeines Präferenzsystem Druck zur Ratifizierung der Klimaabkommen ausübt, nicht in eine rein innerstaatliche Angelegenheit ein, die keine Verbindung zu seinen eigenen Belangen hat, sondern er ist selbst un-

---

1177 *Jessen*, WTO-Recht und Entwicklungsländer, S. 575.

1178 *Shaffer/Apea*, JWT 39 (2005), 977 (1000); *Jessen*, WTO-Recht und Entwicklungsländer, S. 575; a.A. *Pauwelyn*, in: Charnovitz u.a. WTR 3 (2004), 239 (256), der aus der Aussage des Appellate Body „the term ‚generalized' requires that the GSP schemes of preference-granting countries remain generally applicable" schließt, dass eine Pflicht zur Aufrechterhaltung der Allgemeinen Zollpräferenzen besteht; hiergegen *Charnovitz*, in: Charnovitz u.a. WTR 3 (2004), 239 (260 f.).

1179 *Howse*, Bridges Monthly Review 8 (2004), 7.

1180 Auch *Switzer*, ICLQ 57 (2008), 113 (144) stellt diese Frage in den weiteren Kontext der unklaren Rolle des *Generalized System of Preferences* zwischen Handelsliberalisierung und nachhaltiger Entwicklung.

mittelbar davon betroffen. Außerdem ist die Belastung, die für ein Entwicklungsland durch die Ratifizierung der Klimarahmen-Konvention bzw. des Kyoto-Protokolls entsteht, äußerst gering.[1181] Die in Art. 4 Abs. 1 KRK und Art. 10 KP normierten Verpflichtungen bestehen im Wesentlichen in der Pflicht zur Führung eines Verzeichnisses[1182] und zur Erarbeitung und Umsetzung von nationalen Programmen zur Abschwächung der Klimaänderungen[1183]. Im Übrigen handelt es sich hauptsächlich um ein Bekenntnis zur Zusammenarbeit für das gemeinsame Ziel der Mitigation der globalen Erwärmung. Mit Belastungen verbunden sind demnach vorwiegend die beiden erstgenannten Pflichten. Doch bestehen auch diese ausdrücklich nur unter Berücksichtigung der „gemeinsamen, aber unterschiedlichen Verantwortlichkeiten“[1184]. Demnach sind die Fähigkeiten und Kapazitäten jeder Vertragspartei entscheidend dafür, welche Anforderungen im Rahmen dieser Verpflichtungen an sie gestellt werden können.[1185] Aus diesem Grund kann die Ratifizierung der völkerrechtlichen Klimaabkommen nicht zu einer Überforderung und übermäßigen Belastung der Entwicklungsländer führen.[1186]

Allerdings ist zu beachten, dass laut der Erwägungsgründe der GSP-Verordnung die zusätzlichen Zollpräferenzen als Kompensation für die Bürde der Ratifizierung und Umsetzung der Übereinkommen gedacht sind.[1187] Nun muss die Voraussetzung der Ratifizierung und Umsetzung aber schon vor der Gewährung der Vergünstigungen des GSP Plus erfüllt sein. D.h., dass die Entwicklungsländer zunächst die Kosten selber tragen müssen. Dies könnte zu einer Diskriminierung führen, wenn einige der potenziellen Begünstigten wirtschaftlich dazu in der Lage sind, die Kosten sozusagen „vorzustrecken“, andere aber nicht.[1188] Jedoch ist hier wiederum festzustellen, dass diese Kosten im Bezug auf die Klimarahmen-Konvention und das Kyoto-Protokoll mangels materieller

1181 Vgl. *McKenzie*, JIEL 11 (2008), 679 (689).

1182 Art. 4 Abs. 1 lit. a) KRK, Art. 10 lit. a) KP.

1183 Art. 4 Abs. 1 lit. b) KRK, Art. 10 lit. b) KP.

1184 Art. 4 Abs. 1 KRK, Art. 10 KP.

1185 Vgl. auch Art. 3 Nr. 1 KRK.

1186 In dem Erfordernis der Ratifizierung aller 27 Übereinkommen des GSP Plus sieht *Switzer*, ICLQ 57 (2008), 113 (147) aber eine zu große Bürde, die zu einer Diskriminierung zwischen den Entwicklungsländern führt, die sie schultern können, und denen, denen hierzu die Kapazitäten fehlen.

1187 Erwägungsgrund 8 der GSP-Verordnung: „Dementsprechend sollten denjenigen Entwicklungsländern, die aufgrund einer fehlenden Diversifizierung und einer unzureichenden Einbindung in das internationale Handelssystem gefährdet sind und dennoch besondere Belastungen und Verpflichtungen auf sich nehmen, indem sie wichtige internationale Übereinkommen zu den Menschen- und Arbeitnehmerrechten, zum Umweltschutz und zur verantwortungsvollen Staatsführung ratifizieren und tatsächlich umsetzen, zusätzliche Zollpräferenzen gewährt werden.“ Dieses Verständnis teilen *McKenzie*, JIEL 11 (2008), 679 (690) und *Bartels*, JIEL 10 (2007), 869 (875).

1188 *Bartels*, JIEL 10 (2007), 869 (881); vgl. auch *Switzer*, ICLQ 57 (2008), 113 (138).

Verpflichtungen gering sind. Außerdem ist die Berechtigung der Entwicklungsländer, sich darauf zu berufen, dass die Ratifizierung des Kyoto-Protokolls eine zu große Bürde ist, insofern eingeschränkt, als sie selber in der Präambel des WTO-Übereinkommens das Ziel einer nachhaltigen Entwicklung und des Umweltschutzes anerkennen. Insgesamt ist bei der Abwägung zu berücksichtigen, ob die Konditionalität zusätzlicher Zollpräferenzen einem ausgesprochenen Ziel der WTO dient. Dies spricht entscheidend für ihre Zulässigkeit. Das Gleiche muss in Übereinstimmung mit der Handhabung im Rahmen des Art. XX GATT[1189] für solche legitimen Zwecke gelten, die in quasi universell anerkannten Übereinkommen vereinbart sind. Diese sind gem. Art. 3.2 S.2 DSU i.V.m. Art. 31 Abs. 3 lit. c) WVRK als Kontext für die Auslegung zu berücksichtigen. Da die Klimarahmen-Konvention fast von der Gesamtheit der Staatengemeinschaft ratifiziert wurde, erfüllt das Klimaschutz-Ziel neben der Verankerung in der Präambel des WTO-Übereinkommens auch diese Anforderung.

Aus diesen Aspekten heraus – der Eigenschaft des Klimas als globales Gut, dem geringen Verpflichtungsgrad von Entwicklungsländern im internationalen Klimarecht und der Anerkennung des Umweltschutzes als Ziel der WTO – ist die Verknüpfung von zusätzlichen Zollpräferenzen mit der Ratifizierung derartiger Instrumente nicht diskriminierend.[1190] Es sei darauf hingewiesen, dass damit keine generelle Aussage über die Zulässigkeit der positiven Konditionalität im Rahmen der *Enabling Clause* getroffen ist. Denn schon andere für die Erlangung der Vergünstigungen des GSP Plus zu ratifizierende Übereinkommen, z.B. die Abkommen zum Schutz der Arbeitnehmerrechte, weisen die vorliegend als entscheidend betrachteten Charakteristiken der Globalität und der geringen Belastung nicht auf. Bei einer Bewertung des GSP Plus wäre auch zu berücksichtigen, dass die in der europäischen Verordnung aufgezählten völkerrechtlichen Abkommen kumulativ ratifiziert und umgesetzt werden müssen. Ohne eine begleitende Unterstützung durch die Industriestaaten vor allem im technischen Bereich werden viele Entwicklungsländer dies nicht leisten können.[1191] Entscheidend dürfte allerdings die universelle Anerkennung der mit der Konditionalität verfolgten Ziele entweder in den WTO-Vorschriften selber oder aber in umfassend ratifizierten internationalen Abkommen sein. Im Bezug auf die Gewährung zusätzlicher Vergünstigungen in Abhängigkeit von der Ratifizierung des Kyoto-Protokolls ist die Unterscheidung zwischen solchen Entwicklungsländern, die diese Bedingung erfüllen, und solchen, die dies nicht tun, jedenfalls„nicht diskriminierend" i.S.d. Fußnote 3 der *Enabling Clause*.

1189 Siehe oben S. 61 f.

1190 A.A. *Switzer*, ICLQ 57 (2008), 113 (144 ff.), die nur multilaterale Bemühungen zum Umweltschutz für zulässig erachtet.

1191 Vgl. *Jessen*, WTO-Recht und Entwicklungsländer, S. 616; *Bartels*, JIEL 10 (2007), 869 (881).

Um auf die Frage zurückzukommen, welche Institution über die Konditionalität entscheiden darf,[1192] ist festzustellen, dass die soeben aufgezeigte Abwägung im Streitbeilegungsverfahren auf Grundlage allgemeiner Richtlinien durchgeführt wird. Weder sind also die gewährenden Staaten völlig frei in der Ausgestaltung ihres *Generalized System of Preferences*, noch bedarf es einer Entscheidung der WTO-Mitglieder über die Zulässigkeit in jedem Einzelfall der Konditionalität. Letztendlich ist es daher an den Organen der Streitbeilegung, die Umsetzung der allgemeinen, aus der *Enabling Clause* folgenden Vorgaben zu überprüfen.[1193]

2. Die verbleibenden Anforderungen von Fußnote 3 der *Enabling Clause*

Zwar kommt der Voraussetzung der Nicht-Diskriminierung im Rahmen von Fußnote 3 der *Enabling Clause* für die Frage der Zulässigkeit der positiven Konditionalität die größte Bedeutung zu. Nichtsdestotrotz muss ein Schema allgemeiner Zollpräferenzen auch die verbleibenden Anforderungen erfüllen, nämlich verallgemeinert und nicht reziprok sein.

a) Verallgemeinerte Präferenzen

Wenig Bedeutung kommt heutzutage neben dem Diskriminierungsverbot dem Erfordernis der Verallgemeinerung zu. Dieses ist historisch zu verstehen und nahm seinen Ursprung in der weit verbreiteten Neigung ehemaliger Kolonialmächte, aus Verbundenheit ihren einstigen Kolonien eine Sonderbehandlung zukommen zu lassen. Das Adjektiv *generalized* wurde in die *waiver*-Entscheidung von 1971 eingefügt, um dieser Ungleichbehandlung eine ausdrückliche Absage zu erteilen. Ein System von Vorzugstarifen sollte dadurch auf alle, nicht nur einige ausgewählte Entwicklungsländer ausgeweitet werden.[1194] Neben dem Verbot der Diskriminierung hat die Verallgemeinerung allerdings heute keine eigenständige Bedeutung mehr, weil sie sich auf die erstmalige Erstreckung der Präferenzen auf alle Entwicklungsländer bezog.[1195]

b) Nicht gegenseitige Präferenzen

Mehr Bedeutung im Hinblick auf die positive Konditionalität als Anreiz für den Klimaschutz könnte hingegen die Charakterisierung des *Generalized System of*

1192 Siehe oben S. 106.

1193 So auch *Shaffer/Apea*, JWT 39 (2005), 977 (996).

1194 Vgl. zum Ganzen EC – Tariff Preferences, AB, para. 155; *Bartels*, JIEL 6 (2003), 507 (523).

1195 *Bartels*, JIEL 6 (2003), 507 (523); *Schmahl*, AVR 2004, 389 (400).

Preferences als nicht reziprok haben. Denn es ist vorstellbar, die Ratifizierung des Kyoto-Protokolls als eine Art Gegenleistung für die Gewährung der zusätzlichen Zollpräferenzen zu verstehen, so dass eine Gegen- bzw. Wechselseitigkeit bestehen würde.[1196] Doch bezieht sich die Reziprozität in den Vorschriften des WTO-Rechts stets auf Handelsvorteile[1197] und insbesondere Zolltarife. Zwischen Zugeständnissen, die sich hierauf beziehen, soll Wechselseitigkeit bestehen. Das zeigt sich schon in der Präambel des GATT 1947, in der die Reziprozität im Zusammenhang mit dem Abbau der Zölle und anderer Handelsschranken aufgeführt wird. In der *Enabling Clause* hebt § 5 noch einmal ausdrücklich hervor, dass die entwickelten Länder von den Entwicklungsländern keine Gegenseitigkeit erwarten. Dort heißt es[1198]:

> *„The developed countries do not expect reciprocity for commitments made by them in trade negotiations to reduce or remove tariffs and other barriers to the trade of developing countries, i.e., the developed countries do not expect the developing countries, in the course of trade negotiations, to make contributions which are inconsistent with their individual development, financial and trade needs. Developed contracting parties shall therefore not seek, neither shall less-developed contracting parties be required to make,* ***concessions*** *that are inconsistent with the latter's development, financial and trade needs."*

Demnach bedeutet der Verzicht auf die Gegenseitigkeit, dass keine Zugeständnisse (*concessions*) erwartet werden dürfen. Betrachtet man Art. II GATT, so wird deutlich, dass unter Zugeständnissen die Herabsetzung von Zollsätzen gemeint ist. Außerdem wird für die Unabhängigkeit der Gewährung von Vorteilen von bestimmten Konditionen ein anderer Begriff in Art. I:1 GATT verwendet, nämlich bedingungslos bzw. *unconditionally*[1199]. Das Allgemeine Zoll- und Handelsabkommen macht also einen sprachlichen Unterschied zwischen Gegenseitigkeit und Konditionalität. All dem lässt sich entnehmen, dass das Stellen einer Bedingung für die Gewährung zusätzlicher Zolltarife nicht mit der Vorgabe der Nicht-Reziprozität in Konflikt gerät. Im Übrigen darf bezweifelt werden, dass die Ratifizierung eines internationalen Übereinkommens als eine an den gewährenden Staat erbrachte Leistung im Sinne der Gegenseitigkeit gesehen werden kann. Denn ein unmittelbarer Vorteil für den Industriestaat ist hiermit nicht verbunden.

Daher entspricht ein Schema allgemeiner Zollpräferenzen für Entwicklungsländer, das unter der Bedingung der Ratifizierung der Klimarahmen-Konvention

---

1196 *Shaffer/Apea*, JWT 39 (2005), 977 (1003).

1197 *Eberhard*, Diskriminierende Gleichbehandlung von Entwicklungsländern in der WTO?, S. 174; *Bartels*, JIEL 6 (2003), 507 (526, 529); *Schmahl*, AVR 2004 389 (400); vgl. auch *Herdegen*, Internationales Wirtschaftsrecht, § 10, Rn. 32.

1198 Hervorhebung vom Verfasser hinzugefügt.

1199 Diese Unterscheidung zwischen *reciprocal* und *unconditional* trifft auch *Switzer*, ICLQ 57 (2008), 113 (114 f.).

oder des Kyoto-Protokolls zusätzliche Vergünstigungen bereit hält, dem *Generalized System of Preferences*, wie es in der *waiver*-Entscheidung von 1971 beschrieben wird, und somit auch § 2 lit. a), Fußnote 3 der *Enabling Clause*.

3. Die allgemeinen Anforderungen an Vorzugsbehandlungen

Um die abschließende Zulässigkeit eines Schemas wie dem GSP Plus bejahen zu können, muss dieses zusätzlich zu den Voraussetzungen des § 2 lit. a) die Anforderungen des § 3 der *Enabling Clause* erfüllen, welcher allgemeine Anforderungen an jede Vorzugsbehandlung von Entwicklungsländern stellt, also nicht nur an das *Generalized System of Preferences.* Denn wenn § 3 auch relevanter Kontext für die Auslegung des Begriffs „nicht diskriminierend" ist, so enthält er dennoch auch eigenständige und von § 2 lit. a) der *Enabling Clause* zu unterscheidende Erfordernisse.[1200]

a) Keine unangemessene Hürde für den Handel

Das betrifft zunächst den Buchstaben a) dieser Vorschrift, nach dem die unterschiedliche Behandlung der Entwicklungsländer keine unangemessen Hürde für den Handel darstellen darf.

> *„Any differential and more favorable treatment [...]*
> *a) shall be designed to facilitate and promote the trade of developing countries and not to raise barriers to or create undue difficulties for the trade of any other contracting parties".*

Ziel der Vorzugsbehandlung muss es demnach sein, den internationalen Warenhandel von Entwicklungsländern zu fördern und keine Hindernisse hierfür aufzubauen. Grundsätzlich führt der zusätzliche Abbau von Zöllen gegenüber diesen Ländern unter der Bedingung der Ratifizierung des Kyoto-Protokolls durch die geringere Zollbelastung zu einer Erleichterung und Förderung des Handels. Doch wurde eben schon aufgezeigt, dass dies gleichzeitig zu einer Handelsumlenkung zum Nachteil anderer Entwicklungsländer führen kann. Dies wäre im Rahmen des § 3 lit. a) der *Enabling Clause* allerdings nur zu beanstanden, wenn damit unangemessene Schwierigkeiten für den Handel des Betroffenen einhergingen. Für die Frage der Angemessenheit kann auf die Argumente verwiesen werden, die auch zur Verneinung der Diskriminierung führen. Aufgrund der ausdrücklichen Anerkennung des Umwelt- und damit auch des Klimaschutzes als Ziel der WTO und der geringen Belastung, die für ein Entwicklungsland mit der Ratifizierung des Kyoto-Protokolls verbunden ist, überschreiten die Schwie-

---

1200 EC – Tariff Preferences, AB, para. 179.

rigkeiten für den Handel nicht das zulässige Maß. Überdies ist historisch davon auszugehen, dass § 3 lit. a) der *Enabling Clause* eingeführt wurde, um einen Schaden für die Handelsliberalisierung zwischen entwickelten Mitgliedstaaten zu verhindern[1201], nicht um andere Entwicklungsländer zu schützen. Deshalb gehört die Problematik der Handelsumlenkung im Bezug auf mehrere Entwicklungsländer zu den Fragen, die unter § 2 lit. a) der *Enabling Clause* zu erörtern sind. § 3 kann dort, wie gezeigt, als Kontext der Auslegung herangezogen werden, sollte aber nach dem historischen Willen der Vertragsparteien nicht unmittelbar diese Frage regeln.

b) Positive Antwort

Des Weiteren bestimmt § 3 lit. c) der *Enabling Clause*, dass die Vorzugsbehandlung eines Entwicklungslandes durch einen Industriestaat eine positive Antwort auf die Bedürfnisse des Entwicklungslandes darstellen muss (*„respond positively to the development, financial and trade needs of developing countries.“*) Der Appellate Body definiert dabei „positiv“ als *„consisting in or characterized by constructive action or attitudes“*[1202], fordert also einen konstruktiven Ansatz. Daraus ergeben sich gewichtige Konsequenzen für die Konditionalität von Zollpräferenzen. Denn anstatt im Rahmen eines bestehenden Zollpräferenz-Systems zusätzliche Vorteile in Abhängigkeit von der Ratifizierung des Kyoto-Protokolls zu gewähren, wäre es ebenfalls denkbar, als Sanktion für die Nicht-Ratifizierung die allgemeinen Vergünstigungen für Entwicklungsländer zu entziehen. Jedoch ist es begrifflich ausgeschlossen, eine Sanktionierung als eine positive Antwort auf Entwicklungs-, finanzielle oder Handelsbedürfnisse zu betrachten.[1203] Eine Strafe ist per Definition etwas Negatives. Bezeichnenderweise wird dieses in den USA praktizierte System auch als negative Konditionalität bezeichnet[1204]. Fraglich ist nur, ob diese Sichtweise den Kontext eines *Generalized System of Preferences* ausreichend berücksichtigt. Denn anstatt allen Entwicklungsländern Zollpräferenzen zuteil werden zu lassen und diese anschließend einigen zu entziehen, könnte von vorneherein Voraussetzung für den Zugang zum allgemeinen System die Ratifizierung des Kyoto-Protokolls sein. Die Industrienationen würden dann nicht zusätzliche Vergünstigungen, sondern schon die grundsätzliche

1201 *Kennedy*, in: Bhala/Kennedy, World Trade Law, S. 424 f.

1202 EC – Tariff Preferences, AB, para. 164.

1203 A.A. *Charnovitz*, in: Charnovitz u.a., WTR 3 (2004), 239 (245): „I can easily imagine scenarios in which withdrawing GSP benefits from a country that is egregiously violating internationally recognized worker rights could be a 'positive' response to the problem and a useful fillip in favor of meeting the development, financial, and trade needs of the people living within the recipient developing country.“

1204 *Switzer*, ICLQ 57 (2008), 113 (115 f.); *Bartels*, in: Charnovitz u.a., WTR 3 (2004), 239 (245); *ders.*, JIEL 6 (2003), 507 (508).

Gewährung von Vergünstigungen von der Erfüllung dieser Bedingung abhängig machen. Im Ergebnis läuft dies auf exakt das gleiche Resultat wie die Sanktionierung hinaus, nur aus einem anderen Blickwinkel betrachtet. Daher wäre es unangebracht, diese beiden Herangehensweisen unterschiedlich zu behandeln. Der dargestellte Ansatz ist daher nur dann gem. § 3 lit. c) der *Enabling Clause* unzulässig, wenn die Abhängigkeit des Zugangs zum Allgemeinen Präferenzschema von der Ratifizierung des Kyoto-Protokolls keine positive Antwort auf die Bedürfnisse der Entwicklungsländer ist.

M.E. ist dies der Fall. Die Präambel der WTO erkennt an,

> „dass es positiver Bemühungen bedarf, damit sich die Entwicklungsländer, insbesondere die am wenigsten entwickelten unter ihnen, einen Anteil am Wachstum des internationalen Handels sichern, der den Erfordernissen ihrer wirtschaftlichen Entwicklung entspricht".

Die Befreiung vom Meistbegünstigungsprinzip in der *Enabling Clause* dient der Umsetzung dieser Erkenntnis. Daraus folgt, dass primäres Ziel bei der Anwendung des Ausnahmeregimes die Förderung und Erleichterung des grenzüberschreitenden Warenhandels von Entwicklungsländern sein soll. Wird aber schon die grundsätzliche, nicht nur die zusätzliche Gewährung einer Vorzugsbehandlung von der Umsetzung eines von den Industriestaaten erwarteten Verhaltens abhängig gemacht, dann steht nicht mehr die Förderung, sondern die Erziehung des Entwicklungslandes im Vordergrund. Der Charakter als Entwicklungshilfe muss erhalten bleiben. Ein reines Klimaschutzinstrument fällt nicht unter die Befreiung der *Enabling Clause*. Anders stellt sich die Situation in einem Schema dar, bei dem alle Entwicklungsländer Vorzüge erhalten und lediglich zusätzliche Vorteile durch ein bestimmtes Verhalten erreicht werden können. Dann stellt der Klimaschutz nur ein zusätzliches Ziel zum primären Ziel der Entwicklungshilfe dar. Um diese Abgrenzung nicht leer laufen zu lassen, müssen schon im Grundsystem substantielle Vergünstigungen enthalten sein, da die Unterscheidung sonst zu einer reinen Formalie verkommen würde. Folglich stellt lediglich das Anreizsystem, wie es im derzeitigen GSP Plus normiert ist, eine positive Antwort auf die Bedürfnisse der Entwicklungsländer i.S.d. § 3 lit. c) der *Enabling Clause* dar. Die Abhängigkeit des Zugangs zum Schema allgemeiner Zollpräferenzen von der Erfüllung von Bedingungen wie der Ratifizierung des Kyoto-Protokolls ist hingegen mit dem WTO-Recht unvereinbar. Ebenso ist der Entzug dieser Vergünstigungen aufgrund der Nichterfüllung einer Kondition unzulässig.[1205]

1205 Zustimmend *Bartels*, in: Charnovitz u.a., WTR 3 (2004), 239 (245); *Charnovitz*, in: Charnovitz u.a., WTR 3 (2004), 239 (240 f.) sieht für ein derartiges Schema der negativen Konditionalität eine deutlich höhere Hürde im Vergleich zur positiven Konditionalität; der Appellate Body äußerte sich in *EC – Tariff Preferences* ausdrücklich nicht zu diesen beiden Ausgestaltungen eines Allgemeinen Präferenzsystems, para. 129.

4. Ergebnis

Fazit der Untersuchung ist, dass das materielle Recht der WTO als Anreiz für die Umsetzung von Klimaschutzzielen verwandt werden kann. Allerdings beschränkt sich dies auf einen kleinen, genau abgegrenzten Bereich, nämlich das Allgemeine Präferenzschema für Entwicklungsländer. Allgemein kann die Gewährung von besonderen Vergünstigungen nicht von der Einhaltung bestimmter Klimaschutzziele abhängig gemacht werden. Dass die Möglichkeit einer Anreizsetzung nicht umfassend besteht, ist jedoch nicht kritikwürdig. Denn die Zulassung der Konditionalität in allen Bereichen würde zu einer Aushöhlung der WTO führen und stünde einem Grundgedanken dieser Rechtsordnung, nämlich dem Diskriminierungsverbot, diametral entgegen. Die Beschränkung der Anreizsetzung auf die Entwicklungsländer harmoniert hingegen auch mit den Vorgaben der internationalen Klimaschutzabkommen. Denn diese verordnen die Rücksichtnahme auf die jeweiligen Fähigkeiten der Länder und auf die speziellen Bedürfnisse der Entwicklungsländer.[1206] Die Entwicklungsländer tragen historisch weniger Verantwortung für den anthropogenen Klimawandel als die Industriestaaten[1207], sind wirtschaftlich nicht dazu in der Lage, Maßnahmen zur Mitigation ohne Hilfe durchzuführen[1208] und sind gleichzeitig besonders betroffen von den negativen Auswirkungen der globalen Erwärmung. Dies alles lässt es gerechtfertigt erscheinen, wenn im Hinblick auf diese Länder Anreize für die Klimapolitik gesetzt werden, die andere Mitgliedstaaten ohne zusätzlichen Anreiz umsetzen müssen.

Die These, dass zwischen WTO-Recht und der Mitigation des Klimawandels nicht nur Konflikte, sondern auch Synergien bestehen, erweist sich damit als zutreffend. Denn der Mechanismus des *Generalized System of Preferences* kann für den Klimaschutz genutzt werden. Dabei besteht eine Parallele zur Untersuchung der Hindernisse, die das WTO-Recht für nationale Klimaschutz-Maßnahmen aufstellt. Ein generelles Verbot bestimmter Maßnahmen ist äußerst selten. Doch setzt das WTO-Recht seinen Mitgliedern bei der Ausgestaltung der Klimaschutz-Maßnahmen einige Grenzen. So verhält es sich auch im Hinblick auf Anreizregelungen für Entwicklungsländer im Rahmen eines *Generalized System of Preferences*. Es spricht kein fundamentaler, WTO-rechtlicher Grund gegen die Verknüpfung von Zollpräferenzen mit der Ratifizierung der Klimarahmen-Konvention oder des Kyoto-Protokolls. Wohl aber ist nicht jede Form der Konditionalität zulässig. Dies ergibt sich aus dem Erfordernis einer positiven Antwort auf die Bedürfnisse der Entwicklungsländer. Demnach kann nur die Ge-

1206 Art. 3 Abs. 1, 2 KRK.
1207 Vgl. Präambel der KRK.
1208 Vgl. *McKenzie*, JIEL 11 (2008), 679 (680).

währung zusätzlicher Vergünstigungen von der Einhaltung von Klimaschutzaspekten abhängig gemacht werden, nicht aber der Zugang zum allgemeinen Schema der Zollpräferenzen oder die Entziehung der Vorteile.

Grundlegend verschieden von den Ergebnissen der Untersuchung des Konfliktpotentials von nationalem Klimaschutz und WTO-Recht ist hingegen die Möglichkeit, Entwicklungsländer unterschiedlich zu behandeln. Während dies im Rahmen des *chapeau* von Art. XX GATT zur Annahme einer willkürlichen und ungerechtfertigten Diskriminierung führt[1209], ist die Differenzierung nach den Anforderungen der *Enabling Clause* zulässig, vorausgesetzt, die betroffenen Länder befinden sich in unterschiedlichen Lagen, was ihre Bedürfnisse angeht. Dieser Unterschied wird auch bei Anreizregelungen zu Klimaschutzzwecken relevant, wenn abweichend von der hier vertretenen Meinung die Vereinbarkeit der positiven Konditionalität mit den Vorgaben der *Enabling Clause* verneint wird. Denn fällt ein Schema wie das GSP Plus nicht unter diese Befreiungsregelung, so liegt ein Verstoß gegen das Meistbegünstigungsprinzip gem. Art. I:1 GATT vor. Dieser kann nach den allgemeinen Regeln gem. Art. XX GATT gerechtfertigt werden.[1210] Doch scheitert dies an dem Verbot der Diskriminierung zwischen Ländern, in denen gleiche Verhältnisse bestehen, im *chapeau*.[1211] Dass einmal eine Differenzierung innerhalb der Gruppe der Entwicklungsländer möglich sein soll und ein andermal nicht, ist kein Widerspruch im System des WTO-Rechts. Denn dass die Anforderungen im Rahmen der allgemeinen Ausnahmeregelungen höher sind, lässt sich dadurch erklären, dass hier ein negatives Abweichen von den Garantien des WTO-Rechts gerechtfertigt wird, wohingegen unter der Freistellung der *Enabling Clause* positiv ein zusätzlicher Abbau von Handelshemmnissen vonstatten geht.[1212] Da die Reduzierung der Zollsätze ein erklärtes Ziel der WTO ist, zeigt sich die Rechtsordnung in dieser Hinsicht großzügiger.

Im Übrigen sei darauf hingewiesen, dass dieses Ergebnis keine umfassende Aussage zur WTO-rechtlichen Zulässigkeit des europäischen GSP Plus trifft.[1213] Denn abschließend untersucht wurde weder die Verknüpfung der Vorteile mit anderen als Klimaschutz-Aspekten, noch die Differenzierung nach gefährdeten und nicht gefährdeten Entwicklungsländern. Es wäre zu klären, ob alle für diese

---

1209 Siehe oben S. 106 ff.

1210 *Bartels*, JIEL 6 (2003), 507 (521, Fn. 57); *Pauwelyn*, in: Charnovitz u.a., WTR 3 (2004), 239 (258) wirft die Frage auf, ob die Enabling Clause Art. XX GATT als *lex specialis* verdrängt; hiergegen *Howse*, in: Charnovitz u.a., WTR 3 (2004), 239 (259).

1211 Das Panel in *EC – Tariff Preferences* lehnte eine Rechtfertigung des Drug Arrangements gem. Art. XX lit. b) GATT ebenfalls ab, u.a. weil das Fehlen objektiver Kriterien für die Wahl der Begünstigten zu einer Diskriminierung zwischen Ländern, in denen gleiche Bedingungen vorherrschen, führt; para. 7.235.

1212 Vgl. zu dieser Unterscheidung auch *McKenzie*, JIEL 11 (2008), 679 (684).

1213 Weiterführend zu dieser Frage *Bartels*, JIEL 10 (2007), 869; *Switzer*, ICLQ 57 (2008), 113 (133 ff.).

Unterscheidung herangezogenen Kriterien eine hinreichende Verbindung mit den „Entwicklungs-, finanziellen und Handelsbedürfnissen“ der Entwicklungsländer aufweisen[1214].

B. Andere Einsatzmöglichkeiten der WTO zu Klimaschutzzwecken

Wie soeben gezeigt, bestehen im Bezug auf Entwicklungsländer durchaus Synergien zwischen WTO-Recht und Klimaschutz. Doch wurde auch deutlich, dass es sich hierbei um einen eng umgrenzten Bereich handelt. Wollte man das System der Konditionalität von Zollpräferenzen auf andere Mitgliedstaaten ausweiten, so läge hierin ein offensichtlicher Verstoß gegen das Meistbegünstigungsprinzip.[1215] Es stellt sich daher die Frage, ob das WTO-Recht außer der günstigeren Behandlung von Waren aus Entwicklungsländern, die bestimmte Klimaschutzmaßgaben erfüllen, noch andere Möglichkeiten bietet, Klimaschutzziele positiv zu verfolgen. Denn die im zweiten Kapitel präsentierten Handelsmaßnahmen waren sämtlich darauf gerichtet, fehlende Bemühungen für die Mitigation des Klimawandels in anderen Staaten zu sanktionieren. Der umgekehrte Ansatz würde den Ab-, nicht den Aufbau von Handelshindernissen im Interesse des Klimaschutzes beinhalten.

Ein möglicher Anknüpfungspunkt für ein solches Vorgehen wurde im Laufe der vorliegenden Arbeit bereits angesprochen: Es handelt sich um den Abbau der weit verbreiteten Subventionen für fossile Energieträger[1216]. Diese verschaffen fossilen Brennstoffen einen erheblichen Wettbewerbsvorteil und behindern die Entwicklung und Verbreitung alternativer, treibhausgasarmer Energieträger.[1217] Ein Abbau würde daher zu einer deutlichen Reduzierung des CO_2-Ausstoßes führen. Die WTO diente schon an anderer Stelle als Forum für die Reduzierung von als umweltschädlich empfundenen Subventionen. So erreichte die sog. *„Friends of Fish“*-Gruppe ein Bekenntnis zu stärkeren Beschränkungen bzw. zum Verbot bestimmter Formen der staatlichen Bezuschussung der Fischerei in der Doha-Runde[1218]. Die Fischerei-Subventionen werden für die Überfischung und in der Folge die voranschreitende Auslöschung dieser Ressource

1214 Hieran zweifeln *McKenzie*, JIEL 11 (2008), 679 (693) und *Bartels*, JIEL 10 (2007), 869 (882), die bezüglich des Kriteriums, dass die unter das Allgemeine Präferenzschema fallenden Exporte eines Landes nicht mehr als 1 % der gesamten Importe unter diesem Schema ausmachen dürfen, keine Verbindung zu Entwicklungsbedürfnissen sehen.

1215 Siehe oben S. 106.

1216 Siehe oben S. 106 f.

1217 *Buck/Verheyen*, ZUR 2002, 89 (96).

1218 Hong Kong Ministerial Declaration vom 22. Dezember 2005, Annex D, Ziff. 9, WT/MIN(05)/DEC.

verantwortlich gemacht.[1219] In vergleichbarer Weise könnten im Rahmen der Doha-Runde und dort speziell in der *Negotiating Group on Rules* Verhandlungen geführt werden, um die Subventionierung von fossilen Energieträgern zu begrenzen.[1220] Eine konzertierte Vorgehensweise ist in dieser Hinsicht deswegen erforderlich, weil bei einem Alleingang eines Staates der gewünschte Effekt einer Ersetzung von CO_2-intensiver Energie durch nachhaltigere Energieträger nicht erreicht würde. Vielmehr würde voraussichtlich in großem Umfang eine Substitution der nicht mehr geförderten inländischen fossilen Energie durch ausländische fossile Energie stattfinden.

Bei diesem Ansatz ist aber zu beachten, dass es sich nicht um eine Synergie zwischen den materiellen Rechtsvorschriften der WTO und den Klimaschutzzielen handelt, sondern um eine Nutzung der Institution WTO als Forum für multilaterale Verhandlungen. Es wird nicht das materielle Recht eingesetzt, sondern die organisatorische Einrichtung der Verhandlungsrunden. Insofern unterscheidet sich der Ansatz erheblich von den bisher diskutierten Handlungsalternativen, die gerade der Tatsache Rechnung tragen, dass derzeit die multilateralen Verhandlungen im Bereich des Klimaschutzes ins Stocken geraten sind. Dieser Unterschied beruht auf zwei Aspekten: Erstens geht es um einen multilateralen, nicht einen unilateralen Ansatz. Zweitens ist nicht das Verhältnis zum materiellen Recht der WTO betroffen, sondern die Eignung der WTO als Diskussionsforum.

Das Gleiche gilt für eine andere denkbare Anreizmaßnahme für den Klimaschutz: Die Liberalisierung des Handels mit klimafreundlichen Produkten durch die Vereinbarung von präferenziellen Zolltarifen im Allgemeinen und nicht nur gegenüber den Entwicklungsländern ist ebenfalls als Gegenstand einer multilateralen Verhandlungsrunde im Rahmen der WTO vorstellbar.[1221] Tatsächlich finden solche Verhandlungen bereits statt. § 31 (iii) der Doha Ministerial Declaration vom 20. November 2001[1222] gibt den Auftrag, tarifäre und nicht-tarifäre Handelshemmnisse für Umweltgüter und -dienstleistungen zu reduzieren bzw. zu eliminieren.[1223] Im Rahmen der Umsetzung dieser Vorgaben wurde auch die Aufhebung von Zöllen auf sog. klimafreundliche Waren und Technologien vor-

---

1219 Vgl. zum Ganzen die offizielle Seite der WTO zu Fischerei-Subventionen www.wto.org/english/tratop_e/rulesneg_e/fish_e/fish_intro_e.htm (zuletzt besucht am 9. Februar 2011).

1220 Vgl. hierzu umfassend *Bigdeli*, CCLR 2008, 78, der in Anlehnung an die „Friends of Fish“ an die „Friends of Climate“ appelliert.

1221 Vgl. hierzu *Tarasofsky*, CCLR 2008, 7 (12).

1222 WT/MIN(01)/DEC/1, nachfolgend Doha Decleration.

1223 „31.With a view to enhancing the mutual supportiveness of trade and environment, we agree to negotiations, without prejudging their outcome, on: (iii) the reduction or, as appropriate, elimination of tariff and non-tariff barriers to environmental goods and services.”

geschlagen.[1224] Der Vorschlag bezog sich auf solche Produkte, die direkt der Mitigation des Klimawandels nützen, also z.B. Solarpaneele, Biodiesel oder Windturbinen. Außerdem wurde angeregt, zum Zwecke der Reduzierung von CO_2-Emissionen auch energieeffiziente Waren mit in die Liste der *environmental goods* aufzunehmen, denen die Zolleliminierung oder -reduzierung zugute kommt.[1225] Diese Vorgänge zeigen, dass die WTO ein geeignetes Forum für die Vereinbarung präferenzieller Zolltarife für klimafreundliche Produkte sein kann. Zwar wäre es auch möglich, einseitig die Zölle für solche Waren zu senken.[1226] Doch ist eine unilaterale Liberalisierung derart unwahrscheinlich, dass realistischerweise nicht von der Umsetzung einer solchen Maßnahme durch einen Mitgliedstaat ausgegangen werden kann. Nicht umsonst ist eines der Grundprinzipien der WTO die Reziprozität.

Im Ergebnis zeigt sich, dass die WTO erhebliches Potential als Forum für multilaterale Verhandlungen bezüglich der internationalen Klimapolitik hat. Im Hinblick auf die Reduzierung der Subventionierung von fossilen Energieträgern deutet der Erfolg der *„Friends of Fish"* darauf hin, dass eine grundsätzliche Bereitschaft besteht, Subventionen mit negativen Auswirkungen auf die Umwelt auf der WTO-Ebene strenger zu maßregeln bzw. zu reduzieren. Für die gemeinschaftliche Liberalisierung des Handels mit klimafreundlichen Waren und Technologien existieren sogar bereits konkrete Vorschläge. Bei der Beurteilung des Verhältnisses von WTO und Klimaschutz im Ganzen darf dieser Aspekt nicht außer Acht gelassen werden, zumal die multilaterale Herangehensweise auch weitaus besser mit den Grundsätzen der internationalen Klimaabkommen übereinstimmt als nationale Klimaschutz-Maßnahmen. Letztendlich ist aber festzuhalten, dass die Beurteilung der Verhandlungsbemühungen in diesem Bereich weniger eine rechtliche als eine politische Fragestellung darstellt. Denn ob diese Verhandlungen erfolgreich durchführbar sind, d.h. das jeweilige Ziel der Subventionsreduktion bzw. Handelsliberalisierung erreichen können, hängt nicht von der Vereinbarkeit mit dem WTO-Recht ab. Diese steht außer Frage, da der Abbau von Subventionen und von tarifären Handelshemmnissen den erklärten Zielen der WTO entspricht. Vielmehr kommt es darauf an, ob die Mitgliedstaaten unter Berücksichtigung aller wirtschaftlichen und politischen Faktoren eine Einigung erzielen können. Immerhin bieten aber die Verhandlungsrunden einen geeigneten Rahmen, um ein solches Einvernehmen zu erreichen. Schlussendlich ist auch hierin eine Synergie zu sehen: Wird der organisatorische Rahmen der

---

1224 Gemeinsamer Vorschlag der USA und der EG vom 30. November 2007, JOB(07)193; siehe dazu auch die Erläuterungen der Europäischen Kommission http://trade.ec.europa.eu/doclib/docs/2007/november/tradoc_136955.pdf (zuletzt besucht am 9. Februar 2011).

1225 Japans Vorschlag zu Umweltgütern und –dienstleistungen vom 27. November 2009, TN/TE/W/75.

1226 So auch *Tarasofsky*, CCLR 2008, 7 (12).

WTO in der beschriebenen Weise für Zwecke des Klimaschutzes verwandt, so führt dies gleichzeitig zur Eliminierung von Handelshemmnissen, so dass auch Ziele der internationalen Handelsliberalisierung erreicht werden.[1227]

1227 Auch *Buck/Verheyen*, ZUR 2002, 89 (97 ff.) sehen die wesentliche Synergie zwischen Welthandelsrecht und Klimaschutz in der Möglichkeit der internationalen Kooperation.

Zusammenfassung der wesentlichen Ergebnisse und Ausblick

Wollte man das Resultat dieser Untersuchung, die die Beziehung zwischen WTO-Recht und Klimaschutz analysiert, in einem Satz zusammenfassen, so würde dieser lauten: Das WTO-Recht beschränkt zwar die Mitgliedstaaten durchaus in ihren Handlungsmöglichkeiten, doch besteht in dieser Rechtsordnung kein grundsätzlicher Konflikt zwischen den Zielen der Handelsliberalisierung und des Klimaschutzes, der einseitig zulasten des Klimas gelöst würde. Dieses Ergebnis bedarf weiterer Erläuterungen, doch soll an dieser Stelle nicht noch einmal die WTO-rechtliche Zulässigkeit der einzelnen Klimaschutz-Maßnahmen dargestellt werden. Denn Ziel der Untersuchung war es, die Beziehung zwischen WTO-Recht und Klimaschutz in ihrer Gesamtheit zu beleuchten, wobei die konkreten Maßnahmen lediglich der Illustration dieser Beziehung dienten. Vorliegend interessiert der abstrakte Befund, inwiefern Konflikte und Synergien zwischen den beiden Polen bestehen.

1. Eine große Anzahl der existierenden oder sich in der Diskussion befindlichen nationalen Klimaschutz-Maßnahmen kann potenziell in Konflikt mit den Vorgaben des WTO-Rechts, insbesondere dem Verbot der Diskriminierung in seinen Ausprägungen der Meistbegünstigung und der Inländergleichbehandlung, geraten. Dementsprechend unterliegen die Mitglieder der WTO bei der Ausgestaltung ihrer Klimaschutzpolitik gewissen Beschränkungen. Doch erscheinen diese nicht derart gravierend, dass eine sinnvolle und umfassende Klimapolitik unmöglich gemacht würde. Denn in der ganz überwiegenden Zahl der Fälle betreffen die Einschränkungen nicht die Wahl einer bestimmten Art von Klimaschutz-Maßnahmen, sondern lediglich deren konkrete Ausgestaltung. Das bedeutet, dass den Mitgliedstaaten bis auf wenige Ausnahmen alle Kategorien von Regelungen offen stehen. Erst auf der Ebene der inhaltlichen Ausgestaltung sind die WTO-rechtlichen Vorgaben zu beachten. Das betrifft sowohl die materiellen als auch die prozessualen Anforderungen. Diese können allerdings derart anspruchsvoll sein, dass die praktische Umsetzung mit großem Aufwand verbunden ist. Faktisch kann das zwar zu einem Ausschluss der infrage stehenden Maßnahme führen, doch besteht kein kategorisches, rechtliches Verbot.
2. Es sind verschiedene Kategorien von Klimaschutz-Maßnahmen zu unterscheiden:
    - Grenzmaßnahmen und interne Maßnahmen
    - *Command and control*- und marktbasierte Maßnahmen
    - Sanktionen und Anreizmaßnahmen
    - Anreize für Hersteller von Waren und Anreize für Staaten

Bei der Entscheidung für einen der beiden Pole innerhalb der letzten drei Paare handelt es sich um eine politische Wahl, der das WTO-Recht indifferent gegenübersteht. Anders ist dies beim ersten Gegensatzpaar. Das WTO-Recht bevorzugt im Bereich des Klimaschutzes interne Maßnahmen gegenüber Grenz- bzw. Handelsmaßnahmen. Dies geht so weit, dass überhaupt nur eine Handelsmaßnahme, nämlich der Grenzsteuerausgleich, mit dem WTO-Recht vereinbar ist. Selbst im Bezug auf diese ist aber eine Umsetzung in die Tat eher unwahrscheinlich, da die Anforderungen an die prozessuale und materiell-rechtliche Ausgestaltung äußerst hoch und mit großem administrativem und damit auch Kostenaufwand verbunden sind. Jegliche anderen denkbaren Handelsmaßnahmen sind rundheraus WTO-rechtswidrig.

Dieser Befund ist jedoch weder kritikwürdig, noch erstaunlich: Während interne Maßnahmen stets unter der Vermutung stehen, einem anerkannten ordnungspolitischen Ziel zu dienen, zielen Handelsmaßnahmen unmittelbar darauf ab, den grenzüberschreitenden Handel zu behindern. Damit stehen Letztere in einem Konflikt mit dem grundlegenden Gedanken der WTO, dass die Handelsliberalisierung zu einer Wohlstandssteigerung führt. Tatsächlich können auch interne Maßnahmen ein Handelshemmnis darstellen. Doch weisen sie eine geringere Anfälligkeit für einen Missbrauch zu protektionistischen Zielen auf. Bei Handelsmaßnahmen hingegen besteht die reale Gefahr, dass der Klimaschutzzweck lediglich vorgeschoben ist, tatsächlich aber ein Schutz der heimischen Wirtschaft bewirkt werden soll. Dies kommt auch in der politischen Diskussion des *border tax adjustment* recht unverhohlen zum Ausdruck. Zwar muss der Grenzsteuerausgleich als Teil eines Gesamtkonzepts zur Mitigation des Klimawandels gesehen werden, der für die Wirksamkeit dieses Konzepts notwendig ist. Dennoch kann nicht geleugnet werden, dass neben diese klimapolitische Motivation durchaus auch eine protektionistische Intention tritt.

Neben der Gefahr des Protektionismus haftet Grenzmaßnahmen zusätzlich der Makel der erzieherischen Wirkung an. Ist die gezielte Druckausübung auf ausländische Staaten außerhalb der eigenen Jurisdiktionsbefugnis angesichts der Eigenschaft des Klimas als globales Gut und *common concern of mankind* auch nicht grundsätzlich WTO-rechtswidrig, so ist sie dennoch nicht eben wünschenswert. Insofern ist es auch aus teleologischer Sicht zu begrüßen, dass das WTO-Recht ein abgestuftes Hindernis für Klimaschutz-Maßnahmen darstellt, d.h. stärkere Beschränkungen für Handels- als für interne Maßnahmen beinhaltet.

3. Rechtsdogmatisch beruht die Möglichkeit, die klimaschützende Zielsetzung von nationalen Maßnahmen zu berücksichtigen, auf der vom Appellate Body propagierten dynamischen Auslegung. Die Bereitschaft, im

Streitbeilegungsverfahren aktuelle Entwicklungen im Umweltvölkerrecht und allgemein anerkannte völkerrechtliche Verträge zu berücksichtigen, ist der Grundstein dafür, dass kein unauflösbarer Konflikt zwischen WTO-Recht und Klimaschutz besteht. Tatsächlich wäre an vielen für die Vereinbarkeit von Klimaschutz-Maßnahmen mit dem WTO-Recht entscheidenden Punkten ein anderes Verständnis der Regelungen unter Einhaltung der Wortlautgrenze ohne weiteres vertretbar.

Damit hängt die Rechtssicherheit für nationale Klimaschutz-Maßnahmen im Wesentlichen von der Kontinuität in den Streitbeilegungsentscheidungen ab. Da der Appellate Body sich in seiner Auslegung der WTO-rechtlichen Vorschriften bereit zeigt, internationale Abkommen zu berücksichtigen, wäre es für die zukünftige Sicherung der Zulässigkeit von Klimaschutz-Maßnahmen unter WTO-rechtlichen Aspekten von herausragender Bedeutung, das Kyoto-Protokoll entweder zu verlängern oder ein Nachfolge-Abkommen zu schließen. Zwar besteht unabhängig hiervon die Klimarahmen-Konvention weiter, die ohnehin von mehr WTO-Mitgliedstaaten ratifiziert wurde als das Kyoto-Protokoll. Dennoch stellt sich die Frage, wie ein Panel bzw. der Appellate Body die Tatsache bewerten würde, dass im Hinblick auf eine Frage, zu der einmal Einigkeit bestand, nun keine Einigung mehr erzielt werden kann. Unter Umständen könnte man aus einem fehlenden Post-Kyoto-Regime schließen, dass die Bedeutung der Mitigation des Klimawandels von der Staatengemeinschaft nicht mehr so hoch angesiedelt wird wie noch vor einigen Jahren.

4. Im Einzelnen sind die folgenden Elemente der Auslegung wichtig für die Zulässigkeit von nationalen Klimaschutz-Maßnahmen unter dem WTO-Recht:
   a. Regelungen, die an PPM anknüpfen, sind neutral zu betrachten. Weder steht ihre Unvereinbarkeit mit dem WTO-Recht von vorneherein fest, noch führt das anerkennenswerte Ziel der Vermeidung von Treibhausgas-Emissionen zu einer generellen Erlaubnis von Differenzierungen, weil aufgrund der unterschiedlichen Herstellungsweise Produktungleichartigkeit angenommen werden muss. Allerdings hat die fehlende Ungleichheit der Waren zur Folge, dass Unterscheidungen, die an PPM anknüpfen, zunächst eine Diskriminierung darstellen, die jedoch gerechtfertigt werden kann. In Zukunft könnte aber eine veränderte Wahrnehmung und stärkere Berücksichtigung von klimapolitischen Aspekten durch die Verbraucher bei der Kaufentscheidung zu einem Kippen dieser Einschätzung führen. In ihrer Eigenschaft als Typenbegriff wäre die Gleichartigkeit dann zu verneinen, so dass eine Differenzierung ohne weiteres möglich wäre.

b. In den multilateralen Abkommen ist bei unterschiedslos anwendbaren Maßnahmen ein subjektives Element der protektionistischen Intention zu fordern, um eine *de facto*-Diskriminierung feststellen zu können. Andernfalls würde Staaten, die mit ihren Regelungen das anerkannte Ziel des Klimaschutzes verfolgen und dabei faktisch eine Ungleichbehandlung verursachen, in unangemessener Weise die Beweislast auferlegt bzw. im Rahmen des TBT wären die betroffenen Maßnahmen unrettbar rechtswidrig.
c. Das Vorsorgeprinzip wird insofern anerkannt, als es für die Rechtfertigung von Klimaschutz-Maßnahmen ausreicht, dass die negativen Konsequenzen der globalen Erwärmung sowie deren Beruhen auf menschlichen Aktivitäten überwiegend wahrscheinlich, nicht aber sicher sind. Angesichts der anhaltenden wissenschaftlichen Diskussion über den anthropogenen Treibhauseffekt und der den Klimamodellen anhaftenden Unsicherheiten ist dies von größter Bedeutung für die Möglichkeit einer effektiven Mitigation des Klimawandels.

5. Eine weniger herausragende Rolle, als man auf den ersten Blick bei einem Thema aus dem Dunstkreis des Umweltschutzes in der WTO annehmen könnte, spielt Art. XX GATT. Nach dem *Shrimp/Turtle*-Fall erscheint es naheliegend, dass Konflikte zwischen Handelsliberalisierung und Umweltschutz – darunter auch der Klimaschutz – unter Heranziehung dieser Ausnahmevorschrift zu lösen sind. Für Klimaschutz-Maßnahmen, die primär gegen Vorschriften des GATT verstoßen, ist dies auch zutreffend. Doch rührt die verminderte Bedeutung dieser Vorschrift daher, dass viele Regelungen im Bereich der Klimapolitik anderen multilateralen Abkommen unterfallen. Eine analoge Anwendung des Rechtfertigungstatbestands im Rahmen dieser Abkommen ist aus verschiedenen Gründen abzulehnen. Im Wesentlichen mangelt es jeweils an einer Regelungslücke, weil die Übereinkommen andere Mechanismen zur Berücksichtigung legitimer Ziele bei der Bewertung von staatlichen Regelungen bereithalten bzw. -hielten, aber bewusst nicht verlängert wurden.

   Nichtsdestotrotz strahlen zumindest die Wertungen, die bei Art. XX GATT getroffen werden, auch auf den Bereich, der durch andere multilaterale Abkommen abgedeckt wird, aus. So wird im Rahmen des Art. 2.2 TBT die Notwendigkeitsprüfung anhand der gleichen Maßstäbe wie im *chapeau* des Art. XX GATT durchgeführt, nämlich in Form einer verkürzten Verhältnismäßigkeitsprüfung. Auch an anderer Stelle zeigt sich eine Parallelität in der Wertung, etwa bei der Frage der Gleichwertigkeit beim Grenzsteuerausgleich oder der Vorhersehbarkeit bei der Zunichtemachung oder Schmälerung von Vorteilen. Die für den Rechtfertigungstatbestand getroffenen Aussagen beanspruchen in diesen Fragen ebenfalls

Gültigkeit. Durch diesen einheitlichen Maßstab wird ein in sich schlüssiges System der Behandlung von Klimaschutz-Maßnahmen im WTO-Recht erreicht: Obwohl in jedem Fall unterschiedliche Regelungen zur Anwendung kommen, liegt der Prüfung eine einheitliche Wertung zugrunde.

6. Sollen aus Klimaschutzgründen Differenzierungen getroffen werden, so müssen diese an Charakteristika der einzelnen Ware anknüpfen und nicht an die Eigenschaften oder Politik des Herkunftslandes. Zugunsten von Entwicklungsländern besteht hingegen sogar die Pflicht, Unterschiede zu machen, wenn Regelungen gegen Vorschriften des GATT verstoßen und über Art. XX GATT gerechtfertigt werden. Denn das Diskriminierungsverbot im Rahmen des *chapeau* verbietet nicht nur die Ungleichbehandlung von Gleichem, sondern auch die Gleichbehandlung von Ungleichem. Im Einzelnen bedeutet das:
    a. Das WTO-Recht verhindert die Sanktionierung der Verweigerung internationaler Kooperation im Klimaschutzbereich. Die Nicht-Ratifizierung des Kyoto-Protokolls ist kein legitimer Grund für die Schlechterbehandlung von Produkten aus einem Land, das diesem Abkommen nicht beigetreten ist. Ein solches Vorgehen stellt eine ungerechtfertigte Diskriminierung dar und ist nicht mit dem WTO-Recht vereinbar.
    b. Eine Unterscheidung innerhalb der Gruppe der Entwicklungsländer ist grundsätzlich unzulässig. Das bedeutet insbesondere, dass an Schwellenländer nicht höhere Anforderungen als an andere Entwicklungsländer gestellt werden dürfen. Lediglich im Hinblick auf die durch die Vereinten Nationen verbindlich festgelegte Gruppe der am wenigsten entwickelten Länder ist eine Differenzierung möglich.

   Gerade der zweite Punkt kann als Hindernis für nationale Klimaschutz-Maßnahmen empfunden werden. Denn vielfach scheitern multilaterale Verhandlungen zum Klimaschutz daran, dass die Schwellenländer sich unter Berufung auf ihren Status als Entwicklungsland weigern, eigene Verpflichtungen zu übernehmen. Daher stellt es eine vorstellbare Konsequenz des Verbots der Differenzierung dar, dass überhaupt keine Klimaschutz-Maßnahmen ergriffen werden, wenn diese aufgrund der zwingenden Privilegierung der Entwicklungsländer nicht auf Schwellenländer ausgeweitet werden können.

7. Synergien zwischen unilateralen, nationalen Klimaschutz-Maßnahmen und dem WTO-Recht bestehen nur in einem sehr eng begrenzten Bereich. Lediglich zugunsten der Entwicklungsländer können Zollpräferenzen unter der Bedingung der Erfüllung bestimmter Klimaschutzanforderungen gewährt werden. Im Bezug auf andere Mitgliedstaaten würde dies einen

Verstoß gegen das Meistbegünstigungsprinzip bedeuten. Auch wirtschaftlich betrachtet ist die Möglichkeit, durch ein und dieselbe Regelung positive Effekte sowohl für den internationalen Handel als auch den Klimaschutz zu erreichen, eher von untergeordneter Bedeutung. Denn zum einen sind Entwicklungsländer nur für einen kleinen Teil der Treibhausgas-Emissionen verantwortlich, so dass ihr Reduktionspotenzial in diesem Bereich niedrig ist. Zum anderen ist der Anteil ihrer Exporte am Welthandel ebenso gering.

Dieser Befund lässt sich schon an dem Umfang, den die Synergien im Vergleich zu den Konflikten in dieser Untersuchung einnehmen, ablesen. Dennoch kann daraus nicht geschlossen werden, dass das Welthandelsrecht den Belangen des Klimaschutzes tendenziell negativ gegenübersteht. Denn das Potenzial, das die WTO – als Institution, nicht als Rechtsordnung verstanden – als Forum für multilaterale Verhandlungen zu Klimaschutzfragen hat, sollte nicht unterschätzt werden. Klimapolitik hat unvermeidliche Schnittpunkte mit der Handelspolitik oder ist zum Teil sogar Handelspolitik. Daher bietet es sich an, diese beiden Bereiche miteinander zu verknüpfen. Dass das WTO-Recht dabei mehr Synergien mit multilateralen als mit unilateralen Herangehensweisen aufweist, entspricht nicht nur seinen eigenen, sondern auch den Grundsätzen des Klimavölkerrechts. Denn prinzipiell ist ein multilaterales dem unilateralen Vorgehen vorzuziehen. Insofern besteht Übereinstimmung zwischen den beiden Rechtsordnungen. Im Hinblick auf nationale Klimaschutz-Maßnahmen bietet das WTO-Recht allerdings mehr Konflikt- als Synergiepotenzial.

8. Bis auf eine Ausnahme bietet das WTO-Recht *de lege lata* in allen Bereichen die Möglichkeit, einen tragbaren Ausgleich zwischen den Zielen des Klimaschutzes und den Interessen des internationalen Warenhandels zu schaffen. Diese Ausnahme stellt die Regulierung der Subventionen dar. Es steht in einem auffälligen Missverhältnis, wenn in sämtlichen multilateralen Abkommen der WTO eine Berücksichtigung des legitimen Ziels des Klimaschutzes ermöglicht wird, nicht aber im Übereinkommen über Subventionen, obwohl Subventionen WTO-rechtlich nicht verboten, sondern lediglich reguliert sind. Hier besteht Nachholbedarf. In den übrigen Bereichen des WTO-Rechts ist jedoch eine Änderung der Rechtslage nicht erforderlich.
    a. Insbesondere besteht keine Notwendigkeit für ein eigenes multilaterales Abkommen zur Beziehung zwischen Klimaschutz und Handel[1228]. Es wäre auch nicht nachzuvollziehen, warum gerade der Aspekt der Mitigation des Klimawandels derart herausgestellt werden sollte. Zwar handelt es sich hierbei unzweifelhaft um ein wich-

1228 Dies schlägt *McIsaac*, JWT 44 (2010), 1053 in Form eines *General Agreement on Trade and Emissions* (GATE) vor.

tiges Thema, doch wäre es nicht gerechtfertigt, dieses singulär aus der Menge der ordnungspolitischen Ziele herauszugreifen. Würde ein eigenes Abkommen zum Klimaschutz im Rahmen der WTO geschlossen, dann müsste dies gleichermaßen für den Umweltschutz, die Menschenrechte usw. geschehen.

Gegen ein einheitliches Abkommen zum Verhältnis zwischen Klimaschutz und Handel spricht zudem, dass eine eigene Lösung dieser Frage für jeden einzelnen Teilbereich der WTO angemessener ist. Denn eine Bewertung, die für Produktstandards zutreffend ist, muss nicht auch für Subventionen gültig sein. Schließlich ist im WTO-Recht die Notwendigkeit für den Erlass technischer Vorschriften anerkannt, wohingegen im Bezug auf staatliche Beihilfen ein Abbau angestrebt wird. Entsprechend ist ein Produktstandard zu Klimaschutzzwecken eher WTO-rechtlich zulässig als eine Subvention mit dem gleichen Ziel. In der Folge ist eine eigene, angepasste Regelung für jeden Bereich der WTO vorzugswürdig.

b. Einzig sinnvoll wäre eine Modernisierung der Ausnahmetatbestände in Art XX GATT in der Form, dass eine explizite Rechtfertigung für Umweltschutzmaßnahmen eingefügt wird. Hierunter würden auch Klimaschutz-Maßnahmen fallen, die demnach keinen eigenen Tatbestand bräuchten. Grundsätzlich scheint eine solche Modernisierung durch die weite Auslegung von Art. XX lit. g) GATT durch den Appellate Body obsolet. Zu Recht wird angenommen, dass nach dem *Shrimp/Turtle*-Fall jeglicher Umweltschutzbelang unter diese Vorschrift subsumiert werden kann. Für die Einführung einer ausdrücklichen Umweltschutzmaßnahme spricht lediglich, dass eine solche Willensäußerung der Mitgliedstaaten mehr Rechtssicherheit im Vergleich zur Streitbeilegungspraxis, die einem Wandel unterliegen kann, bieten würde. Denn weder der Appellate Body noch die Panels sind mangels einer Doktrin des *stare decisis* an vorhergehende Entscheidungen gebunden. Allerdings ist derzeit nicht ersichtlich, warum der Appellate Body seine Handhabung in dieser Hinsicht ändern sollte. Die mittlerweile anderthalb Jahrzehnte währende Praxis der Streitbeilegung in der WTO hat gezeigt, dass ein ausgesprochener Wille zur Kontinuität besteht, der sich an dem enormen Maß an Verweisen auf vergangene Entscheidungen in den Berichten der Panels bzw. des Appellate Body ablesen lässt.

c. Zur Klärung der Beziehung zwischen Klimaschutz und WTO-Recht würde es alternativ beitragen, wenn das Verhältnis von multilateralen Klimaschutzabkommen und dem WTO-Recht explizit geregelt wäre.[1229] Bisher werden Erstere zwar bei der Auslegung berücksichtigt. Dies ist aber durch keine Vorschrift vorgeschrieben und somit nicht zwingend. Denkbar wäre es, die verbindliche Einbeziehung bestimmter Abkommen im DSU zu regeln, etwa im Zusammenhang mit der Beachtung der herkömmlichen Regeln der Auslegung des Völkerrechts in Art. 3.2 DSU.

9. Die WTO ist nicht als universelle Institution zur Verfolgung aller denkbaren legitimen Zwecke zu verstehen, sondern als Handelsorganisation, die sich nicht vor Belangen auf anderen Gebieten verschließt. Es kann zwar von ihr ein ausgewogenes Verhältnis zu anderen als Handelsthemen erwartet werden. Denn würde sie den internationalen Handel ohne Ausnahme über alle anderen Belange stellen, so würde dies ihre Legitimität in Frage stellen. Es darf aber nicht vergessen werden, dass die WTO als primäres Ziel der Liberalisierung des Welthandels dient. Dies muss bei der Beurteilung der Beziehung von WTO und Klimaschutz berücksichtigt werden. Unter diesem Gesichtspunkt erscheint das Verhältnis, wie es sich nach dieser Untersuchung darstellt, ausgewogen.
10. Insgesamt gelingt der *lex lata* der WTO die Herstellung eines unter Heranziehung ihres Wertekanons ausgewogenen Verhältnisses zwischen Belangen der Handelsliberalisierung und des Klimaschutzes. Handlungsbedarf besteht daher nur in ganz wenigen Bereichen:
    a. Im Rahmen des SCM muss eine Legitimationsmöglichkeit für Klimasubventionen geschaffen werden, bevorzugt in Form einer *green box*, die weiter gefasst ist als das außer Kraft getretene Modell.
    b. Begrüßenswert, aber nicht erforderlich für einen angemessenen Ausgleich zwischen Klimaschutz und Handelsliberalisierung wäre die Einführung einer ausgesprochenen Umweltausnahme in Art. XX GATT. Inhaltlich würde diese nicht weiter reichen als die bisherigen Buchstaben b) und g), doch läge hierin eine ausdrückliche Anerkennung des Ziels des Umweltschutzes durch die Mitgliedstaaten. Ist das „finale Ziel" der Institution WTO die nachhaltige Entwicklung[1230], so stünde ihr ein Bekenntnis hierzu nicht nur in der Präambel, sondern auch in den operativen Vorschriften gut zu Gesichte.

1229 Verhandlungen über diese Frage sieht § 31 (i) der Doha Declaration bereits ausdrücklich vor.

1230 So der Generaldirektor der WTO Pascal Lamy in seiner Rede „Trade can be a friend, and not a foe, of conservations" vom 10./11. Oktober 2005: *„We must remember that sustainable development is itself the end-goal of this institution."* Abrufbar unter http://www.wto.org/english/news_e/sppl_e/sppl07_e.htm (zuletzt besucht am 13. März 2011).

c. Ebenfalls eine Verbesserung wäre eine Klärung des Verhältnisses des WTO-Rechts zu multilateralen Umweltabkommen, darunter die Klimarahmen-Konvention und das Kyoto-Protokoll. Dies ist jedoch nicht zwingend erforderlich, da diese Frage auch über die allgemein anerkannten Regeln des Völkerrechts gelöst werden kann. Mehr Rechtssicherheit beim Erlass nationaler Klimaschutz-Maßnahmen wäre allerdings dadurch zu erreichen, dass die Berücksichtigung von durch eine große Zahl der Mitgliedstaaten anerkannten Übereinkommen bei der Auslegung in den Regeln der Streitbeilegung festgeschrieben würde.

Es sei darauf hingewiesen, dass nur der erste Punkt zwingend umgesetzt werden muss, um einen angemessenen Ausgleich zwischen Klimaschutz und Handelsliberalisierung in der WTO zu gewährleisten. Die anderen beiden Anregungen stellen lediglich eine wünschenswerte, aber nicht notwendige Verbesserung dar.

Die so herausgearbeiteten Kernpunkte der Beziehung zwischen Klimaschutz und WTO können bei der Analyse aller weiteren Klimaschutz-Maßnahmen angewandt werden. Dies betrifft insbesondere die Frage des Verhältnisses des Emissionszertifikate-Handels zum WTO-Recht.[1231] Es sei an dieser Stelle nur darauf hingewiesen, dass, sollte der Emissionshandel dem WTO-Recht überhaupt unterfallen, grundsätzlich vergleichbare Ergebnisse bei der Prüfung der Vereinbarkeit erwartet werden können. Denn wäre ein Emissionszertifikat eine Ware, so würde voraussichtlich die allgemeine Ausnahme des Art. XX lit. g) GATT in Verbindung mit der dynamischen Auslegung unter Berücksichtigung der Klimarahmenkonvention und des Kyoto-Protokolls eine entscheidende Rolle spielen. Sollten Zertifikate hingegen eine Dienstleistung oder eine Finanzdienstleistung im Sinne des Allgemeinen Übereinkommens über den Handel mit Dienstleistungen[1232] darstellen, so spricht auch in diesem Rahmen insbesondere bei der Anwendung der allgemeinen Ausnahmen des Art. XIV GATS viel für eine parallele Wertung. Insofern möge die vorliegende Untersuchung als Basis für die Bewertung jeglicher nationaler Klimaschutz-Maßnahmen verstanden werden.

1231 Siehe weiterführend zu diesem Thema *Buck/Verheyen*, International Trade Law and Climate Change, S. 23 ff.; *Voigt*, CCLR 2008, 54; *Voon*, J. Transnat'l L. & Pol'y 10 (2000), 71 (93 ff.); *Werksman*, RECIEL 8 (1999), 251; *Jinnah*, Georgetown International Environmental Law Review 15 (2003), 709.

1232 General Agreement on Trade in Services (GATS).

Literaturverzeichnis

Appleton, Arthur E.: Environmental Labeling Programmes: International Trade Law Implications. London 1997 (zitiert: Appleton, Environmental Labeling Programmes).

Ders.: Shrimp/Turtle: Untangling the Nets. JIEL 2 (2000), 477.

Aust, Anthony: Modern Treaty Law and Practice. Cambridge 2000.

Bail, Christoph: Das Klimaschutzregime nach Kyoto. EuZW 1998, 457.

Bartels, Lorand: The WTO Enabling Clause and Positive Conditionality in the European Community's GSP Program. JIEL 6 (2003), 507.

Ders.: The WTO Legality of the EU's GSP+ Arrangement. JIEL 10 (2007), 869.

Beyerlin, Ulrich: Umweltvölkerrecht. München 2000.

Bhala, Raj/Kennedy, Kevin: World Trade Law – The GATT-WTO System, Regional Arrangements, and U.S. Law. Charlottesville, Virginia 1998 (zitiert: Bearbeiter, in: Bhala/Kennedy, World Trade Law).

Bigdeli, Sadeq Z.: Will the "Friends of Climate" Emerge in the WTO? The Prospects of Applying the "Fisheries Subsidies" Model to Energy Subsidies. CCLR 2008, 78.

Böckenförde, Markus: Zwischen Sein und Wollen – Über den Einfluss umweltvölkerrechtlicher Verträge im Rahmen eines WTO-Streitbeilegungsverfahrens. ZaÖRV 2003, 971.

Brack, Duncan/ Grubb, Michael/Windram, Craig: International Trade and Climate Change Policies. London 2000.

Bronckers, Marco/Quick, Reinhard: What is a Countervailable Subsidy under EEC Trade Law? JWT 23 (1989), 5.

Brownlie, Ian: Principles of Public International Law. 7. Auflage, Oxford/New York 2008.

Buck, Matthias/Verheyen, Roda: International Trade Law and Climate Change – A Positive Way Forward, 2001. http://library.fes.de/pdf-files/stabsabteilung/01052.pdf (zuletzt besucht am 20. April 2011) (zitiert: Buck/Verheyen, International Trade Law and Climate Change).

Dies.: Nationale Klimaschutzmaßnahmen und Welthandelsrecht: Konflikte, Synergien und Entwicklungsperspektiven. ZUR 2002, 89.

Buckley, Ralf: International Trade, Investment and Environmental Regulation. JWT 27 (1993), 101.

Bydlinski, Franz: Juristische Methodenlehre und Rechtsbegriff. 2. Auflage, Wien/New York 1991.

Calliess, Christian/Ruffert, Matthias (Hrsg.): EUV/AEUV – Das Verfassungsrecht der Europäischen Union mit Europäischer Grundrechtecharta. 4. Auflage, München 2011 (zitiert: Bearbeiter, in: Calliess/Ruffert (Hrsg.), EUV/AEUV).

Cameron, James/Wade-Gery, Will: Addressing Uncertainty. Law, Policy and the Development of the Precautionary Principle, in: Dente, Bruno (Hrsg.). Environmental Policy in Search of New Instruments. Dordrecht/Boston/London 1995, S. 95.

Carreau, Dominique/Juillard, Patrick: Droit international économique. 4. Auflage, Paris 2010.

Charnovitz, Steve/Bartels, Lorand/Howse, Robert/Bradley, Jane/Pauwelyn, Joost/Regan, Donald: Internet Roundtable – The Appellate Body's GSP Decision. WTR 3 (2004), 239.

Churchill, Robin/Freestone, David (Hrsg.): International Law and Global Climate Change. London 1991.

Condon, Bradly J.: Climate Change and Unresolved Issues in WTO Law. JIEL 12 (2009), 895.

Cottier, Thomas/Nartova, Olga/Bigdeli, Sadeq Z. (Hrsg.): International Trade Regulation and the Mitigation of Climate Change: Word Trade Forum. Cambridge 2009 (zitiert: Bearbeiter, in: Cottier u.a. (Hrsg.), International Trade Regulation and the Mitigation of Climate Change).

- *Stocker, Thomas*: Earth in the greenhouse – a challenge for the twenty-first century, S. 3.
- *Howse, Robert/Eliason, Antonia L.*: Domestic and international stretegies to address climate change: an overview of the WTO legal issues, S. 48.
- *Regan, Donald H.*: How to think about PPMs (and climate change), S. 97.
- *Crosby, Daniel C.*: Tilting at conventional WTO wisdom, S. 124.
- *Appleton, Arthur E.*: Private climate change standards and labelling schemes under the WTO Agreement on Technical Barriers to Trade, S. 131.
- *Bigdeli, Sadeq Z.*: Incentive Schemes to promote renewables and the WTO law of subsidies, S. 155.
- *Horlick, Gary N.*: The WTO and climate change "incentives", S. 193.

Creifelds, Carl: Rechtswörterbuch, 19. Auflage, München 2007.

Danner, Wolfgang/Theobald, Christian (Hrsg.): Energierecht. Stand: Mai 2011, 70. Ergänzungslieferung, München (zitiert: Bearbeiter, in: Danner/Theobald, Energierecht).

De Cendra, Javier: Can Emissions Trading Schemes be Coupled with Border Tax Adjustments? An Analysis vis-à-vis WTO Law. RECIEL 15 (2006), 131.

Demailly, Damien/Quirion, Philippe: The Competitiveness Impact of CO_2 Emissions Reduction in the Cement Sector. OECD Case Study, COM/ENV/EPOC/CTPA/CFA(2004)68/FINAL, November 2005.

Demaret, Paul/Stewardson, Raoul: Border Tax Adjustment under GATT and EC Law and General Implications for Environmental Taxes. JWT 28 (1994), 5.

Dröge, Susanne/Trabold, Harald/Biermann, Frank/Böhm, Frédéric/Brohm, Rainer: National Climate Change Policies and WTO Law: A Case Study of Germany's New Policies. WTR 3 (2004), 161.

Eberhard, Torsten: Diskriminierende Gleichbehandlung von Entwicklungsländern in der WTO? Enabling Clause und die Allgemeinen Präferenzsysteme auf dem Prüfstand. Witten 2008 (zitiert: Eberhard, Diskriminierende Gleichbehandlung von Entwicklungsländern in der WTO?).

Epiney, Astrid: Welthandel und Umwelt – Ein Beitrag zur Dogmatik der Art. III, IX, XX GATT. DVBl. 2000, 77.

Fehr, Hans: Finanzwissenschaft I: Aktuelle Probleme der Steuerpolitik, 2010. http://www.vwl.uniwuerzburg.de/fileadmin/1201500/user_upload/skripte/ss10/Fiwi/stchap1.pdf (zuletzt besucht am 20. April 2011).

Fritsch, Michael/Wein, Thomas/Ewers, Hans-Jürgen: Marktversagen und Wirtschaftspolitik. 6. Auflage, München 2005.

Genasci, Matthew: Border Tax Adjustments and Emissions Trading: The Implications of International Trade Law for Policy Design. CCLR 2008, 33.

Gesser, Avi: Canada's Environmental Choice Program: A Model for a "Trade-Friendly" Eco-Labeling Scheme. Harvard ILJ 39 (1998), 501.

Goh, Gavin: The World Trade Organization, Kyoto and Energy Tax Adjustments at the Border. JWT 38 (2004), 395.

Göttsche, Götz J.: Die Anwendung von Rechtsprinzipien in der Spruchpraxis der WTO-Rechtsmittelinstanz, Berlin 2005.

Grabitz, Eberhard/Hilf, Meinhard: Das Recht der Europäischen Union. 40. Ergänzungslieferung, München 2009.

Grave, Carsten: Der Begriff der Subvention im WTO-Übereinkommen über Subventionen und Ausgleichsmaßnahmen. Berlin 2002 (zitiert: Grave, Der Begriff der Subvention).

Green, Andrew: Climate Change, Regulatory Policy and the WTO: How Constraining are Trade Rules? JIEL 8 (2005), 143.

Ders.: Trade Rules and Climate Change Subsidies. WTR 5 (2006), 377.

Gruber, Utta/Kleber, Michaela: Grundlagen der Volkswirtschaftslehre. 4. Auflage, München 2000.

Haeberli, Wilfried/Maisch, Max: Klimawandel im Hochgebirge, in: Endlicher, Wilfried/Gerstengarbe, Friedrich-Wilhelm (Hrsg.): Der Klimawandel – Einblick, Rückblicke und Ausblicke. Potsdam 2007, S. 98 (zitiert: Haeberli/Maisch, in: Endlicher/Gerstengarbe (Hrsg.), Der Kimwandel, S. 98).

Hansen, Patricia Isela: Transparency, Standards of Review, and the Use of Trade Measures to Protect the Global Environment. Virginia Journal of International Law, 39 (1998-1999), 1017.

Heertje, Arnold/Wenzel, Heinz-Dieter: Grundlagen der Volkswirtschaftslehre. 6. Auflage, Berlin/Heidelberg/New York 2002.

Heine, Michael/Herr, Hansjörg: Volkswirtschaftslehre. 2. Auflage, München/Wien 2000.

Herdegen, Matthias: Internationales Wirtschaftsrecht. 9. Auflage, München 2011.

Ders.: Europarecht. 13. Auflage, München 2011.

Ders.: Völkerrecht. 10. Auflage, München 2011.

Herrmann, Christoph/Weiß, Wolfgang/Ohler, Christoph: Welthandelsrecht. 2. Auflage, München 2007.

Hilbert, Jacqueline: Grenzsteuerausgleich für Mehrkosten infolge nationaler/europäischer Umweltschutzinstrumente – Gestaltungsmöglichkeiten und WTO-rechtliche Zulässigkeit. Mai 2008. http://opus.kobv.de/zlb /volltexte/2008/6407/pdf/3467.pdf (zuletzt besucht am 20. April 2011) (zitiert: Hilbert, Grenzsteuerausgleich).

Hilf, Meinhard: Freiheit des Welthandels contra Umweltschutz. NVwZ 2000, 481.

Ders./Oeter, Stefan: WTO-Recht – Rechtsordnung des Welthandels. 2. Auflage, Baden-Baden 2010 (zitiert: Bearbeiter, in: Hilf/Oeter, WTO-Recht).

Hobe, Stephan: Einführung in das Völkerrecht. 9. Auflage, Tübingen/Basel 2008.

Hoerner, J. Andrew/Muller, Frank: Carbon Taxes for Climate Protection in a Competitive World, June 1996. A Paper Prepared for the Swiss Federal Office for Foreign Economic Affairs (zitiert: Hoerner/Muller, Carbon Taxes).

Hohmann, Harald: Der Konflikt zwischen freiem Handel und Umweltschutz in WTO und EG. RIW 2000, 88.

Howse, Robert: From Politics to Technocracy – and Back Again: The Fate of the Multilateral Trading Regime. AJIL 96 (2002), 94.

Ders.: The Death of the GSP? The Panel Ruling in the India-EC Dispute over Preferences for Drug Enforcement. Bridges Monthly Review 8 (2004), 7.

Ders.: World Trade Law and Renewable Energy: The Case of Non-Tariff Measures. JEEPL 3 (2006), 500.

Ders.: Climate Mitigation Subsidies and the WTO Legal Framework, May 2010. http://www.iisd.org/publications/pub.aspx?pno=1275 (zuletzt besucht am 20. April 2011) (zitiert: Howse, Climate Mitigation Subsidies).

Hudec, Robert: Science and "Post-Discriminatory" WTO Law. B.C. Int'l & Comparative L.R. 26 (2003), 185.

Hufbauer, Gary Clyde/Charnovitz, Steve/Kim, Jisun: Global Warming and the World Trading System. Washington, D.C. 2009.

Ipsen, Knut (Hrsg.): Völkerrecht. 5. Auflage, München 2004 (zitiert: Bearbeiter, in: Ipsen, Völkerrecht).

Ismer, Roland: Mitigating Climate Change Through Price Instruments: An Overview of the Legal Issues in a World of Unequal Carbon Prices, in: Herrmann, Christoph/Terhechte, Jörg Philipp (Hrsg.), European Yearbook of International Economic Law 2010. Berlin/Heidelberg 2010, S. 205 (zitiert: Ismer, European Yearbook of International Economic Law 2010, S. 205).

Ders./Neuhoff, Karsten: Border Tax Adjustment: A Feasible Way to Support Stringent Emssion Trading. EJLE 24 (2007), 137.

Jackson, John H.: World Trade and the Law of GATT – A Legal Analysis of the General Agreement on Tariffs and Trade. Indianapolis 1969 (zitiert: Jackson, World Trade and the Law of GATT).

Ders.: World Trade Rules and Environmental Policies: Congruence or Conflict? WLLR 49 (1992), 1227.

Ders.: The World Trading System – Law and Policy of International Economic Relations. 2. Auflage, Cambridge 1997 (zitiert: Jackson, The World Trading System).

Jessen, Henning: WTO-Recht und "Entwicklungsländer" – "Special and Differential Treatment for Developing Countries" im multidimensionalen Wandel des Wirtschaftsvölkerrechts. Berlin 2006 (zitiert: Jessen, WTO-Recht und Entwicklungsländer).

Jinnah, Sikina: Emissions Trading Under the Kyoto-Protocol: NAFTA and WTO Concerns. Georgetown International Environmental Law Review, 15 (2003), 709.

Jungnickel, Sebastian/Dulce, Philipp: Die Zulässigkeit der (teilweisen) Versteigerung von Emissionsberechtigungen aus europarechtlicher Sicht. NVwZ 2009, 623.

Kiss, Alexandre: Droit International de l'Environnement. Paris 1989.

Kment, Martin: Anpassung an den Klimawandel – internationaler Rahmen, europäische strategische Adaptionsprüfung und Fortentwicklung des nationalen Verwaltungsrechts. JZ 2010, 62.

Köbler, Gerhard: Juristisches Wörterbuch. 14. Auflage, München 2007.

Koch, Hans-Joachim (Hrsg.): Juristische Methodenlehre und analytische Philosophie. Kronberg 1976 (zitiert: Bearbeiter, in: Koch, Juristische Methodenlehre und analytische Philosophie).

Krugman, Paul R./Obstfeld, Maurice: Internationale Wirtschaft – Theorie und Politik der Außenwirtschaft. 7. Auflage, München 2006.

Larenz, Karl/Canaris, Claus-Wilhelm: Methodenlehre der Rechtswissenschaft. 3. Auflage, Berlin/Heidelberg 1995.

Looschelders, Dirk/Martinek, Michael/Studinger, Julius von/Albrecht, Karl-Dieter: J. von Staudingers Kommentar zum Bürgerlichen Gesetzbuch mit Einführungsgesetz und Nebengesetzen. Neubearbeitung 2009, Berlin (zitiert: Bearbeiter, in: Staudinger, BGB).

Lowenfeld, Andreas F.: International Economic Law. 2. Auflage, Oxford/New York 2009.

Lübbe-Wolf, Gertrude: Rechtsfolgen und Realfolgen: welche Rolle können Folgenerwägungen in der juristischen Regel- und Begriffsbildung spielen? Freiburg/München 1981 (zitiert: Lübbe-Wolf, Rechtsfolgen und Realfolgen).

Luff, David: Le Droit de l'Organisation Mondiale du Commerce - Analyse Critique. Brüssel 2004 (zitiert: Luff, Le Droit de l'Organisation Mondiale du Commerce).

Marceau, Gabrielle: Conflicts of Norms and Conflicts of Jurisdictions – the Relationship Between the WTO Agreement and MEAs and Other treaties. JWT 35 (2001), 1081.

Dies./Trachtman, Joel P.: The Technical Barriers to Trade Agreement, the Sanitary and Phytosanitary Measures Agreement, and the General Agreement on Tariffs and Trade – a Map of the World Trade Organization Law of Domestic Regulation of Goods. JWT 36 (2002), 811.

Marcich, Marino: Trade and Environment: What Conflict? Law & Pol'y Int'l Bus. 31 (2000), 917.

Martini, Mario/Gebauer, Jochen: "Alles umsonst?" Zur Zuteilung von CO_2-Emissionszertifikaten: Ökonomische Idee und rechtliche Rahmenbedingungen. ZUR 2007, 225.

Matsushita, Mitsuo/Schoenbaum, Thomas J./Mavroidis, Petros C.: The World Trade Organization – Law, Practice, and Policy. 2. Auflage, Oxford/New York 2006 (zitiert: Masushita/Schoenbaum/Mavroidis, The World Trade Organization).

Maunz, Theodor/Dürig, Günter (Hrsg.): Grundgesetz Kommentar. 53. Auflage, München 2009 (zitiert: Maunz/Dürig (Hrsg.), Grundgesetz).

Maurer, Hartmut: Allgemeines Verwaltungsrecht. 18. Auflage, München 2011.

Mavroidis, Petros C.: Trade and Environment after the Shrimps – Turtles Litigation. JWT 34 (2000), 73.

McIsaac, Christine: Opening a GATE to Reduce Global Emissions: Getting Over and Into the WTO. JWT 44 (2010), 1053.

McKenzie, Michael: Climate Change and the Generalized System of Preferences. JIEL 11 (2008), 679.

Montaguti, Elisabetta/Lugard, Maurits: The GATT 1994 and other Annex 1a Agreements: Four Different Relationships? JIEL 3 (2000), 473.

Natrop, Johannes: Grundzüge der Angewandten Mikroökonomie. München/ Wien 2006.

Pauwelyn, Joost: The Role of Public International Law in the WTO: How Far Can We Go? AJIL 95 (2001), 535.

Ders.: U.S. Federal Climate Policy and Competitiveness Concerns: The Limits and Options of International Trade Law. April 2007. http://nicholasinstitute.duke.edu/climate/policydesign/u.s.-federal-climate-policy-and-competitiveness-concerns-the-limits-and-options-of-international-trade-law (zuletzt besucht am 20. April 2011) (zitiert: Pauwelyn, U.S. Federal Climate Policy).

Peeters, Marjan/Deketelaere, Kurt (Hrsg.): EU Climate Change Policy – The Challenge of New Regulatory Initiatives. Cheltenham 2006 (zitiert: Bearbeiter, in: Peeters/Deketelaere (Hrsg.), EU Climate Change Policy).

Pitschas, Christian: GATT/WTO Rules for Border Tax Adjustment and the Proposed European Directive Introducing a Tax on Carbon Dioxide Emissions and Energy. Ga.J.Int'l & Comp. L. 24 (1994-1995), 47.

Porges, Amelia/Trachtman, Joel P.: Robert Hudec and Domestic Regulation: The Resurrection of Aim and Effects. JWT 37 (2003), 783.

Prieß, Hans-Joachim/ Berrisch, Georg M.: WTO-Handbuch. München 2003 (zitiert: Bearbeiter, in: Prieß/Berrisch, WTO-Handbuch).

Puth, Sebastian: WTO und Umwelt – Die Produkt-Prozess-Doktrin. Hamburg 2002 (zitiert: Puth, WTO und Umwelt).

Quick, Reinhard: "Border Tax Adjustment" in the Context of Emission Trading: Climate Protection or "Naked" Protectionism? GTCJ 3 (2008), 163.

Rebentisch, Manfred: Rechtsfragen der kostenlosen Zuteilung von Berechtigungen im Rahmen des Emissionshandelsrechts. NVwZ 2006, 747.

Regan, Donald H.: Further Thoughts on the Role of Regulatory Purpose under Article III of the General Agreement on Tariffs and Trade – a Tribute to Bob Hudec. JWT 37 (2003), 737.

Rege, Vinod: GATT Law and Environment-Related Issues Affecting the Trade of Developing Countries. JWT 28 (1994), 95.

Reuter, Alexander/Busch, Ralph: Einführung eines EU-weiten Emissionshandels – die Richtlinie 2003/87/EG. EuZW 2004, 39.

Reuter, Paul: Introduction au droit des traités. 3. Auflage, Paris 1995.

Ruddigkeit, Dana: Border Tax Adjustment an der Schnittstelle von Welthandelsrecht und Klimaschutz vor dem Hintergrund des europäischen Emissionszertifikatehandels. Beiträge zum Transnationalen Wirtschaftsrecht 89, 2009 (zitiert: Ruddigkeit, Border Tax Adjustment).

Rydelski, Michael Sánchez: EG und WTO Antisubventionsrecht. Baden-Baden 2001.

Sands, Philippe: Principles of International Environmental Law. 2. Auflage, Cambridge 2003.

Schmahl, Stefanie: "Enabling Clause" versus Meistbegünstigungsprinzip. AVR 42 (2004), 389.

Schmitz-Rode, Wolfgang: Effizienz der Instrumente des Völkerrechts zum Schutz von Umwelt und Klima. Aachen 1999.

Schöbener, Burkhard/Herbst, Jochen/Perkams, Markus: Internationales Wirtschaftsrecht. Heidelberg/München/Landsberg/Frechen/Hamburg 2010.

Schoenbaum, Thomas J.: International Trade and the Protection of the Environment: The Continuing Search for Reconciliation. AJIL 91 (1997), 268.

Schönwiese, Christian-Dietrich: Klima im Blickpunkt. Oktober 2008. http://www.geo.uni-frankfurt.de/iau/klima/Buntes_html.html (zuletzt besucht am 20. April 2011).

Ders.: Klimatologie. 3. Auflage, Stuttgart 2008.

Senti, Richard: WTO – System und Funktionsweise der Welthandelsordnung. Zürich 2000 (zitiert: Senti, WTO).

Shaffer, Gregory/Apea, Yvonne: Institutional Choice in the Generalized System of Preferences Case: Who Decides the Conditions for Trade Preferences? The Law and Politics of Rights. JWT 39 (2005), 977.

Siebert, Horst: Außenwirtschaft. 7. Auflage, Stuttgart 2000.

Sinclair, Ian M.: The Vienna Convention on the Law of Treaties. 2. Auflage, Manchester 1984.

Sindico, Francesco: The EU and Carbon Leakage: How to Reconcile Border Adjustments with the WTO? EEELR 17 (2008), 328.

Solomon, S./Qin, D./Manning, M./Chen, Z./Marquis, M./Averyt, K.B./Tignor, M./Miller, H.L.: IPCC 2007: Zusammenfassung für politische Entscheidungsträger, in: Klimaänderung 2007: Wissenschaftliche Grundlagen. Beitrag der Arbeitsgruppe I zum Vierten Sachstandsbericht des Zwischenstaatlichen Ausschusses für Klimaänderung (IPCC). Cambridge 2007 (zitiert: IPCC 2007: Zusammenfassung für politische Entscheidungsträger).

Steger, Debra P.: The Subsidies and Countervailing Measures Agreement: Ahead of its Time or Time for Reform? JWT 44 (2010), 779.

Steinberg, Richard H.: Trade-Environment Negotiations in the EU, NAFTA and WTO: Regional Trajectories of Rule Development. AJIL 91 (1997), 231.

Stelkens, Paul/Bonk, Heinz Joachim/Sachs, Michael: Verwaltungsverfahren. 7. Auflage, München 2008 (zitiert: Stelkens/Bonk/Sachs, VwVfG).

Stewart, Terence P. (Hrsg.): The World Trade Organization. Multilateral Trade Framework for the 21st Century and U.S. Implementing Legislation. Washington D.C. 1996 (zitiert: Bearbeiter, in: Stewart (Hrsg.), The World Trade Organization).

Stiglitz, Joseph: A New Agenda for Global Warming. The Economists' Voice 3 (2006), Article 3.

Stoll, Peter-Tobias/Schorkopf, Frank: WTO – Welthandelsordnung und Handelsrecht. Köln/Berlin/Bonn/München 2002 (zitiert: Stoll/Schorkopf, WTO).

Streissler, Erich/Streissler, Monika: Grundzüge der Volkswirtschaftslehre für Juristen. Wien 1984.

Switzer, Stephanie: Environmental Protection and the Generalized System of Preferences: A Legal and Appropriate Linkage? ICLQ 57 (2008), 113.

Tarasofsky, Richard G.: Heating Up International Trade Law: Challenges and Opportunities Posed by Efforts to Combat Climate Change. CCLR 2008, 7.

Tietje, Christian: Voluntary Eco-Labeling Programmes and Questions of State Responsibility in the WTO/GATT Legal System. JWT 29 (1995), 123.

Ders.: Die völkerrechtliche Kooperationspflicht im Spannungsverhältnis Welthandel/Umweltschutz und ihre Bedeutung für die europäische Umweltblume. EuR 2000, 285.

Trachtman, Joel P.: International Regulatory Competition, Externalization, and Jurisdiction. Harvard ILJ 34 (1993), 47.

Trebilcock, Michael J./Howse, Robert: The Regulation of International Trade. London 2005.

Trüeb, Hans Rudolf: Umweltrecht in der WTO – Staatliche Regulierung im Kontext des internationalen Handelsrechts. Zürich 2001 (zitiert, Trüeb, Umweltrecht in der WTO).

Urakami, Kenichiro: Unsolved Problems and Implications for the Chapeau of GATT Article XX After the *Reformulated Gasoline* Case, in: Weiss, Edith Brown/Jackson, John H./Bernasconi-Osterwalder, Nathalis (Hrsg.): Reconciling Trade and Environment. 2. Auflage, Leiden 2008, S. 171.

Van Damme, Isabelle: Eighth Annual WTO Conference: An Overview. JIEL 12 (2009), 175.

Van den Bossche, Peter: The Law and Policy of the World Trade Organization. Cambridge 2005.

Veel, Paul-Erik: Carbon Tariffs and the WTO: An Evaluation of Feasible Policies. JIEL 12 (2009), 749.

Verrill, Jr., Charles Owen: Maximum Carbon Intensity Limitations and the Agreement on Technical Barriers to Trade. CCLR 2008, 43.

Voigt, Chrstina: WTO Law and International Emissions Trading: Is There Potential for Conflict? CCLR 2008, 54.

Voon, Tania: Sizing Up the WTO: Trade-Environment Conflict and the Kyoto-Protocol. J. Transnat'l L. & Pol'y 10 (2000), 71.

Wank, Rolf: Die juristische Begriffsbildung. München 1985.

Ward, Halina: Trade and Environment – Issues in Voluntary Eco-Labelling and Life Cycle Analysis. RECIEL 6 (1997), 139.

Weber, Christopher L./Matthews, H. Scott: Food-Miles and the Relative Climate Impacts of Food Choices in the United States. Environmental Science and Technology 42 (2008), 3508.

Weinreich, Dirk: Klimaschutzrecht in Deutschland – Stand und Entwicklung der nationalen Gesetzgebung zum Klimaschutz. ZUR 2006, 399.

Werksman, Jacob: Greenhouse Gas Emissions Trading and the WTO. RECIEL 8 (1999), 251.

Wermaere, Matthieu/Streck, Charlotte: Legal Ownership and Nature of Kyoto Units and EU Allowances, in: Freestone, David/Streck, Charlotte (Hrsg.): Legal aspects of implementing the Kyoto protocol mechanisms: making Kyoto work. Oxford 2005, S. 35.

Wha Chang, Seung: Gatting a Green Trade Barrier – Eco-Labelling and the WTO Agreement on Technical Barriers to Trade. JWT 31 (1997), 137.

Wiers, Jochem: French Ideas on Climate and Trade Policies. CCLR 2008, 18.

Wiese, Harald: Mikronökonomik – Eine Einführung in 376 Aufgaben. 3. Auflage, Berlin/Heidelberg/New York 2002 (zitiert: Wiese, Mikroökonomik).

Wilting, Wilhelm Heinrich: Vertragskonkurrenz im Völkerrecht. Köln/Berlin/Bonn/München 1996.

Winter, Gerd: Das Klima ist keine Ware. ZUR 2009, 289.

Zedalis, Rex J.: Labeling of Genteically Modified Foods – the Limits of GATT Rules. JWT 35 (2001), 301.

Zhang, ZhongXiang/Assuncao, Lucas: Domestic Climate Policies and the WTO. The World Economy 27 (2004), 359.

Zimmermann, Andreas: Die neuen Wirtschaftspartnerschaftsabkommen der EU: WTO-Konformität versus Entwicklungsorientierung? EuZW 2009, 1.

Liste der zitierten Streitbeilegungsentscheidungen

1. Appellate Body-Entscheidungen

Zitiert als	Name der Entscheidung	Nummer	Datum
Argentina – Footwear	Argentina - Safeguard Measures on Imports of Footwear	WT/DS121/AB/R	12.01.2000
Brazil – Retreaded Tyres	Brazil - Measures Affecting the Import of Retreaded Tyres	WT/DS332/AB/R	03.12.2007
Canada – Aircraft	Canada - Measures Affecting the Export of Civilian Aircraft	WT/DS70/AB/R	02.08.1999
Canada – Automotive Industry	Canada - Certain Measures Affecting the Automotive Industry	WT/DS139/AB/R, WT/DS142/AB/R	31.05.2000
China – Audiovisual	China - Measures Affecting Trading Rights and Distribution Services for Certain Publications and Audiovisual Entertainment Products	WT/DS/363/AB/R	21.12.2009
Dominican Republic – Cigarettes	Dominican Republic - Measures Affecting the Importation and Internal Sale of Cigarettes	WT/DS302/AB/R	25.04.2005
EC – Asbestos	European Communities - Measures Affecting Asbestos and Asbestos-Containing Products	WT/DS135/AB/R	12.03.2001
EC – Bananas III	European Communities - Regime for the Importation, Sale and Distribution of Bananas	WT/DS27/AB/R	09.09.1997
EC – Hormones	European Communities - Measures Concerning Meat and Meat Products (Hormones)	WT/DS26/AB/R, WT/DS48/AB/R	16.01.1998
EC – Sardines	European Communities - Trade Description of Sardines	WT/DS231/AB/R	26.09.2002

Guatemala – Cement	Guatemala - Anti-Dumping Investigation Regarding Portland Cement from Mexico	WT/DS60/AB/R	25.11.1998
India – Patents (US)	India - Patent Protection for Pharmaceutical and Agricultural Chemical Products	WT/DS50/AB/R	19.12.1997
Japan – Alcoholic Beverages II	Japan - Taxes on Alcoholic Beverages	WT/DS8/AB/R, WT/DS10/AB/R, WT/DS11/AB/R	01.11.1996
Korea – Beef	Korea - Measures Affecting Imports of Fresh, Chilled and Frozen Beef	WT/DS161/AB/R, WT/DS169/AB/R	11.12.2000
Korea – Dairy	Korea - Definitive Safeguard Measure on Imports of Certain Dairy Products	WT/DS98/AB/R	12.01.2000
US – Carbon Steel	United States - Countervailing Duties on Certain Corrosion-Resistant Carbon Steel Flat Products From Germany	WT/DS213/AB/R	28.11.2002
US – Cotton	United States - Subsidies on Upland Cotton	WT/DS267/AB/R	03.03.2005
US – Foreign Sales Corporations	United States - Tax Treatment for "Foreign Sales Corporations"	WT/DS108/AB/R	24.02.2000
US – Foreign Sales Corporations (Article 21.5)	United States - Tax Treatment for "Foreign Sales Corporations" - Recourse to Article 21.5 by the European Communities	WT/DS108/AB/R W	13.02.2006
US – Gasoline	United States - Standards for Reformulated and Conventional Gasoline	WT/DS2/AB/R	29.04.1996

US – Lumber IV	United States - Final Countervailing Duty Determination With Respect to Certain Softwood Lumber From Canada	WT/DS257/AB/R	19.01.2004
US – Shrimp	United States - Import Prohibition of Certain Shrimp and Shrimp Products	WT/DS58/AB/R	12.10.1998
US – Shrimp (Article 21.5)	United States - Import Prohibition of Certain Shrimp and Shrimp Products - Recourse to Article 21.5 by Malaysia	WT/DS58/AB/R W	22.10.2001
US – Wool Shirts and Blouses	United States - Measures Affecting Imports of Woven Wool Shirts and Blouses from India	WT/DS33/AB/R	25.04.1997

2. WTO-Panel-Entscheidungen

Zitiert als	Name der Entscheidung	Nummer	Datum
Canada – Aircraft	Canada - Measures Affecting the Export of Civilian Aircraft	WT/DS70/R	14.04.1999
Canada – Pharmaceutical Products	Canada - Patent Protection of Pharmaceutical Products - Complaint by the European Communities and their Member States	WT/DS114/R	17.03.2000
EC – Asbestos	European Communities - Measures Affecting Asbestos and Asbestos-Containing Products	WT/DS135/R	18.09.2000
EC – Bananas III	European Communities - Regime for the Importation, Sale and Distribution of Bananas - Complaint by the United States	WT/DS27/R/USA	22.05.1997
EC – Biotech Products	European Communities - Measures Affecting the	WT/DS291/R, WT/DS292/R,	29.09.2006

	Approval and Marketing of Biotech Products	WT/DS292/R	
EC – Frozen Chicken	European Communities - Customs Classification of Frozen Boneless Chicken Cuts	WT/DS269/R	30.05.2005
EC – Sardines	European Communities - Trade Description of Sardines	WT/DS231/R	29.05.2002
Indonesia – Autos	Indonesia - Certain Measures Affecting the Automobile Industry	WT/DS54/R, WT/DS55/R, WT/DS59/R, WT/DS64/R	02.07.1998
Japan – Film	Japan - Measures Affecting Consumer Photographic Film and Paper	WT/DS44/R	31.03.1998
Korea – Beef	Korea - Measures Affecting Imports of Fresh, Chilled and Frozen Beef	WT/DS161/R, WT/DS169/R	31.07.2000
Korea – Commercial Vessels	Korea - Measures Affecting Trade in Commercial Vessels	WT/DS273R	07.03.2005
Turkey – Textiles	Turkey - Restrictions on Imports of Textile and Clothing Products	WT/DS34/R	31.05.1999
US – Cotton	United States - Subsidies on Upland Cotton	WT/DS267/R	08.09.2004
US – DRAMs	United States - Countervailing Duties Investigation on Dynamic Random Access Semiconductors (DRAMs) from Korea	WT/DS296/R	21.02.2005
US – Exports Restraints	United States - Measures Treating Exports Restraints as Subsidies	WT/DS194/R	29.06.2001
US – Gasoline	United States - Standards for Reformulated and Conventional Gasoline	WT/DS2/R	29.01.1996
US – Lumber IV	United States - Final Countervailing Duty	WT/DS257/R	29.08.2003

	Determination With Respect to Certain Softwood Lumber From Canada		
US – Poultry	United States - Certain Measures Affecting Imports of Poultry from China	WT/DS392/R	29.09.2010

3. GATT 1947-Panel-Entscheidungen

Zitiert als	Name der Entscheidung	Nummer	Datum
Australia – Ammonium Sulphate	The Australian Subsidy on Ammonium Sulphate	BISD II/188	31.03.1950
Canada – Herring and Salmon	Canada - Measures Affecting Exports of Unprocessed Herring and Salmon	BISD35S/98 L/6268	22.03.1988
EEC – Oilseeds I	European Economic Communities - Payments and Subsidies Paid to Processors and Producers of Oilseeds and Related Animal-feed Proteins	BISD 37S/86	14.12.1989
Germany – Sardines	Treatment by Germany of Imports of Sardines	BISD 1S/53	30.10.1952
Japan – Semi-conductors	Japan - Trade in Semi-conductors	BISD 35S/116	24.03.1988
Thailand – Cigarettes	Thailand - Restrictions on Importation of and Internal Taxes on Cigarettes	BISD 37S/2000	07.11.1990
Uruguay – Article XXIII	Uruguayan Recourse to Article XXIII	BISD 11S/95	15.11.1962
US – Autos	United States - Taxes on Automobiles	DS31/R	11.10.1994
US – Malt Beverages	United States - Alcoholic and Malt Beverages	DS23/R	19.06.1992
US – Section 337	United States - Section 337 of the Tariff Act of 1930	BISD 36S/345	07.11.1989
US – Sugar	United States - Restriction on the Importation of Sugar and Sugar Containing	BISD 37S/228	22.01.1990

	Products Applied Under the 1955 Waiver and Under the Headnote to the Schedule of Tariff Concessions		
US – Superfund	United States - Taxes on Petroleum and Certain Imported Substances	BISD 34S/136	17.06.1987
US – Tuna I	United States - Restrictions on Imports of Tuna	DS21/R	03.09.1991
US – Tuna II	United States - Restrictions on Imports of Tuna	DS29/R	16.06.1994

Beiträge zum nationalen und internationalen öffentlichen Recht

Herausgegeben von Burkhard Schöbener

Band 1 Solveig Haß: Die Urteile des Europäischen Gerichtshofs für Menschenrechte. Charakter, Bindungswirkung und Durchsetzung. 2006.

Band 2 Angela Werner: Die Grundrechtsbindung der Bundeswehr bei Auslandseinsätzen. 2006.

Band 3 Florian Stork: Das Anti-Diskriminierungsrecht der Europäischen Union und seine Umsetzung in das deutsche Zivilrecht. 2006.

Band 4 Regine Gerards: Die Europäische Menschenrechtskonvention im Konstitutionalisierungsprozess einer gemeineuropäischen Grundrechtsordnung. 2007.

Band 5 Christian Baudewin: Der Schutz der öffentlichen Ordnung im Versammlungsrecht. 2007.

Band 6 André Scheidtmann: Wirtschafts- und berufsständische Kammern im europäischen Gemeinschaftsrecht. 2007.

Band 7 Marnie Silny: Die binnenmarktbezogene Rechtsangleichungskompetenz des Art. 95 EG. Reichweite und Grenzen der Harmonisierungskompetenz sowie ihre Stellung in der gemeinschaftsrechtlichen Kompetenzverfassung. 2007.

Band 8 Thomas Mösinger: Auswahlkriterien der Standplatzvergabe unter rechtlicher und ökonomischer Analyse. Staatliche Verteilungsentscheidungen als Gegenstand der ökonomischen Analyse des Rechts. 2007.

Band 9 Henning Schwier: Der Schutz der „Unternehmerischen Freiheit" nach Artikel 16 der Charta der Grundrechte der Europäischen Union. Eine Darstellung der tatsächlichen Reichweite und Intensität der grundrechtlichen Gewährleistung aus rechtsvergleichender Perspektive. 2008.

Band 10 Jens-Peter Eickhoff: Das Funktionsrecht des Europäischen Parlaments. 2008.

Band 11 Burkhard Schöbener (Hrsg.): Junge Rechtswissenschaft: Völker- und Europarecht. Bemerkenswerte Seminararbeiten aus dem Schwerpunktstudium. 2009.

Band 12 Maximilian Robert Jahn: Die Handelshemmnis-Verordnung (Verordnung EG Nr. 3286/94). 2009.

Band 13 Stefan Haeder: Die Neuordnung des Zugangs zum Anwaltsnotariat in Deutschland. 2009.

Band 14 Ursula Hoppe: Die Kunstfreiheit als EU-Grundrecht. 2011.

Band 15 Kathrin F. Baltes: Die demokratische Legitimation und die Unabhängigkeit des EuGH und des EuG. 2011.

Band 16 Sonja Bocek: Die völkerrechtlichen Wirkungen einseitiger Erklärungen der UN-Generalversammlung. 2011.

Band 17 Nadja Gaus: Materiell-rechtliche Gewährleistungen und verfahrensrechtliche Durchsetzbarkeit völkerrechtlich garantierter Menschenrechte. Zur rechtlichen Stellung des Einzelnen im Völkerrecht. 2011.

Band 18 Robin Falk Lengelsen: Aktuelle Probleme des Staatenimmunität im Verfahren vor den Zivil- und Verwaltungsgerichten. Unter besonderer Berücksichtigung des „UN-Übereinkommens über die Immunität des Staaten und ihres Vermögens von der Gerichtsbarkeit". 2011.

Band 19 Maike Friedrich: WTO und Klimaschutz. Konflikte und Synergien zwischen nationalen Klimaschutzmaßnahmen und dem WTO-Recht. 2012.

www.peterlang.de